COLLECTION TEL

François Jacob

La logique du vivant

Une histoire de l'hérédité

Gallimard

Voyez-vous cet œuf? C'est avec cela qu'on renverse toutes les écoles de théologie et tous les temples de la terre.

DIDEROT
Entretien avec d'Alembert.

INTRODUCTION

Le programme

Peu de phénomènes se manifestent avec autant d'évidence dans le monde vivant que la formation du semblable par le semblable. Très vite, l'enfant s'aperçoit que le chien naît du chien, et le blé du blé. Très tôt, l'homme a su interpréter et exploiter la permanence des formes à travers les générations. Cultiver des plantes, élever des animaux, les améliorer pour les rendre comestibles ou domestiques, c'est déjà avoir acquis une longue expérience. C'est déjà se faire une certaine idée de l'hérédité pour la réutiliser à son profit. Car, pour obtenir de bonnes récoltes, il ne suffit pas d'attendre la pleine lune ou de sacrifier aux dieux avant d'ensemencer. Il faut encore savoir choisir ses variétés. Il en était un peu des fermiers de la préhistoire comme de ce héros voltairien qui se faisait fort d'anéantir ses ennemis grâce à un mélange judicieux de prières, d'incantations et d'arsenic. C'est peut-être dans le monde vivant qu'il a été le plus difficile de séparer l'arsenic de l'incantation. Même une fois établies les vertus de la méthode scientifique dans le monde physique, ceux qui étudiaient le monde vivant ont encore, pendant plusieurs générations, pensé l'origine des êtres en fonction de croyances, d'anecdotes, de superstitions. Une expérimentation relativement simple suffit à faire justice de la génération spontanée et des hybridations impossibles. Pourtant jusqu'au XIXe siècle ont persisté, sous une forme ou sous une autre, certains aspects des vieux mythes par quoi se fondait l'origine de l'homme, des bêtes et de la terre.

L'hérédité se décrit aujourd'hui en termes d'information, de messages, de code. La reproduction d'un organisme est devenue celle des molécules qui le constituent. Non que chaque espèce chimique possède l'aptitude à produire des copies d'elle-même. Mais parce que la structure des macromolécules est déterminée jusque dans le détail par des séquences de quatre radicaux chimiques contenus dans le patrimoine génétique. Ce qui est transmis de génération en génération, ce sont les « instructions » spécifiant les structures moléculaires. Ce sont les plans d'architecture du futur organisme. Ce sont aussi les moyens de mettre ces plans à exécution et de coordonner les activités du système. Chaque œuf contient donc, dans les chromosomes reçus de ses parents, tout son propre avenir, les étapes de son développement, la forme et les propriétés de l'être qui en émergera. L'organisme devient ainsi la réalisation d'un programme prescrit par l'hérédité. A l'intention d'une Psyché s'est substituée la traduction d'un message. L'être vivant représente bien l'exécution d'un dessein, mais qu'aucune intelligence n'a conçu. Il tend vers un but, mais qu'aucune volonté n'a choisi. Ce but, c'est de préparer un programme identique pour la génération suivante. C'est de se reproduire.

Un organisme n'est jamais qu'une transition, une étape entre ce qui fut et ce qui sera. La reproduction en constitue à la fois l'origine et la fin, la cause et le but. Avec le concept de programme appliqué à l'hérédité, disparaissent certaines des contradictions que la biologie avait résumées par une série d'oppositions : finalité et mécanisme, nécessité et contingence, stabilité et variation. Dans l'idée de programme viennent se fondre deux notions que l'intuition avait associées aux êtres vivants : la mémoire et le projet. Par mémoire s'entend le souvenir des parents que l'hérédité trace dans l'enfant. Par projet, le plan qui dirige dans le détail la formation d'un organisme. Autour de ces deux thèmes ont tourné bien des controverses. D'abord avec l'hérédité des caractères acquis. Que le milieu enseigne l'hérédité, cela représente une confusion, intuitivement naturelle, entre deux sortes de mémoire, génétique et nerveuse. C'est là une vieille histoire puisque la Bible en fait déjà mention. Pour éviter de nouveaux malentendus avec son beau-père, Jacob cherche à constituer des troupeaux de moutons faciles à reconnaître par les taches et les mouchetures de la robe. Il prend des baguettes d'arbre, les écorce de bandes claires et les place là où s'accouplent les bêtes en venant boire. « Elles s'accouplèrent donc devant les baguettes et mirent bas des petits tachetés et mouchetés. » A travers les siècles, les expériences de ce genre se sont répétées à l'infini, sans toujours atteindre à un pareil succès. Pour la biologie moderne, ce qui caractérise notamment les êtres vivants, c'est leur aptitude à conserver l'expérience passée et à la transmettre. Les deux points de rupture de l'évolution, l'émergence du vivant d'abord, celle de la pensée et du langage plus tard, correspondent chacun à l'apparition d'un mécanisme de mémoire, celui de l'hérédité, celui du cerveau. Entre les deux systèmes se manifestent certaines analogies. D'abord parce qu'ils ont tous deux été sélectionnés pour accumuler l'expérience passée et pour la transmettre. Aussi parce que l'information enregistrée ne se perpétue que dans la mesure où elle est reproduite à chaque génération. Mais il s'agit de deux systèmes différents, tant dans leur nature que dans la logique de leurs opérations. Par la souplesse de ses mécanismes, la mémoire nerveuse se prête particulièrement bien à la transmission des caractères acquis. Par sa rigidité, celle de l'hérédité s'y oppose.

Le programme génétique, en effet, est constitué par la combinatoire d'éléments essentiellement invariants. Par sa structure même, le message de l'hérédité ne permet pas la moindre intervention concertée du dehors. Chimiques ou mécaniques, tous les phénomènes qui contribuent à la variation des organismes et des populations se produisent en toute ignorance de leurs effets. Ils surviennent sans liaison aucune avec les besoins de l'organisme pour s'adapter. A une mutation, il y a des « causes » qui modifient un radical chimique, cassent un chromosome, inversent un segment d'acide nucléique. Mais en aucun cas il ne peut y avoir de corrélation entre la cause et l'effet de la mutation. Et cette contingence ne se limite pas aux seules mutations. Elle s'applique à chacune des étapes par quoi se constitue le patrimoine génétique d'un individu, à la ségrégation des chromosomes, à leur recombinaison, au choix des gamètes qui participent à la fécondation et même, dans une large mesure, à celui des partenaires sexuels. Dans aucun de ces phénomènes il n'y a la moindre liaison entre un fait particulier et son résultat. Pour chaque individu le programme résulte d'une cascade d'événements, tous contingents. La nature même du code génétique empêche tout changement délibéré du programme sous l'effet de son action ou du milieu. Elle interdit toute influence sur le message des produits de son expression. Le programme ne reçoit pas les leçons de l'expérience.

Quant au projet, c'est encore une notion que l'intuition

a depuis longtemps associée à l'organisme. Tant que le monde vivant représentait, pour ainsi dire, un système à régulation externe, tant qu'il était géré du dehors par un pouvoir souverain, ni l'origine, ni la finalité des êtres vivants ne soulevaient de difficultés. Elles restaient confondues avec celles de l'univers. Mais, après la constitution d'une physique au début du XVIIe siècle, l'étude des êtres vivants s'est trouvée placée devant une contradiction. Et depuis lors, l'opposition n'a fait que croître entre, d'un côté, l'interprétation mécaniste de l'organisme et, de l'autre, l'évidente finalité de certains phénomènes comme le développement d'un œuf en adulte ou le comportement d'un animal. C'est ce contraste que résume ainsi Claude Bernard : « En admettant que les phénomènes vitaux se rattachent à des manifestations physico-chimiques, ce qui est vrai, la question dans son ensemble n'est pas éclaircie pour cela; car ce n'est pas une rencontre fortuite de phénomènes physico-chimiques qui construit chaque être sur un plan et suivant un dessin fixés et prévus d'avance... Les phénomènes vitaux ont bien leurs conditions physico-chimiques rigoureusement déterminées; mais en même temps, ils se subordonnent et se succèdent dans un enchaînement et suivant une loi fixés d'avance : ils se répètent éternellement, avec ordre, régularité, constance, et s'harmonisent, en vue d'un résultat qui est l'organisation et l'accroissement de l'individu, animal ou végétal. Il y a comme un dessin préétabli de chaque être et de chaque organe, en sorte que si, considéré isolément, chaque phénomène de l'économie est tributaire des forces générales de la nature, pris dans ses rapports avec les autres, il révèle un lien spécial, il semble dirigé par quelque guide invisible dans la route qu'il suit et amené dans la place qu'il occupe[1]. » Il n'y a pas un mot à changer aujourd'hui à ces lignes. Pas une expression que la biologie moderne ne reprenne à son compte. Simplement, avec la description de l'hérédité comme un programme chiffré dans une séquence de radicaux chimiques, la contradiction a disparu.

Dans un être vivant, tout est agencé en vue de la reproduction. Une bactérie, une amibe, une fougère, de quel destin peuvent-elles rêver sinon de former deux bactéries, deux amibes, plusieurs fougères? Il n'y a d'êtres vivants aujourd'hui sur la terre que dans la mesure où d'autres êtres se sont reproduits avec acharnement depuis deux

1. *Leçons sur les phénomènes de la vie*, 1878, t. I, p. 50-51.

milliards d'années ou plus. Qu'on imagine un monde encore sans habitants. On conçoit que puissent s'y organiser des systèmes possédant certaines propriétés du vivant, comme le pouvoir de réagir à certains stimulus, d'assimiler, de respirer, de croître même; mais non de se reproduire. Va-t-on qualifier de vivants de tels systèmes? Chacun d'eux représente le fruit d'une longue et pénible élaboration. Chaque naissance constitue un événement unique, sans lendemain. Chaque fois, c'est un recommencement. Toujours à la merci de quelque cataclysme local, de telles organisations ne peuvent avoir d'existence qu'éphémère. En outre, leur structure se trouve d'emblée rigidement fixée, sans possibilité de changement. Émerge-t-il, au contraire, un système capable de se reproduire, même mal, même lentement, même au prix fort, celui-là sans aucun doute est vivant. Il va se répandre là où les conditions le lui permettent. Plus il se dissémine, plus il se trouve à l'abri de quelque catastrophe. Une fois achevée la longue période d'incubation, cette organisation se perpétue par la répétition d'événements identiques. Le premier pas est fait une fois pour toutes. Mais, pour un tel système, la reproduction qui constitue la cause même de l'existence devient aussi la fin. Il est condamné à se reproduire ou à disparaître. Et l'on sait des êtres qui se sont succédé, immuables pendant un nombre énorme de générations. On connaît des plantes annuelles chez qui rien n'a changé pendant des millions d'années, donc à travers au moins autant de cycles successifs. La Limule des plages est restée identique à ce que montrent les fossiles du secondaire. C'est dire que pendant tout ce temps le programme n'a pas varié, que chaque génération a ponctuellement joué son rôle qui consistait à reproduire exactement le programme pour la génération suivante.

Mais si, de surcroît, survient dans le système un événement qui se trouve « améliorer » le programme et faciliter, d'une manière ou d'une autre, la reproduction de certains descendants, ceux-ci tout naturellement héritent le pouvoir de se multiplier mieux. La finalité du programme transforme ainsi certains changements de programme en facteurs d'adaptation. Car la variabilité est une qualité inhérente à la nature même du vivant, à la structure du programme, à la manière dont il est recopié à chaque génération. Les modifications du programme surviennent à l'aveugle. C'est après coup seulement qu'intervient un triage par le fait même que tout organisme qui apparaît est aussitôt mis à l'épreuve de la reproduction. La fameuse « lutte pour la vie » ne représente en fin de compte qu'un concours pour la descendance. Concours sans fin car il recommence à chaque génération. Dans cette compétition éternelle, il n'y a jamais qu'un seul critère, la fécondité. L'emportent automatiquement les plus prolifiques à travers une partie subtile entre les populations et leur milieu. A force de tirer toujours vers ceux qui ont le plus de descendants, la reproduction finit par faire dériver les populations dans des voies bien précises. La sélection naturelle n'exprime que la régulation imposée à la multiplication des organismes par ce qui les entoure. Si le monde vivant évolue à l'encontre du monde inanimé, s'il se dirige non pas vers le désordre, mais vers un ordre croissant, c'est grâce à cette exigence imposée aux êtres vivants de se reproduire toujours plus, toujours mieux. Par la nécessité de la reproduction, cela même qui conduirait immanquablement un système inerte à la désagrégation devient, chez le vivant, source de nouveauté et de diversité.

La notion de programme permet d'établir une distinction nette entre les deux domaines d'ordre que tente d'instaurer la biologie dans le monde vivant. Contrairement à ce qu'on imagine souvent, la biologie n'est pas une science unifiée. L'hétérogénéité des objets, la divergence des intérêts, la variété des techniques, tout cela concourt à multiplier les disciplines. Aux extrémités de l'éventail, on distingue deux grandes tendances, deux attitudes qui finissent par s'opposer radicalement. La première de ces attitudes peut être qualifiée d'intégriste ou d'évolutionniste. Pour elle, non seulement l'organisme n'est pas dissociable en ses constituants, mais il y a souvent intérêt à le regarder comme l'élément d'un système d'ordre supérieur, groupe, espèce, population, famille écologique. Cette biologie s'intéresse aux collectivités, aux comportements, aux relations que les organismes entretiennent entre eux ou avec leur milieu. Elle cherche dans les fossiles la trace de l'émergence des formes qui vivent actuellement. Impressionnée par l'incroyable diversité des êtres, elle analyse la structure du monde vivant, cherche la cause des caractères existants, décrit le mécanisme des adaptations. Son but, c'est de préciser les forces et les chemins qui ont conduit les systèmes vivants à la faune et à la flore d'aujourd'hui. Pour le biologiste intégriste, l'organe et la fonction n'ont d'intérêt qu'au sein d'un tout constitué, non pas seulement par l'organisme, mais par l'espèce avec son cortège de sexualité, de proies, d'ennemis, de communication, de rites. Le biologiste intégriste refuse de considérer que *toutes* les propriétés d'un être vivant, son comportement, ses performances peuvent s'expliquer par ses seules structures moléculaires. Pour lui, la biologie ne peut se réduire à la physique et à la chimie. Non qu'il veuille invoquer l'inconnaissable d'une force vitale. Mais parce que, à tous les niveaux, l'intégration donne aux systèmes des propriétés que n'ont pas leurs éléments. Le tout n'est pas seulement la somme des parties.

A l'autre pôle de la biologie se manifeste l'attitude opposée qu'on peut appeler tomiste ou réductionniste. Pour elle, l'organisme est bien un tout, mais qu'il faut expliquer par les seules propriétés des parties. Elle s'intéresse à l'organe, aux tissus, à la cellule, aux molécules. La biologie tomiste cherche à rendre compte des fonctions par les seules structures. Sensible à l'unité de composition et de fonctionnement qu'elle observe derrière la diversité des êtres vivants, elle voit dans les performances de l'organisme l'expression de ses réactions chimiques. Pour le biologiste tomiste, il s'agit d'isoler les constituants d'un être vivant et de trouver les conditions qui lui permettent de les étudier dans un tube à essai. En variant ces conditions, en répétant les expériences, en précisant chaque paramètre, ce biologiste tente de maîtriser le système et d'en éliminer les variables. Son espoir, c'est de décomposer la complexité aussi loin que possible pour analyser les éléments avec l'idéal de pureté et de certitude que représentent les expériences de la physique et de la chimie. Pour lui, il n'est aucun caractère de l'organisme qui ne puisse, en fin de compte, être décrit en termes de molécules et de leurs interactions. Certes, il n'est pas question de nier les phénomènes d'intégration et d'émergence. Sans aucun doute, le tout peut avoir des propriétés dont sont dépourvus les constituants. Mais ces propriétés résultent de la structure même de ces constituants et de leur agencement.

On voit combien diffèrent ces deux attitudes. Entre les deux, il n'y a pas seulement une différence de méthode et d'objectif, mais aussi de langage, de schémas conceptuels et par là même d'explications causales dont est justifiable le monde vivant. L'une s'occupe des causes lointaines qui font intervenir l'histoire de la terre et des êtres vivants pendant des millions de générations. L'autre, au contraire, des causes immédiates qui mettent en jeu les constituants de l'organisme, son fonctionnement, les réactions à ce qui l'entoure. Bien des controverses et des malentendus, sur la finalité des êtres vivants notamment, sont dus à une confusion entre ces deux attitudes de la biologie. Chacune d'elles vise à instaurer un ordre dans le monde vivant. Pour l'une, il s'agit de l'ordre par quoi se lient les êtres, s'établissent les filiations, se dessinent les spéciations. Pour l'autre, de l'ordre entre les structures par quoi se déterminent les fonctions, se coordonnent les activités, s'intègre l'organisme. La première considère les êtres vivants comme les éléments d'un vaste système qui englobe toute la terre. La seconde s'intéresse au système que forme chaque être vivant. L'une cherche à établir un ordre parmi les organismes. L'autre au sein de l'organisme. Les deux ordres viennent s'articuler au niveau de l'hérédité qui constitue, pour ainsi dire, l'ordre de l'ordre biologique. Si les espèces sont stables, c'est que le programme est scrupuleusement recopié, signe par signe, d'une génération à l'autre. Si elles varient, c'est que de temps à autre le programme se modifie. D'un côté, il s'agit donc d'analyser la structure du programme, sa logique, son exécution. De l'autre, il importe de rechercher l'histoire des programmes, leur dérive, les lois qui régissent leurs changements à travers les générations en fonction des systèmes écologiques. Mais dans tous les cas, c'est la finalité de la reproduction qui justifie aussi bien la structure des systèmes vivant actuellement que leur histoire. Le moindre organisme, la moindre cellule, la moindre molécule de protéine est le résultat d'une expérimentation qui s'est poursuivie sans relâche pendant deux milliards d'années. Quelle signification pourrait bien avoir un mécanisme réglant la production d'un métabolite par une cellule, sinon une économie de synthèse et d'énergie? Ou l'effet d'une hormone sur le comportement d'un poisson, sinon de lui faire protéger sa descendance? C'est à des fins précises qu'une molécule d'hémoglobine change de conformation suivant la tension d'oxygène; qu'une cellule de la surrénale produit de la cortisone; que l'œil de la grenouille repère les formes bougeant devant lui; que la souris fuit devant le chat; qu'un oiseau mâle se pavane devant sa femelle. Dans tous les cas, il s'agit d'une propriété qui confère à l'organisme un avantage dans la compétition pour la descendance. Ajuster une réponse au milieu, à un ennemi en puissance, à un éventuel partenaire sexuel, c'est très exactement s'adapter. Dans la sélection naturelle, un programme génétique qui impose l'automatisme de telles réactions est assuré de l'emporter sur celui qui ne les possède pas. Comme est assuré de l'emporter un programme permettant l'apprentissage et l'adaptation du comportement par divers systèmes de régulation. Dans tous les cas, c'est la reproduction qui fonctionne comme opérateur principal du monde vivant. D'une part, elle constitue un but pour chaque organisme. De l'autre, elle oriente l'histoire sans but des organismes. Longtemps le biologiste s'est trouvé devant la téléologie comme auprès d'une femme dont il ne peut se passer, mais en compagnie de qui il ne veut pas être vu en public. A cette liaison cachée, le concept de programme donne maintenant un statut légal.

La biologie moderne a l'ambition d'interpréter les propriétés de l'organisme par la structure des molécules qui le constituent. En ce sens, elle correspond à un nouvel âge du mécanisme. Le programme représente un modèle emprunté aux calculatrices électroniques. Il assimile le matériel génétique d'un œuf à la bande magnétique d'un ordinateur. Il évoque une série d'opérations à effectuer, la rigidité de leur succession dans le temps, le dessein qui les sous-tend. En fait, les deux sortes de programmes diffèrent à bien des égards. D'abord par leurs propriétés. L'un se modifie à volonté, l'autre non : dans un programme magnétique, l'information s'ajoute ou s'efface en fonction des résultats obtenus; la structure nucléique au contraire n'est pas accessible à l'expérience acquise et reste invariante à travers les générations. Les deux programmes diffèrent aussi par leur rôle et par les relations qu'ils entretiennent avec les organes d'exécution. Les instructions de la machine ne portent pas sur ses structures physiques ou sur les pièces qui la composent. Celles de l'organisme, au contraire, déterminent la production de ses propres constituants, c'est-à-dire des organes chargés d'exécuter le programme. Même si l'on construisait une machine capable de se reproduire, elle ne formerait que des copies de ce qu'elle est elle-même au moment de les produire. Toute machine s'use à la longue. Peu à peu les filles deviendraient nécessairement un peu moins parfaites que les mères. En quelques générations, le système dériverait chaque fois un peu plus vers le désordre statistique. La lignée serait vouée à la mort. Reproduire un être vivant, au contraire, ce n'est pas recopier le parent tel qu'il est au moment de la procréation. C'est créer un nouvel être. C'est mettre en route, à partir d'un état initial, une série d'événements qui conduisent à l'état des parents. Chaque génération repart, non de zéro, mais du minimum vital, c'est-à-dire de la cellule. Dans le programme sont contenues les opérations qui parcourent chaque fois le cycle tout entier, conduisent chaque individu de la jeunesse à la mort. En outre, tout n'est pas fixé avec rigidité par le programme génétique. Bien souvent, celui-ci ne fait qu'établir des limites à l'action du milieu, ou même donner à l'organisme la capacité de réagir, le pouvoir d'acquérir un supplément d'information non innée. Des phénomènes tels que la régénération ou les modifications induites par le milieu chez l'individu montrent bien une certaine souplesse dans l'expression du programme. A mesure que se compliquent les organismes et que s'accroît l'importance de leur système nerveux, les instructions génétiques leur confèrent des potentialités nouvelles, comme la capacité de se souvenir ou d'apprendre. Mais le programme intervient jusque dans ces phénomènes. Il se manifeste dans l'apprentissage, par exemple, pour déterminer ce qui peut être appris et quand doit avoir lieu l'apprentissage au cours de la vie. Ou dans la mémoire, pour limiter la nature des souvenirs, leur nombre, leur durée. La rigidité du programme varie donc selon les opérations. Certaines instructions sont exécutées à la lettre. D'autres se traduisent par des capacités ou des potentialités. Mais en fin de compte, c'est le programme lui-même qui fixe son degré de souplesse et la gamme des variations possibles.

*

Il est question ici d'hérédité et de reproduction. Il est question des transformations qui ont progressivement modifié la manière de considérer la nature des êtres vivants, leur structure, leur permanence au fil des générations. Pour un biologiste, il y a deux façons d'envisager l'histoire de sa science. On peut tout d'abord y voir la succession des idées et leur généalogie. On cherche alors le fil qui a guidé la pensée jusqu'aux théories en fonction aujourd'hui. Cette histoire se fait pour ainsi dire à rebours, par extrapolation du présent vers le passé. De proche en proche, on choisit la devancière de l'hypothèse en cours, puis la devancière de la devancière et ainsi de suite. Dans cette manière de faire, les idées acquièrent une indépendance. Elles se comportent un peu comme des êtres vivants. Elles naissent, elles engendrent, elles meurent. Ayant valeur d'explication, elles ont pouvoir d'infection et d'invasion. Il y a alors une évolution des idées soumise, tantôt à une sélection naturelle qui se fonde sur un critère d'interprétation théorique, donc de réutilisation pratique, tantôt à la seule téléologie de la raison. Selon cette façon de voir, la génération spontanée, par exemple, commence à s'estomper avec les expériences de Francisco Redi. Elle perd encore du terrain avec celles de Spallanzani. Elle disparaît définitivement avec celles de Pasteur. Mais on ne comprend pas alors pourquoi il faut attendre que Pasteur répète, même en les perfectionnant, les travaux de Spallanzani pour en tirer les mêmes conclusions. Ni pourquoi Needham fait exactement la même chose que Spallanzani, trouve des résultats inverses, en tire des conclusions opposées. De même avec la théorie de l'évolution. On peut voir dans Lamarck le précurseur de Darwin, dans Buffon celui de Lamarck, dans Benoît de Maillet celui de Buffon et ainsi de suite. Mais on se demande alors pourquoi au début du XIXe siècle, ceux mêmes qui, comme Goethe, Erasme Darwin ou Geoffroy Saint-Hilaire guettaient les arguments en faveur du transformisme négligent à peu près totalement les idées de Lamarck.

Il y a une autre manière d'envisager l'histoire de la biologie. C'est de rechercher comment les objets sont devenus accessibles à l'analyse, permettant ainsi à de nouveaux domaines de se constituer en sciences. Il s'agit alors de préciser la nature de ces objets, l'attitude de ceux qui les étudient, leur manière d'observer, les obstacles que dresse devant eux leur culture. L'importance d'un concept se mesure à sa valeur opératoire, au rôle qu'il joue pour diriger l'observation et l'expérience. Il n'y a plus alors une filiation plus ou moins linéaire d'idées qui s'engendrent l'une l'autre. Il y a un domaine que la pensée s'efforce d'explorer; où elle cherche à instaurer un ordre; où elle tente de constituer un monde de relations abstraites en accord, non seulement avec les observations et les techniques, mais aussi avec les pratiques, les valeurs, les interprétations en vigueur. Les idées jadis répudiées prennent souvent autant d'importance que celles où cherche à se reconnaître la science d'aujourd'hui et les obstacles autant que les chemins ouverts. La connaissance fonctionne ici à deux niveaux. Chaque époque se caractérise par le champ du possible que définissent, non seulement les théories ou les croyances en cours, mais la nature même des objets accessibles à l'analyse, l'équipement pour les étudier, la façon de les observer et d'en parler. C'est seulement à l'intérieur de cette zone que peut évoluer la logique. C'est dans les limites ainsi fixées que manœuvrent les idées, qu'elles s'essaient, qu'elles s'opposent. Parmi tous les énoncés possibles, il s'agit alors de choisir celui qui intègre au plus près les résultats de l'analyse. Là intervient l'individu. Mais dans cette discussion sans fin entre ce qui est et ce qui peut être, dans la recherche d'une fissure par quoi se révèle une autre forme de possible, la marge laissée à l'individu reste parfois fort étroite. Et l'importance de ce dernier décroît d'autant plus qu'augmente le nombre de ceux qui pratiquent la science. Bien souvent, si une observation n'est pas faite ici aujourd'hui, elle le sera là demain. On se demandera longtemps ce que serait devenue la pensée scientifique si Newton avait été cueilleur de pommes, Darwin capitaine au long cours et Einstein ce plombier qu'il disait lui-même regretter de n'avoir pas été. Au pis, il y aurait probablement eu quelques années de retard pour la gravitation ou la relativité. Pas même cela pour l'évolution qu'énonçait Wallace en même temps que Darwin. Quand une attitude se manifeste trop tôt, comme celle de Mendel, personne n'en tient compte. Quand elle devient possible pour le petit nombre des spécialistes, alors on la retrouve en plusieurs endroits à la fois. Mais, en revanche, une fois acceptées, les théories de la science contribuent plus que les autres à réorganiser le domaine du possible, à modifier la manière de considérer les choses, à faire apparaître des relations ou des objets nouveaux; bref, à changer l'ordre en vigueur.

Cette façon d'envisager l'évolution d'une science comme la biologie diffère profondément de la précédente. Il ne s'agit plus de retrouver la voie royale des idées; de retracer la démarche assurée d'un progrès vers ce qui apparaît maintenant comme la solution; d'utiliser les valeurs rationnelles en cours aujourd'hui pour interpréter le passé et y chercher la préfiguration du présent. Il est question au contraire de repérer les étapes du savoir, d'en préciser les transformations, de déceler les conditions qui permettent aux objets et aux interprétations d'entrer dans le champ du possible. L'élimination de la génération spontanée n'est plus alors une opération presque linéaire qui conduit de Redi à Pasteur en passant par Spallanzani. Darwin n'est plus simplement le fils de Lamarck et le petit-fils de Buffon. La disparition de la génération spontanée et l'apparition d'une théorie de l'évolution deviennent des produits du milieu du XIXe siècle dans son ensemble. Elles font intervenir le concept de vie et celui d'histoire dans la connaissance des êtres. Elles ne peuvent survenir qu'une fois délimitée l'espèce, coupée la continuité entre organique et inorganique, éliminée la série des transitions qui conduisaient insensiblement des organismes les plus simples aux plus complexes. En fin de compte, par leur rigidité et leur dogmatisme, par leur obstination à ne considérer que la fixité des espèces, Linné et Cuvier ont au moins autant contribué à l'élimination de la génération spontanée que Redi et Spallanzani par leurs expériences. Et en brisant le vieux mythe de la chaîne des êtres vivants, Cuvier a peut-être plus fait pour rendre possible une théorie de l'évolution que Lamarck en généralisant le transformisme du XVIIIe siècle.

Il y a, en biologie, un grand nombre de généralisations, mais fort peu de théories. Parmi celles-ci, la théorie de l'évolution l'emporte de beaucoup en importance sur les autres, parce qu'elle rassemble, dans les domaines les plus variés, une masse d'observations qui, sans elle, resteraient isolées; parce qu'elle lie entre elles toutes les disciplines qui s'intéressent aux êtres vivants; parce qu'elle instaure un ordre dans l'extraordinaire variété des organismes et les lie étroitement au reste de la terre; bref, parce qu'elle fournit une explication causale du monde vivant et de son hétérogénéité. La théorie de l'évolution se résume essentiellement en deux propositions. Elle dit d'abord que tous les organismes, passés, présents ou futurs, descendent d'un seul, ou de quelques rares systèmes vivants qui se sont formés spontanément. Elle dit ensuite que les espèces ont dérivé les unes des autres par la sélection naturelle des meilleurs reproducteurs. Pour une théorie scientifique, celle de l'évolution présente le plus grave des défauts : comme elle se fonde sur l'histoire, elle ne se prête à aucune vérification directe. Si elle n'en a pas moins un caractère scientifique, par opposition au magique ou au religieux, c'est qu'elle reste soumise au démenti que peut lui apporter l'expérience. La formuler, c'est prendre le risque d'être un jour contredit par quelque observation. Mais jusqu'ici, la plupart des généralisations qu'a établies la biologie ne font que refléter certains aspects de la théorie de l'évolution et la confirmer. C'est le cas notamment de toute une série de propositions, du genre : tous les êtres vivants sont constitués de cellules; tous les êtres vivants utilisent les mêmes isomères optiques; l'information génétique d'un organisme est contenue dans l'acide désoxyribonucléique; l'énergie nécessaire à un être vivant lui est fournie par des réactions où les phosphorylations sont couplées à l'utilisation soit d'un composé chimique, soit de la lumière. Ce qu'ont montré la physiologie et la biochimie au cours de ce siècle, c'est d'abord l'unité de composition et de fonctionnement dans le monde vivant. Par-delà la diversité des formes et la variété des performances, tous les organismes emploient les mêmes matériaux pour effectuer des réactions similaires. Comme si, dans son ensemble, le monde vivant utilisait toujours les mêmes ingrédients et les mêmes recettes, n'apportant de fantaisie que dans la cuisson et les condiments. Force est donc d'admettre qu'une fois trouvée la recette qui se révélait la meilleure, la nature s'y est tenue au cours de l'évolution. Quelle que soit sa spécialité, qu'il s'occupe d'organismes, de cellules ou de molécules, il n'est pas un biologiste aujourd'hui qui n'ait, tôt ou tard, à se référer à l'évolution pour interpréter les résultats de son analyse. Quant aux autres théories qu'a produites la biologie, celle de la conduction nerveuse, par exemple, ou celle de l'hérédité, elles sont en général d'une extrême simplicité et ne font intervenir qu'une part modeste d'abstraction. Et quand surgit quelque entité abstraite, comme le gène, le biologiste n'a de cesse qu'il ne lui ait substitué des éléments matériels, particules ou molécules. Comme si, pour durer en biologie, une théorie devait se référer à quelque modèle concret.

Ce qui a peut-être transformé le plus profondément l'étude des êtres vivants, c'est l'accès à l'analyse d'objets nouveaux. Pas toujours comme conséquence de l'apparition d'une technique nouvelle qui vient accroître l'équipement sensoriel. Plutôt comme résultat d'un changement dans la manière de regarder l'organisme, de l'interroger, de formuler les questions à quoi l'observation doit répondre. Bien souvent, en effet, il s'agit d'un simple changement d'éclairage qui fait disparaître un obstacle, qui fait émerger de l'ombre quelque aspect d'un objet, quelque relation jusque-là invisible. Ce n'est pas un instrument inédit qui a soudain permis, à la fin du XVIIIe siècle, de comparer la patte du cheval et la jambe de l'homme pour y voir des analogies de structure et de fonction. Entre la main de Fernel, qui crée le mot de physiologie, et celle de Harvey, qui rend la circulation du sang accessible à l'expérimentation, le scalpel n'a changé ni de forme ni de vertus. De ceux qui, tout au long du XIXe siècle, s'intéressent à l'hérédité, jusqu'à Mendel, il n'y a rien d'autre qu'une légère différence dans le choix des objets d'expérience, dans ce qu'on y regarde et surtout dans ce qu'on y néglige. Et si l'œuvre de Mendel reste ignorée pendant plus de trente ans, c'est que ni les biologistes de profession, ni les éleveurs, ni les horticulteurs ne sont encore en mesure d'adopter son attitude. « Ceux qui cherchent Dieu le trouvent », disait Pascal. Mais on ne trouve jamais que le Dieu qu'on cherche.

Même quand un instrument vient soudain accroître le pouvoir de résolution des sens, il ne représente jamais que l'application pratique d'une conception abstraite. Le microscope, c'est la réutilisation des théories physiques sur la lumière. Et il ne suffit pas de « voir » un corps jusque-là invisible pour le transformer en objet d'analyse. Quand Leeuwenhoek contemple pour la première fois une goutte d'eau à travers un microscope, il y trouve un monde inconnu : des formes qui grouillent; des êtres qui vivent; toute une faune imprévisible que l'instrument, soudain, rend accessible à l'observation. Mais la pensée d'alors n'a que faire de tout ce monde. Elle n'a aucun emploi à proposer à ces êtres microscopiques, aucune relation pour les unir au reste du monde vivant. Cette découverte permet seulement d'alimenter les conversations. Que puissent vivre, nager, s'agiter, des êtres si petits que l'œil ne parvient à les déceler, voilà d'abord un sujet d'émerveillement bien propre, si besoin en était encore, à démontrer la puissance et la générosité de la Nature. Sujet de distraction aussi, pour les cours et les salons qui s'adonnent à la science amusante. Sujet de scandale enfin, pour ceux qui, comme Buffon, voient dans ces êtres microscopiques une sorte d'outrage au monde vivant tout entier. Qu'une goutte d'eau puisse ainsi contenir des milliers de corps vivants, c'est là une insulte à tous les êtres et surtout au plus noble d'entre eux. Quand, au même moment, Robert Hooke regarde un morceau de liège au microscope, il y discerne des sortes d'alvéoles qu'il baptise cellules. Malpighi et d'autres retrouvent des figures semblables dans des coupes de certains parenchymes végétaux. Mais ils ne sont pas en mesure d'en tirer la moindre conclusion sur la constitution des plantes. A la fin du XVIIe siècle, il s'agit d'analyser la structure visible des êtres vivants, non de les décomposer en sous-unités. Le seul domaine où la pensée soit prête à accueillir les révélations du microscope, c'est celui de la génération. De tout temps, les événements qui accompagnent le mélange des semences et le développement de l'œuf sont restés cachés, faute d'un équipement sensoriel suffisant. Aussi lorsque Leeuwenhoek et Hartsoeker distinguent, dans la liqueur spermatique des animaux mâles les plus variés, des « animalcules » qui nagent fiévreusement, ceux-ci trouvent-ils aussitôt un emploi. Pas le bon, d'ailleurs, puisque pendant longtemps on cherche surtout soit à faire de ces animalcules les seuls artisans de la génération, soit au contraire à réduire leur rôle à celui de comparses. Pour qu'un objet soit accessible à l'analyse, il ne suffit pas de l'apercevoir. Il faut encore qu'une théorie soit prête à l'accueillir. Dans l'échange entre la théorie et l'expérience, c'est toujours la première qui engage le dialogue. C'est elle qui détermine la forme de la question, donc les limites de la réponse. « Le hasard ne favorise que les esprits préparés », disait Pasteur. Le hasard, ici, cela signifie que l'observation a été faite par accident et non afin de vérifier la théorie. Mais la théorie était déjà là, qui permet d'interpréter l'accident.

*

Comme les autres sciences de la nature, la biologie a perdu aujourd'hui nombre de ses illusions. Elle ne cherche plus la vérité. Elle construit la sienne. La réalité apparaît alors comme un équilibre toujours instable. Dans l'étude des êtres vivants, l'histoire met en évidence une succession d'oscillations, un mouvement de pendule entre le continu et le discontinu, entre la structure et la fonction, entre l'identité des phénomènes et la diversité des êtres. C'est de ce balancement qu'émerge peu à peu l'architecture du vivant, qu'elle se révèle dans des couches enfouies toujours plus profondément. Dans le monde vivant comme ailleurs, il s'agit toujours d' « expliquer du visible compliqué par de l'invisible simple », selon le mot de Jean Perrin. Mais dans les êtres comme dans les choses, c'est un invisible à tiroirs. Il n'y a pas une organisation du vivant, mais une série d'organisations emboîtées les unes dans les autres comme des poupées russes. Derrière chacune s'en cache une autre. Au-delà de chaque structure accessible à l'analyse finit par se révéler une nouvelle structure, d'ordre supérieur, qui intègre la première et lui confère ses propriétés. On n'accède à celle-ci qu'en bouleversant celle-là, en décomposant l'espace de l'organisme pour le recomposer selon d'autres lois. A chaque niveau d'organisation ainsi mis en évidence répond une manière nouvelle d'envisager la formation des êtres vivants. Depuis le XVIe siècle, on voit ainsi apparaître à quatre reprises une organisation nouvelle, une structure d'ordre chaque fois plus élevé :

d'abord, avec le début du XVIIe siècle, l'agencement des surfaces visibles, ce qu'on peut appeler structure d'ordre un; puis à la fin du XVIIIe siècle, l' « organisation », la structure d'ordre deux qui sous-tend organes et fonctions et finit par se résoudre en cellules; ensuite au début du XXe siècle, les chromosomes et les gènes, structure d'ordre trois cachée au cœur de la cellule; enfin, au milieu de ce siècle, la molécule d'acide nucléique, structure d'ordre quatre, sur quoi reposent aujourd'hui la conformation de tout organisme, ses propriétés, sa permanence à travers les générations. C'est tour à tour sur chacune de ces organisations que vient converger l'analyse des êtres vivants.

Ce qu'on a cherché à décrire ici, ce sont les conditions qui, depuis le XVIe siècle, ont permis l'apparition successive de ces structures. C'est la manière dont la génération, création chaque fois renouvelée exigeant toujours l'intervention de quelque force externe, s'est transformée en reproduction, propriété interne de tout système vivant. C'est l'accès à ces objets de plus en plus cachés que constituent les cellules, les gènes, les molécules d'acide nucléique. La découverte de chaque poupée russe, la mise en évidence de ces dénivellations successives ne résultent pas simplement d'une accumulation d'observations et d'expériences. Le plus souvent, elles expriment un changement plus profond, une transformation dans la nature même du savoir. Elles ne font que traduire, dans l'étude du monde vivant, une manière nouvelle de considérer les objets.

CHAPITRE PREMIER

La structure visible

Dans son livre consacré aux *Monstres et Prodiges*, qui complète son traité de la génération, Ambroise Paré constate, en 1573 : « Nature tâche toujours à faire son semblable : il s'est vu un agneau ayant la tête d'un porc parce qu'un verrat avait couvert la brebis »[1]. Ce qui étonne aujourd'hui dans cette phrase, ce n'est pas tant la présence d'un monstre où se réassortissent les caractères d'espèces différentes : chacun en a imaginé ou dessiné. Ce n'est pas non plus la manière dont est produit ce monstre : une fois admise la possibilité d'un tel échange de formes et d'organes entre les animaux, la copulation paraît encore le moyen le plus simple de faire surgir un tel hybride. Le plus déconcertant, c'est l'argumentation développée dans cette phrase. Pour démontrer ce qui apparaît aujourd'hui comme l'un des phénomènes les plus réguliers de la nature, la formation de l'enfant à l'image des parents, Ambroise Paré invoque la *vue* de ce que nous considérons comme ne pouvant pas exister, de ce qui précisément nous paraît exclu par la régularité même de ce phénomène. Malheureusement, Paré ne dit jamais à quoi ressemblent les descendants de l'agneau à tête de porc. Nulle part, on ne peut savoir s'il a engendré d'autres agneaux à tête de porc.

Car, à cette époque, il n'existe pas encore de lois de la nature, pas plus pour régir la génération des animaux que le mouvement des astres. On ne distingue pas entre la nécessité des phénomènes et la contingence des événements. Si, de toute évidence, le cheval naît du cheval et le chat du chat, ce n'est pas l'effet d'un mécanisme permettant aux êtres vivants de produire des copies d'eux-mêmes, un peu comme la machine à imprimerie produit des copies

1. *Œuvres*, Paris, 1841, t. III, § 20, p. 43.

d'un texte. Le mot et le concept de reproduction n'apparaissent que vers la fin du XVIIIe siècle pour signifier la formation des corps vivants. Auparavant les êtres ne se reproduisent pas. Ils sont engendrés. La génération est toujours le résultat d'une création qui, à une étape ou une autre, exige l'intervention directe des forces divines. Pour expliquer le maintien des structures visibles par filiation, le XVIIe siècle renverra la formation de tous les individus appartenant à une même espèce à une série de créations simultanées, réalisées sur un même modèle à l'origine du monde. Une fois créés, les futurs êtres peuvent alors attendre l'heure de la naissance à l'abri de toute fantaisie et de toute irrégularité. Mais, jusqu'au XVIIe siècle, la formation d'un être reste immédiatement soumise à la volonté du Créateur. Elle n'a pas de racines dans le passé. La génération de chaque plante, de chaque bête, constitue en quelque sorte un événement unique, isolé, indépendant de toute autre création, un peu comme la production d'un objet ou d'une œuvre d'art par l'homme.

La génération

De l'Antiquité à la Renaissance, la connaissance du monde vivant n'a guère changé. Quand Cardan, Fernel ou Aldrovande parlent des êtres, ils répètent à peu près ce que disaient déjà Aristote, Hippocrate ou Galien. Au XVIe siècle, chaque corps de ce monde, chaque plante, chaque animal se décrit toujours comme une combinaison particulière de matière et de forme. La matière se compose toujours des quatre mêmes éléments. Seule la forme caractérise donc un corps. Pour Fernel [1], quand une chose est créée, c'est la forme qui commence. Quand cette chose périt, seule la forme disparaît, non la matière. Car si la matière elle-même s'évanouissait, depuis longtemps déjà le monde aurait disparu; il se serait usé. Ce qui place la forme dans la matière, pour créer des astres, des pierres ou des êtres, c'est la Nature. Mais celle-ci ne représente qu'un agent d'exécution, un principe opérant sous la direction de Dieu. Lorsqu'on voit une église ou une statue, on sait bien qu'il existe, ou qu'il a existé, quelque part, un architecte ou un sculpteur pour les réaliser. De même, lorsqu'on voit une rivière, un arbre ou un oiseau, on sait aussi qu'il existe une Puissance suprême pour les créer, une Intelligence qui, ayant décidé de faire un monde, l'or-

1. *De abditis rerum causis*, I, 1; *Opera*, Genève, 1637, p. 483-484.

donne, le maintient en état et le dirige constamment.

Le semblable qu'invoque Ambroise Paré pour expliquer la formation de l'agneau à tête de porc n'a pas le même statut qu'aujourd'hui. Pour connaître les choses alors, il importe de discerner les signes visibles déposés à leur surface par la nature afin de permettre à l'homme d'en comprendre les relations. Il faut déceler le système de ressemblances, le réseau d'analogies et de similitudes par quoi s'ouvre un accès à certains secrets de la nature. Car « de la similitude des choses, dit Porta [1], on peut déduire les intentions divines ». Pour connaître un objet, on ne doit donc négliger aucune des analogies qui le lient aux choses et aux êtres. Il y a ainsi des plantes qui ressemblent à des cheveux, ou à des yeux, à des sauterelles, à des poules, à des grenouilles, à des serpents. Les animaux se reflètent dans les étoiles, dans les plantes, dans les pierres où, dit Pierre Belon [2], « la nature s'est plus jouée à exprimer la figure des poissons que celles des autres animaux ». Et les ressemblances particulièrement difficiles à repérer portent une marque : elles sont signées. Les signatures aident à découvrir des analogies qui, autrement, risqueraient de passer inaperçues. Grâce aux similitudes et aux signatures, il est possible de s'infiltrer du monde des formes dans celui des forces. Par les analogies, « l'invisible est visible », dit Paracelse [3]. Car les ressemblances ne sont ni inutiles ni gratuites. Elles ne traduisent pas un simple divertissement du ciel. C'est parce que certains corps possèdent les mêmes propriétés qu'ils se ressemblent. Inversement, la similitude traduit une communauté de qualité. La ressemblance d'une plante avec des yeux est le signe qu'il faut utiliser cette plante pour traiter les maladies des yeux. Derrière les similitudes se cache la nature des choses. Et la ressemblance de l'enfant avec ses parents n'est qu'un aspect particulier de toutes celles par quoi se lient en secret les êtres et les choses.

L'ordre qui est instauré dans un être vivant ne se distingue pas alors de celui qui règne dans l'univers. Tout est la nature et la nature est une, comme en témoigne cette page de Paracelse [4] consacrée aux médecins. « Le médecin doit savoir ce qui est utile et nuisible aux créatures insen-

1. *Phytognomonica*, I, 8, Rouen, 1650, p. 14.
2. *La nature et diversité des poissons*, Paris, 1555, p. 87.
3. *Les cinq livres de Auréole Philippe Théophraste de Hohenheim*, prol.; trad. franç. in *Œuvres médicales*, Paris, 1968, p. 194.
4. *Le livre Paragranum*, *ibid.*, p. 95-96.

sibles, aux monstres marins et aux poissons, ce qu'aiment et ce que détestent les animaux privés de raison, ce qui leur est sain et malsain. Voilà sa culture concernant la Nature. Et encore? Les pouvoirs des formules magiques, leur origine et leur source, leur nature : qui est Mélusine, qui est Sirène, ce qu'est la permutation, la transplantation et la transmutation, comment les saisir et comment les comprendre parfaitement, ce qui dépasse la nature, l'espèce, la vie, la nature du visible et de l'invisible, du doux et de l'amer, ce qui a bon goût, ce qu'est la mort, ce qu'utilise le pêcheur, celui qui prépare les cuirs, le tanneur, le teinturier, le forgeron, l'artisan du bois, ce qui va dans la cuisine, dans la cave, dans le jardin, ce qui concerne le temps, la science du chasseur et du mineur, la condition du vagabond et du sédentaire, les nécessités des campagnes et les causes de la paix, la cause du laïque et de l'ecclésiastique, les occupations et la nature des différents états, leur origine, la nature de Dieu et de Satan, le poison et l'antidote, la nature féminine et la nature masculine, la différence entre les femmes et les pucelles, entre ce qui est jaune et ce qui est bis, ce qui est blanc, noir, rouge et blême, les causes de la multiplicité des couleurs, de la brièveté et de la longueur, de la réussite, de l'échec et comment obtenir tous ces résultats. »

Un être vivant ne peut alors se réduire à sa seule structure visible. Il représente une maille du réseau secret qui unit tous les objets de ce monde. Chaque animal, chaque plante devient une sorte de corps protéiforme qui se prolonge non seulement dans les autres êtres, mais aussi dans les pierres, dans les étoiles et même dans les activités humaines. On ne l'observe pas simplement dans la réalité, mais à la cuisine, dans le ciel, sur les blasons, chez l'apothicaire, le tanneur, le pêcheur, le chasseur. Quand Aldrovande traite du cheval, il en décrit la forme et l'aspect en quatre pages. Mais il lui en faut près de trois cents pour détailler les noms du cheval, son élevage, habitat, tempérament, docilité, mémoire, affection, reconnaissance, fidélité, générosité, ardeur à la victoire, vitesse, agilité, pouvoir prolifique, sympathies, antipathies, maladies et traitement; puis apparaissent les chevaux monstrueux, les chevaux prodigieux, les chevaux fabuleux, les chevaux célèbres avec description des lieux où ils se sont illustrés, le rôle des chevaux dans l'équitation, l'attelage, la guerre, la chasse, les jeux, les travaux des champs, les défilés, l'importance du cheval dans l'histoire, la mythologie, la littérature, les proverbes, la peinture, la sculpture, les médailles, les blasons.

Le monde vivant ne peut alors s'ordonner selon les seuls critères de formes. La disposition des êtres s'opère à un niveau différent, selon un autre clivage du savoir. Tout apparaît continu dans la nature et, plus que des catégories, c'est une hiérarchie qu'on y trouve. Il y a, bien sûr, le vieil arrangement d'Aristote, l'évidente différence par quoi les êtres vivants se distinguent des minéraux et dont seule l'âme peut rendre compte. Parmi les êtres vivants, on peut séparer les plantes, les animaux et l'homme dont les qualités diverses s'accordent aux diverses sortes d'âmes que Dieu y place. Mais dans la hiérarchie des êtres, la progression se fait par d'imperceptibles écarts. Parmi ces formes qui glissent les unes sur les autres, il est bien difficile de décider où commence et où finit chaque domaine. Une éponge, qui va dire si c'est une plante ou un animal? Et un corail, est-ce vraiment une pierre? « De même que les zoophytes ressemblent à la fois à l'animal et à la plante, dit Césalpin [1], de même les champignons appartiennent à la fois aux végétaux et aux choses inanimées. » De fait, la seule coupure que le XVIe siècle n'hésite pas à tracer dans le monde vivant, c'est entre l'homme et les « bêtes brutes ». Quant à la distinction entre le végétal et l'animal, elle ne peut se faire qu'à travers une zone de recouvrement où l'évidence des différences s'efface devant l'importance des analogies. « Toutes les parties des plantes, dit Cardan [2], répondent aux parties des animaux, les racines sont semblables à la bouche et les parties basses du tronc au ventre, les feuilles aux poils, l'écorce au cuir et à la peau, le bois aux os, les veines aux veines, les nerfs aux nerfs, la matrice à quelques entrailles. » Le jeu des ressemblances brouille les portraits et comble les écarts. La plante finit par devenir un animal retourné, la tête en bas. Césalpin [3] y loge le cœur, siège de l'âme, « à l'endroit où nous croyons devoir placer avec le plus de raison le principe vital, ... dans la partie inférieure de la plante, là où la tige rejoint la racine ».

Avec cet enchevêtrement des formes, il n'existe pas d'espèce au sens où l'entendra l'âge classique, c'est-à-dire une permanence des structures visibles par filiation. La production du semblable par les corps vivants n'exprime

1. *De plantis libri XVI*, lib. I, cap. XIV, Florence, 1583, p. 28.
2. *Les Livres intitulés de la Subtilité*, trad. franç., Paris, 1584, VIII, p. 196 *b*.
3. *De plantis libri XVI*, lib. I, cap. I, p. 3.

pas une nécessité de la nature. Pour expliquer la formation d'un être il faut, à chaque fois, avoir recours à l'action de Dieu ou de ses délégués. Comme celle de toute chose, la création d'un être requiert l'union de la matière et de la forme. Mais les propriétés des êtres vivants exigent en outre l'intervention directe des forces qui régissent le monde. La liaison est assurée par deux intermédiaires : l'âme, qui est propre à chaque individu, de qualité variable selon la place qu'occupe celui-ci dans la hiérarchie des êtres, et non perceptible par les sens; la chaleur innée qui est commune à tous les êtres vivants et perceptible.

L'existence d'une âme pour rendre compte des propriétés des êtres vivants est aussi nécessaire alors qu'aujourd'hui l'électricité pour expliquer les orages. Le moment le plus important de la génération devient ainsi l'implantation de l'âme dans la matière du corps. C'est là l'événement naturel, on dirait maintenant biologique, par excellence. Quant à la chaleur innée, c'est la marque même de la vie. Lorsque survient la mort, la chaleur s'éteint et le corps se refroidit tout en conservant quelque temps sa forme. « Nous reconnaissons notre ami, dit Fernel [1], bien que sa vie ne soit plus là et que sa chaleur ne soit plus là. La chaleur innée l'a fui. » Tous les êtres vivants sont habités par cette chaleur, même « le serpent quoique son tempérament soit froid », même « la mandragore et le coquelicot et toutes les herbes de tempérament froid » [2].

Cette chaleur, source de toute vie, le Créateur l'a répartie en deux jeux. L'un est placé dans les animaux et les plantes qui possèdent le pouvoir d'engendrer leur semblable. Plus précisément dans la semence mâle, capable d'activer et de donner la forme à la matière contenue dans la semence femelle. « Comme nous voyons que les femmes, dit Montaigne [3], produisent bien toutes seules des amas et pièces de chair informe, mais que pour faire une génération bonne et naturelle, il les faut embesogner d'une autre semence. » L'autre jeu est placé dans le soleil, d'où la chaleur peut activer directement les éléments, la terre, l'eau et toutes sortes de débris pour donner naissance aux êtres vils, aux « serpents, sauterelles, vers, mouches, souris, chauves-souris, taupes et tout ce qui naît spontanément, non pas de semence, mais de matière putride et de

1. *Ambiani physiologiae libri*, IV, 1; *Opera*, p. 101.
2. *De abditis rerum causis*, II, 7; *Opera*, p. 590.
3 *Essais*, livre I, VIII, la Pléiade, p. 48.

fange », dit Fernel [1]. Aux yeux du XVIe siècle, la génération spontanée est aussi naturelle et compréhensible, sinon plus, que la génération par les semences. Seule la perfection des formes peut justifier la complication des processus. « Nature eût cherché de matière putride la génération à tous les animaux, dit Cardan [2], mais pour ce que les parfaits requéraient longtemps, afin qu'ils fussent accomplis, la matière n'eût pu être conservée si longtemps sans mouvement et principalement sans conceptacle, pour cause du changement des temps; pour ces causes, la matière a été nécessaire où la couverture de l'œuf ou le fruit fut gardé jusqu'à ce qu'il fût parfait, et pour ce, la génération est faite de semence. »

Pour décrire la génération, le XVIe siècle utilise, sinon des modèles, du moins des images empruntées à deux activités créatrices de l'homme : l'alchimie et l'art. L'utilisation de la chaleur pour transformer la matière constitue la méthode des alchimistes par excellence. Quand ceux-ci cherchent quelque combinaison nouvelle du mercure, du soufre et du salpêtre, c'est dans la chaleur des fourneaux et des alambics. De même, quand la putréfaction transforme en mouches un morceau de viande, c'est par la chaleur qu'elle dégage. De même aussi, quand s'élabore la semence des animaux parfaits, c'est grâce à la chaleur du corps. La matière et les esprits qui l'habitent se trouvent malaxés, triturés, renvoyés du cœur au foie, du foie au cerveau, du cerveau aux testicules par « retours et résolution et replis comme capréoles de vigne », explique Paré [3]. A mesure de leur progression dans les « entortillures et anfractuosités du corps », les humeurs et la semence se chargent de toutes les vertus nécessaires à leur futur travail, les vertus concupiscibles, ossifiques, carnifiques, nervifiques, veinifiques, etc. Le jeu des forces inconnues se cache derrière celui du langage. Grâce aux mots, le mystère de la nature finit par se livrer quelque peu; car dans les mots eux-mêmes se loge une part de ces vertus qu'ils désignent. Les prononcer ou les écrire finit par donner en quelque sorte un accès aux secrets qu'ils recouvrent, tout comme déceler les similitudes ouvre la voie à la connaissance des choses. Mais en fin de compte, « tout ce que font les parents, précise Fernel [4], c'est d'être le siège des forces qui unissent

1. *De abditis rerum causis*, I, 8; *Opera*, p. 538.
2. *De la Subtilité*, IX, p. 235 *b*.
3. *De la génération de l'homme*, préf.; *Œuvres*, t. II, p. 634.
4. *De abditis rerum causis*, I, 7; *Opera*, p. 535.

la matière à la forme. Au-dessus des parents, il y a un Ouvrier plus puissant. C'est lui qui envoie la forme en soufflant le souffle ». La production d'un être par les forces qui ordonnent l'univers ressemble à celle des objets par l'homme. Armée de tous ses pouvoirs, la nature travaille « comme les architectes, maçons et charpentiers ayant jeté le premier fondement d'une maison ou dressé la carène d'un navire édifient et bâtissent le reste du bâtiment »[1]. Ou comme « un sculpteur qui tire la forme du bronze et des pierres »[2]. Ou encore comme « un peintre qui portrait sur le Naturel »[3]. C'est ce portrait d'après nature qui rend compte des ressemblances entre parents et enfants par quoi l'hérédité vient s'insérer dans le réseau des analogies et des similitudes. L'hérédité représente en quelque sorte la part de l'artiste, ce mélange de forme, de constitution, de tempérament, mais non de matière, qui à travers la semence se retrouve d'une génération à l'autre. « Quel monstre, se demande Montaigne [4], est-ce que cette goutte de semence de quoi nous sommes produits, porte en soi les impressions, non de la forme corporelle seulement, mais des pensements et des inclinations de nos pères? Cette goutte d'eau où loge-t-elle ces ressemblances, d'un progrès si téméraire et si déréglé que l'arrière-fils répondra à son bisaïeul, le neveu à l'oncle? »

Mais le portrait d'après nature reste toujours soumis à l'influence de forces variées qui peuvent s'exercer tant que se développe l'embryon : « L'imagination féminine, dit Paracelse [5], ressemble à la puissance divine, ses désirs extérieurs se reproduisent sur l'enfant. » Et par là, tout devient possible. Toutes les visions, tous les rêves, toutes les impressions peuvent se frayer un chemin jusqu'au petit dans le ventre de sa mère. Chaque sensation du parent peut se refléter sur l'enfant, lui imprimer une marque, une signature. « Si, quand le paon couve sur les œufs, dit Fernel [6], il est couvert de linges blancs, il engendre des petits paons tout blancs et non pas de couleur diaprée. Ainsi, tout de même, la poule engendre des poussins de différentes couleurs si elle couve des œufs peints de différentes couleurs... Les choses sont confirmées par l'observation de plusieurs. »

1. Paré, *De la génération de l'homme*, X; *Œuvres*, t. II, p. 651.
2. Fernel, *De abditis rerum causis*, I, 3; *Opera*, p. 491.
3. Paré, *ibid.*, p. 638.
4. *Essais*, livre II, 37, p. 540.
5. *Livre de Hohenheim*, III; *Œuvres médicales*, p. 222.
6. *Ambiani physiologiae libri*, VII; *Opera*, p. 239.

Ainsi, dans la confection des êtres parfaits qui engendrent leur semblable, le réseau des similitudes finit par se dédoubler. D'un côté, la reproduction de la forme et du tempérament est assurée par la ressemblance qu'entraîne l'hérédité. De l'autre, par l'intermédiaire des sensations perçues par les parents ou sous l'effet de leur imagination, le produit de la génération reste accessible aux influences du monde extérieur qui peut imprimer sur l'enfant la signature de toutes les analogies possibles. La boucle se referme ainsi sur le jeu des similitudes. Comment l'enfant ne se refléterait-il pas dans l'univers puisque avant sa naissance l'univers se reflète déjà dans l'enfant? Et à travers ces détours par quoi les forces invisibles répercutent sans fin les ressemblances entre les êtres, toutes les combinaisons de formes deviennent possibles; les organes, les membres, les ornements de tous les êtres peuvent se réassortir les uns avec les autres. Entre les petites variations, les anomalies minimes qui traduisent quelques erreurs sans importance, et ce brassage dans quelque alambic par quoi s'échangent les parties des divers êtres vivants pour produire des monstres, le passage se fait insensiblement. De l'excroissance qui a « figure de cerise, de prune, de corne ou de figue »[1] à la « jument qui pouline d'un poulain à face d'homme »[2], il y a tous les intermédiaires.

Car la description du monde vivant au XVIe siècle est remplie des monstres les plus variés. Non seulement des livres entiers leur sont consacrés, par Aldrovande ou Ambroise Paré, mais dans chaque « Histoire » des êtres vivants, dans celle des oiseaux, ou celle des poissons, les êtres fabuleux viennent côtoyer les êtres de chaque jour. Ces monstres reflètent toujours le connu. Il n'en existe pas qui ne ressemble à rien, qui soit entièrement différent de ce que l'on voit ici ou là. Simplement, ils ressemblent, non pas à un seul être, mais à deux, à trois ou à plusieurs à la fois. Leurs parties répondent à des animaux différents. Et l'on voit apparaître le « monstre ayant la tête d'un ours et les bras d'un singe », ou « l'homme qui a les mains et les pieds d'un bœuf », « l'enfant à face de grenouille », le « chien ayant la tête semblable à une volaille », le « lion couvert d'écailles de poisson », le « poisson à tête d'évêque » et toutes les combinaisons qui se peuvent concevoir. Les monstres expriment toujours des ressemblances, mais

1. Paré, *Des Monstres et Prodiges*, XVI; *Œuvres*, t. III, p. 34.
2. *Ibid.*, XX, p. 44.

celles-ci sont devenues hétéroclites et ne correspondent plus au jeu normal de la nature. Les combinaisons et les signes qu'on y peut déchiffrer ne se réfèrent plus à l'ordre du monde mais témoignent des erreurs qui s'y peuvent glisser. « Les monstres sont choses qui apparaissent contre le cours de Nature », dit Ambroise Paré [1]. Contre le cours, mais pas contre les forces de la nature qui, elle, ne peut se tromper. S'il y a parfois erreur des hommes, ou des animaux ou même des plantes, si l'on rencontre des erreurs physiques et des erreurs morales, il n'y a jamais d'erreurs qui puissent être imputées aux principes, car ceux-ci exécutent imperturbablement les volontés suprêmes. « Ce que nous appelons monstres, explique Montaigne [2], ne le sont pas à Dieu qui voit en l'immensité de son ouvrage l'infinité des formes qu'il y a comprises. » Lorsqu'une fille naît avec deux têtes ou qu'un homme porte, en guise de cheveux, « de petits serpenteaux tout vifs », c'est qu'il y a excès de semence. Quand un homme naît sans bras ou sans tête, c'est au contraire par insuffisance de semence. Si une femme met au monde un fils à tête de chien, c'est la faute, non pas de la Nature qui « fait toujours son semblable », mais de la femme qui s'est livrée à des actes répréhensibles avec une bête. Quant aux méfaits de l'imagination, comment ne pas voir qu'ils sont le plus souvent l'effet d'une pensée coupable? Chaque monstre découle d'une faute et témoigne de quelque dérèglement, d'un acte, voire d'une intention, qui ne se conforment pas à l'ordre du monde. Physique ou moral, chaque écart hors nature donne un fruit contre nature. Car la nature aussi a sa morale.

Mais aussi hétéroclite que puisse apparaître un savoir fondé sur un mélange d'observation, d'hypothèses, de raisonnement, de philosophie antique, de principes dérivés de la scolastique, de la magie et de l'astrologie, il n'en forme pas moins un tableau parfaitement cohérent. Tout ce que peut percevoir l'expérience sensible s'arrange en un ensemble où chaque chose, chaque être trouve sa place et s'insère dans le réseau que tisse en secret la Volonté suprême. La connaissance des objets ne peut se dissocier de la foi. La formation d'un être ne représente pas une opération fondamentalement différente de celle qui consiste à faire tourner un astre autour de la terre. La génération

1. Paré, *Œuvres* t. III, préf., p. 1.
2. *Essais*, livre II, 31, p. 692.

ne constitue que l'une des recettes utilisées quotidiennement par Dieu pour l'entretien d'un monde qu'il a formé.

Le décryptage de la nature

A l'âge classique, la production d'un être vivant se fait toujours par la génération, mais celle-ci change de rôle et de statut. En moins d'un siècle, les corps vivants se décapent, pour ainsi dire. Ils se débarrassent de leur couche d'analogies, de similitudes et de signes, pour apparaître dans la nudité des lignes et des surfaces que leur assigne la vue. Il n'est plus possible de placer sur le même plan la forme d'une plante ou d'un animal et les idées qu'en peuvent exprimer les voyageurs, les historiens ou les juristes. Ce qui est lu ou entendu n'égale plus ce qui est vu. L'aspect des êtres vivants, leur structure visible devient alors objet d'analyse et de classification. Et comme la structure primaire des organismes, dans ses grandes lignes, se répète inlassablement des parents aux enfants, la génération représente le moyen par lequel est assuré, au fil du temps, le maintien des formes, donc la permanence des espèces. La génération d'un être ne peut plus alors constituer un événement isolé, unique, indépendant. Elle devient l'expression d'une loi qui témoigne de la régularité de l'univers.

Car, avec le XVIIe siècle, se transforme la nature même de la connaissance. Jusque-là, celle-ci s'articulait sur Dieu, l'âme et le cosmos. A l'âge classique, la question n'est plus de trouver les indices qui témoignent en secret des intentions premières de la nature. Il s'agit de pénétrer celle-ci, d'en saisir les phénomènes, de les lier entre eux par des lois dans la mesure où l'esprit humain y peut parvenir. Le débat se réduit à un dialogue entre l'homme et le monde extérieur. « Il ne faut prendre en considération que deux choses, dit Descartes [1], nous qui connaissons et les objets mêmes qui doivent être connus. » Dans cette relation nouvelle qui s'établit entre l'homme et la nature, le nœud de l'action se déplace. Le premier rôle passe de la volonté divine à l'esprit humain. L'intérêt se concentre, non plus sur la création de la nature, mais sur son fonctionnement à l'état présent. Au lieu d'une contemplation, d'une exégèse, d'une devinette, la science de la nature devient un décryptage. Pour Galilée [2], « la philosophie est écrite

1. *Règles pour la direction de l'esprit*, XII, la Pléiade, p. 75.
2. *Il Saggiatore; Opere*, Florence, 1890-1909, t. VI, p. 232.

dans un grand livre qui se tient toujours ouvert devant nos yeux, mais on ne peut le comprendre si d'abord on ne s'applique à en comprendre la langue et à connaître les caractères avec lesquels il est écrit ». Pour Descartes [1], « si nous voulons lire un texte qui est enveloppé dans des caractères inconnus, nous n'y voyons sans doute aucun ordre; mais nous en imaginons un cependant, non seulement pour examiner toutes les conjectures qu'on peut faire sur chaque signe, chaque mot ou chaque idée, mais aussi pour les disposer de manière à connaître par énumération tout ce qui peut en être déduit ». Pour Leibniz [2], « l'art de découvrir les causes des phénomènes, ou les hypothèses, est comme l'art de déchiffrer où souvent une conjecture ingénieuse abrège beaucoup de chemins ». Plus qu'à la volonté divine qui, dans le secret, ordonne les êtres et les choses, la science de la nature s'intéresse désormais à la découverte du chiffre, à la grille que la pensée humaine tente de placer sur la nature pour en déceler l'ordre. Le chiffreur éventuel s'efface devant le déchiffreur. Ce qui importe, ce n'est plus tellement le code utilisé pour créer la nature que celui cherché par l'homme pour la comprendre. Et les deux ne coïncident pas nécessairement. « Si quelqu'un, dit Descartes [3], pour deviner un chiffre écrit avec les lettres ordinaires, s'avise de lire un B partout où il y aura un A, et de lire un C partout où il y aura un B, et ainsi de substituer en place de chaque lettre celle qui la suit en l'ordre de l'alphabet, et que, le lisant en cette façon, il y trouve des paroles qui aient du sens, il ne doutera point que ce ne soit le vrai sens de ce chiffre qu'il aura ainsi trouvé, bien qu'il se pourrait faire que celui qui l'a écrit y en ait mis un autre tout différent en donnant une autre signification à chaque lettre. » C'est la plénitude du sens, c'est sa cohérence qui mesurent l'exactitude du chiffre découvert. De même dans l'interrogation de la nature, c'est le pouvoir d'explication qui détermine la valeur des hypothèses ou des causes invoquées. La méthode de décryptage tire son origine de la combinatoire qui constitue l'outil essentiel de l'enquête scientifique. Pour établir un alphabet de la pensée, comme le souhaite Leibniz, il faut en ramener la complexité à la simplicité des unités qui la composent. De même qu'un nombre

1. *Règles*, X, p. 70-71.
2. *Nouveaux essais sur l'entendement humain*, IV, 12, éd. Flammarion, p. 403.
3. *Les Principes de la philosophie*, IV, 205, p. 668.

quelconque doit se concevoir comme un produit de nombres premiers, de même toute opération logique doit se réduire à une combinaison d'éléments. C'est la combinatoire de la logique qui donne la mesure du possible.

Vouloir déchiffrer la nature pour y déceler un ordre exige la certitude que la grille ne changera pas en cours d'opération. Il faut être assuré d'une régularité dans les phénomènes de la nature. Il faut exclure l'intervention de toute force hostile, de tout « mauvais génie, non moins rusé et trompeur que puissant qui, dit Descartes [1], a employé toute son industrie à me tromper ». La nature ne peut alors se concevoir que comme une harmonie où le comportement des êtres et des choses suit nécessairement les règles d'un jeu désormais immuable. Dieu peut bien avoir créé le monde; il peut bien lui avoir donné l'impulsion initiale et décidé de sa conduite à venir. Ce qui importe aujourd'hui, c'est que cette conduite ne puisse être modifiée, que la nature n'altère rien des plans qui lui ont été tracés. Autrement il n'y a pas de science possible.

Jusqu'au XVIe siècle, tous les possibles envisagés par l'imagination humaine étaient réalisables par la volonté divine. A l'âge classique, l'univers devient soumis à une certaine régularité, à certaines lois ou groupes de lois que nul, même Dieu, ne peut plus changer et dont la logique s'articule en un ordre de la nature. Qu'à l'origine les lois de la nature aient ou non été imposées par quelque décret divin, qu'on puisse ou non imaginer la possibilité d'autres mondes, régis par d'autres lois, que la démarche procède du général au particulier ou en sens inverse, ce monde existe et il fonctionne. Tout s'y ordonne, tout s'y lie, s'y harmonise, non plus du dehors sous l'effet de quelque force occulte à quoi n'a pas accès la raison humaine, mais du dedans par l'enchaînement même des lois. Déchiffrer la nature, c'est se limiter à l'analyse des seuls phénomènes pour en trouver les lois. Les causes premières s'effacent derrière les causes efficientes. La connaissance se fonde, non plus sur le discours de Dieu, mais sur celui de l'homme.

Pour analyser des objets, pour les soumettre à la combinatoire et en tirer l'ordre et la mesure, il faut pouvoir les représenter dans un système de signes. Le signe n'est plus la trace déposée dans les choses par le Créateur pour permettre à l'homme de déceler ses intentions. C'est une partie intégrante de l'entendement humain, à la fois produit

1. *Première méditation*, p. 272.

élaboré par la pensée pour l'analyse et outil nécessaire à l'exercice de la mémoire, de l'imagination ou de la réflexion. De tous les systèmes de signes, le plus parfait est évidemment celui des mathématiques. A l'aide des symboles mathématiques, il est possible de découper le continu des choses, de les analyser, de les recomposer en des combinaisons variées. Pour Galilée [1], le grand livre de la nature est « écrit dans la langue mathématique et les caractères sont des triangles, des cercles et autres figures géométriques ». Pendant la plus grande partie de l'âge classique, seul est objet de science ce qui peut s'exprimer en langage mathématique, d'abord pour imaginer un univers géométrique, plus tard pour le représenter sous forme analytique. Avec Newton et l'abandon d'un univers géométrique, le calcul perd sa signification purement mathématique mais il permet d'exploiter les résultats de l'observation et de la mesure pour en tirer les lois de la nature. C'est l'analyse algébrique des phénomènes physiques qui donne sa loi d'intégration à l'univers. Seule la mise en forme mathématique des mesures physiques peut faire admettre à nouveau l'intervention d'une force mystérieuse, la gravitation, dont l'origine est inconnue mais qu'exige le calcul pour lier la mécanique du ciel et celle de la terre. Si la physique joue un rôle décisif aux XVIIe et XVIIIe siècles, ce n'est pas seulement par la transformation qu'elle apporte à l'univers. Ni par les fonctions nouvelles qu'elle assigne à l'observation, à l'expérience et au raisonnement. C'est aussi que, seule parmi les sciences de la nature, elle peut s'exprimer dans le langage des mathématiques. A la parole de la révélation, la physique substitue celle de la logique. A la place de l'obscurité, de l'ambiguïté, de l'exégèse sans fin des textes sacrés, elle installe la clarté, l'univoque, la cohésion du calcul. De Galilée à Newton, la physique justifie les efforts de la pensée pour établir un ordre dans le monde.

D'abord limitée aux objets de la mathématique, la recherche de l'ordre s'étend progressivement à des domaines empiriques qui, de prime abord, paraissaient hors de portée d'une telle analyse. Peu à peu, la réduction du complexe au simple, la résolution de la complexité apparente par la simplicité qui la sous-tend, le jeu de la combinatoire s'appliquent à ce qui n'est pas directement mesurable. Les choses les plus variées, les substances, les êtres, les qualités même finissent par se laisser classer. Pour en

1. *Il Saggiatore; Opere*, t. VI, p. 232.

tirer un ordre, il suffit, quand cela est possible, d'établir la loi générale qui permet de rassembler des objets ou des propositions, même hétérogènes, d'en fixer les classes et, dans les limites de cet ordre, de parcourir à volonté l'ensemble du domaine où s'applique la loi. Cela à la condition de trouver un système de symboles qui convienne pour représenter ces objets et en trouver les rapports. Car, dit Condillac [1], si un homme voulait, pour lui seul, faire l'inventaire des objets qui l'entourent, s'il voulait, pour lui seul, effectuer un calcul il se trouverait dans la même obligation d'inventer des signes que s'il voulait communiquer la liste de ses objets ou le résultat de son calcul. Il n'y a d'imagination que dans la mesure où elle peut s'exprimer par une combinatoire de signes qu'elle a elle-même imaginés.

Le mécanisme

A l'âge classique vont progressivement se préciser les deux courants qui se dessinent dans l'étude des êtres vivants : la physiologie, issue de la médecine, et l'histoire naturelle, liée à l'inventaire des objets de ce monde. Mais si la seconde va pouvoir se constituer en science parce que la pensée d'alors favorise l'analyse des structures visibles, la première reste encore limitée faute de concepts et de moyens suffisants. Il conviendrait sans doute de distinguer toute une série de tendances idéologiques dans cette physiologie; tendances qui varient selon ceux qui la pratiquent, selon les objets qu'ils étudient, les buts qu'ils poursuivent, les phénomènes qu'ils observent. Mais ce qui importe ici, ce sont seulement les concepts qui servent d'opérateurs dans l'étude du monde vivant. Et il n'y en a guère encore pour jouer ce rôle. En fait, pendant tout l'âge classique, le fonctionnement des êtres vivants ne peut s'appréhender que dans la mesure où il reflète ce qui est déjà connu dans celui des choses.

Le XVIIe siècle se retrouve dans un univers dont le centre de gravité a basculé. Un univers où astres et pierres obéissent aux lois de la mécanique qu'exprime le calcul. Dès lors, pour assigner une place aux êtres vivants et pour en expliquer le fonctionnement, il n'y a qu'une alternative. Ou bien les êtres sont des machines dans lesquelles il n'y a à considérer que figures, grandeurs et mouvements.

1. *Essai sur l'origine des connaissances humaines*, Amsterdam, 1746, t. I, section 4, chap. I, p. 179.

Ou bien ils échappent aux lois de la mécanique mais il faut alors renoncer à toute unité, à toute cohérence dans le monde. Devant ce choix, ni les philosophes, ni les physiciens, ni même les médecins ne sauraient hésiter : toute la nature est machine, comme la machine est nature. « Lorsqu'une montre marque les heures par les moyens des roues dont elle est faite, dit Descartes [1], cela ne lui est pas moins naturel qu'il n'est à un arbre de produire des fruits. » Pour Hobbes, on peut indifféremment considérer que l'animal est une machine ou qu'un automate dont les membres s'agitent comme ceux d'un homme a une vie artificielle. Ce n'est pas là une métaphore, une comparaison ou une analogie. C'est une identité. Astres, pierres ou êtres, tous les corps sont soumis aux mêmes lois du mouvement. Le mécanisme est aussi naturel et aussi nécessaire à l'âge classique que le sera une certaine forme de vitalisme au début de la biologie.

Car jusqu'à la fin du XVIIIe siècle, il n'y a pas de frontière bien nette entre les êtres et les choses. C'est sans faille que le vivant se prolonge dans l'inanimé. Tout est continu dans le monde et l'on peut, dit Buffon [2], « descendre par degrés insensibles de la créature la plus parfaite jusqu'à la matière la plus informe, de l'animal le mieux organisé jusqu'au minéral le plus brut ». Il n'y a pas encore de division fondamentale entre vivant et non-vivant. La distinction faite habituellement entre minéral, végétal et animal sert d'abord à établir les grandes catégories entre les corps de ce monde. On peut tout aussi bien, comme le fait Charles Bonnet, fonder cette classification sur le degré d'organisation des corps, sur leur faculté de se mouvoir, sur leur capacité de raisonner. On distingue alors « les Êtres bruts ou inorganisés, les Êtres organisés et inanimés, les Êtres organisés et animés et enfin les Êtres organisés, animés et raisonnables » [3]. Entre ces différents groupes, il n'existe pas de coupures bien nettes. « L'organisation apparente des Pierres feuilletées ou divisées par couches, précise Charles Bonnet [4], telles que les Ardoises, les Talcs, etc., celles des Pierres fibreuses ou composées de filaments, telles que les Amiantes, semblent constituer des points de

1. *Principes*, IV, 203, p. 666.
2. *De la manière d'étudier et de traiter l'histoire naturelle; Œuvres complètes*, in-16, Paris, 1774-1779, t. I, p. 17.
3. *Contemplation de la nature; Œuvres complètes*, Neuchâtel, 1781, t. VII, p. 42.
4. *Ibid.*, p. 79-81.

passage des Êtres solides bruts aux solides organisés. » L'organisation ne représente encore que la complexité de la structure visible. Ni au XVIIe, ni pendant presque tout le XVIIIe siècle, on ne reconnaît cette qualité particulière d'organisation qu'appellera vie le XIXe siècle. Il n'y a pas encore de grandes fonctions nécessaires à la vie. Il y a des organes qui fonctionnent. Le but de la physiologie consiste à en reconnaître les rouages et l'agencement.

Au XVIIe siècle, il n'existe donc aucune raison de réserver une place à part aux corps vivants et de les soustraire à la grande mécanique qui fait tourner l'univers. Seul ce qui ressortit clairement aux lois du mouvement dans le corps des animaux est accessible à l'analyse. C'est le cas de l'ossature des bêtes et de leur taille qu'on ne peut augmenter indéfiniment, remarque Galilée, « ni dans l'art, ni dans la nature », sans en rompre la cohésion et gêner le fonctionnement normal des organes. « Je crois qu'un petit chien pourrait porter sur son dos deux ou trois chiens de la même taille, mais je ne pense pas qu'un cheval puisse porter un seul cheval ayant la même taille que lui » [1]. C'est le cas aussi du vol des oiseaux chez lesquels, remarque Borelli, doit nécessairement exister quelque relation entre le poids du corps, l'envergure des ailes et la puissance de la musculature, pour permettre à l'organisme de s'arracher à la terre. « Même s'il avait des ailes, l'homme ne parviendrait pas à voler, faute de muscles assez forts sur la poitrine » [2]. Mais c'est le cas surtout du circuit du sang dans les vaisseaux. Les fibres, dit Harvey, « amarrent le cœur comme les cordages d'un vaisseau »; les valvules tricuspides veillent à l'entrée des ventricules « comme des gardiens devant des portes »; les ventricules « expulsent un sang déjà en mouvement, comme un joueur peut, en frappant la balle au bond, l'envoyer plus fort et plus loin qu'en la jetant simplement » [3]. On dit souvent qu'en montrant l'analogie du cœur avec une pompe et celle de la circulation avec un système hydraulique, Harvey a contribué à l'installation du mécanisme dans le monde vivant. Mais on inverse ainsi l'ordre des facteurs. En réalité, c'est parce que le cœur fonctionne comme une pompe qu'il est

1. *Discours concernant deux sciences nouvelles*, trad. franç., Paris, 1970, 2e journ., p. 107.
2. *De Motu Animalium*, Rome, éd. 1685, CCIV, p. 243.
3. *On the Motion of the Heart and the Blood in Animals*, 1628, chap. XVII; *The Works of W. Harvey*, trad. Sydenham Soc., Londres, 1847, repr. 1965, p. 78-80.

accessible à l'étude. C'est parce que la circulation s'analyse en termes de volumes, de flux, de vitesse, que Harvey peut faire avec le sang des expériences semblables à celles que réalise Galilée avec les pierres. Car lorsque le même Harvey s'attaque au problème de la génération qui ne relève pas de cette forme de mécanisme, il n'en peut rien tirer.

Au XVIIe siècle, la théorie des animaux-machines est donc imposée par la nature même de la connaissance. Elle représente une attitude qui n'est pas concevable chez un Fernel ou un Vésale. Il a pu, peut-être, y avoir chez les Grecs, chez Aristote ou les Atomistes par exemple, quelque avant-goût de mécanisme. Mais celui-ci avait un caractère fort différent. D'abord parce que, chez les Grecs, il s'agissait surtout d'analogies à usage didactique, tandis qu'à l'âge classique, il importe d'unifier les forces qui régissent le monde. Ensuite, parce que, pour Aristote, le moteur de tout mouvement dans un corps vivant résidait en définitive dans l'âme. Pour Descartes, les propriétés des objets ne peuvent provenir que de l'arrangement de la matière. Cela est vrai pour les mouvements d'une machine dont on a produit et agencé les parties à seule fin de lui donner un mouvement particulier. Cela est nécessairement vrai pour le corps d'un animal où il est inutile d'invoquer « aucune autre âme végétative, ni sensitive, ni aucun autre principe de mouvement et de vie, que son sang et ses esprits agités par la chaleur du feu qui brûle continuellement dans son cœur et qui n'est point d'autre nature que tous les feux qui sont dans les corps inanimés »[1]. Le mécanisme doit donc s'appliquer à tous les aspects de la physiologie. Pas seulement au mouvement du corps et des organes, mais aussi à « la réception des lumières, des sons, des odeurs, des goûts, de la chaleur... l'impression de leurs idées dans l'organe du sens commun et de l'imagination, la rétention ou l'empreinte de ces idées dans la mémoire, les mouvements intérieurs des appétits et des passions ». Par là même, c'est l'ensemble des corps de ce monde, vivants ou non, qui se trouve placé hors de toute interaction à distance. de toute relation douteuse, de toute attirance ou répulsion par sympathie ou par antipathie. Rien n'est plus possible par le jeu des forces magiques. Tout devient possible par celui des forces physiques.

Très vite, les ressources dont dispose le mécanisme de l'âge classique apparaissent, de toute évidence, insuffi-

1. *Traité de l'homme*, p. 873.

santes pour expliquer le fonctionnement des êtres vivants. A mesure que se révèle la complexité de ces derniers, s'accroît la difficulté d'attribuer toutes leurs propriétés aux seules impulsions agissant sur des poulies, des leviers et des crochets. Sous sa forme initiale, le mécanisme ne peut résister au poids grandissant des observations. L'image qu'il donne des êtres vivants, celle d'une machine composée de rouages capables seulement de transmettre le mouvement reçu, ne peut conduire qu'à chercher hors de la machine et sa raison d'être et sa fin. Une machine ne s'explique que du dehors. Faite dans un but donné, elle ne sert qu'à remplir cette tâche. Aussi les tentatives qui se manifestent à l'âge classique, soit pour accentuer le mécanisme, soit pour le limiter, relèvent-elles moins d'une attitude rendue possible par la science d'alors que de la métaphysique. Dans sa description du monde vivant, Descartes avait réservé deux domaines : Dieu qui, ayant créé le monde et lui ayant communiqué le mouvement initial, n'intervient plus; et la pensée humaine dont la complexité dépasse ce qui existe chez les animaux ou ce qui est réalisable chez les automates, comme en témoigne le langage : si une pie, un perroquet, voire un automate, peuvent bien proférer des paroles, ils ne les arrangent pas pour répondre à ce qu'on leur dit en « témoignant qu'ils pensent ce qu'ils disent »[1]. Ce sont là les points que cherchent à réfuter le matérialisme et le vitalisme.

Il y a deux composantes dans l'animisme de l'âge classique. D'abord, un besoin de valoriser ce qui vit. Le vivant est toujours quelque peu imbibé de magie. Il s'y attache une sorte de fétichisme. Il s'y résume toutes les forces de la nature. La matière y possède des propriétés qui tiennent du miracle. Elle y est activée, influencée, transformée. Avec son cortège d'images, de métaphores, de sympathies, le vivant occupe une place privilégiée dans le monde. D'emblée, il se situe au-dessus de tous les autres corps. On lui affecte toujours le coefficient le plus élevé. A ses côtés, les objets inanimés perdent toute couleur, tout relief. Des choses aux êtres, de la poussière à la pensée, c'est une hiérarchie de valeur autant que de complication. Les phénomènes ne sont pas seulement plus complexes chez les êtres vivants. Ils sont aussi plus parfaits. A une qualité sans égale doit répondre une causalité sans égale. La perfection se transforme rapidement en principe d'explication

1. *Discours de la méthode*, V, p. 165.

Le besoin de valoriser le vivant en général, l'homme en particulier, se traduit alors par deux sortes d'anthropomorphisme; soit qu'on prolonge la hiérarchie vers l'infini d'une intelligence souveraine; soit, au contraire, qu'on reporte sur l'ensemble des formes vivantes certaines des qualités propres à l'homme. C'est ce que montrent bien, par exemple, les interprétations que donne le XVIIIe siècle de la régularité « admirable » trouvée aux rayons de miel dans les ruches d'abeilles. Depuis l'antiquité, on n'a cessé de s'étonner devant l'architecture des alvéoles, sa rigueur, sa symétrie. Vers la fin du XVIIe siècle, physiciens et géomètres en viennent à s'intéresser de près à ces structures. Ils en étudient les bases, en mesurent les angles, en calculent les relations. A l'étonnement général, chaque alvéole se trouve correspondre précisément à la moitié de la structure connue des cristallographes sous le nom de « dodécaèdre rhomboïdal ». C'est précisément l'agencement dont la symétrie permet au mieux de remplir l'espace dans les conditions où se trouvent les alvéoles. Chacun de ceux-ci est en contact avec douze autres, six dans son plan, trois au-dessus et trois au-dessous. Chacun adhère étroitement à chacun de ses voisins sans qu'aucun intervalle ne subsiste entre eux. Devant une telle efficacité dans l'assemblage, il y a alors deux attitudes possibles : s'émerveiller ou chercher une explication dans quelque modèle mécanique. La référence à la perfection est elle-même susceptible de prendre deux formes. On peut tout d'abord, comme Réaumur, attribuer à l'abeille les qualités de l'homme. Le dodécaèdre rhomboïdal traduit ainsi l'art de l'abeille, ses qualités d'architecte, voire même son sens de l'économie. « Convaincu, dit Réaumur [1], que les abeilles emploient le fond pyramidal qui mérite d'être préféré, j'ai soupçonné que la raison ou une des raisons qui les avait décidées était l'épargne de la cire; qu'entre les cellules de même capacité et à fond pyramidal, celle qui pouvait être faite avec moins de matière ou de cire était celle dont chaque rhombe avait deux angles chacun d'environ 110°, et deux chacun d'environ 70°. » Le sens de l'épargne se fonde ainsi sur une solide connaissance de la mathématique. Mais à rehausser ainsi l'abeille, on finit par abaisser l'homme. Sans cesser de s'émerveiller, on peut alors, comme Fontenelle, émettre quelques réserves sur toutes ces qua-

1. *Des gâteaux de cire. Mémoires pour servir...; Morceaux choisis*, Paris, 1939, p. 101-102.

lités qu'il faut ainsi attribuer aux abeilles. « La grande merveille, dit Fontenelle[1], est que la détermination de ces angles passe de beaucoup les forces de la géométrie commune et n'appartient qu'aux nouvelles méthodes fondées sur la théorie de l'Infini. Mais à la fin, ces Abeilles en sauraient trop et l'excès de leur gloire en est la ruine. Il faut remonter jusqu'à une Intelligence infinie qui les fait agir aveuglément sous ses ordres. » Pour le mathématicien, trouver chez un animal quelques connaissances de géométrie élémentaire, passe encore. Mais le calcul infinitésimal, non!

L'autre attitude devant les mêmes alvéoles se fonde, au contraire, sur une analyse qui ignore la perfection et laisse le merveilleux à une juste place. Ce sont les seuls figure et mouvement qui doivent justifier la régularité des structures. On peut alors, comme Buffon, rechercher dans quelles conditions apparaissent ces agencements géométriques. Une telle forme hexagonale, on la trouve souvent chez les corps minéraux, dans les cristaux, notamment lors de leur formation. Mais on la trouve aussi parfois chez les êtres vivants, dans l'estomac des ruminants, parmi les corps en voie de digestion, dans certaines graines, certaines fleurs. Et c'est toujours quand des objets de forme semblable sont soumis à des forces sensiblement égales, mais de sens contraire. Chez certains poissons, par exemple, les écailles qui croissent en même temps se font obstacle. Elles tendent à occuper au mieux l'espace qui leur est offert et finissent par adopter cette configuration en hexagone. On peut même faire des expériences, chercher à réaliser des modèles mécaniques dans lesquels des corps cylindriques, ou sphériques, sont soumis à des pressions égales. « Qu'on remplisse un vaisseau de pois, ou plutôt de quelque autre graine cylindrique, dit Buffon[2], et qu'on le ferme exactement après y avoir versé autant d'eau que les intervalles qui restent entre ces graines peuvent en recevoir; qu'on fasse bouillir cette eau, tous les cylindres deviendront des colonnes à six pans. On en voit clairement la raison, qui est purement mécanique; chaque graine, dont la figure est cylindrique, tend à occuper le plus d'espace possible dans un espace donné; elles deviennent donc toutes nécessairement hexagonales par la compression réciproque. Chaque abeille cherche à occuper de même

1. *Histoire de l'Académie Royale*, 1739, p. 35.
2. *Discours sur la nature des Animaux; Œuvres complètes*, in-16, t. V, p. 380-381.

le plus d'espace possible dans un espace donné; il est donc nécessaire aussi, puisque le corps des abeilles est cylindrique, que leurs cellules [alvéoles] soient hexagones, par la même raison des obstacles réciproques... On ne veut pas voir, ou l'on ne se doute pas que cette régularité, plus ou moins grande, dépend uniquement du nombre et de la figure, et nullement de l'intelligence de ces petites bêtes; plus elles sont nombreuses, plus il y a de forces qui agissent également, et qui s'opposent de même, plus il y a par conséquent de contrainte mécanique, de régularité forcée et de perfection apparente dans leurs productions. » A partir de là, la forme des alvéoles peut être considérée sans référence à la moindre intelligence. Ce qui ne retire ni leur beauté aux gâteaux de miel, ni leur poésie aux abeilles.

L'autre composante de l'animisme à l'âge classique, c'est une réaction contre le mécanisme cartésien et contre les abus qui en sont faits, surtout quand on en pousse la logique à l'extrême comme le veulent d'Holbach et La Mettrie. Il est absurde, dit Hartsoeker [1], d'aborder l'étude des êtres vivants avec « l'opinion que tout se fait presque par les seules lois de la mécanique, sans l'aide d'une âme et d'une intelligence ». A l'âge classique, l'animisme reprend une vieille tradition qu'ont rajeunie l'alchimie et la médecine. Mais il fonctionne moins pour démontrer l'existence de phénomènes spécifiques au vivant que *contre* une tendance au matérialisme. C'est d'abord une hostilité à l'athéisme, à l'avènement du hasard comme une des forces gouvernant le monde. C'est le refus d'admettre que les causes, dit Stahl [2], « ne produisent sous l'influence de leurs actions que des cas fortuits ». La perfection des êtres, leurs propriétés, leur génération exigent un principe inconnu, un X placé hors de toute connaissance. Il faut une force spirituelle, une psyché pour exécuter les volontés divines car on ne peut trouver d'autre justification à la finalité des êtres vivants. Cet agent mystérieux reçoit des noms variés : c'est d'abord l'Ame, selon la tradition, puis l'Intelligence et même la « nature plastique ». A la fin du XVIIIe siècle, il changera quelque peu de nature et deviendra la « force vitale ». Ce n'est plus alors un principe central, un pouvoir qui, installé au cœur de l'organisme, en régit les activités; c'est une qualité particulière de la matière

1. *Cours de physique*, La Haye, 1730, t. VII, p. 71.
2. *Recherche sur la différence entre machine et organisme*, XXXIV; *Œuvres médico-philosophiques et pratiques*, Paris, 1859-1863, t. II, p. 289.

constituant les êtres vivants, un principe qui se répand dans tout le corps, se loge dans chaque organe, chaque muscle, chaque nerf pour leur conférer ses propriétés. Toute partie du corps possède alors un « sentiment », un « tact », une « disposition » qui sous-tend ses activites. Mais si le vitalisme de la fin du siècle et du début du siècle suivant apparaît comme une étape décisive pour que les êtres se séparent des choses et que se constitue une biologie, l'animisme de l'âge classique ne fonctionne guère comme opérateur de la connaissance. Non qu'animistes ou vitalistes produisent moins d'observations que les mécanistes. Mais parce que ces observations sont bien rarement faites *par* vitalisme, pour mettre en évidence une force vitale. Le vitalisme n'intervient le plus souvent qu'après l'observation, non pour voir, mais pour interpréter. Ce n'est pas le vitalisme qui guide le scalpel de Willis pour disséquer un cervelet et en établir les connections. Ni le regard de Hartsoeker pour apercevoir au microscope les animalcules dans la semence du mâle. Quand Swammerdam met en évidence la métamorphose des insectes, peu importe qu'il y voit l'action de l'âme et la régularité de la Providence. Ce qui compte à l'âge classique, c'est d'abord de dégager les objets et les événements du halo de croyances et de racontars qui en masquent les contours. Êtres ou choses, il s'agit surtout de les débarrasser du mystérieux et du merveilleux, de les ramener dans les limites du visible et de l'analysable, bref de les transformer en objets de science. C'est pourquoi, malgré l'insuffisance des moyens dont il dispose, le mécanisme représente la seule attitude alors en accord avec la connaissance. Même les animistes utilisent des analogies chères aux mécanistes pour décrire leur démarche. « Celui qui entreprend de rendre raison des phénomènes de la nature, dit Hartsoeker [1], est assez semblable à un homme qui, étant conduit auprès d'une machine extrêmement composée qu'il ne peut voir et examiner par le dehors », doit en comprendre le fonctionnement. En fin de compte, l'animisme de l'âge classique représente moins une attitude de l'enquête scientifique qu'une philosophie et une morale.

En fait, avec Newton, le mécanisme change de nature et, en gagnant le monde des substances, donne naissance à une chimie. Dans sa représentation du monde inanimé,

1. *Suite des Éclaircissements sur les Conjectures physiques*, Amsterdam, 1712, p. 55.

la physique combine les lois du mouvement et la nature corpusculaire de la matière. Celle-ci n'est plus un substrat homogène divisible à l'infini mais se compose d'un nombre sans limite de particules isolées, séparées les unes des autres et non identiques. A la matière et au mouvement qui constituaient le monde de Descartes, s'ajoute l'espace dans celui de Newton, c'est-à-dire un vide dans lequel se meuvent les particules. Ce qui maintient les particules en place, ce qui les lie entre elles pour former un univers cohérent, c'est l'attraction. Celle-ci n'est pas un constituant de l'univers. Elle ne participe pas à sa construction. Mais elle tisse entre tous les atomes qui le forment un réseau de dépendances qui donne au monde sa cohésion. C'est le concept d'attraction qui fournit aux chimistes la force permettant de remplacer les influences astrales par quoi l'alchimie avait lié les métaux aux étoiles et aux planètes. Quand on mélange des substances, celles-ci ne restent pas inertes mais sont déplacées les unes par les autres. Entre différents corps, on observe ainsi des relations qui les font s'unir plus ou moins aisément les uns aux autres. Toutes les fois que deux substances qui ont, dit Geoffroy[1], « quelque disposition à se joindre l'une avec l'autre » se trouvent unies ensemble, s'il en survient une troisième qui ait plus de rapport avec l'une des deux, elle s'y unit « en faisant lâcher prise à l'autre ». La force qui lie ainsi certains corpuscules de nature différente s'appelle l' « affinité ». Ce n'est plus un principe magique, une vertu semblable à celles que l'alchimie attribuait aux substances. C'est une propriété des corps que l'on peut mesurer en déterminant l'ordre dans lequel ils sont déplacés les uns par les autres.

Peu à peu se dessinent des groupes, des familles de corps qui possèdent en commun certaines propriétés comme les acides ou les bases. Chaque membre d'une famille forme des combinaisons avec chaque membre de l'autre. On peut donc classer les substances comme les plantes et pour y parvenir il faut suivre la même voie que pour les plantes : la classification qu'emploie Lavoisier, les opérations effectuées, la méthode suivie sont les mêmes que celles utilisées par Linné. Comme pour les plantes, il importe de reconnaître le caractère principal des substances et de les nommer en fonction de ce caractère. Dans les sciences physiques, en effet, le mot doit faire naître l'idée et l'idée doit peindre

1. *Table des différents Rapports observés en Chymie; Traité de la Matière médicale*, Paris, 1743, t. I, p. 18.

le fait car, dit Lavoisier, « ce sont trois empreintes du même cachet »[1]. Comme la chimie est avant tout une science de l'analyse, la dénomination des corps revêt une importance particulière : « Une méthode analytique est une langue et une langue est une méthode analytique. » Jusque-là, il y avait beaucoup d'hétérogénéité dans le langage de la chimie. Certaines expressions, introduites par les alchimistes, avaient un caractère quelque peu énigmatique et le sens n'en était perceptible qu'aux adeptes. D'autres termes, au contraire, avaient été attribués aux corps, non en fonction de leurs propriétés, mais au hasard des circonstances, de leur découverte, de leur aspect. Les chimistes maniaient ainsi l' « huile de tartre par défaillance », ou le « beurre d'arsenic » ou les « fleurs de zinc ». Pour Lavoisier, il importe d'introduire dans la chimie l'esprit d'analyse et c'est seulement par le perfectionnement du langage que peut se réaliser cette opération. Il existe d'abord des substances simples, celles qu'on ne peut décomposer par l'analyse chimique. Ce sont elles qu'il faut nommer les premières. « J'ai désigné autant que je l'ai pu, dit Lavoisier[2], les substances simples par des mots simples... en sorte qu'ils exprimassent la propriété la plus générale, la plus caractéristique de la substance. » Quant aux corps composés, formés par la réunion de plusieurs substances simples, il faut les désigner par des noms composés. Comme le nombre des combinaisons binaires augmente rapidement avec celui des noms, il faut constituer des classes pour éviter la confusion. « Le nom des classes et des fleurs est dans l'ordre naturel des idées, celui qui rappelle la propriété commune à un grand nombre d'individus; celui d'espèces, au contraire, est celui qui ramène l'idée aux propriétés particulières à quelques individus »[3]. Les acides, par exemple, sont faits de deux substances que l'on considère comme simples. L'une confère la propriété d'acidité commune à tous : sur elle doit se fonder le nom de classe ou de genre. L'autre, au contraire, caractérise un certain acide : elle doit déterminer le nom spécifique[4]. Et ce qui est vrai pour les acides s'applique aussi aux autres sortes de corps, aux chaux métalliques, aux substances combustibles, etc. Les substances deviennent ainsi accessibles à l'ordre et à la mesure. On peut les classer, les nommer,

1. *Traité de chimie*, Paris, 2e éd., 1793; disc. prélim., p. vj.
2. *Ibid.*, p. xviij-xix.
3. *Ibid.*, p. xx.
4. *Ibid.*, p. xxj.

en mesurer les propriétés. La chimie se constitue ainsi en science, avec ses techniques, son langage et ses concepts propres.

Avec cette forme modifiée du mécanisme que représente la chimie, c'est un domaine nouveau de la physiologie qui peut devenir objet d'étude. Harvey avait pu analyser la circulation du sang au XVIIe siècle, parce que, seule des grandes fonctions, elle relève presque exclusivement des lois du mouvement, parce que le cœur est une pompe et le sang un liquide soumis aux règles de l'hydraulique. De même au XVIIIe siècle deviennent accessibles à l'analyse les deux fonctions qui ressortissent surtout à la chimie, à ses concepts et à ses méthodes : la digestion et la respiration. Si Réaumur et Spallanzani peuvent aborder l'étude de la digestion, c'est que celle-ci, dit Réaumur [1], « est opérée par la seule action d'un dissolvant et par la fermentation qu'il fait naître ». Le suc de l'estomac provoque une suite de réactions chimiques. Il agit « en quelque sorte sur les chairs et les os comme l'eau régale sur l'or ». De même, si Lavoisier peut comprendre la respiration, c'est que la respiration d'un oiseau et la combustion d'une bougie peuvent être posées comme objets d'étude semblables, qu'ils peuvent tous deux s'analyser avec les mêmes concepts, les mêmes techniques, les mêmes mesures. Le parallèle avec la combustion conduit Lavoisier à lier la respiration à d'autres fonctions, ou du moins à ce qui peut être analysé dans les termes et selon les concepts de la physique et de la chimie. A la digestion car, à la fin du XVIIIe siècle, il n'y a plus de feu sans consommation de combustible et « si les animaux ne réparaient par les aliments ce qu'ils perdent par la respiration, l'huile manquerait bientôt à la lampe et l'animal périrait comme une lampe s'éteint lorsqu'elle manque de nourriture » [2]. A la circulation, car il faut bien apporter le combustible à la lampe. A la transpiration aussi, pour que soit évité l'accroissement de température accompagnant nécessairement la présence d'un feu continu. Dans le fonctionnement de tout organe il y a ainsi un domaine qui peut être étudié par les techniques de la chimie; même dans le cerveau, même la pensée. « On peut connaître à combien de livres en poids répondent les efforts de l'homme qui récite un discours, d'un musicien qui joue

1. *Second mémoire sur la digestion*, Mém. Acad. Sc. Paris, 1752; *Œuvres choisies*, p. 202.

2. *Premier mémoire sur la Respiration des Animaux* (Seguin et Lavoisier); *Œuvres*, Imprimerie Impériale, Paris, 1862, t. II, p. 691.

un instrument. On pourrait même évaluer ce qu'il y a de mécanique dans le travail du philosophe qui réfléchit, de l'homme de lettres qui écrit, du musicien qui compose »[1].

Pour Lavoisier, l'animal s'analyse donc en termes de machine. Non plus de machine fonctionnant seulement par figure et mouvement, mais selon des principes d'une extrême variété puisqu'on décèle des phénomènes électriques jusque dans un muscle de grenouille. Le modèle qui permet le mieux de décrire un corps vivant, c'est celui d'une machine à vapeur, avec une source de chaleur qu'il faut alimenter, un système de refroidissement et des mécanismes pour ajuster les opérations des parties, pour les coordonner, les harmoniser. « La machine animale, dit Lavoisier[2], est principalement gouvernée par trois régulateurs principaux : la respiration qui consomme de l'oxygène et du carbone et qui fournit du calorique; la transpiration qui augmente ou diminue suivant qu'il est nécessaire d'emporter plus ou moins de calorique; enfin la digestion qui rend au sang ce qu'il perd par la respiration et la transpiration. » Si ces différents domaines de la physiologie peuvent ainsi être analysés parce qu'ils sont devenus accessibles aux méthodes et aux concepts de la physique et de la chimie, en retour les analogies observées et les modèles utilisés contribuent à transformer radicalement la représentation que se fait des êtres vivants la fin du XVIIIe siècle. Tout s'emboîte dans le fonctionnement d'un organisme, tout se lie, tout s'articule. Derrière les formes se dessinent les exigences de la physiologie. Un corps vivant, ce n'est pas simplement une association d'éléments, une juxtaposition d'organes qui fonctionnent. C'est un ensemble de fonctions qui répondent chacune à des exigences précises. Non seulement les organes dépendent les uns des autres, mais leur présence et leur agencement découlent de nécessités imposées par les lois de la nature régissant la matière et ses transformations. Ce qui donne leurs propriétés aux êtres, c'est un jeu de relations unissant secrètement les parties pour que fonctionne le tout. C'est l'organisation cachée derrière la structure visible. Alors va pouvoir apparaître l'idée d'un ensemble de qualités particulières aux êtres, qu'appellera vie le XIXe siècle.

1. *Premier mémoire...; Œuvres*, t. II, p. 697.
2. *Ibid.*, p. 700.

Les espèces

Pendant tout l'âge classique, c'est d'abord par leur structure visible que peuvent être connus et analysés les êtres vivants. Au vieux réseau des similitudes s'est substitué celui des comparaisons. La connaissance des choses s'établit sur leurs rapports, sur leurs identités et leurs différences. Si la chose cherchée et la chose donnée participent toutes deux « d'une certaine nature », alors la comparaison est simple et claire. Sinon, il faut une longue analyse des objets pour en dégager la nature commune derrière la complexité des proportions. Pour fonder l'analyse et la comparaison, toutes les qualités que peuvent reconnaître les sens aux objets n'ont pas valeur égale. Seul ce qui est visible permet d'appréhender l'univers. Car si l'on voit un astre, on ne le touche pas, on ne le goûte pas, on ne l'entend pas. Mais nulle part, peut-être, plus que dans le monde vivant n'a-t-il été aussi difficile à l'esprit humain de se libérer des habitudes et des idées accumulées par les siècles, de se débarrasser de cette multitude d'images qui, dit Tournefort [1], « fatiguent l'imagination », de réduire les êtres aux limites que leur assigne le regard. C'est seulement vers la fin du XVIIe siècle que sont définitivement rejetées toutes les analogies douteuses, tous les liens invisibles, toutes les similitudes obscures qui « ne sont pas de la plus grande évidence à tous les yeux, dit Linné [2], et ne se sont introduites qu'à la honte de l'art ». Alors peut se développer l'histoire naturelle, qui a pour objet la structure visible des êtres vivants et pour but leur classification.

Pour faire de l'histoire naturelle, il faut d'abord observer les êtres et les décrire. Décrire, c'est dire ce que le regard discerne dans un être en rejetant tout ce qui « ne tombe pas sous le sens sans le secours d'une loupe » [3]. C'est réduire cet être à son aspect visible et traduire en mots la forme, la grandeur, la couleur et le mouvement. La description doit négliger les détails. En revanche elle ne doit passer sous silence aucune des « notes singulières », aucun des éléments essentiels. Elle doit être précise et concise car « il est insensé, dit Linné [4], de mettre beaucoup où peut suffit ».

L'histoire naturelle exige donc des qualités particulières et du sujet et de l'objet. Pour être naturaliste, il faut

1. *Élémens de Botanique*, Paris, 1694, t. I, p. 4.
2. *Philosophie Botanique*, Paris, 1788, 299, p. 277.
3. *Introduction à la Botanique*, *in* « Tournefort », Muséum National d'Histoire Naturelle, Paris, 1957, p. 284.
4. *Philosophie Botanique*, 291, p. 271.

d'abord être capable de renoncer aux images toutes faites et savoir observer. Mais regarder ne suffit pas. Il faut encore voir ce qui importe et ne voir que cela. Le naturaliste ne peut se contenter d'examiner un organisme dans son ensemble. Il lui faut l'analyser, en étudier les parties, saisir l'essentiel de ses traits. Quant à l'objet d'étude, il doit se prêter aux exigences de l'analyse. De toute évidence, la plante est plus simple à détailler que l'animal; elle est moins chargée de passions et de signes secrets. Par ses mouvements, par son frémissement continuel, l'animal change sans cesse de forme. Dans son immobilité, la plante déploie en permanence ses figures et ses dessins devant l'observateur. Derrière l'enveloppe de l'animal se cache une zone de mystère; sous le poil, la plume ou la carapace se perçoit confusément le monde secret des organes, toute la machinerie des entrailles. Dans la plante, au contraire, rien n'est laissé dans l'ombre. Tous les organes sont exposés à la vue, tous les usages en sont apparents. Et il est bien évident, remarque Tournefort [1], « que l'on comprend mieux la structure d'une machine et que l'on retient plus facilement le nom des pièces qui la composent quand on sait les usages à quoi chaque pièce est destinée ».

De prime abord, la structure d'un animal, ou même d'une plante, constitue une architecture très complexe. Il est difficile de comparer les formes dans leur ensemble. Mais lorsque le réseau des ressemblances et des différences est tiré, non pas des organismes dans leur entier, mais de leurs parties après analyse, alors la complexité devient simplicité. Ce qui est visible chez une plante se découpe en un jeu de lignes, de surfaces et de volumes. La structure d'ensemble se ramène à un assemblage de figures plus ou moins géométriques. A la condition, une fois encore, que soient convenablement choisies les qualités à observer, car toutes les propriétés visibles n'offrent pas la même garantie de généralité. La couleur, par exemple, est trop sujette à des variations d'un individu à l'autre. La description doit s'élaborer « par l'emploi des seuls termes de l'art, s'ils suffisent, dit Linné [2], en dépeignant les parties selon le Nombre, la Figure, la Proportion, la Situation ». Ce qui doit être comparé, ce ne sont donc pas telle et telle plante, mais le nombre de leurs étamines, la figure de leurs calices, la situation de leurs anthères, la proportion

1. *Élémens de Botanique*, t. I, IIe partie, p. 47.
2. *Philosophie Botanique*, 327, p. 306.

de leurs étamines et de leurs pistils. En fin de compte, toute plante peut se représenter comme un assemblage d'éléments en nombre et proportion donnés. Chacun de ces éléments peut varier à l'infini par chacun de ses paramètres et chaque variété de chaque élément peut se réassortir avec celles de tous les autres en un nombre infini de combinaisons. La botanique devient une sorte de combinatoire aux possibilités presque illimitées.

Ce sont ces assemblages d'éléments qu'il s'agit de mettre en ordre et de classer. Tâche particulièrement délicate pour plusieurs raisons. D'abord à cause de la diversité du monde vivant : le nombre des variétés connues, qui dépasse plusieurs dizaines de milliers à la fin du XVIIe siècle, s'accroît sans cesse et le microscope a retiré toute limite au monde vivant. Ensuite à cause de sa continuité. Car, jusqu'au XIXe siècle, non seulement il n'y a pas de barrière bien nette entre les êtres et les choses, mais le monde vivant forme une trame ininterrompue. Tout y est nuancé, gradué. La nature ne fait pas de saut. Entre les Quadrupèdes, les Oiseaux, les Poissons, elle ménage des ponts, elle tire des lignes de prolongement par lesquels tout s'approche, tout se lie, tout se tient. « Elle envoie la chauve-souris voleter parmi les oiseaux, dit Buffon [1], tandis qu'elle emprisonne le tatou sous le têt d'un crustacé; elle a construit le moule du cétacé sur le moule du quadrupède, dont elle a seulement tronqué la forme dans le morse, le phoque, qui de la terre où ils naissent, se plongeant dans l'onde, vont se rejoindre à ces mêmes cétacés comme pour démontrer la parenté universelle de toutes les générations sorties du sein de la mère commune. » On peut bien ranger les êtres dans des catégories. La nature, elle, ne connaît pas de classes. Entre deux êtres de types différents, mais voisins, la différence est minime, « telle qu'elle ne pourrait être plus petite, dit Robinet [2], sans que l'un ne fût précisément la répétition de l'autre, ni plus grande sans laisser une lacune ». Ces deux êtres se touchent d'aussi près qu'il est possible. Le passage de l'un à l'autre ne saurait admettre ni intermédiaire, ni vide. Car « si entre deux êtres quelconques, dit Charles Bonnet [3], il existait un vide, quelle serait la raison du passage de l'un à l'autre? » Entre le degré le plus bas

1. *Les Pingouins et les Manchots; Œuvres complètes*, éd. Flourens, in-4°, 1853-1857, t. VIII, p. 589.
2. *De la Nature*, Amsterdam, 1766, t. IV, p. 5.
3. *Contemplation de la Nature*, II, 10; *Œuvres*, t. VII, p. 52.

et le degré le plus élevé de la série des êtres, il existe donc un nombre infini d'intermédiaires. L'ensemble des êtres compose une série continue, une chaîne ininterrompue « que nous voyons, dit Bonnet [1], serpenter sur la surface du Globe, pénétrer dans les abîmes de la Mer, s'élancer dans l'Atmosphère, s'enfoncer dans les Espaces célestes ». C'est seulement notre ignorance qui nous masque certains maillons de la chaîne et ne nous laisse entrevoir que des chaînons mal liés. Si étroite apparaît la liaison entre les individus de toute sorte que leur ensemble pourrait bien « ne former qu'un seul tout, dit Adanson [2], un seul être universel dont ils seraient les parties ».

Troisième difficulté, enfin, pour mettre de l'ordre dans le monde vivant, c'est qu'il « n'existe réellement dans la nature que des individus, dit Buffon [3], et que les genres, les ordres et les classes n'existent que dans notre imagination ». A la limite, pour suivre fidèlement la nature, une classification des êtres devrait donc se ramifier à l'infini. Elle devrait comprendre autant de catégories qu'il peut exister d'individus. Mais alors il n'y aurait pas de science possible. Pour faire de la botanique, il faut donc composer avec la nature. Il faut, selon l'image de Tournefort [4], « ramasser comme par bouquets les plantes qui se ressemblent, et les séparer d'avec celles qui ne se ressemblent pas ». Cela consiste à discerner des « lignes de séparation » là où tout paraît continu, à trouver des vides là où la nature semble n'en pas connaître. Mais même si l'univers n'est pas vraiment divisé, nous le voyons divisé. Cela suffit à justifier les tentatives de classification et c'est le rôle du naturaliste de trouver les coupures les plus marquées. « Cet ordre si nécessaire, dit Fontenelle [5] dans son *Éloge de Tournefort*, n'a point été établi par la Nature qui a préféré une confusion magnifique à la commodité des Physiciens, et c'est à eux à mettre presque malgré elle de l'arrangement et un Système dans les Plantes. »

Pour classer les plantes, il faut pouvoir les représenter dans un système de symboles, c'est-à-dire les nommer. Nommer une plante, c'est déjà la classer. Les deux opérations sont inextricablement liées. Elles correspondent

1. *Contemplation...; Œuvres*, t. VII, p. 51.
2. *Familles des Plantes*, Paris, 1763, p. clxiv.
3. *De la manière d'étudier...; Œuvres complètes*, in-16, t. I, p. 54.
4. *Élémens de Botanique*, p. 13.
5. *Œuvres*, Paris, 1767, t. V, p. 219-220.

à deux aspects d'une même combinatoire qui doit s'articuler avec la combinatoire des structures visibles, celle des surfaces et des volumes qui s'assortissent pour former la diversité des plantes. Et le lieu de rencontre, le point d'articulation entre ce qu'on peut voir, nommer et classer, c'est le caractère. Pour Linné, « la Plante se connaît par le nom, et réciproquement le nom par la Plante; c'est l'effet du caractère propre de l'une et de l'autre, tracé dans celle-là, écrit dans celui-ci »[1]. Lié aux détails de sa structure, le caractère constitue la « marque propre »[2] de la plante. Par là, il représente la trace qui doit persister dans la pensée après examen et description d'une plante. Décrire, en effet, c'est tout dire; c'est entasser toutes les données visibles. Trouver le caractère, au contraire, c'est ramasser les propriétés communes à certains individus par quoi ils se distinguent des autres. Avant tout, c'est choisir, parmi la cohue du visible, les notes particulières qui, pour l'esprit, doivent rester indissolublement liées à la plante et se substituer à l'image de celle-ci avec tous ses détails. En ne considérant qu'un caractère, en le nommant, en le retenant seul dans l'esprit, bref en réduisant la plante au caractère, la pensée s'affranchit du chaos des images sensibles. Elle peut alors effectuer son travail de classification.

La classification représente toujours une pyramide, une hiérarchie qui comprend des jeux de classes placées à des niveaux différents, chaque classe d'un niveau incluant une ou plusieurs sous-classes du niveau inférieur. Chaque hiérarchie peut fonctionner à des degrés différents de complexité. Simple, comme dans la « disposition synoptique »[3], où elle se réduit à un ensemble de clefs dichotomiques successives. Plus élaborée, comme dans les classifications « systématiques », où chaque classe d'un niveau englobe plus de deux classes du niveau inférieur. Au XVIIIe siècle, l'ensemble du monde vivant se dispose dans une hiérarchie à cinq niveaux : le Règne, la Classe, l'Ordre, le Genre et l'Espèce. Celle-ci est elle-même formée par la réunion des variétés, dont la diversité ne provient, dit Linné[4], que « d'une cause accidentelle, due au Climat, au Terrain à la Chaleur, aux Vents, etc. ». En elle-même la distribution des êtres vivants en cinq niveaux représente une

1. *Philosophie Botanique*, 261, p. 246.
2. Tournefort, *Introduction à la Botanique*, p. 284.
3. Linné, *Philosophie Botanique*, 153, p. 128-129.
4. *Ibid.*, 158, p. 132.

simple convention. Elle signifie qu'un organisme ne doit être considéré comme classé de façon convenable que s'il peut, de manière explicite ou non, être rangé dans un groupe défini à chaque niveau.

Pour bâtir un tel édifice, il existe deux techniques suivant qu'on procède par une sorte de logique déductive ou par empirisme : les systèmes et la méthode. Les systèmes sont beaucoup plus vieux que la méthode. Ils descendent d'Aristote à travers la scolastique. Pour construire un système, il faut déjà se faire une certaine idée de la nature des objets à classer comme des relations qui s'établissent entre eux. Il y a donc autant de systèmes que d'idées, voire de botanistes. Le nombre des variables permet d'ajuster la classification aux données empiriques selon la précision désirée. Tous les systèmes cherchent l'agencement des caractères et la relation logique qui se prêtent à la meilleure articulation des classes. « Il faut, dit Tournefort [1], recourir à l'art des combinaisons : c'est-à-dire que les parties des plantes doivent être si bien combinées entre elles une à une qu'à la fin on puisse choisir celles d'après lesquelles peuvent être constitués les caractères génériques qui apportent le plus de lumière et les plus conformes à l'expérience. » On analyse donc les possibilités combinatoires que donne l'utilisation de telle ou telle partie d'une plante et l'on fixe son choix sur celle où le nombre des combinaisons réalisables dépasse celui des combinaisons existant dans la nature. C'est le choix arbitraire des critères qui impose les coupures à faire.

Avec la méthode, au contraire, nul besoin de conception *a priori*. Il suffit de comparer les objets avec rigueur et minutie pour en dégager les différences. Il ne saurait donc y avoir qu'une seule méthode. La démarche consiste à choisir arbitrairement une plante de référence, à lui superposer, en quelque sorte, les autres plantes et à repérer soigneusement tous les écarts, tous les dépassements. « Je faisais d'abord une détermination de chaque plante, dit Adanson [2], en mettant dans autant d'articles séparés chacune des parties dans tous ses détails; et à mesure qu'il se présentait de nouvelles Espèces qui avaient du rapport avec celles déjà décrites, je les décrivais à côté en supprimant toutes les ressemblances et en notant seule-

1. *Introduction à la Botanique*, p. 289.
2. *Familles des Plantes*, p. clviij.

ment leurs différences. » La masse des ressemblances reste comme un fond ignoré d'où émerge la saillie des différences. En se groupant naturellement, celles-ci laissent apparaître des lignes de séparation. Plus ou moins accentuées selon l'amplitude des différences, les coupures imposent alors la hiérarchie des classes.

Systèmes et méthode procèdent donc de principes distincts, voire opposés. Mais si la démarche diffère, le langage est commun et le résultat semblable, puisque les deux techniques permettent de construire la même hiérarchie à cinq niveaux. Dans les deux cas, l'une des étapes comporte un choix arbitraire sur lequel repose en fin de compte tout l'édifice. D'où une difficulté commune à toutes les classifications. « C'est ici le point le plus délicat de l'histoire des sciences, dit Buffon [1] : savoir bien distinguer ce qu'il y a de réel dans un sujet, de ce que nous y mettons d'arbitraire en le considérant. » Pour les systématiciens comme pour les méthodistes, pour Ray, Tournefort ou Linné comme pour Magnol, Adanson ou les Jussieu, le choix d'une classification nouvelle ne se justifie que par un seul argument : moins d'arbitraire et plus de naturel. Retrouver l'ordre véritable qui existe dans la nature, voilà le but de l'histoire naturelle. Et pour cela, il faut distinguer l'essentiel de l'accidentel.

Pendant des siècles, depuis Aristote et à travers la scolastique, l'unité d'un groupe vivant a reposé sur son « essence » que constituait la somme du « genre » et de la « différence ». A l'âge classique, se modifient le sens et le rôle de ce qu'on appelle l'essence des êtres, mais la recherche de l'essentiel sous-tend encore tout effort d'analyse et de classification. Ce qui importe dans la comparaison des plantes, ce sont les différences qui existent dans leur essence et non pas les accidents dus au hasard, aux variables qui échappent aux lois de la nature. La « structure, dit Tournefort [2], fait le caractère qui distingue essentiellement les plantes les unes d'avec les autres ». Mais tout le monde s'accorde à constater la présence d'une large part d'arbitraire jusque dans le choix du caractère. Selon ce qu'on attend de lui, ce dernier peut se déployer tout au long de la comparaison des plantes, allant de la « marque singulière » tirée d'un organe précis à l'ensemble des notes extraites de la plante tout entière.

1. *De la manière d'étudier...; Œuvres complètes*, in-16, t. I, p. 88.
2. *Élémens de Botanique*, p. 1.

Le caractère peut, d'après Linné [1], être « factice, essentiel, ou naturel ». Pour établir les coupures entre les classes, il importe d'utiliser uniquement « le caractère essentiel le mieux choisi » [2], et de rejeter au contraire toutes les notes accidentelles, tout ce qui relève du lieu d'implantation, de la température, de l'irrigation, de l'exposition au soleil ou aux vents, bref tout ce qui est sujet à variation par suite des conditions de culture. L'essentiel dans une plante devient alors cette singularité que lui impose la nature et qui échappe à toute intervention externe. Comme il s'oppose à l'accidentel, l'essentiel est nécessairement de nature objective. Il relève, non pas de l'observation, mais des origines lointaines de la création. L'ordre dans lequel s'articulent les essences des êtres est celui que dicte la nature, non la raison. L'essentiel des plantes constitue en quelque sorte la bonne conscience du naturaliste. Il lui permet de découper ses classes « sans scrupule » comme le conseille Tournefort [3], en ne cherchant que l'efficacité. Et ce qui forme l'essentiel dans une plante, c'est pour Linné [4] ce qui lui est imposé par « la génération continuée des espèces ».

Car si les systèmes et la méthode possèdent chacun leur logique interne, celle-ci n'a aucune liaison avec la réalité de la nature. Il leur faut donc faire appel à un élément extérieur qui ne repose pas uniquement sur la structure visible des êtres mais sur la permanence de cette structure à travers les générations. Le concept d'espèce naît ainsi, à la fin du XVIIe siècle, de la nécessité pour les naturalistes de donner à leurs classifications un point d'appui sur la réalité de la nature. Ce qui fait de l'espèce une catégorie privilégiée, c'est qu'elle n'est pas seulement fondée sur une certaine ressemblance, si grande soit-elle, entre des individus, mais aussi sur la succession des générations qui produisent toujours le semblable. « L'identité spécifique du taureau et de la vache, dit John Ray [5], celle de l'homme et de la femme ressortent déjà du fait qu'ils naissent des mêmes parents, souvent de la même mère. » Si un ordre se maintient dans la structure des animaux et des plantes, c'est que celle-ci est fidèlement transmise des parents aux descendants avec l'en-

1. *Philosophie Botanique*, 186, p. 166.
2. *Ibid.*, 258, p. 242.
3. *Introduction à la Botanique*, p. 297.
4. *Philosophie Botanique*, 259, p. 242.
5. *Historia plantarum*, Londres, 1686, t. I, chap. XX, p. 40.

semble des propriétés. La forme spécifique d'un être vivant se prolonge en quelque sorte dans sa semence et « jamais une espèce, constate Ray, ne naît de la semence d'une autre et réciproquement ». Encore convient-il d'exclure de l'espèce tous les hybrides stériles, tous les « mulets » que produisent certains accouplements non conformes à la nature. Pour que l'espèce conserve un caractère universel, il faut donc que la génération soit « continue, perpétuelle, invariable, dit Buffon [1], semblable en un mot à celle des autres animaux ». Dans ces conditions, les opérations de la nature dans le monde vivant comme dans le monde inanimé se déroulent avec régularité : elles obéissent à des lois dont l'espèce n'est qu'une expression.

C'est donc sur la propriété qu'ont les êtres vivants d'engendrer leur semblable, et sur son corollaire le concept d'espèce, que repose en fin de compte l'histoire naturelle à l'âge classique. En fait l'espèce fonctionne à deux niveaux pour rendre possible la classification du monde vivant. Tout d'abord, comme elle ne se fonde pas seulement sur un découpage arbitraire du visible, mais qu'elle met en jeu la régularité de la nature même, l'espèce donne une assise commune et universellement admise à toutes les classifications dont elle constitue l'unité de base. L'espèce ne devient jamais l'objet des discussions qui surviennent, par exemple, autour du genre. Elle justifie l'effort qui vise à instaurer un ordre dans la chaîne des êtres, à découper la trame continue que forme le monde vivant. C'est dans la mesure où il « existe » des espèces, que la science des êtres repose, non sur des vues de l'esprit, mais sur des fondations naturelles. D'autre part, la permanence de l'espèce à travers les générations assure que le monde vivant tel qu'on le voit aujourd'hui reflète bien celui qui a été instauré de fondation. « Nous comptons autant d'espèces, dit Linné [2], qu'il y a eu au commencement de formes diverses créées. » Pour que l'histoire naturelle ait sa place dans l'ensemble de la connaissance, il ne suffit pas que soit donnée la possibilité d'instaurer un ordre dans le monde vivant. Il faut encore que la classification établisse une liaison entre le monde vivant aujourd'hui et son origine. C'est par le concept d'espèce qu'est garantie la permanence des formes vivantes depuis la création. « Un individu n'est rien dans l'univers, dit Buffon [3], cent

1. *Histoire naturelle des Animaux; Œuvres complètes*, in-16, t. III, p. 15.
2. *Philosophie Botanique*, 157, p. 130.
3. *De la Nature*, 2e vue; *Œuvres complètes*, in-4°, t. III, p. 414.

individus, mille ne sont encore rien. Les espèces sont les seuls êtres de la Nature; êtres perpétuels, aussi anciens, aussi permanents qu'elle; qu'on peut considérer comme un tout indépendant du monde, un tout qui a été compté pour un dans les ouvrages de la création et qui, par conséquent, ne fait qu'une unité dans la Nature. » Car les relations qu'il est possible d'établir entre les êtres se fondent toujours sur un autre système logique, que ce soit la permanence des structures visibles avec Tournefort et Linné, ou plus tard l'intégration fonctionnelle des organismes avec Cuvier, puis leur filiation évolutive après Darwin.

La préformation

Avec le concept d'espèce, la génération devient une expression de la régularité de la nature. Mais, pour l'âge classique, la génération ne peut s'envisager qu'à travers la structure visible des êtres vivants et les lois de la mécanique. Contrairement à la circulation du sang, les phénomènes de la génération ne peuvent s'analyser par des mesures de volumes, de mouvements et de vitesse, ni se décrire en termes de leviers, de poulies ou de pompes. Quand Harvey s'intéresse à la génération des êtres, il ne peut faire mieux que son maître Fabrice d'Acquapendente. Celui-ci faisait couver des œufs de poule et en ouvrait un chaque jour pour examiner l'état de l'embryon. A la saison de leurs amours, Harvey immole les biches du roi d'Angleterre et en éventre une chaque jour pour y observer le contenu de la matrice. Il n'y voit jamais qu'une masse informe, un petit tas gluant, une sorte de « cicatrice » où se dessinent peu à peu un cœur, des vaisseaux, des intestins, une tête et des pattes. Harvey en est réduit à des analogies peu convaincantes: La femelle est rendue féconde par le mâle comme le fer, une fois touché par l'aimant, acquiert une vertu magnétique [1]. Ou encore la matrice ressemble au cerveau puisque « l'un conçoit le fœtus comme l'autre les idées qui s'y forment » [2]. Parce qu'en épigraphe de son *Traité de la Génération Animale*, il place son fameux « *Omnia ex ovo* », on attribue souvent à Harvey la paternité de cette idée que tout être vivant provient en fin de compte d'un œuf. Mais l'*ovum*, ce n'est pas seulement l'œuf. C'est toute substance déjà quelque peu organisée, de la viande putréfiée, des plantes pourries, des excréments; c'est aussi la

1. *On the generation of Animals*, 1651; *The Works of W. Harvey. On Parturition*, p. 575.
2. *Ibid.*, p. 577.

nymphe ou la chrysalide des insectes; bref, tout ce dont on peut voir émerger un être vivant, qu'il soit quadrupède, mouche, ver ou plante.

Pour le XVIe siècle, la génération spontanée était au moins aussi facile à expliquer que celle par les semences, puisqu'elle mettait directement en jeu l'action des forces divines sur la matière. Pour le XVIIe siècle, il s'agit de remplacer les forces occultes par l'arrangement de la matière et par les lois du mouvement qui doivent rendre compte de la formation des êtres vivants tout aussi bien que de la chute des corps ou du mouvement des astres. Pour Descartes, cela ne présente aucune difficulté particulière. Comme la matière est la même dans tous les corps du monde, les êtres ne diffèrent des choses que par l'agencement de cette matière. Un rien doit donc suffire pour animer celle-ci et pour en faire surgir un corps vivant. Un peu de chaleur ou de pression, un simple frottement pour agiter les parties et les faire réagir entre elles. « Puisqu'il faut donc si peu de choses pour faire un être, il n'est assurément pas étonnant que tant d'animaux, tant de vers, tant d'insectes se forment spontanément sous nos yeux dans toute matière en putréfaction [1]. » La chaleur et le mouvement doivent agir peu à peu, partie après partie. Pas plus dans la viande que dans l'œuf des animaux parfaits, le petit être ne saurait se former d'un coup et sortir tout équipé comme Minerve du cerveau de Jupiter. La matière s'agence progressivement, organe par organe, avec la régularité d'une horloge très complexe. Chez les êtres qui engendrent leurs semblables, toute la mécanique est déjà préparée par l'arrangement de la matière dans la semence. Pour parler du développement de l'embryon, Descartes [2] utilise des termes semblables à ceux qu'emploiera plus tard Laplace pour décrire les mouvements de l'univers : « Si on connaissait bien quelles sont toutes les parties de la semence de quelque espèce d'animal en particulier, par exemple de l'homme, on pourrait déduire de cela seul, par des raisons certaines et mathématiques, toute la figure et conformation de chacun de ses membres. »

La génération spontanée résiste mal au poids croissant de l'observation. A mesure que l'œil armé d'une loupe ou d'un microscope observe de plus près les insectes, la complexité de leur structure visible s'accroît. Tout un réseau de fibres,

1. *Primae Cogitationes; Œuvres*, Cerf, Paris, 1897-1913, t. XI, p. 506.
2. *Formation de l'animal; Œuvres*, t. XI, p. 277.

de vaisseaux, de nerfs entrelacés avec précision se dévoile peu à peu. « Une mouche, s'émerveille Malebranche [1], a autant et peut-être plus de parties organiques qu'un cheval ou un bœuf. Un cheval n'a que quatre pieds et une mouche en a six... On ne trouve dans l'œil d'un bœuf qu'un seul cristallin : mais on en découvre aujourd'hui plusieurs milliers dans celui des mouches. » Les observations de Swammerdam et de Malpighi révèlent la métamorphose du ver à soie, du grillon, du scarabée, du papillon. Ils décrivent leurs organes sexuels et leurs modes d'accouplement. Tout cela s'accorde mal à la formation des vers ou des mouches par la chaleur de la fermentation dans la viande. Mais s'il est possible au XVIIe siècle d'exclure la génération spontanée des insectes, c'est que l'expérimentation nécessaire ne met en jeu que le mouvement, celui de l'air et celui des êtres vivants. Il suffit d'enfermer de la viande dans une fiole hermétiquement bouchée pour qu'elle ne puisse ni se putréfier, ni donner naissance à des mouches. Quant à l'idée qui le conduit à faire une telle expérience, Francesco Redi, dans son livre sur la génération, l'attribue à la lecture d'Homère. Si la putréfaction des chairs suffit à engendrer des insectes, s'étonne Redi [2], pourquoi, au chant XIX de *L'Iliade*, Achille redoute-t-il tant que le corps de Patrocle ne devienne la proie des mouches? Pourquoi demande-t-il à Thétis de protéger le corps contre les insectes qui pourraient y faire éclore des vers et corrompre ainsi les chairs du mort? L'expérience montre que les craintes d'Achille étaient justifiées. « Ces vers, dit Redi [3], sont tous engendrés par insémination et la matière putréfiée dans laquelle on les trouve ne sert à rien d'autre que d'emplacement, de nid où les animaux déposent leurs œufs à l'époque de la génération et où ils trouvent leur nourriture; autrement j'affirme que rien n'est jamais engendré de cette matière. » Il en est de même pour les vers qui vivent dans l'intestin de l'homme et des animaux. Ces vers ne naissent pas des entrailles de leurs hôtes, mais d'une semence qui, se trouvant dans l'air, dans l'eau ou dans les aliments, est inhalée ou avalée par les animaux. De même pour les insectes qui naissent dans les plantes.

1. *Entretiens sur la Métaphysique, sur la Religion et sur la Mort*, Paris, 1711, t. II, p. 14-15.
2. *Experimenta circa Generationem Insectorum; Opera*, Amsterdam, 1686, t. I, p. 30-31.
3. *Ibid.*, p. 17-18.

Ce ne sont pas les fruits, les racines ou les verrues des plantes qui les engendrent, mais des insectes qui viennent y déposer leurs œufs. A la fin du XVIIe siècle, les vers, les mouches ou les anguilles naissent des vers, des mouches ou des anguilles. Là où apparaît un être vivant, il y avait un être semblable pour l'engendrer. En bonne logique, la génération spontanée devrait disparaître. Mais elle se réfugie presque aussitôt dans ce monde invisible et un peu grotesque des animalcules, aperçus soudain à l'aide du microscope dans l'eau de gouttière, dans l'infusion de plantes, dans la salive. Pour l'en déloger, il ne suffira pas de faire de nouvelles expériences. Il faudra encore que soit affermi le concept d'espèce, précisées ses limites, garantie sa permanence.

Quant à la génération par les parents, c'est dans les semences que s'en cache le secret. C'est là qu'il s'agit de substituer figure et mouvement aux forces occultes. Car les erreurs de la faculté formatrice, les caprices de l'imagination maternelle, l'influence de la nourriture ou des rêves sur la formation d'un enfant, bref toutes les fantaisies, toutes les irrégularités qui viennent jeter le trouble dans le cours normal des choses s'accordent mal à l'harmonie de l'univers et aux lois de la nature. Mais le seul aspect de la génération que peut aborder l'âge classique par ses méthodes d'analyse, le seul qui soit accessible à ses techniques d'observation et au pouvoir de résolution que lui apporte le microscope, c'est le contenu de la semence. Là seulement l'âge classique est en mesure de substituer des figures et des particules aux principes et aux vertus. L'une des questions les plus simples que l'on peut poser alors à propos de la génération, c'est : que contient la semence de chaque sexe? Plus précisément, comment se fait-il que certains animaux pondent des œufs tandis que d'autres produisent des êtres vivants? A force d'examiner, de disséquer, de fouiller les corps, on finit par déceler, dans les « testicules » des femelles vivipares, de petites masses remplies d'une liqueur semblable au blanc d'œuf et qui jaunissent après l'accouplement. Régnier de Graaf parvient même à établir une corrélation entre le nombre de ces boules et celui des embryons qui apparaissent dans les cornes de la matrice. Jusqu'au XIXe siècle, où les embryologistes montreront que les boules repérées par de Graaf sont en réalité des follicules entourant les véritables œufs, elles vont jouer le rôle d'œufs. A la fin du XVIIe siècle, toutes les femelles possèdent donc des œufs. « Je ne doute pas davantage, dit Sténon [1], que les testicules de la femme sont des ovaires. » Ainsi, que le petit animal émerge d'un œuf, comme le poussin, ou qu'il sorte vivant du ventre de sa mère, comme le veau, le processus est le même. Chèvre, brebis, vache, quels que soient les animaux qu'on dissèque, on y trouve toujours la même anatomie. « La génération se fait de la même manière dans les femmes, dit de Graaf [2], puisqu'elles ont des œufs dans les testicules et des trompes attachées à la matrice comme les brutes. » Malgré les protestations des Précieuses qui s'indignent d'être prises pour des poules, on discute sans fin pour savoir si les œufs peuvent se former sans accouplement, s'il en existe chez les vierges ou chez les femmes frigides. On se demande si la femme expulse chaque mois un œuf avec ses menstrues ou si, au contraire, l'œuf ne se détache que « sous l'aiguillon du plaisir ».

Quant à la semence mâle le microscope y révèle, comme dans l'eau de gouttière ou l'infusion de foin, des créatures sans nombre, de petits vers qui vivent, grouillent, nagent en tous sens. De tout ce monde que révèle soudain, presque par hasard, le microscope, les animalcules de la semence mâle sont bien les seuls à trouver une place et un emploi. Les animalcules de l'eau de gouttière, on ne sait trop qu'en faire, ni où les ranger, ni si on doit les considérer comme un sujet d'émerveillement ou de scandale. Les animaux de la semence mâle, au contraire, c'est un peu ce que la raison cherchait. Pour faire jouer son rôle au mâle, pour débarrasser la semence des principes et des vertus, il fallait y trouver des particules et des corps organisés. En fait la trouvaille dépasse les espérances. « Il n'y a pas autant d'hommes vivant à la surface du globe qu'il y a d'animalcules dans la laitance d'un seul mâle », dit Leeuwenhoek [3] qui prend bien soin de préciser que ses examens n'ont pas été faits aux dépens de sa propre postérité.

Il y a donc des œufs chez les femelles et des animalcules chez les mâles. Et cela doit suffire à produire la complexité d'un animal. Si l'on refuse une faculté formatrice, si l'on rejette l'intervention de toute force mystérieuse, si l'on veut, par les seules lois du mouvement, organiser les particules des semences pour les transformer en animal,

1. *Elementorum myologiae specimen*, Florence, 1667, p. 117.
2. *Traité des parties des femmes qui servent à la génération*, Varsovie, 1701, préf., p. II-III.
3. Lettre à Grew du 25 avril 1679; *Arcana Naturae*, Leyde, Bouteseyn, 3e éd., 1696, IIe partie, p. II.

le problème est sans solution. « Il n'est pas possible, dit Malebranche [1], que l'union des deux sexes forme un ouvrage aussi admirable qu'est le corps d'un animal. On peut bien croire que les lois générales de la communication du mouvement suffisent pour développer et faire croître les parties des corps organisés, mais on ne peut se persuader qu'elles puissent jamais former une machine si composée. » Ce qu'il s'agit d'expliquer dans la génération, à une époque où les êtres vivants s'appréhendent par leur seule structure visible, c'est le maintien au fil du temps de cette structure primaire. Celle-ci ne peut pas disparaître mais doit persister à travers les semences, d'une génération à l'autre. Pour qu'il y ait continuité de la forme, il faut que la semence contienne déjà le « germe » du petit être à venir, que celui-ci soit « préformé ». Le germe représente déjà la structure visible du futur enfant, semblable à celle des parents. C'est le projet du futur corps vivant; non pas en puissance, dans quelque partie active de la semence à partir de quoi s'organiserait progressivement le corps du petit être comme s'exécute un plan; mais déjà matérialisé comme une miniature de l'organisme à venir. Comme un modèle réduit avec toutes les parties, toutes les pièces, tous les détails en place. Dans le germe est déjà réalisé le corps complet, quoique inerte, de l'être à venir. La fécondation ne fait que l'activer et déclencher sa croissance. Alors seulement, le germe peut se développer, s'étendre en tous sens et acquérir sa taille définitive, à la manière de ces fleurs japonaises qui se vendent desséchées, mais qui, une fois placées dans l'eau, se déroulent, se déploient et prennent leur configuration finale. Il en est des animaux comme des plantes : dans bien des graines, en effet, on aperçoit distinctement la miniature de la future plante avec tous ses détails, l'ébauche des tiges et des branches, les feuilles repliées. Point n'est besoin d'organiser la matière lors de la fécondation et du développement embryonnaire. Tout être vivant commence par quelque chose qui lui ressemble déjà. Chez les animaux comme chez les plantes, les leviers, les poulies et les ressorts suffisent à assurer le développement du germe, car ce n'est plus là qu'une affaire de croissance. Chaque pièce du germe s'étend graduellement en tous sens pour demeurer en grand ce qu'elle était déjà en petit.

La principale question que l'on peut poser au sujet de la

1. *Entretiens*, t. II, p. 13.

génération devient alors : laquelle des deux semences, mâle ou femelle, contient le germe? Il y a, naturellement, deux écoles. On peut, tout d'abord, placer le germe dans l'œuf. Toute fécondité repose alors sur la femelle. C'est en elle que gît, inerte, la miniature du futur être vivant, attendant dans l'ovaire l'heure de la fécondation. Le rôle du mâle reste fort modeste en cette affaire puisqu'il se limite à l'activation du germe, sous une forme ou une autre, grâce à la liqueur spermatique. De fait, il y a une foule d'arguments pour attribuer à l'œuf le premier rôle dans la génération. Les expériences sur l'œuf de poule, tout d'abord, où Malpighi et d'autres discernent, en dehors de toute incubation, les formes du futur poussin. Le coq n'a pas d'organe pour l'intromission; il se contente d'arroser les œufs pour les activer. De même chez les poissons où le mâle ne fait également qu'arroser les œufs émis par la femelle. De même encore chez la grenouille dont les amours sont bien singulières puisque le mâle s'installe derrière la femelle qu'il étreint de ses bras. Ils restent alors enlacés pendant des semaines entières et nul ne peut dire comment le mâle joue son rôle. Swammerdam prétend qu'il en est des grenouilles comme des poissons et que le mâle asperge de sa semence les œufs relâchés par la femelle. Mais il paraît bien douteux que la fécondation se fasse hors du corps de la femelle et, de toute façon, on voit mal comment le germe pourrait ne pas être situé dans l'œuf. Quant à l'homme, tout le monde sait que cette liqueur qu'il répand avec tant de plaisir ne pénètre pas dans la matrice de la femme mais s'écoule hors de celle-ci aussitôt émise. On connaît suffisamment de filles devenues enceintes sans même avoir laissé pénétrer en elles la liqueur de l'homme. C'est uniquement ce qu'il y a de plus « spiritueux » dans cette liqueur qui s'infiltre dans la matrice, monte dans les ovaires et pénètre dans l'œuf par l'un des pores réservés à cet usage. Ou encore cette partie « subtile » de la liqueur mâle s'insinue dans les vaisseaux sanguins de la femme; là elle se mêle au sang, y déclenche « les ravages qui tourmentent les femmes » et arrive à l'ovaire où l'œuf n'est fécondé qu'une fois le sang même de la femme fécondé dans son ensemble. Il y a certes la ressemblance des enfants avec le père qui pourrait prêter à confusion. Mais il est bien évident que la force du mâle concentrée dans l'esprit de la liqueur séminale joue son rôle dans l'organisation du fœtus. La disposition de l'embryon dépend en effet de facteurs variés : de la forme du germe, bien sûr;

de l'activité et de la vie de la mère pendant la gestation; mais aussi de la force avec laquelle les parties de l'embryon ont été activées lorsqu'elles se sont imprégnées de l'esprit séminal du père.

Mais on peut tout aussi bien soutenir la thèse inverse et placer le germe dans les animalcules qui nagent dans la semence du mâle. Voilà toute la fécondité rendue au mâle, « ce qui est plus conforme à la dignité de ce dernier ». Pourquoi inventer dans les œufs les créatures nécessaires à la génération, puisqu'on les voit s'agiter dans la semence du mâle? La génération des êtres vivants, c'est tout simplement le développement de ces animalcules, dont chacun, dit Hartsoeker [1], « renferme et cache en petit sous une peau tendre et délicate un animal mâle ou femelle de la même espèce ». Le rôle de la femelle se limite à fournir le nid et la nourriture nécessaire au développement des animalcules. Ceux-ci pénètrent dans la matrice, remontent jusqu'à l'ovaire et cherchent un endroit convenable pour élire domicile. Un seul y réussit en pénétrant dans l'œuf qui « n'a qu'une seule ouverture pour laisser entrer un ver, dit Hartsoeker [2],... et aussitôt qu'un seul y est entré, cette ouverture se referme et refuse le passage à tout autre ver ». Une fois installé dans son œuf, le petit être croît et se développe insensiblement jusqu'à atteindre la grandeur et la maturité compatibles avec la naissance. À force d'examiner les animalcules, on finit par en distinguer deux sortes. « Les Animalcules diffèrent par le sexe, dit Leeuwenhoek [3]; et l'on distingue des Mâles et des Femelles. » Beaucoup tentent de déceler dans leur microscope la forme de chaque animal installé dans son animalcule. Mais en vain; malgré tous les efforts, on ne voit pas la forme cachée derrière la peau qui enveloppe l'animalcule. On ne peut que l'imaginer, sous l'aspect d'un homuncule par exemple, fœtus rabougri, les jambes repliées, la tête enfoncée dans les bras, siégeant dans son vermisseau [4]. Il faut se résigner. Le germe ressemble à un poisson ou à un ver, ce qui est conforme aux usages de la nature. Qui reconnaîtrait le hanneton dans le ver qui lui a donné naissance? Qui croirait que les merveilleux papillons aux ailes de lumière ont d'abord été ces horribles chenilles qui rampent péniblement? Il n'y a pas de doute,

1. *Essay de dioptrique*, chap. x, 89, Paris, 1694, p. 229.
2. *Ibid.*, p. 228.
3. Lettre à Leibniz, *Epistolae physiologicae*, Delft, 1719, p. 294.
4. Hartsoeker, *Essay de dioptrique*, p. 230.

conclut Geoffroy [1], « l'homme a commencé par être Ver ».

Si faute de tout recours à une structure secondaire cachée, la préformation des germes représente, à l'époque classique, le seul moyen d'assurer la permanence des structures visibles par filiation, elle ne fait en réalité que reculer le problème d'un cran. Car la véritable génération devient alors la formation du germe dans la semence. Il faut expliquer d'où vient celui-ci et comment il s'organise. Et la difficulté reste la même, car si l'on ne veut pas faire appel à quelque pouvoir mystérieux, à quelque vertu formatrice, on est ramené aux lois du mouvement, tout aussi insuffisantes pour organiser un germe qu'un embryon. Il n'y a alors qu'une solution : c'est de considérer que les germes de tous les organismes, passés, présents ou futurs, ont toujours existé; qu'ils ont été formés lors de la Création; et que seulement ils attendent l'heure de l'activation par la fécondation. C'est la théorie de la préexistence des germes. Comme tous ces germes ne peuvent être qu'infiniment petits, il ne saurait être question de les voir, même avec un microscope. Mais « il ne faut pas, dit Malebranche [2], que l'esprit s'arrête avec les yeux car la vue de l'esprit a bien plus d'étendue que la vue du corps ».

Il y a deux façons de considérer la préexistence selon la localisation qu'on assigne aux germes en attente d'activation. On peut, tout d'abord, placer le germe hors des êtres vivant actuellement et les répartir, comme Claude Perrault, un peu partout dans la nature. Les germes sont trop petits pour qu'on les repère, mais il en existe dans l'eau, dans les aliments qu'on avale ou dans l'air qu'on inhale. Alors « la génération ne peut manquer de se faire, dit Perrault [3], parce que les petits corps étant en une quantité presque infinie de tous genres et de toutes espèces par tout le monde, il est bien difficile qu'il ne s'en rencontre pas dans la substance homogène du grain, ou qui ne lui soit apporté ». Les germes choisissent les êtres de la même espèce pour s'y installer et composer la petite créature qui attend la fécondation pour croître.

Mais on peut tout aussi bien placer les germes à l'intérieur des êtres vivants. La petite créature préformée contient alors les germes de ses futurs enfants, lesquels

1. Thèse de médecine, *Matière médicale*, t. I, p. 95.
2. *Recherche de la Vérité*, Paris, 1700, t. I, p. 48.
3. *De la méchanique des Animaux; Œuvres diverses de physique et de mécanique*, Leide, 1721, p. 485.

contiennent eux-mêmes les germes de leurs enfants et ainsi de suite. Dans un simple pépin de pomme, il y a ainsi, pour Malebranche [1], « des pommiers, des pommes et des semences de pommiers pour des siècles infinis ou presque infinis dans cette proportion d'un pommier parfait à un pommier dans la semence ». Il en est de même pour les animaux. Les germes de tous les hommes possibles dans tous les temps datent de la Création mais ils peuvent, selon l'image de Swammerdam [2], être contenus dans les lombes d'Ève ou dans ceux d'Adam. Cela dépend de l'emplacement que l'on assigne aux germes, dans l'œuf ou dans l'animalcule. Si le germe réside dans l'œuf, alors « les femelles des premiers animaux ont été créées avec tous ceux de la même espèce qu'ils doivent engendrer dans la suite des temps » [3]. Mais si, au contraire, on préfère voir le germe dans l'animalcule, alors « les premiers mâles ont été créés avec tous ceux de même espèce qu'ils ont engendrés ou qu'ils engendreront jusqu'à la fin des siècles » [4]. De toute façon, dans un système comme dans l'autre, germes mâles et germes femelles sont différents, car un seul contient les germes de tous ses descendants emboîtés les uns dans les autres comme des poupées russes. D'une génération à l'autre, la grandeur des poupées décroît dans le rapport de l'organisme à son œuf. Le fœtus qui doit naître dans mille ans se trouve aussi bien formé que celui qui doit naître dans neuf mois. Seule sa taille diffère. Mais sa petitesse qui le dérobe à nos yeux ne le soustrait pas aux lois de la nature. Il y aurait certes là de quoi alarmer l'imagination si l'on ne savait que la matière est divisible à l'infini. Tout cela d'ailleurs ne suffit pas à protéger le développement du fœtus contre les fantaisies de l'imagination maternelle. « Il n'y a pas un an, dit Malebranche [5], qu'une femme ayant considéré avec trop d'application le tableau de S. Pie dont on célébrait la fête de la Canonisation, accoucha d'un enfant qui ressemblait parfaitement à la représentation de ce Saint. Il avait le visage d'un vieillard, autant qu'en est capable un enfant qui n'a point de barbe. Ses bras étaient croisés sur sa poitrine, ses yeux tournés vers le Ciel... C'est une

1. *Recherche de la Vérité*, t. I, p. 47-48.
2. *Histoire générale des Insectes*, Utrecht, 1682, p. 48.
3. Malebranche, *Recherche de la Vérité*, t. I, p. 48.
4. Hartsoeker, *Essay de dioptrique*, p. 231.
5. *Recherche de la Vérité*, livre II, 7; t. I, p. 200.

chose que tout Paris a pu voir aussi bien que moi, parce qu'on l'a conservé assez longtemps dans l'esprit-de-vin. »

Réduit à la connaissance de la seule structure visible chez les êtres vivants et aux seules lois de la mécanique, le XVIIe siècle en vient ainsi à reléguer la véritable génération, celle qui organise la matière en un être, dans le domaine des causes premières dont il refuse de s'occuper. La science ne s'intéresse qu'à l'univers tel qu'il existe aujourd'hui; c'est-à-dire aux produits de la création et aux lois qui expriment la régularité de leurs mouvements. Mais si la génération d'un être ne peut encore être une re-production, une re-formation de l'enfant à l'image des parents, elle a changé de rôle et de statut. Ce n'est plus une création isolée, indépendante des autres, la réalisation immédiate d'une intention sans lien avec les intentions semblables. La production d'un être s'insère dans l'accomplissement progressif, au fil des temps, d'un même projet à long terme. Pour que le semblable produise toujours le semblable et que se maintienne l'espèce par filiation, tous les germes des individus qui constituent l'espèce doivent être créés ensemble, une fois pour toutes, sur le même modèle. Faute de pouvoir imaginer, pour chaque naissance, la reconstruction de la structure visible sous l'effet d'une structure d'ordre supérieur, on ne peut envisager d'autre solution que de faire produire les générations successives par une création simultanée. Il faut que soient formés ensemble ce qui deviendra le père et ce qui deviendra le fils ou le petit-fils. L'idée de cette préexistence s'accorde tout naturellement au concept d'espèce. Si le germe préformé dans la semence du géniteur a été constitué au temps de la création avec tous ceux de son espèce, il n'y a pas la moindre place pour quelque intervention externe au cours de la génération, pour les irrégularités dues aux fantaisies des parents et aux fautes contre nature. Les générations ne peuvent que se succéder, toujours identiques à elles-mêmes puisqu'elles découlent toujours de l'activation de produits identiques tirés d'un même stock constitué de fondation. L'espèce devient cette collection de germes, cette réserve d'exemplaires fabriqués sur le même modèle.

La préformation et la préexistence placent ainsi la génération des êtres sur le même plan que les autres phénomènes de la nature. Les êtres comme les choses « ne sauraient commencer, dit Leibniz[1], que par la création

1. *Essais de Théodicée*, Lausanne, 1760, t. I, p. 585.

ni finir que par l'annihilation ». L'univers est sorti au grand complet des mains de Dieu, entièrement monté avec toutes ses pièces. Tout a été tiré du néant par sa volonté. Chaque astre, chaque pierre, chaque être à venir dans la suite des temps a été formé par une création définitive et achevée. Depuis la chiquenaude initiale, le système fonctionne avec la régularité qu'expriment les lois de la nature, sans autre intervention divine. Les astres tournent, les pierres tombent, les êtres naissent.

Pendant tout le XVIIIe siècle, et tant que les êtres vivants s'appréhendent comme des combinaisons d'éléments visibles, la préformation et la préexistence constituent la seule solution possible au problème de la génération. Elles sont la seule réponse à l'argument de Fontenelle [1] : « Vous dites que les Bêtes sont des Machines aussi bien que des Montres? Mais mettez une Machine de Chien et une Machine de Chienne l'une près de l'autre, il en pourra résulter une troisième petite Machine, au lieu que deux Montres seront l'une à côté de l'autre toute leur vie, sans jamais faire une troisième Montre. » La production d'un être reste donc le résultat d'un projet dont ni la conception, ni la réalisation ne peuvent être séparées de la création du monde. C'est l'ordre visible des êtres qui se maintient par filiation. La continuité des formes vivantes dans l'espèce et dans le temps exige la continuité de ces formes à travers les processus mêmes de la génération. Comment d'un œuf pourrait naître une poule, sinon par la présence dans l'œuf de ce qui caractérise une poule, c'est-à-dire une certaine structure visible? Quant à l'activation du germe et à sa croissance, il ne serait « pas plus juste, dit Haller [2], de nous demander par quel mécanisme cela se fait que de nous demander pourquoi la résorption de la semence du Mâle lui fait pousser la barbe ».

Il y a pourtant au XVIIIe siècle beaucoup d'observations qui révèlent la minutie, la patience et la fidélité des naturalistes. Beaucoup d'expériences même qui témoignent de leur ingéniosité et de leur habileté. Cette expérimentation relève nécessairement encore de principes et de techniques familières à la mécanique et se limite aux seuls aspects qui, dans la production des êtres, sont accessibles à ses méthodes. Il s'agit par exemple d'amputer

1. *Lettres galantes; Œuvres*, t. I, p. 322-323.
2. Cité dans Bonnet, *Considérations sur les Corps organisés; Œuvres*, t. VI, p. 443.

un membre ou même de couper un corps en morceaux et d'observer l'effet produit. Ce qui, dans la génération, ressortit le plus évidemment à l'analyse mécaniste, ce sont les semences elles-mêmes. On peut empêcher la liqueur spermatique de parvenir à sa destination naturelle, ou recueillir séparément cette liqueur et les œufs pour les mêler ensuite. On peut diluer cette liqueur, la chauffer et chercher si elle conserve toujours son activité. Par certains de ces phénomènes, la génération devient ainsi accessible à l'expérimentation, même si celle-ci se réduit encore à des traitements aussi simples. Mais si forte reste la nécessité d'une préformation, si inconcevable la possibilité d'une autre solution, que tout résultat est interprété à l'appui du germe préformé.

Dans la dispute pour attribuer soit à l'œuf, soit à l'animalcule le premier rôle dans la génération, c'est l'œuf qui l'emporte vite grâce à la découverte de la parthénogénèse. Sur le conseil de Réaumur, Charles Bonnet se met à étudier la multiplication des pucerons. Et à la stupeur de tous, il apparaît qu'un seul de ces organismes se suffit à lui-même pour assurer sa descendance. « Saisissez un Petit à sa naissance, conseille Bonnet[1], renfermez-le à l'instant dans la solitude la plus parfaite, et pour mieux assurer sa virginité, poussez la précaution jusqu'au scrupule, devenez pour lui un Argus plus vigilant que celui de la Fable; quand le petit solitaire aura pris un certain accroissement, il commencera d'accoucher et au bout de quelques jours vous le trouverez au milieu d'une nombreuse Famille. » Sans aucun doute, le puceron « mériterait de s'appeler puceronne ». Mais s'il existe ainsi un organisme capable de se multiplier « sans avoir de commerce avec aucun individu de son espèce »[2], on voit mal comment le germe pourrait être localisé ailleurs que dans l'œuf. Même l'anatomie apporte son soutien au système des œufs. Pour Haller et pour Charles Bonnet, la membrane qui tapisse l'intérieur du jaune d'œuf continue celle qui revêt l'intestin de l'embryon de poulet. Le jaune de l'œuf est donc une dépendance de l'embryon. Mais « puisque le jaune existe dans les œufs qui n'ont point été fécondés, il s'ensuit nécessairement que le germe préexiste à la fécondation »[3]. Cette conséquence saute aux yeux : le poulet ne doit pas son origine à la liqueur

1. *Contemplation de la Nature*, VIII, 8; *Œuvres*, t. VIII, p. 130.
2. *Insectologie; Œuvres*, t. I, p. 230.
3. *Contemplation de la Nature; Œuvres*, t. VIII, p. 71.

que fournit le coq; il était déjà « dessiné en petit » dans l'œuf avant toute fécondation.

Quant au rôle des vers spermatiques dans la génération, il reste très incertain. Pour Buffon, ces vers ont une espèce de vie animale, mais pas une vraie vie animale et l'on dispute sans fin de l'animalité des animalcules. Même s'ils possèdent l'animalité, les vers de la semence mâle ne se distinguent en rien de ceux qui naissent et vivent dans l'eau des gouttières. Certains en trouvent partout; pas seulement dans la liqueur spermatique, mais aussi dans les femelles, les chiennes en chaleur par exemple, et même dans la viande crue, dans la gelée de veau, dans les excréments. Loin d'être le principe fécondant du mâle, les animalcules pourraient bien avoir pour fonction de rendre homogène la liqueur spermatique, ou de favoriser l'attraction des semences. Peut-être même ne servent-ils qu'au « plaisir vénérien ».

Le rôle de la liqueur spermatique et des animalcules qui s'y trouvent peut être étudié en fonction d'une représentation mécaniste simple. Le problème s'analyse en termes de matière et de force. Par des moyens physiques, on peut empêcher le transfert de matière, mais non celui de force. Ce sont les organismes ovipares qui conviennent le mieux à ces tentatives, puisqu'on y peut obtenir des œufs non fécondés ou fécondés. Les grenouilles notamment, chez lesquelles le mâle, installé derrière la femelle pendant la fécondation, l'enlace pendant des jours entiers. La fidèle collaboratrice de Réaumur est chargée d'observer un tel couple et de ne pas le quitter du regard pendant toute l'opération. « Comme je le lui avais demandé, dit Réaumur [1], elle tourna les yeux vers le derrière du mâle et les fixa dessus. A peine les y eut-elle fixés qu'elle en vit sortir un jet qu'elle n'a su comparer à rien de plus ressemblant qu'un jet de fumée de pipe. » Mais rien ne dit que ce jet de fumée joue le moindre rôle dans la fécondation des œufs que, pendant ce temps, la femelle libère par paquets. S'il y a vraiment transfert de matière du mâle aux œufs, si ce jet correspond à une émission de semence, il doit être possible d'empêcher cette semence d'atteindre les œufs qui devraient alors rester stériles. Réaumur [2] imagine de donner « une culotte de vessie et une culotte bien fermée qui surtout bouche le derrière »

1. *Mémoire sur les Grenouilles; Morceaux choisis*, Paris, 1939, p. 250.
2. *Ibid.*, p. 247.

à une grenouille mâle avant l'accouplement. Mais la fécondation n'en est pas pour autant dérangée, car les grenouilles parviennent à se débarrasser de leurs caleçons avec leurs pattes et des œufs sortent toujours des têtards. Plus habile, Spallanzani réussit à fabriquer des caleçons qui tiennent en place. « Les mâles ainsi habillés s'accouplèrent, mais les suites de l'accouplement furent telles qu'on devait les attendre, aucun des œufs ne put éclore, parce qu'aucun d'eux ne put être humecté par la liqueur spermatique dont j'observai les petites gouttes très visibles dans les caleçons »[1].

Ce matériel offre donc la possibilité d'obtenir séparément chacune des semences hors du corps de l'animal. D'où l'idée de tenter la fécondation en mélangeant les deux semences dans une fiole afin de « donner artificiellement la vie à cette espèce d'animaux, dit Spallanzani[2], en imitant la Nature dans les moyens qu'elle emploie pour multiplier les Amphibies ». Quelques jours après avoir été badigeonnés avec la laitance du mâle, éclosent les œufs et en émergent des têtards qui se mettent à nager. On peut ainsi réaliser la fécondation artificielle sur les animaux les plus variés, sur des crapauds, des salamandres, des vers à soie; même sur une chienne en chaleur à qui on injecte dans la matrice, avec une seringue, de la liqueur spermatique prélevée sur un chien.

La fécondation artificielle fournit l'outil nécessaire à toute analyse expérimentale : une activité observable et mesurable. Elle permet de rechercher si l'une des semences, soumise au préalable à des traitements divers, peut encore jouer son rôle dans la fécondation. Spallanzani se trouve ainsi en mesure d'analyser la semence mâle pour décider si l'activité en doit être attribuée à quelque force de la semence ou aux animalcules eux-mêmes. Diluée dans un litre d'eau, une goutte de liqueur spermatique de grenouille est toujours active : nulle surprise là, vu le nombre énorme des animalcules. Placés au-dessus de la liqueur spermatique, sans la toucher, les œufs ne sont pas fécondés : la liqueur agit par contact, à l'exclusion de toute « vapeur spermatique ». Une fois les animalcules tués par la chaleur par exemple, la semence se montre toujours capable de féconder les œufs : l'agent actif de la semence mâle ne réside donc pas dans les animalcules, mais dans « une force

1. *Expériences pour servir à l'histoire de la génération*, Genève, 1785, XIII, p. 13.
2. *Ibid.*, CXIX, p. 128-129.

stimulant le petit cœur des Têtards »[1]. Seule la dernière expérience de Spallanzani se trouve en défaut et le résultat n'en sera redressé qu'après un demi-siècle. Pour Spallanzani, elle apporte la confirmation de la présence du germe préformé dans l'œuf, une preuve nouvelle « que les petites machines des fœtus appartiennent originellement aux femelles et que le mâle ne fournit que la liqueur qui détermine leur mouvement »[2].

Même l'évidence de l'observation la plus directe est rejetée. L'examen du développement d'un embryon dans un œuf ressortit en effet aux moyens techniques du XVIIIe siècle. Ce qu'on peut y chercher relève exclusivement de la figure et du mouvement, puisqu'il s'agit de distinguer entre l'accroissement d'un germe préformé et l'élaboration progressive de ce qui deviendra la structure visible par une « épigénèse ». Et en observant au microscope le développement du poulet, Caspar Frederic Wolff discerne des membranes superposées, d'abord simples puis plissées, qui forment des renflements, des gouttières, des tubes, d'où émergent des ébauches d'organes : le système nerveux, puis des vaisseaux, un tube digestif, etc. La structure primaire d'un être vivant n'est donc pas préformée dans l'œuf. Elle s'organise peu à peu par une suite de plissements, de gonflements, de boursouflures, par toute une séquence, dans le temps et dans l'espace, d'opérations mécaniques. C'est exactement la conclusion que tirera von Baer, un demi-siècle plus tard, d'observations semblables. Mais si pour le XIXe siècle le livre de Wolff, la *Theoria generationis*, va devenir l'origine de l'embryologie expérimentale, au XVIIIe siècle il reste presque totalement ignoré. Il n'y a pas de cadre pour insérer l'épigénèse, ni de solution à la génération des êtres vivants hors de la préformation.

L'hérédité

Tout en étant dans l'impossibilité d'abandonner préexistence et préformation, le XVIIIe siècle se trouve en mesure d'en démontrer l'insuffisance. Un simple calcul y suffit. Un germe estime Buffon[3], est plus de mille millions de fois plus petit qu'un homme : si la taille de l'homme sert d'unité, celle du germe s'exprime par la fraction $\frac{1}{1\,000\,000\,000}$,

1. *Expériences pour servir à l'histoire de la génération*, CLXIX, p. 201.
2. *Ibid.*, CLII, p. 184.
3. *Histoire naturelle des Animaux; Œuvres complètes*, in-16, t. III, p. 231-232.

c'est-à-dire « par un nombre de dix chiffres », celle du germe de seconde génération « par un nombre de dix-neuf chiffres » et, à la sixième génération, « par un nombre de cinquante-cinq chiffres ». Par ailleurs, comparée à la dimension de la sphère de l'univers « depuis le soleil jusqu'à Saturne », en supposant le soleil un million de fois plus gros que la terre et éloigné de Saturne de mille fois le diamètre solaire, la taille du plus petit atome qu'il est possible d'apercevoir au microscope s'exprime par un nombre de cinquante-quatre chiffres. Le germe de la sixième génération serait ainsi plus petit que le plus petit atome possible! Absurdité, conclut Buffon.

Il y a aussi les phénomènes de la régénération, le pouvoir que possèdent certains animaux de reformer un corps entier à partir de morceaux. Ainsi le Ver aquatique qu'étudie Bonnet ou l'Hydre qu'observe Trembley. Comme un arbre pousse des branches, ce « Polype d'eau douce à bras en forme de cornes » pousse de jeunes polypes qui grandissent, se détachent du tronc paternel et à leur tour poussent de jeunes polypes. On peut couper un polype en tous sens, le réduire en morceaux, le hacher en quelque sorte : en deux ou trois semaines, chacun des morceaux produit un nouveau polype parfait qui pousse de petits polypes. De même une fois coupées, les « jambes » de l'écrevisse se reforment, comme les membres de la salamandre, voire la tête de l'escargot. Mais que l'on tranche la jambe d'une écrevisse en haut près du corps, ou en bas près de l'extrémité, que l'on retire toute la jambe ou un fragment, il repousse toujours exactement ce qui manque. Comment concilier tout cela avec la préformation? L'organisme amputé devrait-il faire appel à l'un de ses descendants en puissance pour lui emprunter le morceau qui lui manque? Il faudrait alors « supposer, dit Réaumur [1], qu'il n'est point d'endroit de la jambe d'une Écrevisse où il n'y ait un œuf qui ne renferme une autre jambe; ou ce qui est plus merveilleux, une partie de jambe semblable à celle qui est depuis l'endroit où cet œuf est placé jusqu'au bout de la jambe ». Mieux encore, une fois la jambe repoussée, on peut la couper à nouveau : il s'en forme encore une autre. Il faudrait donc admettre que, comme la première, la nouvelle jambe est remplie d'une infinité d'œufs destinés à renouveler avec précision les morceaux de jambe qui pourraient éventuellement être enlevés.

1. *Mémoires Acad. Sc.*, Paris, 1712, p. 235.

Il y a enfin les phénomènes de l'hérédité. Jusque-là, les ressemblances familiales n'avaient pas beaucoup contrarié les partisans de la préformation. Qu'un enfant puisse emprunter ses traits à ses deux parents, cela pouvait toujours s'expliquer par quelque force activante ou nourricière. Ce qui commence à attirer l'attention, c'est la régularité dans les ressemblances. Qu'un homme noir épouse une femme blanche, voilà toujours les deux couleurs mêlées : l'enfant naît toujours olivâtre. On y retrouve toujours des traits issus les uns du père, les autres de la mère, la taille, la figure, et nombre de dispositions particulières, tant physiques que morales. De même chez les animaux : quand l'accouplement de l'âne et de la jument porte un fruit, celui-ci n'est jamais ni un âne ni un cheval, mais toujours un composé des deux. Comment concilier la préexistence et la préformation avec les imprévus de l'accouplement? « Le petit âne, dit Maupertuis [1], déjà tout formé dans l'œuf de la jument, prendrait-il des oreilles d'âne parce qu'un âne aurait mis les parties de l'œuf en mouvement? » Ridicule, conclut Maupertuis.

Mais si, au XVIIIe siècle, les phénomènes d'hérédité commencent à prendre une importance nouvelle, ils ne peuvent encore devenir qu'objets d'observations, non d'expérience, du moins chez les animaux. Tant que les êtres vivants se manifestent comme des combinaisons d'éléments visibles, c'est seulement le réassortiment de ces éléments que l'on peut espérer dans des hybridations entre animaux différant par un large éventail de caractères. Même si le concept d'espèce a éliminé toute possibilité d'enfant à tête de chien ou de brebis à queue de poisson, le monde vivant est continu. Il forme une trame sans défaut où tout est gradué et nuancé. La limite que trace la nature aux amours des bêtes reste fort imprécise. Ce qu'on peut tenter de vérifier, ce sont les rumeurs qui courent encore sur les produits d'appariements illégitimes entre animaux appartenant à des espèces assez voisines. Par exemple, la formation des « jumarts », ces animaux étranges que sont censés produire les accouplements entre taureau et jument, entre vache et âne, ou entre taureau et ânesse. Ou encore l'union d'un chien et d'une chatte, ou d'une poule et d'un canard Charles Bonnet [2] suggère à Spallanzani de placer « un voluptueux Barbet dans la compagnie des Lapines »

1. *Vénus Physique; Œuvres*, Lyon, 1768, t. II, p. 70.
2. *Lettres; Œuvres*, t. XII, p. 382.

Réaumur [1] installe dans une garde-robe une poule et un lapin « qui en usait avec la poule comme il eût fait avec une lapine, et la poule lui permettait tout ce qu'elle eût pu permettre à un coq ». Malgré les caresses de « l'ardent lapin », malgré la « forte inclination que ces deux animaux si mal assortis avaient pris l'un pour l'autre », les œufs que pond la poule restent stériles, au grand regret de Réaumur. Mais tous ces insuccès renforcent l'idée que c'est bien sur la filiation qu'il faut fonder la notion d'espèce.

Devant ces échecs, Réaumur [2] limite ses ambitions à l'accouplement d'animaux appartenant à la même espèce mais différant par certains traits faciles à repérer. Il se procure deux sortes de poules : les unes qui « diffèrent de toutes les autres, parce qu'elles ont une partie de plus, un très grand doigt », les autres à qui il « manque une partie très considérable et très remarquable, le croupion ». Avec ce matériel, Réaumur envisage un plan d'expérience d'après lequel les différents types seraient accouplés selon diverses « combinaisons ». On peut, explique-t-il, faire cohabiter une poule à cinq doigts avec un coq à quatre et inversement, ou encore des animaux avec ou sans croupion. Si des poulets naissaient de ces unions et par le seul fait d'avoir ou non des croupions, ils devraient « nous montrer si c'est à la femelle ou si c'est au mâle que le germe a appartenu originairement ». L'originalité de ce projet réside dans l'idée d'analyser le comportement d'un seul caractère ou deux par hybridation et non d'une grande quantité. C'est précisément ce qui, plus d'un siècle plus tard, permettra à Mendel de fonder une science de l'hérédité. Mais si Réaumur conçoit le projet de ces hybridations, il ne parle jamais ni de leur réalisation ni de leurs résultats. C'est chez les plantes qu'une fois mis en évidence les phénomènes de sexualité, on parvient à produire quelques hybrides. Ceux-ci participent des caractères des deux parents. Ils ont une nature intermédiaire, dit Koelreuter [3], « juste comme dans l'union d'un sel acide et d'un sel alcalin se forme un troisième sel qui est neutre ». Certains hybrides sont fertiles. On voit alors apparaître ou disparaître certains caractères des parents à travers les générations. Cela s'accorde mal à la préformation.

Ce que le XVIIIe siècle ne peut encore atteindre chez l'animal par l'expérience, il l'obtient chez l'homme par

1. *Art de faire éclore les Poulets*, Paris, 2e éd., 1751, t. II, p. 340.
2. *Ibid.*, p. 366-367.
3. Cité dans R. Olby, *Origins of Mendelism*, Londres, 1966, p. 154.

l'observation; chez l'homme d'où n'est pas encore bannie toute fantaisie dans les produits de l'accouplement avec d'autres espèces mais où se repèrent plus aisément et plus sûrement certaines singularités de formes. L'observation ne se limite plus alors à la simple constatation des traits qui chez l'enfant rappellent soit le père, soit la mère, soit les deux. Elle devient une enquête généalogique où certaines particularités anatomiques sont suivies aussi loin que possible à travers les générations. « *Jacob Ruhe*, chirurgien à Berlin, est né, dit Maupertuis [1], avec six doigts à chaque main et à chaque pied; il tient cette singularité de sa mère *Élisabeth Ruhe*, qui la tenait de sa mère *Élisabeth Horstmann*, de Rostock. Élisabeth Ruhe, la transmet à quatre enfants de huit qu'elle eut de Jean-Christian Ruhe, qui n'avait rien d'extraordinaire aux pieds, ni aux mains. *Jacob Ruhe*, l'un de ces enfants sexdigitaires, épousa à Dantzig, en 1733, Sophie-Louise de Thüngen, qui n'avait rien d'extraordinaire; il en eut six enfants; deux garçons ont été sexdigitaires. L'un d'eux, *Jacob Ernest*, a six doigts au pied gauche et cinq au droit; il avait à la main droite un sixième doigt qu'on lui a coupé; à la gauche, il n'a à la place du sixième doigt qu'une verrue. On voit par cette généalogie que j'ai suivie avec exactitude que le sexdigitisme se transmet également par le père et par la mère. » La même anomalie se retrouve dans une famille de Malte, que décrivent Réaumur [2] et Charles Bonnet [3]. Là encore, les résultats de l'enquête conduisent aux mêmes conclusions. Le langage et les méthodes des mathématiques peuvent même s'appliquer aux phénomènes d'hérédité. Pour exclure le hasard dans la répétition de cette anomalie anatomique au sein d'une même famille, Maupertuis s'appuie sur un calcul de probabilités. Dans une ville de 100 000 habitants, l'enquête n'a révélé la présence de sexdigitisme que chez deux individus. « Supposons, ce qui est difficile, que trois autres me soient échappés et que sur 20 000 hommes, on puisse compter un sexdigitaire; la probabilité que son fils ou sa fille ne naîtra point avec le sexdigitisme est de 20 000 à 1; et celle que son fils et son petit-fils ne serait point sexdigitaire est de 20 000 fois 20 000, ou de 400 000 000 à 1; enfin la probabilité que cette singularité ne se continuerait pas pendant trois générations consécutives serait de 8 000 000 000 000

1. *Lettres; Œuvres*, t. II, p. 307-308.
2. *Art de faire éclore...*, p. 377 sq.
3. *Corps organisés*, CCCLV; *Œuvres*, t. VI, p. 479 sq.

à 1; nombre si grand que la certitude des choses les mieux démontrées en physique n'approche pas ces probabilités »[1]. Pour parler des êtres, le physicien emploie le langage du calcul et le raisonnement qu'il applique aux choses. Si les lois du hasard s'appliquent ici, elles ne peuvent être ignorées là.

*

A travers le XVIIIe siècle, l'étude des êtres vivants est passée peu à peu des médecins à des professionnels d'un type nouveau, les naturalistes. Mais elle n'est pas parvenue encore à acquérir son individualité, à trouver des méthodes, des concepts, un langage même qui lui soient propres. D'un côté, les succès de la taxonomie ont instauré un ordre parmi le chaos des formes visibles. De l'autre, les progrès de la physiologie laissent deviner un ordre caché dans la profondeur des êtres. Mais l'ordre visible et l'ordre caché appartiennent encore à des domaines différents. Il n'y a encore nul point de contact entre eux. Ce que construit l'histoire naturelle du XVIIIe siècle, c'est une fresque, un ensemble à deux dimensions, une grille dans laquelle peut s'insérer le monde vivant. Il faut attendre la fin du siècle et surtout le siècle suivant pour que l'organisme acquière une dimension, une profondeur nouvelles. Alors vont se dessiner des relations nouvelles entre la surface d'un être et la profondeur, entre l'organe et la fonction, entre le visible et l'invisible.

Avec le concept de génération, ni la formation d'un être vivant, ni la persistance des espèces ne pouvaient échapper aux causes finales. Même après le changement d'attitude qui retirait aux forces occultes l'animation du monde pour le confier aux lois de la nature, même quand celles-ci prenaient en charge le développement du germe, il fallait recourir à une création individuelle pour chaque être en train de vivre, ayant vécu ou devant vivre dans la suite des temps. La préexistence des germes, c'était en quelque sorte l'aveu d'une impossibilité à rendre compte de la génération par l'effet des seules lois du mouvement agissant sur une matière passive. Pendant tout l'âge classique, la méthode de la science expérimentale qu'exploite la physique ne s'applique guère au monde vivant. Celui-ci reste encore imprégné d'anecdotes, de croyances, de supers-

1. *Corps organisés; Œuvres*, t. VI, p. 309-310.

titions. Si le concept d'espèce unit le semblable au fil du temps, sa frontière est toujours mal définie. Bien des monstres ont disparu, mais pas tous. Malgré les tentatives de Réaumur, il y a encore de ces « amours abominables » dont parle Voltaire, des réassortiments d'organes, des êtres fabuleux, des généalogies fantastiques. En matière d'hybridation, la limite entre ce qui est possible et ce qui ne l'est pas reste encore floue. Mais dans le même temps, l'exemple de la physique et ses succès dans les tentatives pour unifier la mécanique du ciel et celle de la terre accroissent au détriment des systèmes le poids de l'observation et de l'expérience dans le décryptage de la nature. L'attitude devient de plus en plus celle que prône Newton [1] dans l'introduction de son *Optique*. « Mon dessein dans cet ouvrage n'est pas d'expliquer les propriétés de la Lumière par des Hypothèses, mais de les exposer nuement pour les prouver par le raisonnement et par des Expériences. » A la logique des systèmes se substitue la logique des faits. Et dans l'étude du monde vivant, certains faits comme la régénération des vers et des polypes ou la ressemblance de l'enfant avec son père *et* avec sa mère s'accordent mal aux théories en cours et à l'existence d'un être préformé dans le germe.

C'est de toutes ces observations que naît le concept de reproduction. Le terme est d'abord utilisé pour désigner les phénomènes de la régénération chez les animaux amputés. Ce qui se reconstitue après l'amputation, c'est le morceau qui existait auparavant. Si l'on coupe une patte à une écrevisse, la patte est régénérée. Elle est re-formée, re-produite. Le mot apparaît, semble-t-il, dans un mémoire de Réaumur, publié en 1712 dans les travaux de l'Académie des Sciences [2] et intitulé *Sur les diverses reproductions qui se font dans les Écrevisses, les Omars, les Crabes, etc. Et entre autres sur celles de leurs Jambes et de leurs Écailles.* Cette signification sera conservée pendant tout le XVIIIe, dans les mémoires de Charles Bonnet notamment. Au chapitre « Reproduction » de l'*Encyclopédie*, on trouve : « Par reproduction, on entend ordinairement la reproduction d'une chose qui existait précédemment et qui a été détruite depuis. Exemple : la reproduction des membres de l'Écrevisse. » C'est Buffon, semble-t-il, qui donne au terme de

1. *Traité d'Optique*, liv. I, trad. franç., Amsterdam, 1720, t. I, p. 1.
2. P. 226.

reproduction une signification plus large. Dans l'*Histoire naturelle des animaux* de 1748, la reproduction désigne non seulement la reformation des parties amputées, mais la génération des animaux. Le chapitre II, intitulé « De la Reproduction en général », débute ainsi : « Examinons de plus près cette propriété commune à l'animal et au végétal, cette puissance de produire son semblable, cette chaîne d'existences successives d'individus qui constitue l'existence réelle de l'espèce »[1]. Ainsi lié au concept d'espèce, le terme de reproduction est employé par tous. Quoique l'article « Reproduction » de l'*Encyclopédie* donne encore le sens de reformation d'une patte manquante, l'article « Génération » indique : « On entend en général par ce terme la faculté de se reproduire qui est attachée aux êtres organisés. » Même les partisans convaincus de la préformation parlent de reproduction. Charles Bonnet, par exemple, intitule un chapitre de sa *Palingénésie philosophique*[2] : « Autre trait de l'excellence des Machines organiques. Leurs reproductions de différents genres. » Si le terme de reproduction est généralement accepté, il n'en est pas de même du sens qu'y met Buffon. Pour Haller, pour Charles Bonnet, pour Spallanzani, pour toute la fin du siècle et même le début du suivant, les êtres vivants naissent toujours de germes préformés.

Ce que cherche Buffon, comme Maupertuis, c'est à trouver une autre solution que la préformation pour expliquer à la fois la formation du semblable, la régénération des parties manquantes et des phénomènes d'hérédité bilatérale. Il s'agit, par-delà la diversité qui se manifeste dans les modes de génération, de découvrir, dit Maupertuis[3], « les procédés généraux de la nature dans sa production et sa conservation ». Il importe, derrière les singularités, de déceler, dit Buffon[4], « la mécanique dont se sert la nature pour opérer la reproduction ». Et cette mécanique ne peut être que cachée. Il n'y a pas possibilité de rendre compte de la reproduction par la persistance de la structure visible. Pour Maupertuis, comme pour Buffon, il faut faire intervenir une structure secrète, d'ordre supérieur, pour lier les éléments du visible et les organiser. Réduites au seul secours du mécanisme newtonien et privées d'une expérimentation relevant de techniques et de concepts

1. *Histoire naturelle des Animaux; Œuvres complètes*, in-16, t. III, p. 25.
2. *Œuvres*, t. XV, p. 356.
3. *Lettres; Œuvres*, t. II, p. 418.
4. *Histoire naturelle des Animaux; Œuvres complètes*, in-16, t. III, p. 48.

qui n'apparaîtront qu'au siècle suivant, ces tentatives sont vouées à l'échec. Mais l'idée de reproduction, la recherche d'un mécanisme commun à tous les êtres vivants, la nécessité de dépasser la surface visible et de recourir à une organisation cachée, tout cela va contribuer à rendre possible une biologie, c'est-à-dire une science du vivant.

CHAPITRE II

L'organisation

Tant que les êtres vivants étaient appréhendés comme des combinaisons de structures visibles, la préformation demeurait le moyen le plus simple de faire persister ces structures au fil des générations. La continuité linéaire du monde vivant dans l'espace et dans le temps exigeait une continuité des formes à travers les processus mêmes de la génération. C'est l'ordre visible que celle-ci avait pour fonction de perpétuer. L'espèce représentait une sorte d'entité rigide, de totalité permanente, de cadre imposé où venait s'insérer l'individu. La filiation devait donc participer de l'inertie du système.

Avec la seconde moitié du XVIIIe siècle et le passage au siècle suivant, se transforme peu à peu la nature même de la connaissance empirique. L'analyse et la comparaison tendent à s'exercer, non plus seulement sur les éléments qui composent les objets, mais sur les rapports internes qui s'établissent entre ces éléments. C'est au-dedans des corps que vient progressivement se loger la possibilité même de leur existence. C'est l'interaction des parties qui donne au tout sa signification. Les êtres vivants deviennent alors des ensembles à trois dimensions où les structures s'étagent en épaisseur, selon un ordre dicté par le fonctionnement de l'organisme pris dans sa totalité. La surface d'un être est commandée par la profondeur et le visible des organes, par l'invisible des fonctions. Ce qui régit la forme, les propriétés, le comportement d'un être vivant, c'est son organisation. C'est par l'organisation que les êtres se distinguent des choses. C'est à son niveau que les organes s'articulent aux fonctions. C'est elle qui assemble en un tout les parties de l'organisme, qui permet à celui-ci de faire face aux exigences de la vie, qui distribue les formes au sein du monde vivant. L'organisation constitue en quelque sorte une structure d'ordre supérieur à quoi se réfère tout ce qui se perçoit des êtres. Avec le tournant du XVIIIe au XIXe siècle, va ainsi apparaître une science nouvelle qui a pour but, non plus la classification des êtres, mais la connaissance du vivant et pour objet l'analyse, non plus de la structure visible, mais de l'organisation.

La mémoire de l'hérédité

Déjà au milieu du XVIIIe siècle, les êtres vivants sont le plus souvent désignés par l'expression « êtres organisés » ou « corps organisés ». Mais l'organisation alors ne représente encore qu'un degré particulièrement élevé de complexité dans les structures visibles, dans l'agencement des éléments qui composent un corps. L'existence d'une structure cachée n'est encore exigée que par la représentation newtonienne de l'univers physique. À la combinatoire visible des surfaces et des volumes répond, dans la mécanique de Newton, une combinatoire secrète des corpuscules qui constituent la matière. Ce qui donne leurs qualités aux corps et leurs propriétés aux substances, c'est non seulement la nature des atomes qui les composent, mais aussi le jeu des relations qui s'établissent entre eux par attraction ou par affinité. Ce qui confère leurs attributs aux êtres ce doit donc être nécessairement les particules qui les constituent et les rapports qui s'instaurent entre elles. Comme celle des choses, la structure visible d'un être organisé doit reposer sur l'agencement de particules et sur leur union sous l'effet d'une force semblable à l'attraction qui donne à l'ensemble sa cohésion.

Dans la seconde moitié du XVIIIe siècle, la notion d'une composition élémentaire des êtres vivants apparaît dans la plupart des écrits. Pour le physiologiste Haller[1], qui s'efforce d'analyser la texture et le fonctionnement des muscles et des nerfs, un être « est composé en partie de fibrilles et en partie d'un nombre infini de petites lames, qui par leurs directions différentes entrecoupent de petits espaces, forment de petites aires, unissent toutes les parties du corps ». L'unité élémentaire avec quoi sont bâtis les corps organisés devient la fibre. Celle-ci représente pour le physiologiste ce que la ligne est pour le géomètre. La

1. *Éléments de physiologie*, 1re partie, chap. I, X, trad. franç., Amsterdam, 1769, p. 3.

« fibre la plus petite, ou fibre simple, telle que la raison, plutôt que les sens nous la fait percevoir »[1] représente en quelque sorte le terme théorique de l'analyse anatomique, ce qu'on doit pouvoir résoudre à la pointe du scalpel en dissociant les muscles, les nerfs ou les tendons. Il n'existe qu'une sorte de fibre pour constituer tous les organes. Les mêmes fibres s'entrecroisent en tous sens en une trame continue qui lie entre elles les parties du corps. Ce qui donne à un organe sa dureté ou sa souplesse, son élasticité ou sa rigidité, c'est la manière dont s'entrelacent les fibres, c'est l'arrangement de leurs mailles plus ou moins serrées, plus ou moins remplies de liquide. Les fibres possèdent déjà une structure complexe et leur réunion donne à l'organisme ses propriétés. « La plus petite fibre, dit Charles Bonnet[2], la moindre fibrille peuvent être envisagées elles-mêmes comme des Machines infiniment petites qui ont leur fonction propre. La Machine entière, la grande Machine résulte ainsi de l'ensemble d'un nombre prodigieux de machinules, dont toutes les actions sont conspirantes ou convergent vers un but commun. »

Mais, le plus souvent, la composition des êtres en unités élémentaires représente une exigence, non de l'anatomie, mais de la logique. Un grain de sel marin, explique Buffon, est un cube composé d'autres cubes et l'on ne peut guère douter que les parties primitives et constituantes de ce sel ne soient aussi des cubes qui échappent toujours à notre imagination. De même « les animaux et les plantes qui peuvent se multiplier et se reproduire par toutes leurs parties sont des corps organisés composés d'autres corps organiques semblables, dont les parties primitives et constituantes sont aussi organiques et semblables et dont nous discernons à l'œil la quantité accumulée mais dont nous ne pouvons apercevoir les parties primitives que par le raisonnement et l'analogie[3] ». La réduction des organismes à un ensemble d'unités découle alors directement de la théorie corpusculaire de la matière et la complète en quelque sorte. Les unités élémentaires qui composent les êtres organisés s'appellent « particules vivantes » chez Maupertuis et « molécules organiques » chez Buffon. Elles jouent pour les êtres un rôle identique à celui des atomes pour les choses. De même que l'agencement des atomes fixe et la forme et les qualités des choses, de même celui

1. *Éléments de physiologie*, p. 2.
2. *Palingénésie philosophique*, IX, 1; *Œuvres*, t. XV, p. 350.
3. *Histoire naturelle des Animaux; Œuvres complètes*, in-16, t. III, p. 27-28.

des particules vivantes détermine et la figure et les propriétés des êtres. Comme les atomes, ces unités, que la vue ne peut discerner mais que la logique ne peut éviter, représentent le terme ultime de toute analyse. Comme les atomes, les unités vivantes sont liées par la force que les physiciens appellent attraction et les chimistes affinité et qui donne aux êtres comme aux choses leur cohésion. Pas plus que les atomes, les unités ne sont destructibles. Et pourtant ces unités ne sont pas des atomes. Ce sont des particules d'un type spécial, réservées aux seuls êtres vivants. En fin de compte, la composition des êtres ne se distingue de celle des choses que par la nature de leurs constituants élémentaires. Quand meurt un être organisé, les particules qui le constituent ne périssent pas. Elles se dissocient simplement et deviennent ainsi disponibles pour entrer dans une combinaison nouvelle et participer à la constitution d'un être nouveau. Partout dans la nature, il existe de ces particules vivantes. Elles sont avalées ou inhalées par les organismes qui trient les molécules organiques et rejettent les « molécules brutes ». Les particules vivantes sont d'abord utilisées pour la croissance de l'organisme et, une fois celui-ci devenu adulte, le surplus sert à constituer sa semence pour la reproduction. « La liqueur séminale de chaque espèce, dit Maupertuis [1], contient une multitude innombrable de parties propres à former par leur assemblage des animaux de la même espèce. »

Car, pour Maupertuis comme pour Buffon, la reproduction des êtres vivants et leur composition élémentaire vont de pair. Pour trouver à la génération une autre solution que la préformation, il faut recourir à un ordre caché derrière l'ordre visible et considérer un être organisé, non plus comme un objet de forme indissociable, mais comme un assemblage de « parties primitives et incorruptibles » qui peuvent se réunir ou se dissocier. « L'assemblage de ces parties, dit Buffon [2], forme à nos yeux des êtres organisés et par conséquent la reproduction ou la génération n'est qu'un changement de forme qui se fait et s'opère par la seule addition de ces parties semblables, comme la destruction de l'être organisé se fait par la division de ces mêmes parties. » La production d'un être vivant ne coûte donc pas de matière à la nature qui réassortit les unités rendues disponibles par la mort des organismes. Ce qui est reproduit à l'image des parents dans la génération des êtres

1. *Vénus Physique; Œuvres*, t. II, p. 120.
2. *Histoire naturelle des Animaux; Œuvres complètes*, in-16, t. III, p. 34-35.

organisés, c'est l'agencement des molécules organiques, c'est la disposition de ces unités particulière à l'espèce, c'est l'organisation.

Mais si le XVIIIe siècle est en mesure de trouver, dans la structure corpusculaire de la matière, une issue à l'impasse de la préformation, il n'a encore ni les concepts, ni les moyens techniques lui permettant de prendre la structure cachée qu'il postule chez les êtres vivants pour objet d'analyse. Il y a nécessairement, par exemple, identité entre les molécules qui constituent les parents et celles de la semence qui va servir à former l'enfant. Chaque semence contient un échantillonnage complet des différents types de particules composant les divers organes. Toutes les parties du corps doivent donc concourir à la production de la semence, y envoyer chacune sa contribution en molécules particulières. « L'expérience pourrait peut-être éclairer ce point, dit Maupertuis [1], si l'on essayait pendant longtemps de mutiler quelques animaux de génération en génération : peut-être verrait-on les parties retranchées diminuer peu à peu; peut-être les verrait-on à la fin s'anéantir. » Expérience déjà faite, réplique le partisan de la préformation Charles Bonnet [2], puisque chez certains peuples où la coutume fait amputer chaque mâle d'un testicule, les garçons continuent à en avoir deux à la naissance.

C'est la force d'attraction qui assemble les particules des semences pour constituer l'enfant. Chaque partie de celui-ci se forme par la réunion des particules de même type qui, issues du père et de la mère, se reconnaissent et s'unissent grâce à l'affinité particulièrement élevée qu'ont entre elles les molécules de même nature. On a parfois cherché à voir dans cette attraction de particules semblables venues des deux parents une anticipation de l'appariement spécifique que la génétique du XXe siècle observera entre chromosomes homologues. Mais le XVIIIe siècle et le XXe siècle parlent de choses différentes. Pour les généticiens, la combinaison des traits héréditaires et leur réassortiment au cours des générations exigent le recours à des facteurs indépendants qui gouvernent l'expression des caractères, mais s'en distinguent totalement par la nature et le rôle. Pour Maupertuis, au contraire, les particules présentes dans la semence se confondent avec celles qui constituent le corps de l'organisme et lui confèrent ses caractères. Chaque semence contient en majorité des par-

1. *Vénus Physique; Œuvres*, t. II, p. 121.
2. *Corps organisés; Œuvres*, t. VI, p. 390-391.

ticules identiques à celles qui composent le corps du géniteur. L'enfant ressemble donc tout naturellement à ses parents puisqu'il est fait de particules identiques. Comme les mêmes particules se retrouvent dans la semence d'une génération à l'autre, les traits se perpétuent par filiation. Mais « le hasard ou la disette des traits de famille feront quelquefois d'autres assemblages [1] ». C'est à de telles combinaisons fortuites que sont dues les générations insolites comme la production de monstres, ou l'apparition d'un nouveau trait héréditaire comme la formation d'un enfant blanc par un couple noir. Si le XVIIIe siècle se trouve en mesure d'imaginer un ordre secret pour gouverner la forme et les propriétés d'un être vivant, il ne peut invoquer des structures étagées à des niveaux différents. Il ne distingue pas entre le « trait de famille », la particule matérielle qui entre dans la composition du corps pour lui donner ce trait et la particule de semence qui en détermine la reproduction.

Pourtant le XVIIIe siècle perçoit clairement l'une des exigences découlant de tout système, où à chaque génération la forme des parents est reproduite chez l'enfant par l'assemblage d'unités élémentaires. C'est la nécessité de faire intervenir une « mémoire » pour guider l'assemblage des particules. Tant que la structure visible se maintient par préformation à travers la génération, la mémoire n'est autre que cette structure elle-même. Le problème ne se pose donc pas si la formation de tous les germes est renvoyée à une création simultanée. Mais à partir du moment où les particules doivent, à chaque génération, s'agencer à l'image des parents, il faut bien que soit conservée cette image à travers les générations successives. Il y a alors deux manières d'envisager cette question. Pour le leibnizien Maupertuis, la mémoire qui dirige les particules vivantes pour former l'embryon ne se distingue pas de la mémoire psychique. La matière elle-même est douée de mémoire, comme « d'intelligence, de désir ou d'aversion [2] ». Les particules vivantes sont attirées entre elles par leur affinité, mais seule la mémoire qu'elles possèdent explique leur localisation dans l'embryon. Chacune d'elles « conserve le souvenir de son ancienne situation et l'ira prendre toutes les fois qu'elle le pourra pour former dans le fœtus la même partie [3] ».

1. *Vénus Physique; Œuvres*, t. II, p. 121-122.
2. *Système de la Nature*, XIX; *Œuvres*, t. II, p. 149.
3. *Système de la Nature*, XXXIII; *Œuvres*, t. II, p. 158-159.

Pour le matérialiste Buffon, au contraire, ce qui conserve l'image des parents dans la génération et détermine la position des molécules organiques chez l'enfant, c'est, non pas quelque vertu commune à tout grain de matière, mais une structure particulière. Les particules ne peuvent retrouver la forme des parents sans un modèle pour les diriger, sans un moule pour les agencer. « De la même façon que nous pouvons faire des moules par lesquels nous donnons à l'extérieur des corps telle figure qu'il nous plaît, supposons que la Nature puisse faire des moules par lesquels elle donne, non seulement la figure extérieure mais aussi la forme intérieure »[1]. Car ce qu'il faut reproduire pour former un être vivant, ce n'est pas seulement cet assemblage de lignes, de surfaces et de volumes qui composent la figure visible, mais aussi la disposition intérieure, la structure cachée des organes qui détermine le fonctionnement du corps vivant. La reproduction des êtres vivants exige donc ce que Buffon appelle un *moule intérieur*, seul moyen pour « imiter l'intérieur des corps »[2]. On a beaucoup raillé Buffon à ce propos, chez ses contemporains comme depuis lors. Mais Buffon a clairement perçu et analysé l'une des principales difficultés à expliquer la reproduction et la croissance, difficulté qui n'a été surmontée que tout récemment par la biologie moléculaire. Il est possible de copier des structures à une ou deux dimensions, mais non à trois. Buffon utilise le modèle du moule car le moyen le plus évident de reproduire un corps à trois dimensions, c'est celui du sculpteur qui utilise l'empreinte laissée par ce corps dans la cire ou le plâtre. Mais la cire ne « perçoit », si l'on peut dire, que les surfaces de l'objet. Ne pouvant rien « palper » derrière la surface, elle ignore ce qui se passe à l'intérieur de l'objet. Le moule ne reproduit donc que la surface de l'objet derrière quoi aucun ordre particulier n'est imposé à la matière lors de la reproduction. Le moule du sculpteur ne suffit donc pas à la reproduction des êtres; il faut un moule *intérieur*. « On peut nous dire, explique Buffon[3], que cette expression, moule intérieur, paraît d'abord renfermer deux idées contradictoires, que celle du moule ne peut se rapporter qu'à la surface et que celle de l'intérieur doit ici avoir rapport à la masse; c'est comme si on voulait joindre ensemble l'idée de la surface et l'idée de la masse et on dirait tout aussi bien une surface mas-

1. *Histoire naturelle des Animaux; Œuvres complètes*, in-16, t. III, p. 48-49.
2. *Ibid.*, p. 51.
3. *Ibid.*, p. 51.

sive qu'un moule intérieur. » La même difficulté se rencontre lorsqu'on considère le développement de l'embryon, car la croissance des organes se fait, non pas en deux, mais en trois dimensions. Contrairement à ce qu'on croit généralement, dit Buffon [1], le développement ne peut se faire par la seule addition de molécules aux surfaces, mais « par une susception intime et qui pénètre la masse ». Il est nécessaire en effet que la matière utilisée pour la croissance pénètre à l'intérieur de chaque partie et dans toutes les dimensions selon « un certain ordre et avec une certaine mesure telle qu'il n'arrive pas plus de substance à un point de l'intérieur qu'à un autre point ».

Le moule intérieur représente donc une structure cachée, une « mémoire » qui organise la matière de façon à produire l'enfant à l'image des parents. L'enfant se forme ainsi par une épigénèse. Mais celle-ci n'est plus une production totalement nouvelle, comme la voyaient Aristote ou le XVIe siècle, une organisation complète de l'être à partir du chaos de la matière, dans la mesure où le souvenir de l'organisation déjà réalisée chez les parents est conservé par la continuité du moule intérieur. « Ce qu'il y a de plus constant, de plus inaltérable dans la nature, dit Buffon [2], c'est l'empreinte ou le moule de chaque espèce, tant dans les animaux que dans les végétaux; ce qu'il y a de plus variable et de plus corruptible, c'est la substance qui le compose. » De son côté, Maupertuis envisage l'existence d'une classe privilégiée de particules vivantes qui conserveraient, à travers les générations, les caractères types de l'espèce. « Cet instinct [des particules], comme l'esprit d'une République, est-il répandu dans toutes les parties qui doivent former le corps? Ou, comme dans un État Monarchique, n'appartient-il qu'à quelque partie indivisible? Dans ce cas, cette partie ne serait-elle pas ce qui constitue proprement l'essence de l'animal, pendant que les autres ne seraient que des enveloppes ou des espèces de vêtements [3]? »

Au XVIIIe siècle, l'idée d'une composition élémentaire des êtres vivants reste encore hors de portée de l'observation et de l'expérimentation. Avec les moyens dont il dispose, Buffon s'ingénie à démontrer l'existence des molécules organiques, leur répartition universelle dans la nature, leur pouvoir de se combiner entre elles. Ses résultats ne

1. *Histoire naturelle des Animaux; Œuvres complètes*, t. III, p. 61.
2. *Le Cerf; Œuvres complètes*, in-4°, t. II, p. 521.
3. *Vénus Physique; Œuvres*, t. II, p. 132.

convainquent personne. En outre, il faut bien attribuer une origine à ces unités vivantes distinctes des atomes. Malgré Buffon qui en attribue la formation à l'activation de la matière par la chaleur, on ne voit guère que les causes finales pour en assurer la création. Pour les partisans de la préformation, les unités vivantes ne constituent qu'une théorie de plus. Son effet le plus immédiat est de redonner quelque vigueur à la génération spontanée. Car s'il existe partout des molécules organiques, et si elles peuvent s'assembler sous l'effet de la chaleur, pourquoi cette matière organique, qu'on peut, dit Buffon [1], « regarder comme une semence universelle », ne produirait-elle pas ce monde invisible et extravagant qu'on aperçoit au microscope, tous ces petits êtres qui ne méritent pas même le nom d'animaux et qui nagent dans l'eau de pluie, dans l'infusion de plante ou dans la semence? Là l'expérience peut intervenir car elle relève, une fois encore, d'un mécanisme simple. Comme la chaleur tue les animalcules, il suffit d'enfermer du jus de viande dans une fiole, de le chauffer et de constater si les animalcules sont encore ou non capables de se multiplier. L'abbé Needham observe ainsi que la chaleur n'empêche pas la multiplication de ces vermisseaux. Plus méticuleux, l'abbé Spallanzani ne trouve plus aucun animalcule vivant, une fois chauffé le jus de viande. Mais on peut toujours contester l'effet de la chaleur selon qu'on la considère comme agissant sur la matière ou sur une force. La matière, c'est la présence d'animalcules dans le jus de viande ou l'air de la fiole, et l'expérience de Spallanzani élimine alors toute génération spontanée, même chez les êtres microscopiques. La force, c'est une propriété du jus de viande ou de l'air, une « force génératrice », une « fécondence », une « élasticité » nécessaire à la multiplication des animalcules, et l'expérience ne démontre alors plus rien du tout. Comment prouver que cette force existe? Ou qu'elle n'existe pas? Jusqu'au siècle suivant, l'esprit n'est pas prêt encore à renoncer à la possibilité de la génération spontanée.

Avec leurs théories, ni Maupertuis ni Buffon ne songent à faire de la métaphysique. En bons newtoniens, ils cherchent à fonder les propriétés des êtres vivants sur les lois en vigueur dans la physique. Les unités élémentaires, les particules vivantes, les molécules organiques ne visent qu'à accorder l'interprétation mécaniste du monde vivant

1. *Histoire naturelle des Animaux; Œuvres complètes*, in-16, t. III, p. 450.

à l'interprétation newtonienne de l'univers. Comme les choses, les êtres sont réduits à des combinaisons d'unités, par quoi, dit Buffon [1], « la nature peut varier ses œuvres à l'infini ». Il en est des corps vivants comme des substances chimiques : seuls les éléments possèdent une individualité; les composés n'ont de personnalité que transitoire. L'étude des êtres devient alors la recherche des lois régissant les combinaisons de ces unités. La reproduction, qu'exige l'hérédité bilatérale observée chez les hybrides, n'est que le mécanisme permettant aux unités de s'assembler. De là émerge progressivement une attitude nouvelle à travers la seconde moitié du XVIIIe siècle. Derrière la diversité des structures, des processus, des mœurs, qui s'observe parmi les êtres, il faut chercher une unité de composition et de fonctionnement dans l'ensemble du monde vivant. En considérant les animaux qui respirent, Buffon y voit « toujours le même fond d'organisation, les mêmes sens, les mêmes viscères, les mêmes os, la même chair, le même mouvement dans les fluides, le même jeu, la même action dans les solides » [2]. Ce qui importe dans l'analyse des corps vivants, ce ne sont pas seulement les organes accessibles à l'observation. C'est aussi la manière dont ils s'articulent entre eux. C'est leur organisation.

L'architecture cachée

Au long du XVIIIe siècle, l'organisation ne décrivait encore que la combinaison de structures, la mosaïque d'éléments par quoi se caractérisait un être. Mais à la fin du siècle, l'organisation acquiert un rôle et une fonction différents. En se substituant progressivement à la structure visible, elle donne un fondement caché aux données immédiates de la description, à la totalité de l'être et de son fonctionnement.

D'un côté se manifestent les exigences nouvelles de la physiologie. C'est avec l'analyse de Lavoisier que se retourne l'importance relative attribuée aux organes et à leur fonctionnement, que s'impose l'idée de grandes fonctions satisfaisant aux besoins de l'organisme, que se manifeste la nécessité de leur coordination. Si la respiration est toujours une combustion, tout être vivant doit pouvoir se procurer de l'oxygène, quels que soient sa forme et son

1. *Introduction à l'histoire des minéraux; Œuvres complètes*, in-16, t. VI, p. 24.
2. *Nomenclature des Singes; Œuvres complètes*, in-4°, t. IV, p. 15.

habitat. Il lui faut le moyen de trouver du combustible dans les aliments, de les porter jusqu'au lieu de la combustion, de rejeter les déchets, d'ajuster la température, bref d'articuler avec précision toute une série d'opérations. Il n'est plus possible alors de considérer indépendamment les poumons ou l'estomac, le cœur ou les reins. Un être vivant ne représente plus une simple association d'organes à fonctionnements autonomes. C'est un tout dont les parties dépendent les unes des autres et qui remplissent chacune une fonction particulière dans l'intérêt général.

D'un autre côté, se modifie progressivement l'attitude des naturalistes. Tout au long du XVIIIe siècle, chaque espèce faisait le plus souvent l'objet d'analyses anatomiques indépendantes. On décrivait en détail la structure et les propriétés du lion, de l'abeille ou de la chauve-souris, comme en témoigne une littérature riche en monographies. Avec la fin du siècle, au contraire, l'anatomie ne se borne plus à décrire chaque organe d'un être pris isolément. Elle cherche à lier l'organe à la fonction, à comparer le même organe chez différents animaux ou les différents types d'organes chez un même animal. Il ne suffit plus d'analyser la patte du cheval. Il faut, comme Daubenton, la confronter à la jambe de l'homme pour préciser les analogies dans le nombre des os, leur figure, leur rôle. Ou, comme Camper, comparer le cerveau et l'appareil auditif des poissons avec ceux de l'homme pour rattacher les similitudes de structure aux similitudes de fonctionnement. Ou encore, comme Vicq d'Azyr, mettre en parallèle, chez les différentes espèces de carnivores, la structure des dents et celles de l'estomac, des doigts et des muscles, pour en établir les rapports et démontrer la constance de ceux-ci. Ce qui importe, ce n'est plus la différence en surface, mais la ressemblance en profondeur.

Ainsi commence à s'esquisser entre les êtres tout un réseau de relations nouvelles. Pendant tout le XVIIIe siècle, le caractère ne représentait qu'un fragment de l'organisme, un élément indépendant, choisi pour la commodité de la taxonomie. Avec la recherche des ressemblances de fonctionnement, le caractère sort de son isolement pour devenir l'élément d'un ensemble. Non que le rôle du caractère dans la classification ait disparu : pour Vicq d'Azyr ou pour Storr, il conserve la valeur que lui avaient donné Tournefort et Linné. Mais parce que le caractère doit être considéré, non pas seul, mais en fonction des rapports qui l'unissent à l'ensemble des structures de l'organisme. « Les rapports sont toujours incomplets, dit Lamarck [1], lorsqu'ils ne portent que sur une considération isolée, c'est-à-dire lorsqu'ils ne sont déterminés que d'après la considération d'une seule partie prise séparément. » Ce qui importe désormais, ce sont moins les caractères que les rapports entre caractères. C'est par l'analyse de ces rapports que peut se préciser la constitution d'un être et se déterminer sa classification. Il ne suffit plus d'observer le détail des ressemblances et différences entre les organismes. Il faut en comparer les grandes masses. « L'esprit, dit Goethe [2], doit embrasser l'ensemble et en déduire par abstraction un type général. » Derrière la combinatoire des organes se dessine une logique de l'organisme.

De plus, les diverses parties d'un être vivant ne revêtent plus la même importance dans l'ensemble de l'organisme. Pour vivre, la plante, l'animal doivent d'abord se nourrir et se reproduire. Tous les éléments de l'organisme sont donc agencés en conséquence. Si les caractères n'ont pas valeur égale, ce n'est plus d'après une gradation arbitraire construite pour les seules exigences de la classification. C'est d'après l'importance relative des organes dans l'ensemble de la structure. Il y a différents ordres de caractères, de poids inégal suivant leur constance parmi les organismes. Il ne suffit pas de compter les caractères, il faut encore les peser. C'est ainsi qu'un caractère du premier ordre en vaut plusieurs du second ordre et ainsi de suite. « Les caractères, dans leur addition, dit Antoine Laurent de Jussieu [3], ne doivent pas être comptés comme des unités, mais chacun suivant sa valeur relative, de sorte qu'un seul caractère constant soit équivalent ou même supérieur à plusieurs inconstants, unis ensemble. » C'est son rôle dans la structure de l'organisme qui donne au caractère son poids et sa place dans la hiérarchie. Les organes de la fructification ne sont pas importants parce qu'ils sont commodes pour la classification. Ils sont commodes pour la classification parce qu'ils assurent une fonction importante, la reproduction, et que, par là même, ils reflètent la structure de la plante dans son ensemble. « On doit avoir spécialement égard aux parties de la

1. *Philosophie zoologique*, Paris, éd. 1873, t. I, p. 62.
2. *Introduction générale à l'Anatomie comparée, Œuvres d'Histoire naturelle*, trad. franç., Paris, p. 26.
3. *Principes de la Méthode Naturelle des Végétaux*, extrait du *Dictionnaire des sciences naturelles*, Paris, 1824, p. 27.

fructification, dit Lamarck dans *La Flore française*[1], c'est-à-dire au fruit, à la fleur et à leurs dépendances. Ce principe est fondé en premier lieu sur la prééminence que l'on attache naturellement à ces organes qui renferment les gages de la génération future, et auxquels se rapporte, comme à son centre, le mécanisme subalterne des autres parties qui ne semblent vivre que pour eux. » La subordination des caractères renvoie à une hiérarchie des structures.

A la fin du siècle, se modifient donc les relations entre l'extérieur d'un être et l'intérieur, entre la surface et la profondeur, entre organes et fonctions. Ce qui devient accessible à l'analyse par la comparaison des organismes, c'est un système de rapports qui s'articulent dans l'épaisseur de l'être vivant pour le faire fonctionner. Derrière le visible des formes se profile une architecture secrète imposée par la nécessité de vivre. Cette structure de second ordre, c'est l'organisation qui ramasse en une même cohérence ce qui se voit et ce qui se cache. Pour Lamarck, « l'organisation est de toutes les considérations la plus essentielle pour guider dans une distribution méthodique et naturelle des animaux »[2]. Elle dirige l'analyse car, « dans les animaux, ce sera toujours d'après l'organisation intérieure que l'on déterminera les principaux rapports »[3]. Elle permet de parcourir le monde vivant et de mettre de l'ordre dans sa complexité, puisque « toute classe doit comprendre des animaux distingués par un système particulier d'organisation »[4]. Par là peuvent se déployer dans le même espace, et se coordonner, la différence des structures et la constance des fonctions. C'est l'organisation qui donne aux êtres vivants la loi interne régissant la possibilité même de leur existence.

L'installation du concept d'organisation au cœur du monde vivant entraîne plusieurs conséquences. La première est celle de la totalité de l'organisme qui apparaît désormais comme un ensemble intégré de fonctions, donc d'organes. Ce qu'il faut considérer dans un être, ce n'est jamais chacune des parties prise en particulier, mais le tout, « la composition de chaque organisation dans son ensemble, dit Lamarck[5], c'est-à-dire dans sa généralité ». Si l'on

1. Paris, 1778, disc. prélim., t. I, p. xcvij-xcviij.
2. *Philosophie zoologique*, t. I, p. 102.
3. *Ibid.*, p. 63.
4. *Ibid.*, p. 119.
5. *Histoire Naturelle des Animaux sans Vertèbres*, introd., 1815-1822, t. I, p. 130-131

peut reconnaître aux parties une valeur et une importance inégales, c'est toujours en se référant à la totalité. Cela se manifeste avec le plus de clarté dans les formes les plus simples de l'organisation. « C'est particulièrement chez les insectes, dit Lamarck [1], que l'on commence à remarquer que les organes essentiels à l'entretien de la vie sont répartis presque également et la plupart situés sur toute l'étendue du corps, au lieu d'être isolés dans des lieux particuliers, comme cela a lieu dans les animaux les plus parfaits. »

Ensuite, le concept d'organisation conduit à développer ce qu'avait déjà entrevu le XVIIIe siècle, l'idée que l'être vivant n'est pas une structure isolée dans le vide, mais qu'il s'insère dans la nature avec laquelle il noue des relations variées. Pour que vive un être, pour qu'il respire et se nourrisse, il faut un accord entre les organes chargés de ces fonctions et les conditions extérieures. Il faut que l'organisation réagisse à ce que Lamarck appelle « les circonstances ». Par circonstances s'entendent les habitats de la terre ou de l'eau, les sols, les climats, les autres formes vivantes qui entourent les organismes, bref toute « la diversité des milieux dans lesquels ils habitent ».

Enfin avec le concept d'organisation s'introduit une coupure radicale dans les objets de ce monde. Jusqu'alors, les corps de la nature se répartissaient traditionnellement en trois règnes : animal, végétal et minéral. Par cette division, les choses se trouvaient pour ainsi dire sur le même pied que les êtres, ce que justifiaient les transitions insensibles reconnues aussi bien entre minéral et végétal qu'entre végétal et animal. Avec Pallas, Lamarck, Vicq d'Azyr, de Jussieu, Goethe, la fin du XVIIIe siècle redistribue les « productions de la nature » non plus en trois, mais en deux groupes, que distingue le seul critère de l'organisation. « On remarquera d'abord, dit Lamarck [2] dès 1778, un grand nombre de corps composés d'une matière brute, morte, et qui s'accroît par la juxtaposition des substances qui concourent à sa formation, et non par l'effet d'aucun principe interne de développement. Ces êtres sont appelés en général *êtres inorganiques* ou *minéraux*... D'autres êtres sont pourvus d'organes propres à différentes fonctions et jouissent d'un principe vital très marqué et de la faculté de reproduire leur semblable. On les a compris sous la dénomination générale d'*êtres organiques*. » Dorénavant,

1. *Philosophie zoologique*, t. I, p. 189.
2. *Flore française*, t. I, p. 1-2.

il n'existe plus que deux classes de corps. L'inorganique, c'est le non-vivant, l'inanimé, l'inerte. L'organique, c'est ce qui respire, se nourrit, se reproduit; c'est ce qui vit et qui est « nécessairement assujetti à la mort »[1]. L'organisé s'identifie au vivant. Les êtres se séparent définitivement des choses.

Une fois les êtres isolés des autres corps mais réunis entre eux par l'organisation, le problème de la genèse du monde vivant ne se pose plus dans les mêmes termes que celle du monde inanimé. On peut, comme le propose Lamarck, non plus faire créer simultanément dans leur complexité toutes, ou la plupart, des formes vivantes mais les faire dériver les unes des autres par une série de variations successives. Grâce à l'accumulation des effets exercés sur la structure même des organismes par la tendance de la nature à la progression, la série continue des êtres dans l'espace peut alors résulter d'une série continue de transformations dans le temps. L'émergence des êtres et leur variété reposent ainsi sur une caractéristique du vivant lui-même : son pouvoir de variation et d'adaptation.

Peu à peu se dégage l'objet d'une science qui étudie non plus les végétaux ou les animaux en tant que constituant certaines classes parmi les corps de la nature, mais l'être vivant à qui une certaine organisation confère des propriétés singulières. Pour désigner cette science, Lamarck, Treviranus et Oken utilisent presque simultanément le terme de Biologie. « Tout ce qui est généralement commun aux végétaux et aux animaux, dit Lamarck[2], comme toutes les facultés qui sont propres à chacun de ces êtres sans exception doit constituer l'unique et vaste objet de *La Biologie* : car les deux sortes d'êtres que je viens de citer sont tous essentiellement des corps vivants et ce sont les seuls êtres de cette nature qui existent sur notre globe. Les considérations qui appartiennent à la Biologie sont donc tout à fait indépendantes des différences que les végétaux et les animaux peuvent offrir dans leur nature, leur état et les facultés qui peuvent être particulières à certains d'entre eux. » Ainsi pourvue d'un nom et d'un objet d'étude, la science nouvelle va progressivement, au cours du XIXe siècle, dégager ses concepts et ses techniques propres. Par-delà les différences de formes, de propriétés d'habitat, il s'agit de déceler les caractères communs au

1. *Philosophie zoologique*, t. I, p. 106.
2. *Histoire Naturelle des Animaux sans Vertèbres*, t. I, p. 49-50.

vivant et de donner un contenu à ce qui, désormais, s'appelle la vie.

La vie

Avec le rationalisme de l'âge classique, la connaissance reposait sur une concordance entre l'objet et le sujet, sur un accord entre les choses et la représentation que s'en formait l'esprit. Avec l'apparition de ce que Kant appelle un champ transcendantal, la fin du XVIIIe siècle accroît le rôle du sujet dans son enquête de la nature. A l'harmonie préétablie se substitue la domination de la faculté de connaître sur les objets à connaître. Pour déchiffrer la nature et en trouver les lois, il ne suffit plus de rechercher et de grouper les identités et les différences entre les choses et les êtres afin de disposer ceux-ci dans les séries d'une classification à deux dimensions. Il faut que les données empiriques s'articulent en profondeur, qu'elles s'étagent en fonction de leurs rapports à un élément d'unification qui se trouve à la fois condition de toute connaissance mais hors de la connaissance. Comme dans chaque domaine empirique, la seule analyse interne ne suffit donc plus à rendre compte du monde vivant. C'est la vie qui sert de référence, de transcendantal, pour permettre à la conscience de lier les représentations et d'établir des relations, non seulement entre les différents êtres, mais entre les différents éléments d'un même être. C'est la vie qui, dans l'étude du monde vivant, permet d'atteindre des vérités *a posteriori* et de réaliser une synthèse.

La notion même d'organisation, sur quoi se fonde désormais l'être vivant, ne peut se concevoir sans une fin qui s'identifie avec la vie. Une fin qui n'est plus d'emblée imposée du dehors par la nécessité d'attribuer à une Psyché la production des êtres, mais qui trouve son origine au-dedans même de l'organisation. C'est l'idée d'organisation, de totalité, qui exige une finalité dans la mesure où l'on ne peut dissocier la structure de sa signification. Quand on voit une figure géométrique dessinée dans le sable, on peut être assuré que les éléments de cette figure ne sont pas rassemblés là par hasard [1]. En apparence, ces éléments sont liés par une relation d'extériorité, mais c'est l'ensemble de la structure qui fonde la possibilité de leur cohésion, qui représente l'ordre au milieu du désordre.

1. Kant, *Critique de la faculté de juger*, 2e partie, 64, Paris, Vrin, 1965, p. 189.

Livrés au hasard des vents, des pluies, des avatars de toutes sortes, le sable tend à se niveler et le dessin à s'effacer. La figure ne peut se former et se maintenir que grâce à une force interne qui lutte contre le hasard et la destruction. Dans un produit organisé de la nature, tout est fin et tout est moyen. « Chaque être, dit Goethe[1], renferme en lui la raison de son existence; toutes les parties réagissent les unes sur les autres; ... aussi chaque animal est-il physiologiquement parfait. » La finalité de l'être vivant trouve ainsi son origine dans l'idée même d'organisme, parce que les parties doivent se produire réciproquement, parce qu'elles doivent se lier entre elles pour former le tout, parce que, dit Kant[2], « les êtres organisés doivent s'organiser eux-mêmes ». Et Kant reprend, sous une forme un peu modifiée, l'argument de la montre utilisé déjà par Fontenelle. Dans une montre, une partie est l'instrument du mouvement des autres parties, mais un rouage n'est jamais la cause efficiente qui produit un autre rouage. Une partie existe *pour* une autre, non *par* une autre. Ce n'est pas dans la nature des rouages que se trouve la cause de leur production, mais en dehors d'eux, dans un être capable de mettre ses idées à exécution. La montre ne peut ni produire les parties qui lui sont ôtées, ni corriger leurs défauts par l'intervention des autres parties, ni se rectifier elle-même lorsqu'elle est déréglée. Un être organisé n'est donc pas simplement machine, car la machine possède uniquement une force de mouvement, tandis que l'organisme contient en soi une force de formation et de régulation et la communique aux matériaux qui le constituent.

A l'âge classique, tant qu'il s'agissait d'abord de démontrer l'unité de l'univers, les êtres devaient être soumis aux lois de la mécanique qui régissent les choses. Pour caractériser les forces qui animent les corps organisés, on parlait du mouvement qui s'y produit continuellement dans les solides et les fluides. L'inexistence de l'idée de vie apparaît dans la définition que donne l'*Encyclopédie*, presque une lapalissade, puisque la vie « c'est l'opposé de la mort ». Au début du XIXe siècle, au contraire, il importe de cerner les propriétés du vivant. L'étude des êtres ne peut plus être traitée comme un prolongement de la science des choses. Pour analyser le vivant, il faut des méthodes, des concepts, un langage propre, car les mots véhiculent dans

1. *Œuvres d'histoire naturelle*, p. 30.
2. *Critique de la faculté de juger*, 2e partie, p. 193.

la science des corps organisés des idées qui viennent des sciences physiques et ne s'accordent pas aux phénomènes de la biologie. « Si la physiologie eût été cultivée par les hommes avant la physique, dit Bichat [1], je suis persuadé qu'ils auraient fait de nombreuses applications de la première à la seconde, qu'ils auraient vu les fleuves coulant par l'action tonique de leurs rivages, les cristaux se réunissant par l'excitation qu'ils exercent sur leur sensibilité réciproque, les planètes se mouvant parce qu'elles s'irritent réciproquement à de grandes distances. » Pour le XIXe siècle, il devient tout à fait impropre de décrire le fonctionnement des êtres organisés en termes de pesanteur, d'affinité et de mouvement. Pour maintenir la cohésion de l'être, pour assurer l'ordre du vivant par opposition au désordre de la matière inanimée, il faut une force d'une qualité particulière, ce que Kant appelait un « principe intérieur d'action »; il faut la vie.

Dans l'idée d'organisation, il y a tout à la fois ce qui permet la vie et ce qui est déterminé par elle. Mais bien qu'à la source de tout être, la vie échappe à l'analyse de leurs propriétés et de leurs fonctions. C'est la force obscure qui confère leurs attributs aux corps organisés, qui retient ensemble leurs molécules malgré les forces extérieures qui tendent à les séparer. C'est elle qui, dit Cuvier [2], donne au corps d'une jeune femme « ces formes arrondies et voluptueuses, cette souplesse de mouvement, ces douces chaleurs, ces joues teintées des roses de la volupté, ces yeux brillants de l'étincelle de l'amour ou du feu du génie, cette physionomie égayée par les saillies de l'esprit ou animée par le feu des passions. Un instant suffit pour détruire ce prestige ». Le corps vivant est soumis à l'action d'influences variées qui viennent des choses comme des êtres et tendent à le détruire. Pour résister à cette action, il faut un principe de réaction. La vie n'est autre que ce principe de lutte contre la destruction. Pour Bichat [3], c'est « l'ensemble des fonctions qui s'opposent à la mort »; pour Cuvier [4], la « force qui résiste aux lois qui gouvernent les corps bruts »; pour Goethe [5], la « force productrice contre l'action des éléments extérieurs »; pour Liebig [6], la « force

1. *Recherches physiologiques sur la vie et la mort*, an VIII, p. 97.
2. *Leçons d'anatomie comparée*, Paris, 2e éd., 1835, t. I, p. 2.
3. *Recherches physiologiques sur la vie et la mort*, p. 1.
4. *Leçons d'anatomie comparée*, t. I, p. 4.
5. *Œuvres d'histoire naturelle*, p. 19.
6 *Chimie organique appliquée à la physiologie animale*, trad. franç., Paris, 1842, p. 209.

motrice qui neutralise les forces chimiques, la cohésion et l'affinité, agissant entre les molécules ». La mort est la défaite de ce principe de résistance et le cadavre n'est autre chose que le corps vivant retombé sous l'empire des forces physiques. Les puissances de l'ordre, de l'unification et de la vie se trouvent constamment en lutte avec celles du désordre, de la destruction et de la mort. Le corps vivant est le théâtre de cette lutte dont la santé et la maladie reflètent les péripéties. Si les propriétés vitales l'emportent, l'être vivant retrouve son harmonie et guérit. Si, au contraire, les propriétés physiques sont les plus fortes, la mort s'ensuit. Rien de tout cela ne se manifeste dans les corps inanimés : les choses sont immuables, comme la mort.

Mais si, à l'origine, c'est l'organisation de l'être, son fonctionnement, la totalité de son architecture qui exigent l'intervention d'un principe de vie, l'être vivant finit par s'engloutir dans la vie. Alors que les propriétés physiques de la matière sont éternelles, les propriétés vivantes d'un être sont temporaires. La matière brute passe dans les corps vivants pour s'y pénétrer des propriétés vitales. Les êtres deviennent « des sortes de foyers, dit Cuvier [1], dans lesquels les substances mortes sont portées successivement pour s'y combiner entre elles... et s'en échapper un jour afin de rentrer sous les lois de la nature morte ». Pendant la vie d'un être, les propriétés physiques sont, pour ainsi dire, « enchaînées » par les propriétés vitales; elles se trouvent, par là même, empêchées de produire les phénomènes qu'elles tendraient tout naturellement à produire. Mais il ne s'agit pas là d'une alliance durable car il est de la nature des propriétés vitales de s'épuiser rapidement : « Le temps les use », dit Bichat [2]. Par le fait qu'il est en vie, l'organisme est promis à la mort. L'être vivant capture en quelque sorte la puissance de la vie, il la fixe, l'immobilise, mais pour un instant seulement car il est détruit par cela même qui fait sourdre la vie. « Si la vie est mère de la mort, dit Cabanis [3], la mort à son tour enfante et éternise la vie. » Le vivant se réduit à un tas de matière que la vie vient effleurer un instant. Mais si les propriétés vitales s'usent dans chaque être, elles se conservent à travers le monde vivant. Qu'il soit issu d'une graine ou d'un fœtus, chaque corps vivant a autrefois fait partie d'un

1. *Leçons d'anatomie comparée*, t. I, p. 4.
2. *Anatomie générale*, Paris, 1818, t. I, p. 17
3. *Rapport du physique et du moral*, Paris, 1830, t. II, p. 256.

corps semblable. Avant d'acquérir son autonomie, avant de devenir à son tour le siège d'une vie indépendante, tout organisme a d'abord participé à la vie d'un autre être dont il s'est ensuite détaché. La vie se transmet d'être en être par une succession qui ne connaît pas d'interruption. La vie est continue.

On mesure la différence qui sépare ce vitalisme de l'animisme du siècle précédent. Le recours à un principe vital découle de l'attitude même de la biologie, de la nécessité de séparer les êtres des choses et de fonder cette séparation, non sur la matière dont l'unité est reconnue, mais sur des forces. Le vitalisme fonctionne comme facteur d'abstraction. La vie joue un rôle précis dans le savoir. Elle est ce qu'on interroge dans l'animal ou la plante, l'objet même de l'analyse. Elle représente cette fraction d'inconnu par quoi l'organisme est autre que la chose et la biologie que la physique. Le vitalisme est aussi essentiel aux débuts de la biologie que l'était le mécanisme à l'âge classique. Pas seulement aux naturalistes, aux physiologistes ou aux médecins. Mais aussi aux chimistes qui étudient les composés organiques, c'est-à-dire les substances constituant les êtres vivants ou produites par eux. « On peut considérer, dit Liebig [1], que les réactions des corps simples et des combinaisons minérales préparées dans nos laboratoires ne peuvent trouver aucune espèce d'application dans l'étude de l'organisme vivant. »

La chimie du vivant

A la fin du XVIIIe siècle, on étudiait déjà la composition de divers corps organiques. Scheele et Bergman, notamment, avaient analysé toute une série d'acides organiques et isolé le « principe doux des huiles », la future glycérine. Avec le début du XIXe siècle s'affinent les méthodes d'analyse grâce, en particulier, à l'électrolyse, et se précise la théorie atomique. Dans la rubrique « chimie organique » vient se ranger une immense variété de composés qui contiennent toujours du carbone et de l'hydrogène, souvent de l'oxygène, parfois de l'azote, du soufre et du phosphore. Ces composés représentent soit les constituants mêmes des êtres vivants, soit les produits de leurs excrétions ou de leur décomposition. Avec Lavoisier était apparue en chimie une méthode de classification et une nomenclature universelle. Avec Berzélius, c'est une écriture universelle qui est créée. Chaque élément se représente par

1. *Chimie organique appliquée à la physiologie animale*, préf., p. IX.

la première lettre de son nom latin, suivie éventuellement d'une autre pour éviter toute confusion. La formule d'un corps s'établit par la juxtaposition des symboles correspondant aux éléments qui le constituent, chaque symbole étant affecté d'un coefficient numérique exprimant le nombre des atomes présents dans la molécule. Grâce au perfectionnement de l'analyse et à cette symbolique, il devient possible de manipuler et de représenter les énormes molécules qui composent les êtres vivants.

Mais, pour que se constitue une chimie de l'organique, il ne suffit pas que s'améliorent les techniques de la chimie minérale. Il faut aussi l'attitude de la biologie, qui, par-delà la diversité des êtres, commence à préciser l'unité du monde vivant. Tant que celui-ci représentait une infinité de structures, on ne pouvait espérer y trouver qu'une infinité de composés. Si, au contraire, le vivant se caractérise par une certaine organisation et un certain fonctionnement, si c'est toujours ce qui se nourrit, ce qui croît et ce qui se multiplie, alors on peut rechercher la nature des composés qui le distinguent du non-vivant, comme celle des réactions par quoi il transforme les aliments pour les incorporer à sa propre substance. Ainsi se délimite un domaine qui, d'une part, recoupe la chimie, puisque les substances des êtres sont formées des éléments constituants universels de la matière, et qui, de l'autre, rejoint la biologie puisque ces substances se distinguent radicalement de celles qu'on étudie en chimie minérale.

Ce qui s'offre le plus directement à l'analyse dans les êtres vivants, c'est le flux de matière qui les traverse, c'est-à-dire la « métamorphose » des aliments en composés caractéristiques et la formation des déchets qui sont rejetés au-dehors. La tâche de la chimie organique consiste donc à étudier les transformations subies par les substances au sein des organismes, à reconnaître la nature des éléments et de leurs combinaisons lorsqu'ils y entrent et lorsqu'ils en sortent. Mais ces transformations défient les lois de la chimie ordinaire : unis selon d'autres combinaisons, les éléments qui composent les êtres présentent des propriétés totalement différentes. La chimie organique doit identifier les substances qui composent et traversent le vivant. Elle doit chercher à en faire l'analyse. Mais elle n'est pas tenue de fournir la preuve des transformations par la synthèse. Car « tous les actes de l'économie, dit Liebig [1], sont subor-

1. *Chimie organique...*, p. 171.

donnés à une activité immatérielle dont le chimiste ne peut disposer à son gré ». Wöhler réalise au laboratoire la préparation artificielle de l'urée en maintenant à l'ébullition une solution de cyanate d'ammonium. Mais il refuse lui-même de la considérer comme la synthèse d'un composé organique à partir de corps inorganiques. Car si le matériau de départ, l'acide cyanhydrique, est un composé relativement simple, c'est encore une substance organique. « Un philosophe de la nature, écrit Wöhler [1] à Berzélius, dirait que du carbone animal aussi bien que de ces combinaisons cyanées, le caractère organique n'a pas disparu et que c'est pour cela qu'on peut obtenir avec ces corps d'autres corps organiques. » Il faudra attendre que Berthelot produise de l'acétylène à partir du carbone et de l'hydrogène pour que tombe la barrière élevée par les chimistes entre organique et minéral. Mais, par les seuls moyens de l'analyse, la première moitié du XIXe siècle met en évidence, chez les êtres vivants, la présence d'un nombre considérable de composés, certains contenant de l'azote et d'autres non. Selon leur composition, ces substances jouent des rôles différents dans l'organisme.

Les combinaisons des mêmes éléments possèdent des propriétés différentes suivant qu'il s'agit de substances minérales ou organiques. Il existe donc, chez les êtres vivants, une force particulière pour déterminer dans la matière un changement de forme et de mouvement, pour déranger et détruire l'état de repos chimique qui maintient en combinaisons les éléments des substances alimentaires offertes à l'organisme : c'est la force vitale. « Elle provoque la décomposition des substances alimentaires, dit Liebig [2], elle dérange les attractions qui sans cesse sollicitent leurs particules; elle dévie de leur direction les forces chimiques de manière à grouper autour d'elle les éléments des substances alimentaires et à produire de nouveaux composés... elle détruit la cohésion des substances alimentaires et oblige les nouveaux produits à s'unir sous des formes nouvelles distinctes de celles qu'ils prennent lorsque la force de cohésion agit librement. » Les forces chimiques qui rassemblent les atomes dans les molécules minérales agissent, dans les corps vivants, comme une résistance que surmonte la force vitale. Si ces deux forces étaient d'intensité égale, il n'y aurait pas d'effet, pas de croissance, pas de repro-

1. Cité dans J. Loeb, *La Dynamique des phénomènes de la vie*, Paris, 1908, p. 14.
2. *Chimie organique appliquée à la physiologie animale*, p. 202-203.

duction. Si la force chimique l'emportait, l'être dépérirait. Pour que vive l'organisme, il faut bien que l'intensité vitale l'emporte. On ne peut attribuer la vitalité à aucun organe en particulier, aucun tissu, aucune molécule. C'est une propriété de l'être dans son ensemble, une caractéristique du tout, qui résulte, dit Liebig [1], de « la réunion de certaines molécules sous certaines formes ». Elle dépend de l'organisation même des êtres vivants.

Si la force vitale revêt une telle importance pour le début du siècle dernier, c'est qu'elle joue alors un rôle que la physique attribuera plus tard à deux concepts nouveaux. Les êtres vivants apparaissent aujourd'hui comme le siège d'un triple flux de matière, d'énergie et d'information. A ses débuts, la biologie est en mesure de reconnaître un flux de matière, mais à la place des deux autres, il lui faut recourir à une force particulière. Jusqu'au milieu du XIXe siècle, en effet, les relations entre chaleur et travail restent fort imprécises. Avec Carnot, la chaleur s'associe au mouvement des corpuscules qui constituent les corps. Mais si l'œuvre de Carnot doit devenir plus tard, pour la thermodynamique, comme l'acte de naissance du second principe, elle reste ignorée pendant près de vingt ans; jusqu'au moment où le principe d'équivalence et le concept d'énergie permettent d'intégrer l'ensemble des phénomènes où intervient la chaleur. En attendant, il faut bien trouver un facteur pour neutraliser les forces d'affinité agissant entre les molécules des éléments, pour redistribuer ces éléments par des liaisons chimiques différentes, pour regrouper les atomes en des combinaisons nouvelles. Il faut bien recourir à une force qui, avec le concours de la lumière solaire, sépare, chez les plantes, l'oxygène des éléments pour lesquels il a le plus d'affinité et le rejette à l'état de gaz. « Une certaine quantité de force vitale, dit Liebig [2], doit être dépensée, soit pour maintenir les éléments des principes azotés dans l'ordre, la forme et la composition qui les caractérisent, soit aussi pour servir de résistance contre l'action incessante de l'oxygène atmosphérique sur leurs éléments ainsi que de l'oxygène sécrété dans le travail des végétaux. » C'est précisément ce que dit la biochimie moderne, en remplaçant force vitale par énergie. Pour Berzélius, pour Liebig, pour Wöhler, pour Dumas, la vitalité représente, non pas un principe qui agit

1. *Chimie organique...*, p. 215.
2. *Ibid.*, p. 218.

à distance, comme la pesanteur ou le magnétisme, mais une force qui exerce ses effets « au sein d'une agrégation matérielle », quand les substances de la réaction se trouvent en contact. Pour se manifester, la vitalité exige un certain degré de chaleur car tous les phénomènes de la vie cessent dès que l'organisme est exposé au froid. C'est la combustion de l'oxygène atmosphérique avec certaines substances des aliments qui fournit la chaleur. Les substances qui sont ainsi capables de s'oxyder et de jouer un « rôle respiratoire » sont surtout des composés sans azote, comme les sucres et les graisses.

Les substances azotées, au contraire, jouent un « rôle plastique » dans la constitution des organes et des tissus. Mais expliquer leur composition et leur production soulève des difficultés et exige aussi le recours à la force vitale. Chez tous les êtres, dans tous les tissus qu'on étudie, se révèle la présence de substances azotées à la fois très complexes mais semblables. Qu'on analyse les composés azotés du sang, la fibrine et l'albumine, ou celui du lait, la caséine, on retrouve toujours un mélange de carbone, d'hydrogène, d'oxygène et d'azote, en proportions rigoureusement constantes, auquel s'ajoutent des quantités variables d'autres éléments, du soufre et du phosphore notamment. Il faut donc admettre que tous les tissus vivants sont formés par un même constituant de base, capable de fixer d'autres éléments en quantités différentes. Ce sont alors ces combinaisons qui donnent leurs caractéristiques aux différents organes et tissus. A ce constituant de base, Mulder donne le nom de *protéine* pour en souligner la primauté. C'est par la production de la protéine, par ses combinaisons avec certains éléments, que s'échafaude l'architecture des êtres vivants. « Il faut admettre comme une loi démontrée par l'expérience, dit Liebig [1], que les plantes élaborent des combinaisons protéiques, et que ce sont ces combinaisons que la force vitale façonne, sous l'influence de l'oxygène atmosphérique et des principes de l'eau, pour créer tous ces nombreux tissus, tous les organes de l'économie animale. » Mais si des substances de composition semblable possèdent des propriétés distinctes, on doit invoquer un principe nouveau. Il faut bien admettre que, dans ces molécules, les mêmes atomes peuvent occuper des positions différentes et que c'est la position des atomes dans la molécule qui détermine la nature et les propriétés

1. *Chimie organique...*, p. 112.

de celle-ci. C'est à la même idée que conduit aussi l'analyse d'une série de corps plus simples. A des paires de substances aussi différentes par leurs propriétés que les cyanates et les fulminates, ou les acides racémiques et tartriques, l'analyse trouve des compositions identiques en éléments. Là encore doit intervenir la position des atomes dans la molécule. A cette différence de structure pour une identité de composition, Berzélius donne le nom d'isomérie. Il existe donc un principe d'ordre, de structure moléculaire, selon quoi la nature et les propriétés d'une molécule dépendent de la position relative de ses atomes. Pour la biologie moderne, cet ordre moléculaire, ce choix entre des structures possibles, s'interprète par les concepts d'entropie et d'information. Pour la chimie organique du début du XIXe siècle, il faut bien faire intervenir une force mystérieuse pour assigner leur place aux atomes.

Quant aux mécanismes des réactions qui se déroulent dans les êtres vivants, ils diffèrent à l'évidence de ceux que réalise le chimiste au laboratoire. La respiration est bien une combustion, comme l'avait montré Lavoisier, mais c'est une combustion d'un type très particulier. Dans les organismes, les aliments se consument lentement à température peu élevée, et non brutalement à haute température comme dans un four. Au laboratoire, on peut carboniser du sucre, non le transformer en alcool et gaz carbonique ainsi que le réalise la levure de bière, ou en acide butyrique et hydrogène comme le font des morceaux de fromage. Il existe dans les êtres certains principes, certaines substances, auxquelles on donne le nom de ferments ou diastases, et qui dirigent les réactions chimiques pour remanier les liaisons entre éléments et transformer ainsi un corps en produits nouveaux. Il y a deux façons d'envisager le mode d'action de ces ferments. On peut, tout d'abord, comme Liebig, considérer que certains corps sont capables de transmettre à d'autres corps quelques-unes de leurs propriétés. Les ferments sont alors des substances dont les atomes se trouvent dans un état de grande agitation et qui transforment d'autres composés en leur transmettant leur propre mouvement. « Les phénomènes de décomposition ne sauraient s'expliquer autrement qu'en admettant qu'ils sont l'effet du contact d'un corps qui se trouve lui-même dans un état de décomposition ou de combustion... Le mouvement dans lequel se trouvent les molécules de l'un des corps en réaction doit être d'une certaine influence sur l'équilibre des molécules du corps en contact avec lui »[1]. Si la levure de bière peut faire fermenter le sucre, c'est qu'elle contient déjà une substance en état de « métamorphose ». Par la vertu d'une nature chimique propre aux ferments, la décomposition s'étend hors de la sphère de cette substance pour se reporter sur les molécules d'un composé voisin.

Mais on peut aussi, comme Berzélius, lier les propriétés des ferments à une force chimique nouvelle qui se révèle dans la transformation de certains composés, tant minéraux qu'organiques. A l'état solide ou en solution, beaucoup de corps simples ou composés s'avèrent capables de s'opposer aux forces chimiques maintenant la cohésion d'autres composés, et de provoquer la transformation de ces derniers. Ces corps agissent de façon bien particulière. Ils modifient les relations existant entre les atomes d'une substance sans jouer eux-mêmes un rôle chimique dans la réaction puisqu'on les retrouve intacts à la fin de celle-ci. C'est ainsi que le manganèse, l'argent ou la fibrine du sang provoquent la décomposition de l'eau oxygénée; que l'acide sulfurique, tout comme la diastase extraite des graines en germination, transforme l'amidon en sucre; ou encore que le platine finement divisé se montre capable, à température ordinaire, soit d'enflammer l'alcool si celui-ci est pur, soit de le transformer par oxydation en acide acétique s'il est étendu d'eau. A ce type de réactions d'origine inconnue, qui se déroulent en présence de certains corps, Berzélius[2] donne le nom de *catalyse*. « La force catalytique consiste en ceci que certains corps peuvent, par leur seule présence..., réveiller des affinités chimiques qui autrement resteraient inactives à la température considérée... Elle agit donc un peu comme la chaleur. » On peut alors rapprocher les réactions qui se déroulent chez les êtres vivants de ces réactions catalytiques. La diastase, par exemple, se rencontre, non pas dans l'ensemble de la pomme de terre, mais dans les « yeux », où l'amidon se trouve transformé en dextrine et en sucre. Grâce à cette réaction catalytique, la région qui entoure chacun des yeux devient un centre pour la production des sucs qui assurent la nourriture des jeunes tiges. « Il est probable, dit Berzélius, qu'il se produit chez la plante ou chez l'animal vivant, des milliers de processus catalytiques différents, grâce auxquels les matériaux bruts uniformes du suc végétal ou du sang

1. *Chimie appliquée à la physiologie végétale*, trad. franç., Paris, 1844, p. 365.
2. Cité dans J. Loeb, *La Dynamique des phénomènes de la vie*, p. 18.

donnent lieu à une quantité de combinaisons chimiques différentes... »

Ainsi, à partir d'idées et de techniques issues de la chimie, se constitue une science empirique qui a pour objet d'étude la composition des êtres vivants et qui élabore progressivement ses concepts et son langage propres. Peu à peu se précise la nature de ces fabuleux composés que seuls paraissent capables de former les organismes. Une fois encore, derrière la complexité des architectures moléculaires se dessine la simplicité d'une combinatoire. C'est le cas, par exemple, des graisses et des huiles qui ont, depuis toujours, constitué un objet de prédilection pour les chimistes. De l'alchimie jusqu'au XVIIIe siècle, on n'a cessé de triturer, de malaxer, de brûler saindoux, suifs et beurres, sans pouvoir en préciser ni la nature, ni la composition. Grâce à l'emploi de méthodes d'analyse moins brutales, les graisses apparaissent à Chevreul comme formées par l'arrangement de plusieurs composés plus simples. De même que les alliages s'obtiennent par l'amalgame de certains métaux selon certaines proportions, de même les graisses se constituent par la combinaison d'un « principe doux », la future glycérine, avec certains acides appelés gras. Il existe une grande variété de ces acides gras. C'est le type des acides entrant en combinaison avec la glycérine qui détermine la nature et les propriétés d'un corps gras.

Dans les réactions qui mettent en jeu des composés organiques, il arrive qu'un élément prenne la place d'un autre, le déloge en quelque sorte, sans que soit détruite l'architecture de la molécule. Ces « substitutions » peuvent concerner non seulement des éléments isolés, mais aussi des groupes d'atomes, des « radicaux » qui restent associés à travers les transformations chimiques. Les radicaux peuvent aussi s'ajouter d'un bloc à une molécule, s'en retrancher, recevoir des atomes supplémentaires, sans jamais se modifier eux-mêmes. Avec l'œuvre de Dumas, de Laurent, de Gerhardt, de Liebig, de Wöhler, apparaissent des familles de corps, des « types », des « noyaux », auxquels peut s'accrocher une variété de radicaux dont la présence confère à la molécule certaines fonctions chimiques, alcool, aldéhyde, acide, amine, éther, etc. Dans la masse des composés organiques s'instaure ainsi une classification à deux entrées. D'un côté, il y a des séries homologues qui permettent, selon leur composition, de classer les substances en familles naturelles. De l'autre, il y a les fonctions chimiques qui établissent une relation entre des composés de familles différentes mais de propriétés semblables.

En fin de compte, l'immense diversité des composés organiques peut se réduire à une combinatoire de types et de fonctions en nombres limités. La variété des molécules et de leurs propriétés naît du mouvement de certains atomes ou groupes d'atomes qui peuvent aller et venir sans que l'ensemble de l'architecture soit modifié, un peu comme la charpente d'un édifice dont on pourrait substituer des pierres ou des tuiles sans en détériorer les assises. Derrière la variété des formes vivantes, des organes, des substances, se profile le jeu des réactions chimiques qui attaquent les aliments et les remanient de manière à échafauder les espèces moléculaires nécessaires à la vie des êtres et en rejeter les déchets. Placée à la charnière de la biologie et de la chimie, la science nouvelle cherche à cerner les contours de la vie dont le début du XIXe siècle affirme et la spécificité et l'irréductibilité. La chimie organique donne la mesure de l'écart entre les choses et les êtres, entre ce qui est accessible aux lois de la physique et ce qui ne l'est pas. Et c'est précisément cet intervalle qui va se réduire à la fin du siècle et au siècle suivant, grâce à deux manières nouvelles de concevoir l'ordre de la matière : celle que la mécanique statistique tirera du désordre des molécules et celle que la chimie physique insérera dans la structure des molécules.

Le plan d'organisation

Au début du XIXe siècle, les naturalistes cherchent à reconnaître l'ordre qui règne, non plus seulement parmi les êtres vivants, mais au sein même de l'organisme. Ce sont alors les animaux, plutôt que les plantes, qui constituent les principaux objets d'analyse. Si les plantes étalent plus clairement les combinaisons de leurs structures, les animaux démontrent plus nettement les exigences de l'organisation. Derrière l'architecture complexe d'un animal perce le mystère des fonctions. Tout y concourt à produire ce frémissement incessant qui caractérise la vie. C'est dans le comportement des bêtes, dans leur passage de la santé à la maladie, dans les menaces qui les guettent de toutes parts qu'apparaît à l'évidence la lutte entre les forces de la vie et les forces de la mort.

Pour étudier l'organisation d'un animal, il ne suffit pas de le disséquer, d'en discerner tous les éléments et d'en dresser la carte. Il faut analyser les organes en fonction du rôle qu'ils jouent dans l'organisme tout entier. Mais l'attitude de la chimie reste interdite à la physiologie. Séparer les parties du corps pour les étudier revient à les dénaturer. Car, dit Cuvier [1], « les machines qui font l'objet de nos recherches ne peuvent être démontées sans être détruites ». Les détails de la morphologie s'effacent devant la totalité de l'être vivant. L'agencement des pièces anatomiques renvoie à une liaison interne, à une coordination des fonctions qui articule les structures en profondeur. Si la fonction répond à une exigence fondamentale de la vie, l'organe n'est qu'un moyen d'exécution. Alors que la fonction ne souffre aucune fantaisie, l'organe, lui, conserve quelques degrés de liberté. En parcourant le règne animal, il y a donc moyen de déceler ce qui est constant et ce qui change, de déterminer ce que la fonction tolère en fait de variations dans l'organe. Les corps vivants sont ainsi, dit Cuvier [2], « des espèces d'expériences toutes préparées par la nature, qui ajoute ou retranche à chacun d'eux différentes parties, comme nous pourrions désirer le faire dans nos laboratoires, et nous montre elle-même le résultat de ces additions ou de ces retranchements ». Ce qu'il importe de repérer, derrière la diversité des formes, c'est la communauté des fonctions. Plus que la différence de structure entre une patte et une aile, compte la similitude de leurs rôles. Le poumon et la branchie peuvent bien s'opposer par leurs architectures, ce sont tous deux des appareils à respirer, que ce soit dans l'air ou dans l'eau. Les différences de morphologie entre testicule et ovaire, entre épididyme et trompe, entre pénis et clitoris ne doivent pas cacher la symétrie entre les deux séries, la similitude des rôles et des liaisons anatomiques. Quel que soit l'organisme considéré, les phénomènes de la vie ne peuvent se dérouler qu'à l'abri d'une enveloppe qui les protège des éléments extérieurs. « Que cette enveloppe se montre sous la forme d'une peau, d'une écorce, d'une coquille, peu importe, dit Goethe [3], tout ce qui a vie, tout ce qui agit comme doué de vie est muni d'une enveloppe. »

Ces ressemblances fondées sur un critère, non plus de forme, mais de localisation et de fonction, font resurgir le vieux concept aristotélicien d'analogie. Les naturalistes admettent, en effet, qu'à travers les espèces, les structures peuvent varier dans leur conformation selon le rôle qu'elles

1. Lettre à Mertrud, *Leçons d'anatomie comparée*, t. I, p. xvij.
2. *Le Règne animal distribué d'après son organisation*, 1817, t. I, p. 7.
3. *Œuvres d'histoire naturelle*, p. 19.

remplissent. On peut, dit Geoffroy Saint-Hilaire [1], « suivre le pied du devant aussi bien dans ses divers usages que dans ses nombreuses métamorphoses et le voir successivement appliqué au vol, à la natation, au saut, à la course, etc.; être ici un outil à fouiller, là des crochets pour grimper, ailleurs des armes offensives ou défensives, ou même devenir, comme dans notre espèce, le principal organe du toucher et, par suite, un des moyens les plus efficaces de nos facultés intellectuelles ». En fait, pour Geoffroy Saint-Hilaire et pour Cuvier, le mot d'analogie recouvre deux aspects différents qu'Owen distinguera plus tard par les termes d'homologie et d'analogie. L'homologie décrit la correspondance des structures, l'analogie celle des fonctions. Sont homologues des organes qui occupent la même position et jouent un rôle voisin dans des espèces différentes : ainsi la main de l'homme et l'aile de l'oiseau. Sont analogues les organes qui, malgré des différences de structure, de position et de relation anatomiques, remplissent les mêmes fonctions dans des espèces distinctes : tels les viscères de la digestion, le foie par exemple, que l'on retrouve sous des formes diverses chez les crustacés, les mollusques et les vertébrés. En comparant les animaux de la même classe, on s'aperçoit ainsi qu'au milieu des innombrables diversités de grandeur, de forme et de couleur, il règne certains rapports dans la structure, la position et les fonctions respectives des organes. Les variations de forme ne sont pas distribuées au hasard. Chaque élément s'enchaîne aux autres pour assurer l'harmonie de l'ensemble. C'est « dans la dépendance mutuelle des fonctions, dit Cuvier [2], dans le secours qu'elles se prêtent réciproquement, que sont fondées les lois qui déterminent les rapports de leurs organes, et qui sont d'une nécessité égale à celle des lois métaphysiques ou mathématiques ». Ce qui est objet d'analyse, ce n'est donc plus un quelconque assemblage de structures parmi une infinité de combinaisons, mais un système de relations qui s'articulent dans la profondeur de l'organisme. Pour analyser les êtres vivants, pour les classer même, il faut les distribuer autour des grandes fonctions, la circulation, la respiration, la digestion, etc. Le véritable but de la zoologie devient l'étude des différentes manières de remplir ces fonctions et son outil principal l'anatomie comparée.

1. *Philosophie anatomique*, Paris, 1818, p. xxij-xxiij.
2. *Leçons d'anatomie comparée*, 1re leçon, p. 50.

Il y a deux façons de faire de l'anatomie comparée. On peut tout d'abord opérer presque exclusivement par l'étude de la morphologie. La référence à la physiologie se fait en limitant l'analyse à de grands secteurs fonctionnels, ce que Geoffroy Saint-Hilaire appelle des « régions ». Il s'agit alors de rechercher dans toute une série d'espèces les correspondances de structure, les « analogies », région par région. On compare, par exemple, les formations operculaires des poissons avec les osselets de l'oreille chez les vertébrés à respiration aérienne; ou bien les pièces du larynx, de la trachée et des bronches chez les animaux terrestres, avec les arcs, les dents et les lames cartilagineuses des branchies chez les animaux aquatiques; ou encore la composition, la forme, la localisation et les relations anatomiques de l'os hyoïde chez les poissons, les oiseaux et les mammifères. En se rapportant alors à l'espèce où la région considérée présente le développement maximum, on tente de mettre en série les autres types morphologiques selon les déplacements et les déformations qui s'y dessinent. Bien souvent le même organe se manifeste, à travers les espèces, par une suite de transitions ménagées entre les types extrêmes. Sous une forme ou sous une autre, les mêmes pièces finissent par se retrouver, et en nombre égal. L'homologie s'établit alors d'elle-même.

Mais il arrive aussi qu'il n'y ait aucune possibilité de reconstituer une série, soit que les formes de transition demeurent encore inconnues, soit qu'elles aient disparu. Pour identifier une pièce et pour en reconnaître les analogies, il faut alors avoir recours aux « connexions ». Car la caractéristique la plus constante d'une région réside dans les rapports qui s'établissent entre ses parties. Quels que soient les changements de forme, de volume, de position que subit une pièce anatomique, elle conserve toujours les mêmes relations de voisinage, elle reste toujours liée aux mêmes éléments alentour. « Un organe, dit Geoffroy Saint-Hilaire[1], est plutôt altéré, atrophié, anéanti que transposé. » Le principe des connexions permet alors d'identifier une pièce que l'on voit surgir dans une espèce. Il s'agit le plus souvent du développement inhabituel d'une formation qui existe aussi ailleurs. Au sein d'une région donnée, les différentes structures ne sont pas indépendantes. Il existe un « balancement des organes » tel que le développement excessif d'un élément se répercute sur ses voisins. Un élément normal n'acquiert jamais une pro-

1. *Philosophie anatomique*, p. XXX.

priété nouvelle qu'un autre de son système ou de ses relations n'en souffre dans une même raison. « S'il arrive qu'un organe prenne un accroissement extraordinaire, dit Geoffroy Saint-Hilaire [1], l'influence en devient sensible sur les parties voisines, qui dès lors ne parviennent plus à leur développement habituel; mais toutes n'en sont pas moins conservées. » Quand on examine les os de l'épaule en fonction de leur usage dans la respiration chez les vertébrés, on observe ainsi des variations de forme, de taille et de position qui conduisent à distinguer quatre degrés de développement : les deux extrêmes en sont l'hypertrophie et l'état rudimentaire. Chez les poissons, les os de l'épaule en arrivent à passer au-dessus du cœur et derrière les branchies pour remplir les fonctions du sternum. Une même formation peut ainsi s'intégrer dans les organes voisins, soit en restant liée à la même fonction, soit en passant à une autre. « Le total général au budget de la nature est fixé, dit Goethe [2]; mais elle est libre d'affecter les sommes partielles à telle dépense qu'il lui plaît. Pour dépenser d'un côté, elle est forcée d'économiser de l'autre, c'est pourquoi la nature ne peut jamais ni s'endetter ni faire faillite. »

Enfin, si même la recherche des connexions ne permet pas la détermination des homologies, il faut analyser la disposition des régions chez l'embryon. Il arrive souvent, en effet, qu'au cours du développement embryonnaire apparaissent des particularités anatomiques qui disparaissent ensuite chez l'adulte. Ainsi peut-on identifier, par exemple, les pièces osseuses qui constituent le crâne des différents vertébrés. Chez les adultes, le crâne des poissons paraît composé d'un plus grand nombre de pièces que celui des mammifères. Mais cette différence disparaît si l'on examine le crâne des embryons pour en dénombrer les os d'après les centres d'ossification. On s'aperçoit alors, dit Geoffroy Saint-Hilaire [3], que « le crâne de tous les animaux vertébrés est à peu près du même nombre de pièces, et que ces pièces conservent toujours le même arrangement, la même connexion et sont employées à des usages semblables ».

On peut aussi faire de l'anatomie comparée en associant plus étroitement la physiologie à la morphologie. Les organismes sont alors considérés, non plus région par région,

1. *Philosophie anatomique*, p. 19.
2. *Œuvres d'histoire naturelle*, p. 30.
3. *Considérations sur les pièces de la tête osseuse*, in *Ann. Mus. Hist. Nat.* 1807, 10, p. 342.

mais dans leur ensemble. On ne compare les variations des structures que pour déceler la permanence des fonctions. L'anatomie devient un outil pour atteindre, dit Cuvier [1], « les lois de l'organisation des animaux et les modifications que cette organisation éprouve dans les différentes espèces ». L'existence même d'un être dépend non seulement de l'exécution de certaines fonctions, mais de leurs coordinations. Le corps vivant ne peut donc être un simple assemblage d'organes qui se combinent de manières variées pour satisfaire à ces fonctions. Il faut encore qu'ils soient arrangés de manière à composer un ensemble harmonieux, « parce que dans l'état de vie, dit Cuvier [2], les organes ne sont pas simplement rapprochés, mais qu'ils agissent les uns sur les autres et concourent tous à un but commun... Il n'est aucune fonction qui n'ait besoin de l'aide et du concours de presque toutes les autres. » Toute modification d'une structure exerce donc une influence sur les autres. Certaines variations qui ne peuvent point exister ensemble s'excluent réciproquement. D'autres, au contraire, semblent pour ainsi dire s'appeler et cela non seulement chez les organes voisins, mais encore parmi ceux qui, au premier abord, paraissent les plus éloignés, donc les plus indépendants. De la liaison des fonctions se déduit la « loi de coexistence » qui détermine les rapports entre organes. « Un animal qui ne digère que la chair doit avoir la faculté de voir son gibier, le poursuivre, le vaincre, le dépecer. Donc, il faut une vue perçante, un odorat fin, une course rapide, de l'adresse et de la force dans les pattes et la mâchoire. Ainsi, jamais des dents tranchantes et propres à découper la chair ne coexistent dans la même espèce avec un pied enveloppé de corne qui ne peut que soutenir l'animal et avec lequel il ne peut saisir [3]. » D'où la règle selon laquelle tout animal à sabot est herbivore. Des sabots aux pieds indiquent des dents molaires à couronne plate, un canal alimentaire allongé. Et les lois qui déterminent les rapports entre organes remplissant des fonctions différentes s'appliquent également aux différentes parties d'un même « système » fonctionnel pour en coordonner les variations. Dans le système digestif, par exemple, la forme des dents, la longueur, les replis, les dilatations du tube alimentaire, le nombre et l'abondance des sucs digestifs se trouvent toujours dans un certain rapport.

1. *Le Règne animal*, t. I, préf., p. IV.
2. *Leçons d'anatomie comparée*, t. I, p. 49.
3. *Ibid.*, t. I, p. 56-57.

Avec la loi de la coexistence, avec les corrélations qui s'établissent ainsi, se retourne entièrement la manière d'observer un être et de l'étudier. Il ne s'agit plus pour Cuvier de repérer les éléments d'un organisme pour les comparer à ceux d'un autre et en déduire les variations. Les structures s'étagent en profondeur, s'ordonnent selon une règle secrète qu'il faut tenter d'atteindre au travers des analogies. Un être constitue un ensemble « unique et clos ». Toutes ses parties se correspondent mutuellement et coopèrent à la même fin par action réciproque. Mais si aucune partie ne peut changer sans que changent aussi les autres, chacune d'elles prise séparément suffit à indiquer toutes les autres. Ainsi par exemple, dans les organes du mouvement et les os des vertébrés. « Il n'est presque aucun os, dit Cuvier [1], qui varie dans ses facettes, dans ses courbures, dans ses proéminences, sans que les autres subissent des variations proportionnées; et on peut aussi à la vue d'un seul d'entre eux conclure jusqu'à un certain point celle de tout le squelette. » C'est sur ce principe que se fonde la paléontologie, par la reconstruction d'organismes disparus à partir de rares éléments fossiles retrouvés. Avec l'anatomie comparée, un fragment retrouvé n'est plus un élément isolé. C'est l'indice de toute une organisation.

Mais les organes ne sont pas seulement liés par un réseau de corrélations. Ils sont soumis à une hiérarchie qu'impose l'existence même de l'être vivant. A.-L. de Jussieu avait déjà mis en évidence la subordination des caractères, mais elle se fondait encore sur un critère de structure : si certains caractères se retrouvent plus souvent que d'autres, c'est qu'ils doivent avoir plus d'importance. Avec Cuvier l'importance du caractère ne fait que mesurer celle de la fonction qu'il remplit. La subordination des structures renvoie à une hiérarchie fonctionnelle, à un système coordonné qui commande la distribution des organes. L'importance relative d'un organe s'apprécie par les contraintes qu'il impose aux autres. Certains traits de conformation excluent ou, au contraire, exigent certains autres traits. On peut donc « calculer » les rapports entre organes distincts. « Les parties, les propriétés ou les traits de conformation, dit Cuvier [2], qui ont le plus grand nombre de ces rapports d'incompatibilité ou de coexistence, c'est-à-dire qui exercent sur l'ensemble de l'être l'influence la plus

1. *Leçons d'anatomie comparée*, t. I, p. 58.
2. *Le Règne animal*, t. I, p. 10.

marquée, sont les caractères *importants* ou caractères *dominateurs*. Les autres sont les caractères subordonnés. » Il y a un moyen de reconnaître les caractères importants : ce sont les plus constants dans la série des êtres. Si l'on compare les organismes d'après leurs similitudes, ces caractères sont les derniers qui varient. Ceci s'applique aussi bien aux « fonctions animales », comme la sensibilité et le mouvement volontaire propres aux seuls animaux, qu'aux « fonctions végétatives » de nutrition et de génération, communes aux animaux et aux végétaux. Le cœur et les organes de la circulation constituent un centre pour les fonctions végétatives, comme le cerveau et le tronc du système nerveux pour les fonctions animales. Or, si l'on parcourt l'ensemble des animaux, on voit ces deux systèmes se dégrader peu à peu pour disparaître l'un avec l'autre. « Dans les derniers des animaux, lorsqu'il n'y a plus de nerfs visibles, il n'y a plus de fibres distinctes et les organes de la digestion sont simplement creusés dans la masse homogène du corps. Le système vasculaire disparaît avant même le système nerveux dans les insectes »[1]. On ne peut plus alors fonder la classification des êtres sur des critères de structure. C'est leur organisation fonctionnelle qui sous-tend les classes, qui rapproche certains organismes et en éloigne d'autres. La corrélation des formes qui résulte de l'arrangement des organes moteurs, de la distribution des masses nerveuses et de l'étendue du système respiratoire, voilà ce qui doit servir de base aux coupures à faire dans le règne animal.

Pour le XIXe siecle, l'existence même d'un être dépend donc d'une harmonie entre ses organes qui découle elle-même d'une interaction de ses fonctions. Par là même se modifie ce qui est possible en fait d'êtres vivants. Au XVIIIe siècle, toutes les différences que l'on observait parmi les formes pouvaient se combiner à l'infini pour produire toutes les variétés imaginables de corps vivants. Au XIXe siècle, cela n'a plus qu'une valeur abstraite. Tout n'est pas permis en matière de variations. Seules peuvent se réaliser les combinaisons qui satisfont aux exigences fonctionnelles de la vie. La structure d'un organisme doit se conformer à un plan d'ensemble, un *plan d'organisation* qui coordonne les activités fonctionnelles. Mais si tous les résultats apportés par l'anatomie comparée démontrent à l'évidence l'existence d'un tel plan, celui-ci n'a pas la même signification pour Geoffroy Saint-Hilaire et pour

1. *Le Règne animal*, p. 55-56.

Cuvier. D'après Geoffroy Saint-Hilaire, on ne trouve pas en général de structures anatomiques qui soient particulières à une espèce. Il n'y a pas d'élément qui apparaisse ici et disparaisse là. Ce qui existe chez l'un existe aussi chez l'autre. Il peut seulement survenir des modifications d'une ampleur telle qu'elles rendent difficile la détermination des analogies. Cela se voit, par exemple, quand une certaine pièce d'une région a pris une importance excessive qui a influencé ses voisines. Dès lors, ces dernières n'atteignent plus leur développement normal. Mais toutes n'en sont pas moins conservées. Toutes peuvent être le plus souvent reconnues, même si, réduites à leur expression la plus simple, elles sont devenues des « rudiments » sans utilité. « La nature, dit Geoffroy Saint-Hilaire [1], emploie constamment les mêmes matériaux et n'est ingénieuse qu'à en varier les formes. Comme si, en effet, elle était soumise à de premières données on la voit tendre toujours à faire reparaître les mêmes éléments, en même nombre, dans les mêmes circonstances et avec les mêmes connexions. » Comme si la composition des animaux obéissait à un plan unique. Non pas un plan commun aux seuls vertébrés, un autre commun aux seuls mollusques, un encore aux seuls insectes. Mais un « plan général » pour tous les organismes du règne animal. Les vertébrés et les invertébrés, par exemple, se distinguent par un changement des formes et non des éléments constituants qui conservent leur arrangement et leurs connexions. On peut donc dire, d'après Geoffroy Saint-Hilaire [2], que « chaque pièce des insectes retrouve sa place semblable chez les animaux vertébrés, qu'elle y est toujours à sa place et que toujours aussi elle y reste fidèle à l'une des fonctions pour le moins ». Les insectes habitent en dedans de leur colonne vertébrale comme les mollusques dans leur coquille.

Ce n'est pas la première fois qu'est avancée l'idée d'un plan de composition pour l'ensemble des êtres vivants. La seconde moitié du XVIIIe siècle l'avait déjà souvent évoqué. Pour Buffon, on trouvait « toujours le même fond d'organisation » à travers le monde vivant. Pour Daubenton, il y avait un « dessein primitif et général ». Pour Vicq d'Azyr, la nature semblait « opérer toujours d'après un modèle primitif et général dont elle ne s'écarte qu'à regret ». Pour Goethe, il existait une « forme essentielle avec laquelle

1. *Philosophie anatomique*, p. 18-19.

2. *Mémoire sur l'organisation des Insectes*, in *J. compl. des Sciences médicales*, 1819, 5, p. 347.

la nature ne cesse de jouer ». Ce qui sous-tend l'idée d'un plan unique régissant la composition de tous les organismes, c'est encore, jusqu'à et y compris Geoffroy Saint-Hilaire, la vieille notion de continuité du monde vivant, la chaîne des êtres que voyait le XVIIIe siècle. Il faut encore se référer à une continuité, non plus visible à travers les formes, mais cachée au plus profond du vivant, pour trouver un seul modèle, un seul type d'organisation dans l'ensemble du règne animal.

C'est précisément cette continuité que vient rompre Cuvier. Le plan d'organisation devient en quelque sorte le lieu où s'articulent deux séries de variables, une extérieure, l'autre intérieure aux corps vivants. « Les différentes parties de chaque être, dit Cuvier[1], doivent être coordonnées de manière à rendre possible l'être total, non seulement en lui-même, mais dans ses rapports avec ce qui l'entoure. » D'un côté, il y a le monde dans lequel vit l'organisme et qui détermine ce que Cuvier appelle ses « conditions d'existence ». L'organisme n'est pas une structure abstraite qui vit dans le vide. Il occupe un certain espace où il lui faut satisfaire à toutes les fonctions qu'exige la vie. Il se prolonge au-dehors par la terre qu'il foule, l'air qu'il respire, la nourriture qu'il absorbe. « Sa sphère, dit Cuvier, s'étend au-delà des limites du corps vivant lui-même. » Tout un jeu d'interactions se noue entre ce qui vit et ce qui permet de vivre. Parmi tous les possibles, le vivant doit rester dans les limites prescrites par les conditions d'existence.

De l'autre côté, il y a l'organisation du corps. La continuité ne se loge plus dans les formes et les structures mais dans les fonctions qui doivent se coordonner pour répondre aux conditions d'existence. C'est par l'intermédiaire des fonctions que se distribuent les analogies à travers le monde vivant. Toutes réunies dans les espèces supérieures, elles disparaissent l'une après l'autre lorsqu'on considère les formes de plus en plus simples. Dans la mesure où est préservée l'harmonie de l'ensemble, les agents d'exécution, c'est-à-dire les organes, conservent toute liberté de variation. En théorie, chaque organe pourrait ainsi se modifier à l'infini et chaque variation se combiner à toutes les variations des autres organes pour former un ensemble continu. En pratique, il n'en est rien car les organes ne sont pas des éléments indépendants. Ils réagissent les uns

1. *Le Règne animal*, t. I, p. 6.

sur les autres. Si l'on suit chaque organe séparément, on le voit se dégrader progressivement tout au long du monde vivant. On peut encore le reconnaître sous forme de vestige dans les espèces où il n'a plus aucun usage, comme si la nature n'y avait pas voulu le supprimer. Mais tous les organes ne suivent pas un même ordre de dégradation parmi les animaux. « De manière que si l'on voulait ranger les espèces d'après chaque organe considéré en particulier, il y aurait autant de séries à former que l'on aurait pris d'organes régulateurs [1]. »

En fin de compte, ce qu'on trouve en parcourant l'ensemble du règne animal, ce n'est pas une série linéaire progressant d'une extrémité à l'autre par une suite d'intermédiaires, mais des masses discontinues, totalement isolées les unes des autres. Si l'on retrouve toujours les mêmes fonctions, celles-ci obéissent à des hiérarchies différentes et sont exécutées par des organisations différentes. Il n'y a donc pas un plan unique pour l'ensemble du monde vivant mais plusieurs. « Il existe quatre formes principales, quatre plans principaux, si l'on peut s'exprimer ainsi, d'après lesquels tous les animaux semblent avoir été modelés et dont les divisions ultérieures ne sont que des modifications assez légères, fondées sur le développement ou l'addition de quelques parties qui ne changent rien à l'essence du plan » [2]. Le monde vivant est donc formé d'îlots isolés, séparés par des fossés irréductibles. Les Céphalopodes, par exemple, ne sont « sur le passage de rien ». Ils n'ont pu résulter du développement d'autres animaux et leur propre développement « n'a rien produit de supérieur à eux ». On voit donc « la nature faire un saut » d'un plan à un autre. Entre ses productions, elle laisse « un hiatus manifeste » [3]. Et pour que soit bien claire l'impossibilité de lier les grands groupes d'animaux par une série continue, le terme d'embranchements leur est attribué. Il n'y a point de nuances entre les deux premiers embranchements. Mollusques et vertébrés n'ont rien en commun, aucune ressemblance, ni par le nombre des parties, ni par l'organisation. C'est seulement à l'intérieur de chaque groupe, en parcourant chaque embranchement, que l'on peut trouver des séries, et encore ne sont-elles pas linéaires. « La Seiche et les Céphalopodes sont tellement compliqués qu'il est impossible de trouver aucun autre animal susceptible d'être

1. *Leçons d'anatomie comparée*, t. I, p. 60.
2. *Le Règne animal*, t. I, p. 57
3. Cuvier, *Mémoires sur les Céphalopodes*, Paris, 1817, p. 43.

placé raisonnablement entre eux et les Poissons, et dans l'intérieur de sa classe il existe une série de dégradations d'un plan commun tout aussi suivi que parmi les animaux vertébrés, en sorte que l'on peut descendre de la Seiche jusqu'à l'Huître à peu près comme de l'Homme jusqu'à la Carpe; mais ce n'est point par une seule ligne que l'on descend ainsi dans un embranchement, pas plus que dans un autre. »

Voilà donc brisée la chaîne qui unissait jusqu'alors l'ensemble des êtres vivants comme si toute différence entre deux organismes voisins était toujours comblée par une infinité d'intermédiaires. Ce n'est pas seulement entre les êtres et les choses que s'est creusé un fossé, mais aussi entre les groupes d'êtres. On ne parcourt plus l'ensemble du règne animal par une série unique de gradations et de nuances. On ne passe plus d'une extrémité à l'autre en ajoutant un peu de structure, un peu de complexité, un peu de perfection. Ce qu'on retrouve à travers tout le monde vivant, ce sont les mêmes exigences fonctionnelles. Il y a toujours nécessité de se nourrir, de respirer, de se reproduire, que ce soit dans l'air ou dans l'eau, au chaud ou au froid, à la lumière ou à l'obscurité. La continuité se loge désormais dans les fonctions, non dans les moyens de les remplir. Pour déployer les êtres, pour accorder leur organisation aux conditions d'existence, la nature procède par sauts. Un animal est ramassé autour d'un « foyer d'organisation », d'un centre qui commande l'agencement en profondeur de ses structures. Il se dispose en masses concentriques autour d'un noyau. A partir du centre viennent s'étager les organes, les importants au fond, les accessoires à l'extérieur. L'essentiel se trouve ainsi enfoui au plus profond de l'organisme tandis que le secondaire se déploie en surface. Le cœur de l'organisation ne peut pratiquement pas varier car, pour le modifier, il faut tout changer, il faut remplacer le plan par un autre. Les organes secondaires au contraire peuvent varier à leur aise, d'autant plus librement qu'ils sont moins importants, donc plus près de la surface. « Lorsqu'on arrive à la surface, où la nature des choses voulait que fussent précisément placées les parties les moins essentielles et dont la lésion est la moins dangereuse, dit Cuvier[1], le nombre des variétés devient si considérable, que tous les travaux des naturalistes n'ont pu encore parvenir à en donner une idée. » Identiques au

1. *Leçons d'anatomie comparée*, t. I, p. 59.

centre de l'organisation, les êtres d'un même groupe s'écartent progressivement les uns des autres à mesure qu'on s'éloigne vers la périphérie. Semblables par le caché, ils divergent par le visible. C'est dans les surfaces que l'on trouve de petites séries continues dues à de nombreuses variations. En profondeur, il ne peut y avoir que des changements radicaux, des sauts d'un plan à un autre.

Ce qui est transformé au début du XIXe siècle, c'est donc la manière dont les êtres vivants sont disposés dans l'espace. Pas seulement l'espace où se déploie l'ensemble des êtres, morcelé en îlots isolés, découpé en séries indépendantes. Mais aussi celui où s'installe l'organisme lui-même, enroulé autour d'un noyau, formé de couches successives qui se prolongent au-dehors et le lient à tout ce qui l'entoure. Ce sont à la fois les relations établies entre les parties d'un organisme et celles unissant tous les corps vivants qui se trouvent entièrement redistribuées.

La cellule

Au XIXe siècle, la biologie se trouve en mesure d'étendre l'analyse de l'organisation à un autre niveau, plus fin, de la structure des êtres. A côté de ce qu'on peut appeler la macroorganisation, à savoir ce que considère le zoologiste quand, derrière l'enchevêtrement des organes, il cherche à discerner le plan qui coordonne les fonctions, se révèle une microorganisation des êtres vivants. C'est la structure intime des corps organisés, leur composition élémentaire qui, par-delà la diversité des formes, confère à la substance de chaque être une qualité particulière, une texture, un ensemble de propriétés dont sont dépourvus les corps inorganiques.

On attribue souvent au XVIIe siècle la découverte de la cellule. Mais si l'utilisation des premiers microscopes avait permis à Robert Hooke, à Malpighi, à Grew, à Leeuwenhoek d'apercevoir, dans des coupes de liège ou de certains parenchymes, des rangées d'alvéoles baptisés « cellules » par Hooke, il n'y avait alors ni généralisation possible, ni emploi pour les structures ainsi entrevues. Quand Maupertuis et Buffon avaient cherché à introduire une discontinuité dans la substance des êtres avec l'idée de leur composition élémentaire, ils ne faisaient que se comporter en bons disciples de Newton. Particules vivantes et molécules organiques ne représentaient que le moyen de retrouver dans les corps vivants la nature discontinue de la matière et d'aligner le monde des êtres sur celui des choses tel que le voyait la mécanique du XVIIIe siècle. Mais pour accorder les propriétés des êtres à la structure de la matière, il avait fallu faire appel à des molécules d'un type spécial, réservées aux seuls corps vivants. En fin de compte, la composition des êtres ne se distinguait de celle des choses que par la nature particulière de leurs molécules. Mais, pour le XVIIIe siècle, le constituant élémentaire des corps vivants, c'était le terme ultime de l'analyse anatomique, ce qu'on trouvait en dissociant les muscles, les nerfs ou les tendons : c'était la fibre. Encore, dans la plupart des organes, la fibre restait-elle un être de raison, un conglomérat de molécules que liait entre elles une substance visqueuse, le « gluten ». Avec Haller, il n'existait qu'une sorte de fibre pour composer tous les organes. Les mêmes fibres s'entrecroisaient en une trame continue qui se prolongeait de l'os au tendon, du tendon au muscle, du muscle au nerf et au vaisseau. C'était la manière dont se disposaient les fibres, la texture du réseau qu'elles formaient, la quantité de liquide retenu dans les mailles qui donnaient à un organe sa dureté ou sa mollesse, sa rigidité ou sa souplesse.

Avec la biologie du XIXe siècle, la situation devient différente. Malgré la diversité de leurs formes, les mêmes organes remplissent toujours les mêmes fonctions. En ce qui concerne la structure intime des organes, il n'y a plus alors d'animaux à sang chaud ou à sang froid, de mammifères ou de reptiles, mais des tendons ou des vaisseaux, des os ou des membranes qui, jouant toujours un rôle semblable, doivent nécessairement être de nature semblable. Si l'on observe des différences entre le muscle d'un pigeon et celui d'une grenouille, ce n'est pas seulement que l'un appartienne à un oiseau et l'autre à un batracien. C'est le résultat de circonstances extérieures, du rôle joué ici ou là, d'un voisinage différent. A la similitude des fonctions doit répondre une unité de structure.

Inversement, avec Pinel et Bichat, les divers organes qui, dans un même être vivant, jouent des rôles différents ne peuvent plus avoir la même composition. « La moindre réflexion suffit, dit Bichat [1], pour concevoir que ces organes doivent différer, non seulement par la manière dont est arrangée, entrecroisée la fibre qui les forme, mais encore par la nature de cette fibre elle-même; qu'il y a entre eux différence de composition comme de tissu. » Ce qui confère

1. *Traité des membranes*, Paris, éd. 1816, p. 29.

à un organe ses propriétés, ce n'est plus seulement sa forme : c'est d'abord la nature, la spécificité du tissu qui le constitue. A première vue, il semble exister dans les corps vivants une grande diversité de tissus. Pourtant ce n'est là qu'apparence car le tissu caractérise, non pas l'organe, mais le « système », nerveux, vasculaire, musculaire, osseux, ligamentaire, etc. Le système représente, en quelque sorte, le lieu d'articulation entre l'anatomie et la physiologie, grâce à la qualité du tissu dans lequel il est taillé. Un corps vivant est alors occupé par des couches de tissu, des lames de membrane qui se déploient sur plusieurs organes et découpent l'espace du corps en grands domaines fonctionnels. L'organe ne représente qu'une région particulière d'un tel domaine, la conformation que revêt le tissu en un secteur du système. Quels que soient la localisation d'un organe et ses rapports de voisinage, il faut le rapporter à la fois à son système pour en trouver le rôle et à son tissu pour en comprendre les qualités.

Si l'on considère non pas l'aspect extérieur des tissus, mais leur texture, leur épaisseur, leur activité, alors la diversité apparente des tissus se réduit à un petit nombre de types, dix à vingt et un selon les anatomistes. On voit « la nature, dit Bichat [1], uniforme partout dans ses procédés, variable seulement dans ses résultats, avare des moyens qu'elle emploie, prodigue des effets qu'elle en obtient, modifiant de mille manières quelques principes généraux qui, différemment appliqués, président à notre économie et en constituent les innombrables phénomènes ». En classant les membranes d'après leur structure, leurs propriétés, leur rôle, on en trouve deux grands groupes : les membranes simples, « dont l'existence isolée ne se lie que par des rapports indirects d'organisation avec les parties voisines »; et les membranes composées qui résultent « de l'assemblage de deux ou trois des précédentes et qui en unit les caractères souvent très différents » [2]. C'est en fin de compte dans les tissus que se logent les propriétés vitales et dans leur association les attributs de l'organisme. Chaque élément, chaque structure est coupée dans un tissu comme un vêtement dans une étoffe. Mais de même qu'un corps vivant est constitué par l'assemblage d'organes qui, exécutant chacun une fonction, concourent aux propriétés du tout, de même un organe est souvent composé

1. *Traité des membranes*, p. 28.
2. *Ibid.*, p. 31.

par l'intrication de plusieurs tissus qui, jouant chacun son rôle, donnent à la structure d'ensemble tout un faisceau de qualités. Un petit nombre de tissus suffit ainsi à assurer la variété du monde vivant. « La chimie, dit Bichat [1], a ses corps simples qui forment par les combinaisons diverses dont elles sont susceptibles les corps composés... De même, l'anatomie a ses tissus simples qui par leurs combinaisons... forment les organes. »

Avec Bichat apparaît donc un niveau supplémentaire d'organisation, un intermédiaire entre l'organe et la molécule. Le tissu constitue le terme ultime de l'analyse pour l'anatomiste, ce en quoi peut se résoudre un corps vivant à l'aide du scalpel et des ciseaux. Les propriétés d'un organisme ou de ses parties ne sont pas inhérentes aux molécules de la matière qui le forme. Elles disparaissent en effet dès que les molécules se dispersent et perdent leur organisation. C'est l'agencement de ces molécules en tissu qui donne au vivant ses qualités propres. Les tissus forment les matières premières destinées chacune à l'exécution d'une fonction particulière. Il y a des tissus pour cartilages ou pour glandes comme il y a des étoffes pour chemises ou pour manteaux. Le terme même de tissu indique la continuité de la structure. Ce qui compose l'être vivant, ce sont des lames ininterrompues, des nappes qui s'enroulent en organes, se nouent entre elles, se séparent, s'enveloppent les unes dans les autres, se prolongent d'une structure à la voisine. La complexité des systèmes fonctionnels se résout par la simplicité de la combinatoire anatomique.

La continuité du tissu répond en quelque sorte à la totalité de l'être vivant, telle que l'exige la biologie du début du XIXe siècle. Le corps vivant ne se morcèle pas à l'infini. Il ne peut plus se concevoir comme une simple association d'éléments ainsi que le voyaient Maupertuis et Buffon. Même quand Oken envisage à nouveau une composition élémentaire des êtres, il s'agit d'unités non pas autonomes et accolées, mais fondues dans la totalité de l'organisme. L'idée nouvelle d'Oken, celle d'où va émerger peu à peu la théorie cellulaire, c'est d'établir un rapprochement entre le corps des gros animaux et les êtres microscopiques, de voir dans ceux-ci les éléments dont sont constitués ceux-là, bref de concevoir le vivant complexe comme formé par l'association du vivant simple. Abandonnés à la mort

1. *Anatomie générale*, p. 35.

et à la destruction, la chair des animaux et les tissus des végétaux se décomposent en une infinité d'« infusoires ». Chacun de ces êtres minuscules semble constitué d'une goutte de mucus, de cette même substance gluante que l'on trouve chez tous les êtres vivants. Pour Oken, les petits animaux ainsi libérés après la mort représentent en réalité les éléments dont sont constitués le vivant : disposés en alvéoles ou en cellules, ils en forment les tissus. Mais afin que l'animal reste une totalité, les cellules ne se trouvent pas simplement associées comme les grains d'un tas de sable. « De même que l'oxygène et l'hydrogène disparaissent dans l'eau, dit Oken [1], le mercure et le soufre dans le cinabre, il se produit ici une véritable interpénétration, un entrelacement et une unification de tous les animalcules. » Il n'y a donc pas incompatibilité entre la conception d'une composition élémentaire des êtres vivants et celle de leur totalité, à la condition de considérer un être comme une intégration d'unités et sa décomposition après la mort comme une désintégration. Les unités élémentaires ne peuvent simplement s'unir et conserver leur individualité dans un être complexe. Elles doivent se fondre en une individualité nouvelle qui les transcende. Les parties se dissolvent dans le tout.

Ce sont donc les possibilités mêmes de l'organisation des êtres vivants dans leur structure fine qui se trouvent ainsi transformées par l'attitude de la biologie. Pour le XVIIIe siècle, l'idée de particules vivantes réunies en un être organisé par leur affinité ne représentait qu'un aspect de la combinatoire par quoi se constitue chaque corps de l'univers. Les molécules organiques ne formaient qu'une catégorie particulière de molécules, réservées aux êtres vivants. Indestructible, chacune d'entre elles libérée après la mort pouvait toujours entrer dans une combinaison nouvelle et reparaître dans un corps vivant. Les propriétés d'un organisme représentaient alors la simple somme des propriétés de chaque molécule constituante. Au XIXe siècle, il s'agit de tout autre chose. En s'intéressant à l'organisation du vivant et non plus aux formes des êtres, la biologie peut établir un rapprochement entre les organismes les plus complexes et les plus simples. En faisant du petit l'unité élémentaire du gros, elle recherche le diviseur commun à tous les êtres vivants, l'unité d'animal ou de

1. Cité dans M. Klein, *Histoire des origines de la Théorie cellulaire*, Paris, 1936, p. 19.

végétal, pour ainsi dire. Cette unité ne peut plus alors être une simple molécule, un élément inerte, un morceau de matière. C'est déjà un être vivant, une formation complexe, capable de se mouvoir, de se nourrir, de se reproduire, bref douée des principaux attributs de la vie. Mais un animal, une plante ne sauraient correspondre au grouillement d'une multitude de petits êtres indépendants. Pour considérer un organisme, avec son unité, sa coordination, ses régulations, comme composé d'éléments vivants, il faut admettre que ceux-ci ne sont pas simplement accolés mais intégrés. Les unités doivent s'amalgamer en une autre unité d'ordre supérieur. Il leur faut se soumettre à l'organisme, abdiquer toute individualité devant celle du tout. C'est à ce prix que l'être indivisible peut se composer d'unités élémentaires. L'organisme n'est pas une collectivité mais un monolithe.

C'est seulement une fois admise la possibilité de telles relations entre un être vivant et ses constituants que prend un sens l'aspect en cellules, en alvéoles, en nid d'abeilles entrevu dans certains tissus depuis le XVIIe siècle. En quelques années s'accumule alors toute une série d'observations faites aussi bien sur la composition des végétaux et des animaux que sur leur reproduction. Car, comme l'avaient montré Maupertuis et Buffon, l'étude de la reproduction des êtres ne peut être dissociée de celle de leur constitution. L'importance de la théorie cellulaire vient de ce qu'elle apporte une solution commune à deux problèmes apparemment distincts : en résolvant les êtres en cellules, douées chacune de toutes les propriétés du vivant, elle donne à leur reproduction à la fois une signification et un mécanisme.

C'est précisément l'époque où le pouvoir de résolution du microscope s'accroît par l'emploi de lentilles achromatiques. Partout on examine des tissus et partout on voit des vésicules, des utricules, des cellules, plus ou moins serrées, plus ou moins cimentées entre elles, séparées parfois par des méats. Dans les plantes d'abord, car c'est là qu'on les distingue le mieux grâce à leur taille et leur forme. Puis dans les tissus des animaux. Même certains êtres microscopiques revêtent l'aspect d'une cellule. Dans une amibe, par exemple, il n'y a pas d'organes distincts, mais, dit Dujardin [1], une simple goutte de substance « glu-

1. *Recherches sur les organismes inférieurs*, in *Ann. Sc. naturelles*, 1835, 2e série, t. IV, p. 367.

tineuse, diaphane, insoluble dans l'eau, s'attachant aux aiguilles de dissection, se contractant en masses globuleuses et se laissant étirer comme du mucus ». Cette substance, que Dujardin baptise « sarcode », s'appellera « protoplasme » avec Purkinje et von Mohl. On cherche à dissocier les tissus des plantes, sous l'effet de la chaleur ou des acides : toujours apparaissent ces mêmes vésicules, ces mêmes globules enfermés dans une membrane. On s'efforce d'imprégner les tissus de solutions diverses pour colorer certaines régions de la cellule, de préférence à d'autres. Et peu à peu la cellule apparaît, non plus comme une simple goutte de mucus, mais comme un petit édifice où se distinguent des zones d'aspects variés, des cavités, des granulations qu'agite un mouvement sans fin. Dans toutes les cellules, on observe notamment la présence d'une masse unique, plus dense, plus sombre, à laquelle Brown donne le nom de « noyau ». Quelle que soit sa forme et sa fonction, quelle que soit sa localisation dans l'organisme, qu'elle appartienne à une plante ou à un animal, une cellule semble toujours présenter le même aspect général, comme si elle se conformait toujours à un même plan.

Pour l'œil armé du microscope, tout être vivant finit ainsi par se résoudre en une collection d'unités juxtaposées. C'est la conclusion à laquelle parviennent la plupart des histologistes et que généralisent Schleiden pour les végétaux et Schwann pour les animaux, sous forme d'une « théorie cellulaire ». Mais la théorie cellulaire ne se limite pas à ce problème de structure. Avec Schwann, la position et le rôle de la cellule se retournent en quelque sorte. La cellule ne constitue plus seulement le terme ultime de l'analyse des êtres vivants. Elle devient à la fois l'unité du vivant, c'est-à-dire l'individualité qui en détient toutes les propriétés, et le point de départ de tout organisme. « Les parties élémentaires des tissus, dit Schwann [1], sont formées de cellules selon des modalités semblables quoique très diversifiées, de sorte que l'on peut dire qu'il existe un principe universel de développement pour les parties élémentaires des organismes et que ce principe est la formation des cellules. » Ce qui importe ici, ce n'est plus tellement qu'on trouve des cellules dans tous les tissus ou même que tous les organismes soient constitués de cellules; c'est que la cellule possède elle-même tous les attributs

1 *Microscopische Untersuchungen über die Uebereinstimmung in der Struktur und dem Wachsthum der Thiere und Pflanzen*, 1839, trad. angl., Sydenham Soc., repr. in *General Biology*, 1966, t. I, p. 161.

du vivant, qu'elle représente la source nécessaire de tout corps organisé.

Par là même, la théorie cellulaire donne un premier coup d'arrêt au vitalisme qui avait présidé à la fondation de la biologie et dont elle rejette l'une des exigences fondamentales. Car, pour distinguer le vivant de l'inanimé, il avait fallu voir dans chaque être une totalité indivisible. Pour les zoologistes, pour les anatomistes ou les chimistes, la vie devait résider dans l'organisme pris dans son entier, et non dans tel organe, ou telle partie, ou telle molécule. Ne pouvant se réduire à des éléments d'ordre simple, elle restait inaccessible à l'analyse dont elle transcendait toute interprétation. D'où cette exigence, dans la structure intime des êtres, d'une continuité sur quoi se fondaient pour Bichat la texture des tissus et pour Oken la fusion des cellules en une « masse infusoriale » où s'immergeait l'individualité de chaque élément. Ce sont précisément ces idées de totalité et de continuité que conteste Schwann en considérant, non plus la composition élémentaire des êtres vivants, mais les causes régissant deux de leurs propriétés principales : la nutrition et la croissance. Si l'on adopte le point de vue vitaliste, il faut placer les causes de ces deux phénomènes dans l'ensemble de l'organisme. Par la combinaison des molécules en un tout, comme se trouve l'organisme à chaque étape de son développement, s'engendre une force qui donne à l'être la capacité de prélever les matériaux alentour et d'en tirer les constituants nécessaires à la croissance de toutes ses parties. Aucune de celles-ci prise isolément ne détient alors les pouvoirs de se nourrir et de croître. Mais on peut tout aussi bien considérer que, dans chacune des cellules, les molécules sont agencées de manière à permettre à la cellule d'attirer d'autres molécules et de croître par elle-même. Les propriétés du vivant ne peuvent plus alors être attribuées au tout, mais à chaque partie, à chaque cellule, qui possède en quelque sorte une « vie indépendante ».

Pour Schwann, toutes les observations faites sur les plantes ou les animaux justifient cette seconde manière de voir. Qu'est-ce que l'œuf des animaux, sinon une cellule capable de croître et de se multiplier par elle-même? Et plus particulièrement l'œuf de ces femelles qui se reproduisent par parthénogénèse puisqu'on ne peut évoquer là aucune force mystérieuse qu'apporterait la fécondation. Qu'est-ce qu'une spore qui donne naissance à certains végétaux inférieurs? Et chez certaines plantes, ne peut-on prélever des fragments sans que les morceaux perdent pour autant le pouvoir de se multiplier hors de l'organisme? Il n'y a donc aucune raison de doter de propriétés particulières la seule plante prise dans son ensemble. « La cause de la nutrition et la croissance, conclut Schwann [1], réside, non pas dans la totalité de l'organisme, mais dans ses parties élémentaires, les cellules. »

Ainsi la résolution de l'organisme en ses unités élémentaires n'abolit pas le pouvoir de se nourrir, de croître et de se multiplier. La spécificité du vivant n'est pas l'apanage de l'organisme dans son entier. « Chaque cellule, dit Schleiden [2], mène une vie double : l'une autonome avec son développement propre; l'autre intermédiaire, en tant qu'elle est devenue partie intégrée d'une plante. » L'organisme ne peut plus être considéré comme une structure monolithique, une sorte d'autocratie, dont les pouvoirs échappent aux individus qu'elle administre. Il devient un « état cellulaire », une collectivité dans laquelle, dit Schwann, « chaque cellule est un citoyen ». Quoique bâties sur un même plan, les différentes cellules d'un organisme revêtent des types différents et remplissent des fonctions différentes d'un tissu à l'autre; chaque type exécute quelque mission pour le compte de la communauté. Dans la collectivité cellulaire, il y a répartition des tâches et division du travail. L'existence d'un être découle alors de la coopération de ses parties. Si l'organisme détermine les conditions de sa propre existence, il n'en est pas la cause.

C'est donc à la cellule qu'il faut attribuer les propriétés du vivant. Pas nécessairement par la vertu de quelque force mystérieuse au service d'une Psyché. Plutôt grâce à un agencement particulier des molécules qui permet à la cellule d'effectuer certaines réactions chimiques. « Ces phénomènes, dit Schwann [3], peuvent être classés en deux groupes naturels : premièrement, ceux qui ont trait à la combinaison des molécules pour former une cellule et qui peuvent être appelés les phénomènes *plastiques* des cellules; deuxièmement, ceux qui découlent des changements chimiques, survenant soit dans les particules composant la cellule elle-même, soit dans le cytoblastème environnant et qu'il faut appeler phénomènes *métaboliques*. »

1. *Microscopische Untersuchungen*, trad. angl. repr. in *Great Experiments in Biology*, Englewood Cliffs, 1955, p. 15.
2. *Beiträge zur Phytogenesis*, Muller's Archiv, 1838, p. 1.
3. *Great Experiments in Biology*, p. 16.

La cellule peut être considérée comme un individu que sa membrane sépare du reste du monde. Mais si c'est la membrane qui isole la cellule, c'est elle aussi qui lui permet d'entrer en relation avec son voisinage, d'y prélever sa nourriture, de rejeter les déchets. Pour expliquer la capacité d'une membrane à distinguer entre le contenu de la cellule et ce qui l'entoure, il faut lui attribuer des qualités particulières. Il faut lui donner, dit Schwann [1], « non seulement le pouvoir de modifier chimiquement les substances avec lesquelles elle entre en contact mais aussi de les séparer de manière que certaines substances apparaissent à l'intérieur et d'autres à l'extérieur de la membrane. La sécrétion de substances déjà présentes dans le sang, comme l'urée, par les cellules alignées dans le rein ne saurait s'expliquer sans une telle faculté des cellules ». Pour Schwann, il n'y a rien là qui exige l'intervention d'une force mystérieuse. On sait que le courant électrique provoque la décomposition de certaines substances et la séparation des constituants. Pourquoi les propriétés des membranes ne seraient-elles pas dues à la position des atomes qui les constituent? Inutile d'invoquer une intention ou une force vitale. Pour parler des phénomènes organiques, il suffit de faire intervenir des forces qui, comme celles de la physique, opèrent selon « les lois strictes d'une nécessité aveugle » [2].

Quant au second volet de la théorie cellulaire, il a trait à la production des cellules et des organismes. Il ne s'agit plus ici de composition et de structure, mais d'origine. Chacun peut voir une cellule se diviser et en produire deux, tout comme Siebold voit se diviser et se multiplier les protistes, ces êtres constitués d'une seule cellule. L'organisme se compare donc à une colonie de protistes et c'est par une série de divisions cellulaires que s'échafaude le corps d'un animal à partir d'un œuf. Mais pour Schleiden et pour Schwann, si une population de cellules se multiplie par leurs divisions, toute cellule ne naît pas nécessairement d'une autre cellule. Dans certaines conditions, les cellules peuvent aussi se former par une sorte de génération spontanée à partir d'un « blastème primitif ». C'est seulement avec Virchow [3] que disparaît la possibilité de voir naître une cellule de quelque magma

1. *Great Experiments in Biology*, p. 16-17.
2. *Ibid.*, p. 14.
3. *Die Cellularpathologie in ihrer Begründung auf physiologische und pathologische Gewebelehre*, Berlin, 1858, p. 25.

organique. « Là où apparaît une cellule, il doit y avoir eu une autre cellule auparavant, tout comme un animal ne peut venir de rien d'autre qu'un animal et une plante de rien d'autre qu'une plante. » La continuité des formes et des propriétés qu'on observe à travers les générations ne s'applique pas seulement aux animaux et aux végétaux, mais aussi aux unités qui les constituent. La théorie cellulaire prend alors sa forme définitive que résume la phrase de Virchow [1] : « Tout animal apparaît comme la somme d'unités vitales dont chacune porte en elle tous les caractères de la vie. »

Avec la théorie cellulaire, la composition des êtres et leurs propriétés se fondent, non plus sur les exigences de quelque système, mais sur des objets mis en évidence par l'observation. En fin de compte, l'analyse est parvenue à donner un contenu à la nécessité logique d'une combinatoire, celle que recherchaient déjà Maupertuis et Buffon. Quelle que soit la nature d'un être, qu'il s'agisse d'un animal, d'une plante ou d'un être microscopique, il est toujours construit à l'aide des mêmes unités élémentaires. C'est l'agencement des cellules, c'est leur nombre, leurs propriétés qui confèrent à l'organisme sa forme et ses qualités. Mais si la cellule représente déjà un degré élevé de complexité, c'est toujours sur le même principe que s'échafaude la structure des corps, dans le monde vivant comme dans le monde inanimé. Avec la cellule, la biologie a trouvé son atome. Il n'est aucun aspect de l'étude des êtres vivants qui ne soit transformé par la théorie cellulaire. Pour déceler les caractéristiques du vivant, il faut désormais étudier la cellule, analyser sa structure, chercher, parmi les divers types, ce qui est commun, donc nécessaire à la vie cellulaire, ou, au contraire, différent, donc propre à l'accomplissement de certaines fonctions.

Ce qui est le plus profondément bouleversé par la théorie cellulaire, c'est l'étude de la reproduction des êtres vivants. Jusque-là, la biologie du XIXe siècle s'était bornée à poursuivre l'analyse entreprise au siècle précédent. Peu à peu, l'amélioration du microscope et la rigueur croissante des observations avaient fini par mettre un terme au vieux débat sur la préformation et l'épigénèse. En filtrant la liqueur spermatique du mâle, Prévost et le chimiste J.-B. Dumas avaient établi une fois pour toutes la nécessité des animalcules, des « zoospermes » pour la

1. *Die Cellularpathologie...*, p. 12.

fécondation. L'œuf de la femelle avait été reconnu comme étant, non pas le follicule aperçu dans l'ovaire par de Graaf, mais une masse blanchâtre décelée à l'intérieur de ce follicule par von Baer. Quant au développement de l'embryon, après fécondation, il fait l'objet d'observations systématiques. Et l'on retrouve alors, avec plus de détails, les phénomènes déjà décrits par C. F. Wolff près d'un siècle plus tôt. Ce que voit von Baer après la fécondation de l'œuf, ce n'est pas la croissance d'un petit être préformé, mais une suite d'événements complexes d'où émergent peu à peu les formes et les structures du futur adulte. L'œuf n'est d'abord qu'une sorte de petite boule qui « se segmente », en deux, puis en quatre, puis en un grand nombre d'alvéoles accolés. Progressivement, se forment des replis, des « feuillets », qui glissent les uns sur les autres, qui s'enroulent, se déforment, se bossellent pour donner naissance aux organes. « Le développement du vertébré, dit von Baer [1], consiste dans la formation, dans le plan médian, de quatre feuillets, dont deux sont au-dessus de l'axe et deux au-dessous. Pendant cette évolution, le germe se subdivise en couches, ce qui a pour effet la division des tubes primordiaux en masses secondaires. Ces derniers, inclus dans les autres, sont les organes fondamentaux ayant la faculté de former tous les autres organes. » Dans une espèce donnée, le développement de l'embryon se déroule toujours de la même façon, selon un même ordre dans le temps et dans l'espace, comme s'il obéissait à un certain plan. Il y a d'abord un perfectionnement continu du corps animal par une différenciation histologique et morphologique croissante. Puis les formes qui s'étaient ébauchées s'affinent peu à peu, se précisent en structures plus spécialisées.

Quand on considère des espèces voisines, au sein d'une même famille, on trouve de remarquables similitudes dans le développement. C'est ce que von Baer [2] appelle la loi des ressemblances embryonnaires. « Je possède, conservés dans l'alcool, deux petits embryons dont j'ai omis d'inscrire le nom, et il me serait actuellement impossible de dire à quelle classe ils appartiennent. Ce sont peut-être des lézards, de petits oiseaux, ou de très jeunes mammifères, tellement la similitude du mode de formation de la tête et du tronc chez ces animaux est grande. Les extré-

1. Cité dans E. Haeckel, *Anthropogénie*, trad. franç., Paris, 1877, p. 165.
2. Cité dans Darwin, *L'Origine des espèces*, trad. franç., Paris, 1873, p. 462.

mités de ces embryons ne sont pas encore formées; mais même le fussent-elles, au premier état de leur développement, que nous n'en saurions pas davantage car les pattes des lézards et des mammifères, les ailes et les pattes des oiseaux, ainsi que les mains et les pieds de l'homme dérivent tous de la même forme fondamentale. » Il en est de même avec les larves en forme de vers que l'on voit chez les papillons, les mouches et les coléoptères : les larves se ressemblent souvent plus que les insectes parfaits.

La discontinuité du monde vivant qu'avait observée l'anatomie comparée, l'embryologie la retrouve en analysant le développement dans les espèces les plus variées. En comparant la segmentation de l'œuf, le mouvement des feuillets, l'ordre d'apparition des différents organes, von Baer n'obtient pas une série continue de changements à travers le règne animal mais des groupes, des « types » de développement. En fait, il observe quatre types principaux qui correspondent aux quatre embranchements de Cuvier. D'un groupe à l'autre, le développement de l'embryon diffère radicalement, tandis qu'à l'intérieur d'un même groupe se manifestent des phénomènes semblables. Là encore, les contraintes de l'organisation limitent le possible de la variation, non seulement dans l'espace mais aussi dans le temps. Ce sont les opérations les plus importantes, les plus centrales, les plus profondes qui se déroulent les premières. « Les traits les plus généraux d'un grand groupe, dit von Baer, apparaissent dans l'embryon avant les traits les plus spéciaux. Les structures les moins générales naissent des plus générales et cela jusqu'à ce qu'enfin apparaissent les plus spéciales. » Avant l'oiseau, on reconnaît d'abord le vertébré dans l'embryon. Il semble y avoir une histoire des embryons comme si, pour constituer un fonds commun d'organisation au sein d'un même groupe, tous les membres du groupe empruntaient d'abord le même chemin, les moins parfaits s'arrêtant en cours de route, avant les plus parfaits.

L'œuf ne représente donc plus une structure rigide d'où surgit une forme déjà préparée. C'est l'origine d'un système où s'accomplit toute une série de remaniements successifs, où chaque étape porte en soi la possibilité même de la suivante. Dans son développement embryonnaire, l'être vivant apparaît comme formé par une succession d'événements qui s'engendrent les uns les autres, comme si l'organisation se déployait à la fois dans l'espace et dans le temps. Pas seulement le temps du développement individuel, que rythment le glissement des feuillets et l'apparition des organes. Mais aussi un temps plus lointain, plus obscur, plus profond, par quoi semble se dessiner un nouveau type de relations entre certains êtres vivants.

L'étude des anomalies du développement prend alors une importance nouvelle. Car, avec Broussais, est apparu un nouveau mode d'analyse des êtres vivants. L'expérimentation en physiologie consiste le plus souvent à modifier l'état naturel d'un organisme de manière à perturber les phénomènes de telle ou telle fonction. Or le même résultat peut être atteint par l'observation de certains états pathologiques. Qu'est-ce qu'une maladie, sinon l'exagération ou la déficience de certains processus qui se déroulent chez l'animal en bonne santé? Quelle expérience pourrait, dans bien des cas, réaliser la déviation du normal avec une pareille précision, avec une pareille sélectivité? Si la connaissance de l'état physiologique est, de toute évidence, nécessaire à une interprétation des états pathologiques, en revanche l'étude du pathologique constitue un outil précieux dans l'analyse du fonctionnement des êtres vivants.

Les monstres changent alors de statuts. On ne peut plus attribuer leur formation à la colère divine, à la punition d'une faute secrète, à quelque représaille contre un acte, voire une pensée, hors nature. Ces êtres en marge de l'ordre ne peuvent plus avoir été préparés de toute éternité et attendre, parmi les autres, leur tour de voir le jour. C'est au cours du développement embryonnaire que surgissent les difformités par suite de quelque traumatisme de l'embryon. Agite-t-on violemment des œufs de poule pendant la période d'incubation, on en voit sortir des poussins affligés d'anomalies de toutes sortes. Jusque-là, le monstre, dit Étienne Geoffroy Saint-Hilaire [1], traduisait « l'Organisation dans ses jours de saturnales, fatiguée d'avoir trop longtemps industrieusement produit et cherchant des délassements en s'abandonnant à des caprices ». Désormais, il devient un « être blessé pendant la vie fœtale ». La monstruosité n'est que le résultat de lésions causées à l'embryon, de ratés dans la succession d'événements par quoi se forme l'animal, d'erreurs dans

1. *Philosophie anatomique*, II : *Des monstruosités humaines*, Paris, 1822, p. 539.

l'exécution du plan. On parle d'anomalies, d'irrégularités, de vices de conformation qui découlent, soit d'un arrêt du développement, soit de son retardement. A l'idée d'êtres bizarres, de produits de « créations sans Dieu », comme disait Chateaubriand, se substitue celle d'êtres entravés dans leur développement, chez lesquels des organes conservent jusqu'à la naissance l'état de l'âge embryonnaire. Car les difformités elles-mêmes ne paraissent pas survenir au hasard. Elles touchent plus volontiers certaines régions du corps pour en modifier la structure, comme si l'évolution des formes avait seulement été déviée. Il y a une rigueur dans l'anomalie. « La monstruosité n'est plus un désordre aveugle, dit Isidore Geoffroy Saint-Hilaire [1], mais un autre ordre, également régulier, également soumis à des lois : c'est le mélange d'un ordre ancien et d'un ordre nouveau, la présence simultanée de deux états qui ordinairement se succèdent l'un à l'autre. » Tout n'est pas possible dans le monstrueux. Les difformités que l'on observe se conforment à certains types. On peut classer le monstrueux, tout comme le normal. Les anomalies obéissent à certaines règles de coordination, de corrélation, de subordination. Certaines anomalies peuvent se transmettre par hérédité mais la plupart d'entre elles découlent de traumatismes subis par l'embryon pendant la vie fœtale. La tératologie, l'étude des monstres, va fournir à la biologie l'un de ses principaux outils d'analyse.

Avec le développement de l'embryon, avec la succession des étapes entrevues dans l'œuf, on est donc loin de toutes les vieilles théories qui régnaient encore au début du siècle. Mais à ces images du développement, à ces figures entrevues dans l'œuf, on ne peut donner d'interprétation tant qu'on ne les compare pas à celles des cellules aperçues dans les tissus. Car si les observations faites sur la reproduction et le développement de l'embryon apportent leur contribution à l'établissement de la théorie cellulaire, en retour c'est celle-ci qui donne un contenu aux aspects les plus divers de la génération. En fin de compte, tout comme l'œuf, le « zoosperme » n'est qu'une cellule, quoique singulière par la forme et la fonction. La fécondation, c'est donc la fusion de deux cellules, l'une venue du père, l'autre de la mère. La segmentation et la formation des feuillets qu'on distingue au microscope, c'est le résultat de la division cellulaire et de la différenciation progressive des

1. *Histoire des anomalies de l'organisation*, Paris, 1832, t. I, p. 18.

cellules qui se préparent à accomplir des fonctions distinctes, qui se disposent de manière à constituer les organes. On arrive ainsi à la conclusion, dit Remak [1], « que toutes les cellules ou leurs équivalents dans l'organisme adulte se sont formés par la segmentation progressive de la cellule-œuf en éléments morphologiquement similaires; et que les cellules qui forment l'ébauche de n'importe quelle partie ou organe de l'embryon, si peu nombreuses soient-elles, constituent la source exclusive de tous les éléments figurés (c'est-à-dire les cellules) dont est constitué l'organe une fois développé. »

La formation d'un être vivant est donc bien une reproduction, une construction renouvelée à chaque naissance au fil des générations. Mais si cette production ne se fait pas par la croissance d'un petit être préformé, elle ne correspond pas non plus à une épigénèse totale, à l'organisation subite d'une matière jusque-là brute. Les corps organisés ne sont « ni préformés, dit von Baer [2], ni comme on le suppose souvent formés soudain à un moment particulier à partir d'une masse informe ». A l'origine de tout être vivant, il y a toujours l'une de ces unités qui composent le vivant, une goutte de protoplasme enfermée dans son enveloppe, c'est-à-dire une architecture qui possède déjà tous les attributs du vivant. Il y a bien des manières de se reproduire, selon les organismes : par fission, comme les protistes; par parthénogénèse à partir du seul ovule maternel, comme certains pucerons; ou encore par la fusion de deux cellules germinales issues, l'une du père, l'autre de la mère, comme la plupart des animaux et des plantes. Mais quel que soit le mode de reproduction, c'est toujours à partir d'un fragment d'organisme que se forme un organisme. La vie se transmet par une parcelle des parents qui se détache d'eux pour croître et se multiplier à son compte, reproduire une organisation semblable à celle dont elle faisait partie et acquérir son autonomie. On ne trouve pas une rupture totale entre une génération et la suivante, mais la persistance d'un élément, d'une cellule qui s'épanouit progressivement en un organisme. « A travers toute la série des formes vivantes, dit Virchow [3], qu'il s'agisse d'organismes entiers, animaux ou végétaux, ou de leurs

1. *Untersuchungen über die Entwicklung der Wirbelthiere*, Berlin, 1850, p. 140.
2. Cité dans E. B. Wilson, *The Cell in Development and Heredity*, 1925, p. 1035.
3. *Cellularpathologie*, p. 25.

parties constituantes, il existe une loi éternelle de développement continu. » La vie naît de la vie et d'elle seule. La formation d'un être par un autre représente toujours un essaimage de cellules, une sorte de bourgeonnement. L'enfant n'est jamais qu'une excroissance des parents. C'est la cellule qui assure la continuité du vivant.

A l'origine de tout organisme, il y a donc une unité prélevée sur la génération précédente. Cette unité se divise par la segmentation et les cellules ainsi formées se différencient pour remplir des fonctions différentes, s'associent en tissus et en organes, constituent des structures d'où émerge peu à peu l'architecture de l'animal ou de la plante. Chaque organisme constitue un clone, une association de types cellulaires variés mais provenant tous de la même cellule initiale, l'œuf. C'est le nombre des cellules, la variété des types, leur agencement qui déterminent la forme et les propriétés d'un organisme. C'est par la combinatoire des cellules qu'est assurée la diversité du monde vivant. Mais quand une cellule se détache d'un être pour que s'en forme un autre, celui-ci s'élabore toujours à l'image de celui-là. D'une génération à l'autre, se répètent sans défaillance tous les processus de développement, de division cellulaire, de différenciation par quoi émerge toujours de la cellule œuf la même structure, le même système. Le plan d'organisation révélé par l'anatomie comparée doit être sous-tendu par un plan de développement qui dirige la multiplication des cellules dans l'œuf, leur différenciation, leur agencement. Si le plan est conforme, s'il est exécuté selon les règles, l'enfant se constitue normalement à l'image des parents. S'il est défectueux ou mal exécuté, des difformités apparaissent. La biologie retrouve ainsi le problème déjà entrevu par Maupertuis et Buffon : la reproduction d'une organisation constituée par l'assemblage d'unités élémentaires exige la transmission d'une « mémoire » d'une génération à l'autre. Pour la première moitié du XIXe siècle, il n'y a que le « mouvement vital » pour jouer le rôle de mémoire et assurer la fidélité de la reproduction. Mais quels que soient le nom et la nature des forces par quoi l'organisation des parents se retrouve chez l'enfant, c'est dans la cellule qu'il faut désormais les loger.

*

Avec la substitution de l'organisation à la structure visible comme objet d'analyse, c'est un système de référence pour les données immédiates de la perception qui est introduit dans l'étude des êtres vivants. Si, pour le XIXe siècle, l'organisation s'identifie avec la vie, c'est qu'elle constitue un centre d'articulation entre trois variables dépendant étroitement les unes des autres : la structure, la fonction et ce qui, après Auguste Comte, s'appelle « le milieu ». Il n'y a de vivant que dans la mesure où les valeurs de ces trois paramètres restent en harmonie. Toute variation de l'un influe sur l'ensemble de l'organisme qui réagit en modifiant les autres. Dans un milieu donné, dit Comte [1], « étant donné l'organe, trouver la fonction et réciproquement ». C'est sur cette interaction que va désormais reposer l'analyse du fonctionnement et des propriétés des systèmes vivants. Faire de la biologie consiste à étudier les variations qui se produisent dans certains paramètres en réponse au changement, naturel ou provoqué, d'un autre. Dorénavant, tous les efforts des biologistes, leur ingéniosité, leur démarche visent à trouver le moyen d'isoler l'une des variables, à inventer une technique pour la perturber de façon calculée, à mesurer les effets sur les autres. Depuis lors, il n'y a en biologie que des problèmes à trois corps au moins.

Avec l'articulation entre structure, fonction et milieu, c'est la manière dont les êtres sont disposés dans l'espace qui se trouve entièrement remaniée. Remaniement d'abord dans l'espace où se répartit l'ensemble du monde vivant, puisqu'en matière d'organisation toutes les combinaisons d'éléments ne sont plus possibles. Seuls peuvent vivre les agencements qui satisfont aux conditions d'existence. Seuls peuvent se reproduire ceux qui sont adaptés au milieu. Au lieu d'une chaîne ininterrompue d'une extrémité à l'autre du monde vivant, on ne rencontre alors que quelques grands types d'organisation, quelques masses isolées les unes des autres. La continuité du vivant n'est plus horizontale dans l'ensemble des êtres, mais verticale dans la suite des générations qu'unit la reproduction.

Remaniement ensuite dans l'espace où se déploie l'être vivant lui-même puisque, dans les rares combinaisons possibles, les organes ne viennent pas s'associer au hasard, mais se disposent selon un plan précis. Les organes essentiels sont enfouis au plus profond de l'organisme. Les accessoires se déploient en surface. L'important, ce qui est à la base même de la vie et ne peut changer sans

1. *Cours de Philosophie positive; Œuvres,* Paris, 1893, 5 éd., t. III, p. 237.

conséquences dramatiques pour l'existence de l'animal, se trouve ainsi privé de toute relation avec le milieu ambiant; il est à l'abri de toute influence extérieure. Le secondaire, au contraire, se trouve au contact direct du milieu; il en subit toutes les actions. Comme il peut varier, sinon en toute liberté, du moins dans une large mesure, il est le siège de toutes les interactions entre l'organisme et son milieu. C'est là, à la surface, dans cette enveloppe qui à la fois sépare et unit l'organisme et son milieu, que peuvent s'exercer, plus ou moins directement, plus ou moins durablement, les influences extérieures sur l'être vivant.

Remaniement encore dans l'espace qu'occupe la substance même des êtres vivants, puisque ceux-ci se composent toujours de cellules. A la continuité de la fibre ou du tissu se substitue la nature discrète des agencements cellulaires. Au lieu de trames solidement tissées, de couches étroitement superposées, les corps vivants deviennent des assemblages d'éléments, des conglomérats d'unités. Avec la théorie cellulaire, la biologie repose sur un socle nouveau puisque l'unité du monde vivant se fonde, non plus sur l'essence des êtres, mais sur une communauté de matériaux, de composition, de reproduction. La qualité particulière du vivant renvoie à son organisation fine. Mais dans le même temps, la théorie cellulaire rapproche le monde vivant du monde inanimé, puisque tous deux sont bâtis sur un même principe : la diversité et la complexité s'échafaudent par la combinatoire du simple. La cellule devient un « centre de croissance », tout comme l'atome représente un « centre de forces ».

Remaniement enfin dans l'espace qui lie entre elles les générations successives, puisque l'organisation ne surgit plus tout achevée des semences, mais s'élabore pas à pas à partir d'une simple cellule détachée du corps des géniteurs. Au cours du développement embryonnaire, la croissance de l'œuf engendre une séquence d'organisations différentes dont seule la dernière correspond à celle de l'adulte. La reproduction se fonde alors, non plus sur la persistance de structures données une fois pour toutes, mais sur des cycles d'organisations successives qui lient l'œuf à la poule aussi bien que la poule à l'œuf.

A l'espace ainsi modifié vient donc s'articuler le temps. Car lorsqu'il s'agit de l'organisation de certains éléments et non plus de leur simple association, le problème de leur genèse ne se pose plus dans les mêmes termes au XIXe siècle. Ce qui lie entre elles des organisations, ce n'est pas le voisinage dans l'espace par l'accumulation d'éléments identiques ou semblables. C'est la succession dans le temps par quoi s'établissent des rapports entre ces éléments. S'il arrive à deux systèmes organisés de présenter quelque analogie, c'est qu'ils sont passés par une étape commune dans la série des successions. A l'idée d'organisation se lie indissolublement celle de son histoire. Mais l'histoire d'un système organisé ne représente pas simplement la suite des événements auxquels ce système s'est trouvé mêlé. Elle devient la série des transformations par quoi s'est progressivement constitué le système. Plus n'est donc besoin que soit assurée d'une génération à l'autre la permanence de la structure primaire puisque les mêmes organisations peuvent dériver les unes des autres par une même suite de remaniements successifs, c'est-à-dire par une même « évolution ». Il y a en effet une corrélation entre l'espace et le temps au cours du développement embryonnaire. Pas plus qu'ils ne se répartissent au hasard dans l'individu, les organes ne se forment dans n'importe quel ordre. Les plus importants sont à la fois ceux qui sont le plus profondément enfouis au cœur de l'organisation, ceux qui peuvent le moins se modifier et ceux qui se forment les premiers. Les accessoires, au contraire, tout ensemble siègent à la surface, varient aisément et se forment les derniers. Au plan d'organisation dans l'espace correspond donc un plan de formation dans le temps. La série des transformations qui constitue l'ontogenèse esquisse alors une relation nouvelle entre les espèces d'un même groupe car chez tous les embryons du groupe apparaissent d'abord les mêmes organes importants et cachés, comme pour constituer un même fond d'organisation. C'est après seulement que divergent les embryons du groupe comme si, une fois engagés dans la même voie, les différentes espèces s'arrêtaient en des points différents, les plus parfaits poursuivant le plus longtemps leur chemin pour achever les détails de surface. Derrière le temps de l'ontogenèse se distingue confusément un autre temps, plus reculé, plus puissant, par quoi semble se dessiner tout un faisceau de relations entre les êtres vivants. C'est alors que devient possible une théorie de l'évolution.

CHAPITRE III

Le temps

Le temps représente aujourd'hui pour le biologiste beaucoup plus qu'un simple paramètre de la physique. Il est indissociable de la genèse même du monde vivant et de son évolution. On ne rencontre, sur cette terre, aucun organisme, fût-ce le plus humble, le plus rudimentaire, qui ne constitue l'extrémité d'une série d'êtres ayant vécu au cours des deux derniers milliards d'années ou plus. Aucun animal, aucune plante, aucun microbe qui ne soit un simple maillon dans une chaîne de formes changeantes. A tout être vivant aboutit inévitablement une histoire qui ne représente pas seulement la suite des événements auxquels ont été mêlés ses ancêtres, mais aussi la succession des transformations par quoi s'est progressivement élaboré cet organisme. A l'idée de temps sont indissolublement liées celles d'origine, de continuité, d'instabilité et de contingence. Origine, parce qu'on considère l'apparition de la vie comme un événement survenu, sinon une fois depuis la formation de la terre, du moins très rarement : tous les êtres vivant actuellement descendent donc d'un seul et même ancêtre, ou d'un très petit nombre de formes primitives. Continuité parce que, depuis l'apparition du premier organisme, le vivant est regardé comme ne pouvant naître que du vivant : c'est donc par le seul effet de reproductions successives que la terre est aujourd'hui peuplée d'organismes variés. Instabilité, parce que si la fidélité de la reproduction conduit presque toujours à la formation de l'identique, il lui arrive, rarement mais sûrement, de donner naissance au différent : cette étroite marge de flexibilité suffit à assurer la variation nécessaire à l'évolution. Contingence, enfin, parce qu'on ne décèle aucune intention d'aucune sorte dans la nature, aucune action concertée du milieu sur l'hérédité, capable d'orienter la variation dans un sens prémédité : il n'y a donc aucune nécessité *a priori* à l'existence d'un monde vivant tel qu'il est aujourd'hui. Tout organisme, quel qu'il soit, se trouve alors indissolublement lié, non seulement à l'espace qui l'entoure, mais encore au temps qui l'a conduit là et lui donne comme une quatrième dimension.

Aujourd'hui, l'état présent du monde vivant se justifie par l'évolution. Mais ce qui impose le rôle à donner au passé, c'est nécessairement la manière de considérer le présent et de l'interpréter. Le poids et l'action qu'une époque se trouve en mesure d'attribuer au temps dépendent en effet de la représentation des choses et des êtres que se fait cette époque, des relations qu'elle y décèle, de l'espace où elle les dispose. Il n'est pas exagéré de dire que, jusqu'au XVIIIe siècle, les êtres vivants n'ont pas d'histoire. La génération d'un être correspond toujours à une création, que celle-ci constitue un acte isolé exigeant l'intervention concomitante de quelque force divine, ou qu'elle ait été réalisée en série, concurremment à celle de tous les êtres à venir dans la suite des temps. Même quand l'espèce devient définie avec plus de rigueur, elle est posée comme un cadre fixe où viennent se succéder les individus. A travers les générations successives, ce sont toujours les mêmes figures qu'on retrouve aux mêmes places. Le tableau reste figé, perpétuellement identique à lui-même. Quelle histoire peut bien avoir un être préformé attendant dans les lombes de ses ancêtres successifs l'heure de voir le jour?

Les cataclysmes

C'est au cours du XVIIIe siècle que vient s'insérer le temps dans le monde vivant. D'abord parce que l'idée de reproduction donne aux êtres un passé : cette chaîne que forment en arrière les parents, les grands-parents et toute cette filiation monotone par quoi se perpétue l'espèce. Aussi et principalement parce qu'avec les textes de Burnet, de Woodward, de Benoît de Maillet et surtout de Buffon, se révèle alors l'existence d'une série de cataclysmes qui ont bouleversé ce monde où vivent les êtres. La terre n'est plus figée depuis la création : elle a soudain une histoire; elle a un âge, des époques. Au XVIIIe siècle, la succession des générations ne représente encore qu'une série fastidieuse de productions identiques, une ligne sans ressauts et sans heurts. L'histoire de la terre, au contraire, apparaît comme une suite de catastrophes, une cascade de transformations réparties sur de longues périodes. Elle ne s'accorde plus aux récits de la Bible où, depuis la Genèse, le calme n'avait été perturbé que par le seul Déluge. La chronologie des générations marque le temps propre aux êtres vivants, elle en constitue pour ainsi dire le temps intrinsèque. Par contre, le temps qu'imposent au monde vivant les cataclysmes de la terre reste extérieur aux êtres eux-mêmes. Ceux-ci ne sont touchés que secondairement, dans la mesure où les vicissitudes de la terre perturbent leur habitat, leur climat, leur nourriture. Ce qui constitue l'effet primaire des cataclysmes, c'est que, d'abord incandescente, la surface de la terre s'est refroidie progressivement; que, couverte d'une sorte d'océan universel, la croûte terrestre s'est plissée, s'est boursouflée, des continents émergeant, les montagnes se dressant; puis que, certaines terres s'étant affaissées, de nouvelles mers ont surgi. C'est ainsi que les climats ont changé : d'abord uniformément chauds, ils se sont refroidis ici, tempérés là. Tous ces événements se sont répercutés sur le monde vivant en modifiant non pas les êtres eux-mêmes, mais leur répartition à la surface du globe. La trace que laissent les fossiles témoigne de leur identité avec les organismes d'aujourd'hui. « Dans l'intérieur des terres, dit Buffon [1], sur la cime des monts et dans les lieux les plus éloignés de la mer, on trouve des coquilles, des squelettes de poissons de mer, des plantes marines, etc. qui sont entièrement semblables aux coquilles, aux poissons, aux plantes actuellement vivant dans la mer et qui en effet sont absolument les mêmes... On ne peut douter de leur parfaite ressemblance ni de l'identité de leurs espèces. » Dispersées par le refroidissement de la terre, ces espèces qui s'étaient tout d'abord épanouies à la chaleur ont dû fuir et venir se regrouper dans la seule zone encore tiède aujourd'hui. Les régions devenues froides se sont peu à peu couvertes d'organismes inconnus ailleurs. Et dans l'affaire, bien des espèces ont péri. En fin de compte, c'est grâce aux inégalités de l'écorce terrestre, à la variété des climats, à la distribution des océans et des continents que se conservent les formes vivantes rencontrées aujourd'hui sur la terre. Sans cette diversité de la géographie, il n'y aurait pas la verdure que nous voyons, pas la richesse que nous trouvons dans les campagnes et les forêts. « Une triste mer couvrirait le globe entier, dit Buffon [2], et il ne resterait à la terre de tous ses attributs que celui d'être une planète obscure, abandonnée et destinée tout au plus à l'habitation des poissons. »

1. *Théorie de la terre; Œuvres complètes*, in-16, t. I, p. 109-111.
2. *Ibid.*, t. II, p. 2.

Jusque-là, l'immobilité et la rigidité du monde vivant n'étaient pas mises en question. Il n'était pas concevable que le tableau constitué par la série des formes vivantes ait jamais pu être différent de ce qu'il est aujourd'hui. Avec l'attribution d'une histoire quelque peu mouvementée à la terre, il y a comme une oscillation, comme un tremblement sous le monde vivant. Le socle sur lequel repose ce dernier se met à bouger. Il se pourrait soudain qu'en fait d'êtres organisés, tout ne soit pas immuable, que les espèces puissent changer au cours du temps et les êtres se transformer. On porte souvent au crédit du XVIIIe siècle l'origine de la pensée transformiste. Au fixisme personnifié par Linné, on oppose volontiers un courant évolutionniste dans lequel on range tout aussi bien Benoît de Maillet, Robinet, Charles Bonnet et Diderot que Buffon et Maupertuis. Pendant toute la seconde moitié du XVIIIe, se serait développée cette tendance évolutionniste que le siècle suivant n'aurait fait que préciser et exploiter. Mais il s'agit alors de savoir la signification qu'on entend donner aux mots de transformisme et d'évolution. Certes, toute une attitude nouvelle se manifeste dans la plupart des textes, vers le milieu du XVIIIe: il peut y avoir passage d'une forme vivante à une autre; bien des espèces qui vivaient autrefois ont disparu aujourd'hui, ne laissant le plus souvent que des traces difficiles à reconnaître et à déchiffrer; nul ne peut affirmer que les animaux et les végétaux de maintenant sont stabilisés pour toujours et resteront éternellement les mêmes. Sans aucun doute, il apparaît une incertitude quant au passé des êtres et à leur devenir, comme le résume la phrase de Diderot [1] : « Le vermisseau imperceptible qui s'agite dans la fange s'achemine peut-être à l'état de grand animal; l'animal énorme qui nous épouvante par sa grandeur s'achemine peut-être à l'état de vermisseau, est peut-être une production particulière momentanée de cette planète. » Même Linné finit par s'enthousiasmer devant l'apparition de certaines plantes aux fleurs jusque-là inconnues et par entrevoir la possibilité d'une « transmutation » des espèces grâce à une sorte d'hybridation contre nature.

Mais l'idée de transformation ne suffit pas à elle seule à définir le transformisme. Ce qui caractérise ce dernier, c'est une poussée venue des êtres eux-mêmes et qui les mène peu à peu du simple au complexe à travers les vicissitudes de la terre; c'est le produit d'un équilibre toujours

1. *Entretien entre d'Alembert et Diderot*, la Pléiade, p. 907.

instable entre les formes vivantes; c'est un jeu d'interactions entre les organismes et leur milieu; c'est la dialectique du semblable et du différent dans une histoire unifiée de la nature. Bref, le transformisme constitue une théorie causale de l'apparition des espèces, de leur variété, de leur parenté. Or un tel ensemble n'est jamais réuni au XVIIIe siècle. Le temps propre aux êtres et celui de la terre s'ignorent mutuellement. Il ne leur arrive qu'exceptionnellement de se rencontrer et d'interférer. Ce qu'on trouve alors, ce sont, épars, isolés, indépendants, certains des éléments que rassemblera le XIXe siècle pour constituer un enchaînement causal des formes vivantes.

Nombre de textes évoquent la possibilité d'une modification profonde des êtres vivants par quoi une espèce se convertirait en une autre. La transformation de « poissons en oiseaux », par exemple, est longuement discutée par Benoît de Maillet et l'on sait l'importance que revêt, pour toute théorie évolutive, le passage de la vie marine à la vie terrestre. Les poissons abandonnés par les eaux qui se sont retirées auront, dit de Maillet [1], été « forcés de s'accoutumer à vivre sur la terre ». Les petits ailerons qui, placés sous le ventre, leur servent à nager dans la mer, se seront développés en pieds nécessaires pour marcher sur la terre. Le bec et le col se seront allongés. Sur la peau leur auront poussé des barbes qui seront peu à peu devenues du duvet, puis des plumes. Rien n'empêche également d'imaginer le changement d'un poisson ailé, volant le plus souvent dans l'eau et parfois dans l'air, en un oiseau volant toujours dans l'air et conservant la figure, la couleur et l'inclinaison du poisson. « La semence de ces mêmes poissons, portée dans des marais, peut aussi avoir donné lieu à cette première transmutation de l'espèce, du séjour de la mer en celui de la terre. Que cent millions aient péri sans avoir pu en contracter l'habitude, il suffit que deux y soient parvenus pour avoir donné lieu à l'espèce » [2]. Voilà qui sonne familièrement à des oreilles du XXe siècle, façonnées par plus d'un siècle de pensée évolutionniste. Mais ce qui importe d'abord, pour de Maillet, c'est, une fois admise la présence d'un océan universel dans les temps anciens, d'établir une corrélation entre la série continue des organismes vivant aujourd'hui dans l'eau et ceux vivant sur la terre. Tous les animaux de la terre trouvent alors leur

1. *Telliamed*, La Haye, 1755, t. II, p. 166.
2. *Ibid.*, p. 169.

correspondant dans l'eau. Il n'y a pas que les poissons volants pour répondre aux oiseaux. « Le lion, le cheval, le bœuf, le cochon, le loup, le chameau, le chat, le chien, la chèvre, le mouton ont de même leurs semblables dans la mer »[1]. Chacun de ces animaux qui existent déjà sous l'eau peut, n'importe quand, gagner la terre pour s'y installer. C'est le seul type de transformation considéré dans le *Telliamed*. Il n'y a pas de succession de variations, pas d'enchaînement dans le temps, aucun accroissement dans la complexité et la perfection des organismes avec l'âge de la terre.

Dans d'autres textes, au contraire, comme ceux de Charles Bonnet ou de Robinet, on trouve une tendance à l'accroissement de complexité dans le monde vivant, une « progression » d'un état quelque peu simplifié vers un autre plus élaboré. Pour Robinet[2], par exemple, il n'y a qu' « un seul Être prototype de tous les Êtres ». Là encore, cette phrase peut, à nos yeux, prendre un petit air transformiste. Mais le prototype n'est, en fait, qu'une sorte d'unité vivante, de molécule organique qui sert à former des êtres vivants. Pour Robinet, un seul plan d'organisation ou d' « animalité » était possible à l'origine : c'est celui qui se trouve être réalisé dans le prototype. Ce dernier a une tendance naturelle à se développer, à se combiner pour former peu à peu les êtres les plus variés. C'est par les combinaisons et les variations du prototype qu'apparaissent les diverses formes vivantes, que se constitue la trame continue des êtres. En fin de compte, tous les possibles se réalisent et finissent par constituer tous les maillons de la chaîne qui s'étend du plus simple, le prototype, au plus complexe, l'homme. La chaîne est ainsi formée, non par la poussée progressive et le passage des formes les unes dans les autres, mais par une sorte de combinatoire qui produit un jour un organisme et le lendemain un autre, totalement différent. Pour Charles Bonnet[3], au contraire, les êtres vivants s'acheminent avec ensemble et régularité vers un état futur dans lequel « ils seront alors aussi différents de ce qu'ils sont aujourd'hui que l'État de notre Globe différera de son État présent ». Mais là encore, il ne s'agit pas de transformations successives conduisant à travers le temps, du simple au complexe, mais d'un déplacement général des êtres, d'une translation de tout le

1. *Telliamed*, p. 171.
2. *De la Nature*, t. IV, p. 17.
3. *Palingénésie philosophique; Œuvres*, t. XV, p. 192.

monde vivant le long de l'axe des temps. Tout en gardant son rang dans la chaîne, chaque espèce atteindra ainsi une position nouvelle selon son degré de perfectibilité. « L'homme transporté alors dans un autre séjour plus assorti à l'éminence de ses Facultés laissera au Singe ou à l'Éléphant cette première place qu'il occupe parmi les Animaux de notre Planète... Les Espèces les plus inférieures comme les Huîtres, les Polypes, etc., seront aux Espèces les plus élevées de cette nouvelle Hiérarchie comme les Oiseaux et les Quadrupèdes sont à l'Homme dans la Hiérarchie actuelle » [1]. Si l'on ajoute que Charles Bonnet était un préformationniste convaincu, il est clair que cette montée en masse des êtres était projetée, depuis la Création, par l'amélioration délibérée des germes emboîtés les uns dans les autres.

On voit combien il est arbitraire de placer ces œuvres sur le même plan que celles de Buffon ou de Maupertuis. Mais, même chez ces derniers, n'apparaissent que des éléments de variation, jamais une théorie complète proposant la formation progressive des espèces. C'est chez Buffon que se manifeste avec le plus de netteté l'importance des conditions de vie, de climat, de nourriture, par quoi les êtres vivants s'insèrent dans les temps géologiques. Pour lui, les organismes ne peuvent être indépendants de ce qui les entoure. Les facteurs externes agissent de deux manières. D'abord en limitant la fertilité des organismes. Il y a une stabilité du monde vivant. Mais c'est la résultante de deux forces fonctionnant en sens contraire. « Le cours ordinaire de la nature vivante, dit Buffon [2], est en général toujours constant, toujours le même; son mouvement, toujours régulier, roule sur deux points inébranlables : l'un, la fécondité sans bornes donnée à toutes les espèces; l'autre, les obstacles sans nombre qui réduisent cette fécondité à une mesure déterminée et ne laissent en tout temps qu'à peu près la même quantité d'individus dans chaque espèce. » Voilà qui fleure le darwinisme. C'est déjà le thème des limites imposées à l'expansion des êtres vivants, thème que reprendront Malthus et plus tard Darwin et Wallace. Mais chez Buffon, il s'agit d'une compensation plus que d'une concurrence. L'équilibre est pensé en fonction de l'harmonie qui règne nécessairement dans la nature, non en termes de populations, de leurs luttes, de leurs dérives.

1. *Palingénésie philosophique; Œuvres*, t. XV, p. 219-220.
2. *Du Lièvre; Œuvres complètes*, in-4°, t. II, p. 540.

Si la fécondité est une qualité inhérente aux êtres vivants, elle fonctionne, non pour faire varier des populations mais pour perpétuer des types. Ce qui importe, c'est de maintenir chaque espèce à un niveau constant. De plus, pour Buffon, les facteurs externes ont aussi joué un autre rôle dans la structure du monde vivant tel qu'on le voit aujourd'hui. Car si des changements ont eu lieu, ils sont venus, non pas des êtres eux-mêmes, mais à travers les effets exercés sur eux par les conditions de vie, par les soubresauts de la terre, par les cataclysmes qui ont éliminé certaines formes vivantes. Les facteurs externes n'agissent pas directement sur les êtres pour les transformer. Ils n'agissent pas sur des équilibres de population pour les pousser dans certaines voies. Simplement, ils permettent de vivre à certaines formes et non à d'autres. La structure du monde vivant ne se pose pas en termes de populations mais de types. Bien des espèces s'étant modifiées « par les grandes vicissitudes de la terre et des eaux, par l'abandon ou la culture de la nature, par la longue influence d'un climat devenu contraire ou favorable ne sont plus les mêmes qu'elles étaient autrefois ». En revanche, dans tous les lieux où la température se trouve être la même, on découvre non seulement les mêmes espèces de plantes, d'insectes ou de reptiles « sans les y avoir portés », mais aussi les mêmes espèces de poissons, de quadrupèdes ou d'oiseaux « sans qu'ils y soient allés » [1]. Les mêmes causes produisant les mêmes effets, dans des conditions semblables, les molécules organiques s'arrangent selon des dispositions semblables pour produire des formes semblables. Mais lorsque des molécules organiques se combinent pour former des animaux ou des végétaux, c'est pour produire, non pas des êtres rudimentaires, mais au contraire des organismes compliqués, déjà semblables à ceux que l'on rencontre aujourd'hui. Toutes les combinaisons possibles se réalisent peu à peu. La plupart réussissent et remplissent progressivement tous les espaces possibles, tous les recoins de la terre, toutes les nappes d'eau : elles constituent peu à peu la trame continue des êtres que l'on voit vivre sur le globe. D'autres arrangements, au contraire, ont échoué. Ils ont produit « ces monstres par défaut, ces ébauches imparfaites mille fois projetées, exécutées par la nature, qui ayant à peine la faculté d'exister n'ont dû subsister

1. *Supplément à la théorie de la terre*, partie hypothétique, 1er mém.; *Œuvres complètes*, in-4°, t. IX, p. 424.

qu'un temps »[1]. Ces contradictions vicieuses ont donc disparu sans laisser de descendance, balayées comme les monstres de Diderot[2] par la « dépuration générale de l'univers ». Si la nature cherche à réaliser toutes les possibilités de la combinatoire des formes et des organes, certains agencements ne sont pas viables. « Tout ce qui peut être, est », dit Buffon, mais tout ne peut pas être. Les fossiles témoignent du passé de la terre; les monstres des limites de la nature. Le grand ouvrier au service de cette dernière devient alors le temps. Mais le temps lui-même « n'est relatif qu'aux individus »[3]. Il peut bien y avoir des variations qui modifient quelque peu l'espèce. Il peut y avoir certaines espèces, comme le cheval, le zèbre et l'âne, qui de toute évidence appartiennent à une « même famille » avec un « tronc principal » d'où semblent sortir des « tiges collatérales »[4]. Il peut même y avoir un petit air de parenté entre toutes les formes qui respirent, un « fond d'organisation » commun, par exemple, à l'homme et au cheval. Mais en définitive ces variations restent toujours limitées; certains types sont aussi immuables que l'univers, sans quoi il n'y aurait pas de science possible. Ce fond de stabilité est assuré par la permanence des moules intérieurs. « L'empreinte de chaque espèce est un type dont les principaux traits sont gravés en caractères ineffaçables et permanents à jamais »[5]. En se rappelant les changements survenus à la surface du globe, en faisant remonter l'origine des animaux à une époque où n'étaient pas encore séparés les deux continents, en admettant que, dans le nouveau monde, certains animaux se sont transformés en espèces nouvelles, bref, en faisant bien ses comptes, on peut réduire les deux cents espèces de quadrupèdes à trente-huit familles initialement créées[6]. C'est donc à un compromis entre la création et la variation que l'on peut attribuer l'origine du monde vivant d'aujourd'hui.

On voit que l'attitude de Buffon, si novatrice puisse-t-elle paraître, est loin de représenter une véritable théorie transformiste. Elle n'évoque pas la formation du complexe à partir du simple. Il n'y a jamais de progression des formes dans le temps. Quand une espèce se transforme,

1. *L'Unau et l'Aï; Œuvres complètes*, in-4°, t. III, p. 443.
2. *Lettres sur les aveugles*, la Pléiade, p. 871.
3. *Vue de la nature*, 2e vue; *Œuvres complètes*, in-4°, t. III, p. 414.
4. *Dégénération des animaux; Œuvres complètes*, in-4°, t. IV, p. 123.
5. *Vue de la Nature*, 2e vue; *ibid.*, t. III, p. 418.
6. *Dégénération des animaux; ibid.*, t. IV, p. 144.

elle n'y gagne rien. La variation correspond à une « dégénération », à une « dénaturation » par quoi les organismes finissent par s'écarter de leur type d'origine en perdant de leur pureté. Même l'effet de la géographie sur les êtres reste loin encore de ce que deviendra l'interaction entre l'organisme et son milieu. En fait, il n'existe pas encore de milieu au sens où l'entendra le siècle suivant, il n'y a pas cette tranche d'espace qui se découpe autour de l'organisme, qui le prolonge en quelque sorte, qui agit sur lui comme l'organisme agit sur le milieu. Il n'y a encore que les régions de la terre qui se prêtent à la vie de certaines formes, des conditions d'existence que ne peuvent supporter tous les organismes, des « circonstances » qui modèlent les êtres un peu comme elles façonnent les institutions pour Montesquieu.

Quant à Maupertuis, il s'intéresse surtout à la mécanique de la variation. Ce qu'on trouve dans son œuvre, c'est d'abord l'idée de changements internes qui se transmettent par l'hérédité, entraînant ainsi les variations dans le monde vivant. Il s'agit de modifications survenant dans le jeu des éléments qui assurent la continuité des espèces par la reproduction. La source de ces changements héréditaires se trouve dans les particules qui s'unissent à chaque génération pour former l'enfant à l'image des parents. A l'intérieur de ce système, des modifications peuvent se produire selon deux modalités bien distinctes. Tout d'abord, l'excès, ou au contraire la disette, des particules chargées de former un élément particulier de l'embryon peuvent entraîner le changement de cet élément. C'est le cas des doigts surnuméraires, ou encore des albinos, ces nègres-blancs dont les cheveux ressemblent à la laine la plus blanche, dont les yeux, trop faibles pour la lumière du jour, ne s'ouvrent que dans l'obscurité de la nuit et qui « sont pour les hommes ce que sont pour les oiseaux les chauves-souris et les hiboux ». Une fois apparues, de telles nouveautés se maintiennent fréquemment dans des familles, en sautant parfois des générations. Les espèces les plus dissemblables « n'auraient dû leur première origine qu'à quelques productions fortuites dans lesquelles les parties élémentaires n'auraient pas retenu l'ordre qu'elles tenaient dans les animaux pères et mères; chaque degré d'erreur aurait fait une nouvelle espèce; et à force d'écarts répétés, serait venue la diversité infinie des animaux que nous voyons aujourd'hui »[1]. Mais il est une autre façon de faire

1. *Système de la Nature; Œuvres*, t. III, p. 164.

apparaître des variations : c'est par accouplements entre individus de variétés différentes, car les traits des produits participent alors des deux parents. Ceux dont l'industrie s'applique à satisfaire le goût des curieux sont, pour ainsi dire, créateurs d'espèces nouvelles. On voit paraître des races de chiens, de pigeons, de serins, qui n'étaient point auparavant dans la nature. « Ce n'ont été d'abord que des individus fortuits; l'art et les générations répétées en ont fait des espèces »[1]. Afin de satisfaire à la mode, on invente chaque année des espèces nouvelles de plantes ou d'animaux, on corrige les formes, on varie les couleurs. Pour Maupertuis comme pour Darwin un siècle plus tard, ce que réalise ainsi l'art de l'éleveur sert de modèle pour imaginer ce qui se produit spontanément dans la nature en fait d'espèces nouvelles. Chez l'homme, par exemple, à travers les hasards de l'accouplement apparaissent des races de malades ou d'individus à la figure avantageuse, de colosses ou de boiteux, de beautés ou de louches. Mais l'attrait qu'inspirent les uns et le dégoût les autres décident de leur descendance, c'est-à-dire du maintien de ces traits exceptionnels ou de leur disparition. Le caractère phtisique est rapidement éliminé. La finesse de la jambe, au contraire, s'améliore souvent de génération en génération. Avec son goût pour les grenadiers de belle stature, Frédéric-Guillaume est arrivé à élever la taille de son peuple. En imitant les éleveurs, on doit donc parvenir à créer chez l'homme des types nouveaux. « Pourquoi ces sultans blasés dans des sérails qui ne renferment que des femmes de toutes les espèces connues ne se font-ils pas faire des espèces nouvelles[2]? »

Avec ces deux mécanismes, la combinatoire de formes visibles chez les êtres vivants répond à celle des particules qui, dans les semences, participent à la reproduction. Des anomalies dans l'approvisionnement en particules ou des vices d'assemblage lors de la formation de l'embryon donnent naissance à tous les possibles en fait d'êtres vivants. Mais pour Maupertuis, comme pour Buffon et Diderot, toutes les réalisations ne sont pas viables. Parmi toutes les combinaisons fortuites que forme la nature, seules peuvent subsister celles qui possèdent « certains rapports de convenance »[3]. Le hasard a donné naissance à une multitude d'individus. Chez un petit nombre d'entre

1. *Vénus Physique; Œuvres*, t. II, p. 110.
2. *Ibid.*, p. 110-111.
3. *Essai de cosmologie; Œuvres*, t. I, p. 11.

eux seulement, l'arrangement des organes satisfait aux besoins de l'organisme : ils ont survécu. Dans la plupart, au contraire, quelque désordre de constitution a empêché tout essor : ils ont péri. « Des animaux sans bouches ne pouvaient pas vivre, d'autres qui manquaient d'organes pour la génération ne pouvaient se perpétuer : les seuls qui sont restés sont ceux où se trouvaient l'ordre et la convenance »[1]. Dans cette exubérance des êtres possibles qu'entraînent les variations diversifiées à l'infini, c'est en fin de compte la nature qui choisit.

Ce qui caractérise Maupertuis, c'est l'exploitation jusqu'à la limite d'un système où la structure visible est commandée par une structure d'ordre supérieur. Il cherche à fonder aussi bien la stabilité des êtres que leur variabilité sur la reconstruction des formes à chaque génération par un assemblage de particules. Il s'agit alors de faire varier ces particules, de les agencer selon un nombre infini de combinaisons de manière à engendrer tous les agencements, tous les types, toutes les variétés concevables. Le non-viable se forme tout aussi bien que le viable, mais seul ce dernier est conservé après passage au crible de la nature. Même alors, le nombre des variétés qui se perpétuent est suffisamment élevé pour donner au monde vivant sa continuité : mais le temps ne joue qu'un rôle modeste en cette affaire. Il n'y a pas de passage progressif du simple au complexe. Aucun perfectionnement par petites étapes. Rien qui suggère une série de transformations successives par quoi se serait progressivement élaboré le monde vivant aujourd'hui sur la terre. Ce qui intéresse Maupertuis, c'est d'échafauder un système intrinsèque aux êtres vivants et capable, par le seul pouvoir attribué à leurs unités constituantes, de faire apparaître toutes les variétés imaginables, de parcourir tous les possibles.

On ne peut donc pas véritablement parler de transformisme à propos de la seconde moitié du XVIIIe siècle. Ce qui importe alors, c'est d'accorder la représentation d'un monde vivant, jusque-là figé, à la révélation des secousses qui ont bouleversé la terre. Malgré les absences que trahissent les fossiles, malgré les grandes migrations, malgré les cataclysmes qui ont redistribué les espèces comme des cartes à la surface du globe, les êtres vivants forment toujours une nappe continue. Continue par le jeu des identités et des différences dans l'espace, non par celui

1. *Essai de cosmologie; Œuvres*, t. I, p. 11.

d'une filiation dans le temps. Avec le concept de reproduction est apparue une relation nouvelle entre les êtres, liant verticalement les individus à travers les générations. Mais cette relation ne s'applique encore qu'aux organismes appartenant à une même espèce ou à des espèces si voisines que l'évidence des ressemblances impose leur groupement en « familles ». Si la rigidité des formes au fil des générations est mise en question, la flexibilité attribuée aux corps vivants ne touche encore que des éléments d'intérêt secondaire. Elle atteint des caractères importants certes pour la classification des êtres, non pour leur configuration : la taille, la longueur des oreilles ou des pattes, le nombre des doigts, la couleur des yeux ou des poils. Dans les grandes lignes de leurs architectures, les espèces conservent leur permanence. Il n'est toujours pas concevable que le tableau représentant le monde vivant ait pu être radicalement différent de ce qu'il est effectivement aujourd'hui; qu'il ait pu changer dans le temps, sinon par des retouches çà et là, par quelques additions venant masquer des blancs restés sur la toile, par la répartition des figures dans l'espace, bref par des détails. Si le monde vivant aujourd'hui ne peut plus totalement s'identifier à celui institué de création, sa genèse ne peut encore se passer d'une large création. Pour que s'élabore la diversité des formes actuelles, il faut bien qu'à l'origine du monde aient été posés les principaux types, les grands thèmes sur lesquels la nature a ensuite effectué quelques variations. Au point de départ, au temps zéro, il y avait déjà suffisamment d'espèces pour former une échelle continue. Tout ce qu'a pu faire le temps, c'est d'en accroître le nombre des barreaux et de les rapprocher. Il n'est pas question de disposer les transformations qu'ont subies les êtres vivants en une série chronologique. Ce que rythme la succession des générations et ce que jalonnent les témoignages des cataclysmes survenus sur le globe ne s'intègrent pas pour faire émerger peu à peu la diversité des organismes et leur complexité. Si les êtres commencent à avoir des histoires, il n'y a pas encore une histoire du monde vivant.

Les transformations

Avec le passage eu XVIIIe au XIXe siècle et l'avènement de la biologie, il devient possible d'attribuer au temps un rôle dans la genèse de tous les êtres qui vivent aujourd'hui. D'abord parce que l'organique étant radicalement coupé de l'inorganique, il y a entre tous les êtres une parenté que leur confère l'appartenance à ce qui vit. Ensuite parce que la continuité du vivant, qui ne naît que du vivant, finit par déborder le cadre rigide de l'espèce. Enfin parce que les rapports entre les êtres s'établissent, non plus d'après leurs parties constituantes, entre leurs organes pris un à un, mais d'après un ensemble, par référence au système d'ordre supérieur que représente l'organisation. Le degré de complexité des êtres, leur niveau de perfection se mesurent alors dans ce que Lamarck appelle les « masses principales » du monde vivant. Chacune de ces masses possède son organisation, son « système de rapports » entre des structures qui se dégradent de proche en proche depuis les êtres les plus complexes jusqu'aux plus simples. Ce sont les organes qui varient, mais sans parallélisme les uns avec les autres, sans relation directe avec la complexité de l'organisme. « Tel organe dans telle espèce, dit Lamarck [1], jouit de son plus haut degré de perfectionnement; tandis que tel autre organe, qui, dans cette même espèce, est fort appauvri ou fort imparfait, se trouve très perfectionné dans telle autre espèce. » Toute comparaison entre les êtres, toute classification qui ne repose pas sur l'organisation est donc vouée à l'erreur et à l'arbitraire. En revanche, à considérer les masses, on saisit immédiatement cette chaîne continue, cette échelle de gradations qui parcourt le monde vivant de l'extrémité la plus simple à la plus complexe. « Il existe pour chaque règne des corps vivants, dit Lamarck [2], une série unique et graduée dans la disposition des masses, conformément à la composition croissante de l'organisation. »

C'est alors l'organisation dans son ensemble qui devient objet de transformation. Un système de rapports entre les constituants d'un être vivant n'est pas nécessairement immuable. Il peut se transformer en un autre système, de complexité immédiatement supérieure, par un processus à sens unique. Il devient alors possible de faire dériver *tous* les êtres vivants les uns des autres, de les lier par un même mouvement à travers le temps, par une sorte de poussée qui, de l'intérieur, tend à compliquer les corps vivants. En attribuant à l'organisation le pouvoir de se transformer, Lamarck se trouve en mesure de réaliser ce que ne pouvait faire le XVIIIe siècle : lier l'ensemble des êtres par une même histoire qui raconte leur genèse succes-

1. *Philosophie zoologique*, t. I, p. 122.
2. *Ibid.*, p. 124.

sive. Pour Buffon, la transformation ne s'appliquait encore qu'à des domaines très limités et ne s'effectuait qu'au sein de « familles » d'espèces. A l'origine du monde vivant, il y avait une quarantaine de types distincts à partir desquels étaient apparues des formes nouvelles pour constituer le monde vivant aujourd'hui. Mais rien n'unissait ces familles entre elles, aucun rapport de filiation, aucun ordre de parenté. Le mot de « dénaturation » employé par Buffon pour décrire la variation des espèces évoquait une dégradation, une altération de la pureté des espèces. Pour Lamarck, au contraire, la transformation ne peut se faire que dans le sens d'une adaptation, donc d'un gain dans « les facultés ». Les différents types d'organisation ne sont alors pas apparus simultanément mais selon un certain ordre dans le temps « puisqu'en remontant l'échelle animale, depuis les animaux les plus imparfaits, l'organisation se compose et même se complique dans sa composition d'une manière extrêmement remarquable »[1]. Le temps devient l'un des principaux opérateurs du monde vivant. C'est lui qui fait émerger peu à peu toutes les formes les unes des autres. Par-delà leur diversité, les êtres d'un même règne deviennent tous liés par l'unité d'une histoire. Mais celle-ci ne peut encore se représenter que par une simple ligne droite, sans brisures ni méandres.

Avec Lamarck, trois facteurs coopèrent pour donner au temps son rôle créateur : la succession, la durée et le perfectionnement de l'organisation. En premier lieu, tout montre que l'ensemble des formes vivantes n'a pu se constituer en même temps. Les corps vivants ont éprouvé chacun des changements plus ou moins grands dans l'état de leurs organes et des rapports qui s'établissent entre eux. L'espèce ne peut donc constituer un cadre rigide, formé une fois pour toutes, où viennent s'installer les individus des générations successives. « Ce qu'on nomme espèce... n'a qu'une constance relative dans son état et ne peut être aussi ancien que la nature »[2]. Cela ne s'applique plus seulement à certains rameaux issus de quelques troncs institués de fondation, mais à l'ensemble des êtres. Plus n'est besoin de création. « Tous les corps organisés sont de véritables productions de la nature qu'elle a successivement exécutées »[3]. De proche en proche ont émergé toutes les formes vivantes par un même mouvement

1. *Philosophie zoologique*, t. I, p. 2-3.
2. *Ibid.*, p. 83.
3. *Ibid.*, p. 81-82.

continu dans le temps, par une seule série de transformations successives. Il y a une relation bi-univoque entre une étape de transformation et l'intervalle visible qui sépare deux niveaux voisins d'organisation. Si l'on peut établir une relation dans l'espace entre les types d'organisation, on peut en déduire celle dans le temps entre les transformations : la première résulte de la seconde.

Pour qu'ait pu s'effectuer cette série de transformations, il faut qu'elle se soit déroulée au long de périodes d'une durée considérable. Tout ce qui est à la surface de ce globe change progressivement d'état et de forme. Tous les corps de cette terre subissent des « mutations »[1] plus ou moins rapides selon leur nature et selon les forces qui s'exercent sur eux. La stabilité que voit l'homme dans la nature n'est qu'apparence. Elle tient au fait qu'il rapporte tous les événements à sa propre durée. Quelques milliers d'années lui paraissent une période immense. En réalité, elles ne permettent d'envisager que des états stationnaires, des intervalles entre les changements qui touchent le monde vivant. Cependant, même si les modifications qui affectent les êtres sont insensibles à l'œil, même si les formes qu'on rencontre aujourd'hui en Égypte ne se distinguent en rien de celles qui vivaient il y a trois mille ans, la lenteur du processus de transformation est compensée par la durée. Pour qu'à partir d'événements si lents puisse naître toute la diversité du monde vivant, il est nécessaire et suffisant d'ajouter du temps. « Comparativement aux durées que nous regardons comme grandes dans nos calculs ordinaires, il a fallu sans doute un temps énorme et une variation considérable dans les circonstances qui se sont succédé, pour que la nature ait pu amener l'organisation des animaux au degré de complication et de développement où nous la voyons »[2].

Car, pour Lamarck, la transformation est un processus à sens unique. La variation va toujours dans la même direction, du simple vers le complexe, du rudimentaire vers l'élaboré, du moins parfait au plus parfait. Tout changement qui apparaît chez un être pour en produire un autre entraîne nécessairement un accroissement de l'organisation, une aptitude plus grande à satisfaire un besoin, un pouvoir plus élevé de répondre aux exigences de la vie. Il n'y a jamais que des réussites dans les transfor-

1. *Philosophie zoologique*, t. I, p. 231.
2. *Ibid.*, p. 103.

mations, pas d'échecs qui se traduisent par des « espèces perdues ». Beaucoup des fossiles que l'on trouve ressemblent aux formes actuelles. S'il en existe qui ne ressemblent à rien, c'est que l'homme les a détruites; ou qu'elles se sont modifiées au point de devenir méconnaissables. Mais rien ne disparaît dans le monde vivant. Les espèces les plus anciennes persistent à côté des plus neuves. On rencontre ensemble le plus simple et le plus complexe qui en dérive. Il y a alors une base commune à trois des paramètres qu'on peut distinguer dans le monde vivant : le moment où un être est apparu, son degré de complexité, son niveau de perfection. La connaissance de l'un permet de déduire les deux autres car ils représentent trois expressions de l'ordre que suit la nature dans la production de chacun des règnes, animal ou végétal. « S'il est vrai que tous les corps vivants soient des produits de la nature, on ne peut se refuser à croire qu'elle n'a pu les produire que successivement et non tous à la fois dans un temps sans durée; or, si elle les a formés successivement, il y a lieu de penser que c'est uniquement par les plus simples qu'elle a commencé, n'ayant produit qu'en dernier lieu les organisations les plus composées »[1]. Moins perfectionné signifie donc aussi moins complexe et antérieur. Voilà la relation qui permet de convertir la série des organisations dans l'espace en une série isomorphe de transformations dans le temps. Parcourir la chaîne continue des êtres, du plus simple vers le plus complexe, revient très exactement à retracer la marche de la nature à travers le temps, à reconstituer la succession des transformations par quoi se sont formés les êtres vivants. Dans l'échelle des êtres, les formes les plus frustes viennent alors occuper une place privilégiée puisque là a commencé l'organisation. C'est donc chez les organismes les plus simples, chez les « animaux sans vertèbres », que l'on peut discerner le plus clairement les variations et analyser le plus aisément les exigences de l'organisation[2].

Lors de sa parution, la *Philosophie zoologique* fut assez mal reçue. L'influence de Lamarck sur ses contemporains vient moins d'avoir proposé une genèse du monde vivant par transformations successives des êtres les uns dans les autres que d'avoir décelé chez le vivant une unité qui transcende la diversité, d'avoir tracé une frontière entre

1. *Philosophie zoologique*, t. I, p. 268.
2. *Ibid.*, p. 29.

l'organique et l'inorganique, d'avoir centré l'analyse des corps vivants sur leur organisation; bref d'avoir, au premier rang, contribué à l'établissement de la biologie. Les textes de Lamarck, dans la seconde période de son activité, représentent une transition entre deux formes du savoir. Certains expriment déjà l'attitude du XIXe siècle; d'autres encore celle du XVIIIe. C'est ainsi que l'ensemble des êtres vivants forme toujours une trame continue, la vieille chaîne qui se déroule d'une extrémité à l'autre du monde vivant. Comme pour Buffon, ni l'espèce ni le genre n'existent vraiment dans la nature. On n'y trouve que des individus, que des formes « qui s'avoisinent, se nuancent et se confondent les unes avec les autres ». S'il peut arriver de rencontrer quelque hiatus dans la gradation, c'est que des circonstances extérieures, des anomalies dans la manière de vivre, des changements d'habitude sont venus jeter le désordre dans la régularité de la progression. Ou encore que notre savoir est incomplet et n'a pas reconnu tous les maillons de la chaîne. La faille qui semble séparer les oiseaux des mammifères commence déjà à se combler puisqu'on a reconnu l'existence d'animaux intermédiaires, comme les ornithorynques et les échidnés. De fait, c'est parce que Lamarck trouve encore une série linéaire dans le monde vivant qu'il peut y voir le résultat d'une série chronologique d'événements. C'est parce que la nature ne fait pas de saut que les relations de voisinage peuvent être rapportées à des relations de descendance. « Elle suit un ordre facile à reconnaître car c'est exactement l'inverse de celui que nous observons en parcourant les êtres du plus parfait vers le plus simple. »

Attitude du XVIIIe siècle encore quant à l'inéluctable du monde vivant sous sa forme actuelle. Certes le tableau que forment les êtres n'est pas resté identique à lui-même au cours des âges. La chaîne n'a pas été complète dès l'origine du monde. Le temps apporte du nouveau. Il ajoute des maillons, un à un, bout à bout. Mais en fin de compte, le tableau qu'on voit aujourd'hui ne pouvait guère être différent de ce qu'il est. Tout en refusant de voir dans le monde vivant le résultat d'une intention, la réalisation d'un but par une puissance suprême, Lamarck attribue à la vie animale une « cause première et prédominante » qui lui donne le pouvoir de compliquer et de perfectionner graduellement l'organisation. Grâce à cette cause, les opérations de la nature se déroulent selon un « plan » qui accorde la formation d'êtres nouveaux à l'état du monde où ils doivent vivre. Avant de produire un être, la nature sait déjà ce qu'il lui faut produire. Chez les vertébrés, par exemple, on voit bien que « la nature n'a commencé l'exécution de son plan à leur égard que dans les poissons; qu'elle l'a ensuite plus avancé dans les reptiles; qu'elle l'a porté plus près de son perfectionnement dans les oiseaux et qu'enfin elle est parvenue à le terminer complètement dans les mammifères les plus parfaits »[1]. Pas à pas, étape par étape, sans erreurs ni ratés, la nature crée, progresse, modifie les formes des corps vivants pour atteindre son but, le plus haut degré de perfection. L'amélioration d'un système exige souvent toute une série d'intermédiaires. Pour donner au problème de la respiration la solution la meilleure, la nature doit d'abord mettre au point un procédé à trachée, puis un autre à branchies, avant de réaliser le système le plus élaboré : le poumon. Il n'y a jamais de tâtonnements, d'hésitations, d'incursions sur des voies sans issue. Seulement des retards, des complications quand la progression est « contrariée » par des changements extérieurs, par les circonstances.

Pour opérer ses transformations, la nature dispose de la combinaison de deux facteurs : l'un inhérent au vivant, l'autre qui lui est extérieur. Il y a d'abord dans chaque être une sorte de puissance qui « tend sans cesse à composer l'organisation ». Ce n'est pas le mécanisme même de la reproduction, comme le voulait Maupertuis, ni la poussée irrésistible qui entraîne la multiplication exponentielle des êtres, comme l'invoquent Benjamin Franklin et Malthus. C'est une force d'origine quelque peu mystérieuse, un « pouvoir » qui, malgré les professions de foi matérialistes de Lamarck, s'apparente quelque peu à la force vitale : c'est l'apanage des seuls êtres organisés; c'est la véritable source de l'harmonie et de la régularité dans la progression des êtres. Mais si cette force a pour effet d'accroître sans cesse l'organisation, elle ne suffit pas à entraîner par elle-même la diversité qu'on trouve parmi les êtres. Il est évident, par exemple, que si les poissons « eussent tous et toujours vécu dans le même climat, la même sorte d'eau, la même profondeur, etc., sans doute alors eût-on trouvé dans l'organisation de ces animaux une gradation régulière et même nuancée[2] ». Mais peut-être aussi ne seraient-ils jamais sortis de l'eau pour peupler les continents! Afin

1. *Philosophie zoologique*, t. I, p. 168.
2. *Ibid.*, p. 144.

que se diversifient les formes vivantes, doivent intervenir les conditions de vie, les « circonstances », les « milieux ambiants ». Non pas comme l'envisageaient Maupertuis, Buffon et Diderot, pour qui les conditions extérieures ne faisaient que favoriser ou contrarier la perpétuation des êtres déjà existants; mais par une action directe des circonstances sur les propriétés des êtres, sur leur structure, sur leur hérédité. Pour faire sortir de l'eau les animaux, il faut « les amener peu à peu à vivre hors de l'eau, d'abord sur le bord des eaux, ensuite sur les parties sèches du globe ». Éprouvant là des besoins nouveaux, ils contractent des habitudes nouvelles et acquièrent une organisation mieux adaptée à la situation. Pour Cabanis déjà, les besoins ressentis, voire les désirs, déclenchaient l'action et le développement des instruments propres à les satisfaire, c'est-à-dire des organes. Avec Lamarck, c'est tout un réseau d'interactions qui s'établit entre « le produit des circonstances comme cause qui amène de nouveaux besoins, celui des actions répétées qui crée les habitudes et les penchants, les résultats de l'emploi augmenté ou diminué de tel organe, les moyens dont la nature se sert pour conserver et perfectionner tout ce qui a été acquis dans l'organisation » [1]. Si la faculté d'accroître la complexité des structures, faculté inhérente à tout être vivant, suffit à assurer la transformation et la progression des êtres, ce sont les circonstances extérieures qui en perturbent la régularité et les engagent sur des voies nouvelles.

Cette interférence qui se produit sans cesse entre les facultés même du vivant et les circonstances extérieures découle de ce que Lamarck considère comme l'une des propriétés les plus incontestables des êtres : leur adaptation à leurs conditions de vie, l'accord entre l'organisme et ce qui l'entoure. L'attitude de Lamarck, comme celle du XVIIIe siècle, repose sur une nécessaire harmonie de l'univers. Le monde vivant n'est pas seulement le meilleur, mais le seul possible. Il n'y a jamais de crise entre les êtres et la nature, aucun combat pour la conquête d'un territoire entre les êtres eux-mêmes, pas de lutte pour l'existence semblable à ce qu'invoque déjà Malthus et que postuleront plus tard Darwin et Wallace. Pour Lamarck, quand un être nouveau est produit, qui ne se conforme pas exactement à la régularité de la progression, c'est pour être adapté à des circonstances particulières. Il n'y

1. *Philosophie zoologique*, t. I, p. 28.

a de variations qu'utiles. Mais la propriété qu'a le vivant de perfectionner l'organisation ne suffit pas toujours à elle seule à faire de l'utile. Si l'hérédité crée, elle n'adapte pas. Ses productions nouvelles, ses perfectionnements sont réguliers, sans fantaisie, sans déviation. Elles ne sont pas en mesure de faire face à l'imprévu de circonstances particulières. D'où la nécessité de faire agir le milieu sur l'hérédité à travers désirs, besoins, habitudes et actes. Une fois modifiée ainsi l'organisation de certains individus, « la génération entre les individus dont il est question conserve les modifications acquises »[1]. La plasticité des structures du vivant, la souplesse de ses mécanismes permettent alors à l'organisme, non pas de s'insérer dans le monde qui l'entoure, mais d'insérer peu à peu ce monde dans son hérédité.

Ce n'est pas la première fois qu'est considérée l'éventualité d'une action directe du milieu sur l'hérédité. Depuis l'antiquité, seule la transmission aux descendants de l'expérience acquise par les individus paraissait justifier l'accord entre les organismes et la nature. Jamais cependant cette idée n'avait été exploitée aussi systématiquement, avec autant de détails. Avec autant d'assurance aussi, car pour Lamarck il va de soi qu'un organe se perd parce qu'il ne sert pas. La baleine et les oiseaux n'ont pas de dents parce qu'elles n'en ont aucun usage. La taupe a perdu l'usage de la vue parce qu'elle vit dans le monde de la nuit. Les mollusques acéphales n'ont pas de tête parce qu'ils n'en ont pas besoin. Il va tout aussi bien de soi qu'un organe se développe parce qu'il est souvent utilisé. Le cygne a le cou allongé parce qu'il se nourrit d'animaux aquatiques. Le canard a les pieds palmés parce qu'il frappe l'eau pour nager. Les carnassiers ont des griffes acérées parce qu'il leur faut grimper aux arbres, creuser la terre, déchirer leur proie. La finalité chez Lamarck ne met pas en jeu une intention première, une décision de produire un monde vivant et d'en guider pas à pas le développement. Elle est faite de finalités à court terme, pour ainsi dire, centrées chacune sur le bien-être de l'organisme nouveau qui va se former puisque l'intention adaptative *précède* toujours la réalisation. En fin de compte, le plan que suit la nature dans ses productions a pour but de garnir le monde d'organismes de plus en plus complexes, de plus en plus perfectionnés, de mieux en mieux adaptés. Si la progression naturelle

1. *Philosophie zoologique*, t. I, p. 226.

des êtres n'y suffit pas, elle est *par avance* corrigée. L'exécution du plan résulte donc d'une série de petites finalités accumulées. Mais si Lamarck est prodigue de pourquoi, il est avare de comment. Il n'y a jamais aucune analyse, aucune observation pour appuyer son hypothèse et chercher un processus permettant aux circonstances d'agir sur l'hérédité. Aucune référence aux textes de Haller ou de Charles Bonnet indiquant la stabilité des formes, malgré les mutilations répétées à chaque génération. Nulle suggestion d'expériences semblables à celles que proposait déjà Maupertuis pour vérifier si l'hérédité tire des leçons de l'expérience. Il est seulement question de « fluides internes » qui agissent sur « les parties souples de l'animal » pour y creuser des canaux, en déplacer les masses, édifier même des organes, bref pour modeler peu à peu la forme du corps. Il y a encore chez Lamarck un fond de vieux mécanisme, avec la régularité et la continuité, celles du mouvement perpétuel ou uniformément accéléré.

En fin de compte, le transformisme de Lamarck progresse par deux sortes de mouvement. Il est en effet « évident que l'état où nous voyons tous les animaux est, d'une part, le produit de la composition croissante de l'organisation qui tend à former une gradation régulière et, d'autre part, qu'il est celui des influences d'une multitude de circonstances très différentes qui tendent continuellement à détruire la régularité dans la gradation de la composition croissante de l'organisation »[1]. Il y a donc, d'abord, le flot continu qui progresse sur la grand-route, l'ascension qui conduit les grandes masses le long de l'échelle de la nature, avec lenteur, régularité, sûreté. Il y a ensuite des mouvements locaux, des perturbations qui, sans entraîner une masse, y introduisent des « déviations », des « écarts », des « anomalies », des « digressions ». Enfin, pour alimenter le courant général, il y a sans cesse un afflux d'organismes très simples qui se forment constamment à partir de matières inorganiques. Au bas de l'échelle, la nature procède par « des générations spontanées ou directes qu'elle renouvelle sans cesse, chaque fois que les circonstances y sont favorables »[2]. Elle produit ainsi à tout moment « les animalcules les plus simples en organisation », ceux « qu'on soupçonne à peine doués d'animalité ». Dès leur formation, ces organismes rejoignent le flot

1. *Philosophie zoologique*, t. I, p. 222-223.
2. *Ibid.*, t. I, p. 214; t.II, p. 81.

principal et commencent à grimper l'échelle. Ainsi les êtres les plus simples sont aussi les plus récents. A l'autre extrémité de la hiérarchie se trouve l'homme, qui vient donc des organismes les plus anciens. La transformation ne va pas plus loin; mais la masse du vivant ne s'accumule pas au sommet. Car loin de s'accroître indéfiniment, la population humaine est l'objet d'une régulation. A mesure que le flot de l'organique monte l'échelle, ce qui se trouve au sommet retourne à l'état inorganique. Peu à peu dégradé, le vivant réintègre le minéral. Là le matériel attend l'occasion de quelque génération spontanée pour regagner le bas des échelles, animale ou végétale, et reprendre son ascension. Rien n'exclut d'ailleurs d'autres portes d'entrée pour la génération spontanée, plus haut dans l'échelle. Au niveau, par exemple, des « vers intestins », de « certaines vermines qui causent des maladies à la peau », ou des « moisissures, champignons divers, lichens même » [1]. Grâce à cette sorte de cycle, le monde vivant se trouve dans ce qu'on appelle aujourd'hui un état stable dynamique. Rien n'y change, car ce qui disparaît est exactement compensé par ce qui apparaît. Aucun barreau de l'échelle ne peut s'escamoter, aucun groupe d'animaux s'éteindre. Si un cataclysme crée un vide, celui-ci est aussitôt comblé par le flot montant, comme un trou dans l'eau. A mesure que les organismes s'élèvent et laissent la place vide, d'autres viennent l'occuper. En conséquence, le monde vivant ne peut se modifier. Il se maintient selon l'équilibre qu'imposent les êtres. Il relève toujours d'une harmonie préétablie. Produit par une série de transformations, il conserve l'immuable d'une création.

On voit que Lamarck se situe à l'exacte limite entre le XVIIIe siècle et le XIXe siècle. Plus que tout autre, peut-être, il participe à ce renversement d'attitude par quoi le vivant s'isole de l'inanimé et se constitue une biologie. Plus que tout autre, il contribue à faire de l'organisation le centre du corps vivant, le nœud où viennent s'articuler les éléments d'un être pour en assurer le fonctionnement. Parce qu'il donne cette organisation comme point d'action au temps, il se trouve en mesure d'envisager, avec plus de netteté que ses contemporains tels Goethe ou Erasme Darwin, l'ensemble du monde vivant comme le produit de transformations successives, comme une progression des structures et des fonctions. Mais si nouvelle que puisse

1. *Philosophie zoologique*, t. I, p. 214; t. II, p. 81-82.

apparaître la description d'un transformisme généralisé, elle n'en reste pas moins fondée sur une représentation du monde vivant qui est encore celle du XVIIIe siècle. Le transformisme de Lamarck, c'est la chaîne linéaire des êtres disposée dans la suite linéaire du temps. La série des transformations n'est pensée qu'à travers le continu de l'espace. Par là même est écarté tout caractère de contingence dans la configuration du monde vivant. Faute de trouver dans la *Philosophie zoologique* assez de rigueur dans l'argumentation et de critique dans les observations, les contemporains en ont rejeté la théorie, même ceux qui voulaient discerner un même fond d'organisation chez tous les êtres. Ils n'y ont vu le plus souvent que le développement des idées de Buffon, poussées à l'extrême, sinon à l'absurde.

Les fossiles

Ce qui, dans le transformisme de Lamarck, se rattache à la pensée du XIXe siècle, c'est le mouvement du temps par quoi dérivent les unes des autres des organisations de plus en plus complexes. C'est le pouvoir de création que la variété des organes pris individuellement confère au système de leurs rapports. Au XIXe siècle, en effet, le problème de genèse se pose de façon nouvelle pour des objets où les éléments constituants ne sont pas simplement juxtaposés mais liés par un faisceau de relations. Ces organisations, ces structures d'ordre supérieur qui commandent la disposition des éléments dans les êtres et les choses et qui donnent leur signification à la fois aux parties et au tout, ne peuvent plus avoir été installées à l'origine du monde, selon un ordre institué de fondation. Elles ne préexistent plus à une histoire qui les aurait saisies à l'issue de la création pour les livrer à un temps capable seulement d'en brouiller l'ordre initial et d'en contrarier la classification. Les systèmes qu'on observe aujourd'hui n'ont pas été donnés une fois pour toutes. Ils se sont constitués à des niveaux différents, par paliers successifs grâce à une succession d'événements qui en articulent peu à peu les éléments, les disposent selon certaines figures, en remanient sans cesse les rapports pour les compliquer. S'il arrive à certains types d'organisation de se ressembler, ce n'est plus en vertu de quelque harmonie préétablie, hors de la connaissance. C'est qu'ils se sont trouvés passer par quelque étape commune dans la suite des transformations. Pour grouper les corps de ce monde, il ne suffit donc plus d'en reconnaître les similitudes dans l'espace; il faut encore en préciser la succession dans le temps. Le contenu d'un domaine empirique ne peut être déployé d'un coup, ni même prévu en fonction de quelque dessein préconçu. Il se réalise en un mouvement continu, selon une dialectique qui fait s'interpénétrer les contraires et s'engendrer la qualité de la quantité. La finalité des objets constituant le monde réside dans leur nécessité, qui elle-même ne peut plus se dissocier de leur contingence. Au lieu d'une chronologie d'événements indépendants, l'histoire devient alors ce mouvement du temps par quoi l'univers est devenu ce qu'il est, un processus de développement, un changement du plus simple au plus complexe; bref une « évolution » qui naît de l'enchaînement interne des transformations. Bien des rapports entre les choses ou les êtres s'inversent alors. C'est l'évolution dans le temps qui détermine les relations dans l'espace. Qu'il s'agisse de l'esprit ou de la nature, l'origine n'en est plus posée comme une naissance à partir de quoi se déroulent des histoires subies sous l'action de poussées externes. Elle devient le point de fuite de l'histoire, la nécessaire convergence où viennent en retour se fondre toutes les ébauches d'organisation, s'annuler tous les écarts, toutes les inégalités, toutes les différences.

Ce qui sépare radicalement de toute pensée antérieure l'évolutionnisme de Darwin et de Wallace, c'est la notion de contingence appliquée aux êtres vivants. Jusqu'au XIXe siècle la grande chaîne des êtres participait de l'harmonie de l'univers. Il y avait, dans le monde des êtres, la même nécessité que dans celui des étoiles. Il n'était pas concevable que les corps vivants pussent être différents de ce qu'on voit aujourd'hui. Mais pour que soit mise en question cette nécessité, il fallait d'abord le bouleversement apporté par l'anatomie comparée, par l'embryologie, par l'histologie, dans l'espace où se dispose le vivant. Cela pour plusieurs raisons. Tout d'abord, une synthèse dans le temps ne peut se fonder que sur la représentation tirée de l'analyse dans l'espace. Tant que le monde vivant se disposait à la manière d'une chaîne continue, la succession des transformations ne pouvait s'envisager qu'à travers une série de gradations, à la manière de Lamarck, pour progresser en un élan linéaire du plus simple au plus complexe. Une fois brisée la continuité de la relation horizontale parmi les corps vivants, une fois redistribués les êtres en « embranchements », la relation verticale ne peut plus être envisagée selon une séquence unique. Et ces groupes d'êtres isolés les uns des autres ne présentent plus aucun caractère de nécessité.

Ensuite à travers la théorie cellulaire viennent se croiser en un nouveau réseau les liens qui se tissent entre les êtres, aussi bien dans le sens horizontal que dans le sens vertical. La cellule, c'est à la fois le constituant universel de tous les corps vivants et ce qui unit une génération à la suivante. Le développement de n'importe quel organisme se fait toujours par une série de transformations où les cellules se multiplient, se différencient, s'organisent en une série de figures. Il y a souvent des analogies entre les ontogenèses, parfois des bouts de chemin communs. Mais là encore on ne trouve aucun caractère de nécessité, ni au chemin qu'emprunte le développement, ni à la manière dont s'agencent les cellules et s'établissent les structures.

Aussi la répartition des organes dans un corps vivant conduit à envisager de façon totalement nouvelle la possibilité même de la variation. L'organisme s'enroule autour d'un noyau par couches superposées qui se prolongent au-dehors et se lient indissolublement à ce qui l'entoure. A mesure qu'on s'éloigne du centre, diminue l'importance des organes et s'accroît leur liberté de variation. Les parties situées en surface finissent par devenir tellement secondaires qu'il n'y a presque plus aucune contrainte pour s'exercer sur elles et limiter leurs changements. Pour qu'y apparaisse quelque modification, il ne faut pas « qu'une forme, qu'une condition soit nécessaire, dit Cuvier[1] ; il semble même souvent qu'elle n'a pas besoin d'être utile pour être réalisée : il suffit qu'elle soit possible, c'est-à-dire qu'elle ne détruise pas l'accord de l'ensemble ». C'est là un renversement total de l'attitude qui prévalait avec Lamarck. La variation des êtres n'est pas nécessairement liée à l'idée d'utilité, de besoin, de progression. Elle peut être gratuite.

Enfin se modifie aussi la nature des relations qui unissent l'organisme à ce qui l'entoure. Pour Lamarck, « les milieux ambiants » ne représentaient que l'un des paramètres des « circonstances ». Ils définissaient la qualité de l'élément dans lequel baigne tel ou tel organisme : l'air ou l'eau, douce ou salée. L'animal se trouvait placé dans un milieu ambiant comme n'importe quel corps de cette terre. Mais il n'y avait pas encore de relation étroite entre l'organisme et son milieu, pas de véritable interaction. Si le milieu

1. *Leçons d'anatomie comparée*, t. I, p. 59.

exerçait souvent un effet sur la structure d'un être, c'était par le détour d'un besoin, d'un désir; c'est qu'il lui fallait bien respirer, manger, se déplacer, que ce soit dans l'air ou dans l'eau. Mais avec Auguste Comte, les milieux ambiants et les circonstances deviennent *le* milieu et celui-ci change de statut. Il représente l'ensemble des variables externes auxquelles se trouve soumis l'être vivant. Pas seulement l'air ou l'eau qui enveloppent l'organisme, mais aussi la pesanteur, la pression, le mouvement, la chaleur, la lumière, l'électricité; bref tout ce qui peut exercer une action sur un corps vivant. Mais ce n'est plus un effet à sens unique. L'organisme et son milieu exercent chacun son effet sur l'autre. « Car, d'après la loi universelle de l'équivalence nécessaire entre la réaction et l'action, dit Comte, le système ambiant ne saurait modifier l'organisme sans que celui-ci n'exerce à son tour une influence correspondante »[1]. L'organisme ne peut se dissocier de son milieu. C'est l'ensemble qui se modifie et se transforme.

Il ne peut plus alors y avoir un temps propre aux êtres, celui de leurs générations successives, et un temps externe, celui des bouleversements subis par l'écorce terrestre. Pour le XVIIIe siècle, c'était le temps de la terre, avec ses cataclysmes, ses variations de chaleur, ses perturbations de toutes sortes, qui venait brouiller l'ordre des êtres soumis à la monotonie d'une reproduction sans histoire. Pour Lamarck, au contraire, c'était le temps propre aux êtres qui créait la progression du vivant, le temps des circonstances ne venant qu'occasionnellement interférer avec le premier pour permettre aux êtres de s'adapter, de se modeler sur leurs milieux. Au XIXe siècle, il ne peut plus y avoir qu'un seul temps pour l'ensemble de l'univers. L'histoire des êtres se noue inextricablement à celle de la terre. Les fossiles se mettent alors à jouer un rôle nouveau. Au XVIIIe siècle, ils ressemblaient aux formes du présent et témoignaient ainsi de la permanence des corps vivants. Pour Lamarck, ils contribuaient à démontrer l'instabilité du vivant et signalaient certaines des transformations. Pour Cuvier, ils jalonnent le temps géologique; ce sont les « monuments des révolutions passées » qu'il faut apprendre à restaurer et à déchiffrer. Il y a une seule histoire, l'histoire de la nature, que racontent tantôt les pierres, tantôt les fossiles, et dont il faut savoir recueillir et articuler tous les indices. Ce sont les fossiles qui nous

1. *Cours de philosophie positive; Œuvres*, t. III, p. 235.

donnent la certitude que le globe n'a pas eu toujours la même enveloppe, grâce à notre certitude qu'ils ont dû vivre à la surface avant d'être enfouis dans les profondeurs. Mais ce sont les roches qui révèlent dans la croûte terrestre l'existence de couches discontinues où sont déposés les vestiges des êtres vivants. Seule l'application aux fossiles de la loi des corrélations et la reconstruction d'un corps organisé dans son ensemble à partir de quelque fragment retrouvé permettent de préciser la succession des formations géologiques et de déceler les cataclysmes qui les ont engendrées. Mais en retour, l'examen des nappes géologiques décrit les habitats des espèces disparues. Si la géologie donne une parenté à certains continents, les fossiles décrivent leur séparation.

Pour Cuvier, ces épaisseurs de roches distinctes, ces groupements de fossiles différents d'une couche à l'autre représentent les traces des « révolutions » qui ont subitement bouleversé le globe à plusieurs reprises. A travers ces cataclysmes, les animaux ne pouvaient demeurer les mêmes. Les ruptures observées dans la continuité de l'espace occupé par les êtres vivants ne reflètent donc que des ruptures dans le temps de la terre. On voit, en effet, que « les coquilles des couches anciennes ont des formes qui leur sont propres, dit Cuvier [1]; qu'elles disparaissent graduellement pour ne plus se montrer dans les couches récentes, encore moins dans les plus actuelles où l'on ne découvre jamais leurs analogues d'espèces, où plusieurs de leurs genres eux-mêmes ne se retrouvent pas; que les coquilles des couches récentes au contraire ressemblent, pour les genres, à celles qui vivent dans nos mers ». Il n'y a donc rien de commun entre ce qui a vécu au fond des temps et ce qui vit aujourd'hui. En retournant la croûte terrestre, les cataclysmes ont anéanti ce qui l'habitait. Des êtres sans nombre ont ainsi disparu. « Les uns habitants de la terre sèche se sont vus engloutir par les déluges; les autres, qui peuplaient le sein des eaux, ont été mis à sec avec le fond des mers subitement relevé; leurs races mêmes ont fini pour jamais et ne laissent dans le monde que quelques débris à peine reconnaissables pour le naturaliste » [2]. C'est en vain que l'on cherche les traces d'une filiation unique tout au long du monde vivant, d'une série de changements par quoi chaque espèce serait née

1. *Discours sur les révolutions de la surface du globe*, éd. 1830, p. 14.
2. *Ibid.*, p. 18.

d'une autre par une gradation sans faille. Pas question de lier le plus simple au plus complexe par une succession de variations qui ont peu à peu conduit le règne animal à son état présent. La nature a pris le plus grand soin d'empêcher l'altération des espèces, de maintenir fixes les grandes lignes des organisations. Les races actuelles « ne peuvent être les modifications des races perdues ». Les conditions régnant autrefois sur la terre ne peuvent être les mêmes que celles prévalant aujourd'hui. Et si Cuvier lui-même n'en parle pas expressément, ses élèves n'hésiteront pas à invoquer, non pas une création unique, mais plusieurs, une après chaque catastrophe.

Les révolutions du globe ont valu bien des critiques à Cuvier. On a souvent jugé, on juge parfois encore, rétrograde, conservatrice, voire théologique, une attitude qui aurait retardé l'avènement de la pensée évolutionniste. Il paraît pourtant clair que le caractère principal de l'évolutionnisme, la contingence du vivant, ne pouvait être invoqué tant que les êtres venaient s'installer en bon ordre dans un cadre imposé, tant qu'ils progressaient en file indienne vers la perfection. La dispersion des formes vivantes, la brisure du temps qui les a créées, la gratuité de la variation, voilà trois des préalables à toute théorie de l'évolution. Toutes trois sont l'œuvre de Cuvier.

Ce sont les géologues qui vont exorciser le démon des cataclysmes. Car l'éparpillement en provinces distinctes, la rétraction en îlots isolés, on ne les trouve pas seulement dans le monde des êtres, mais aussi dans celui des pierres, dans les formations géologiques. Mais là point n'est besoin d'invoquer l'exceptionnel des catastrophes. Il suffit de recourir à ce que Lyell appelle le « principe des causes actuelles ». Tous les témoignages que porte la terre de son passé attestent que la surface en a subi une série de remaniements. Mais les anciens changements produits à la surface du globe sont dus à des causes analogues, quant à la nature et à l'intensité, à celles qui agissent de nos jours. « Pour expliquer les phénomènes observés, dit Lyell[1], nous pouvons nous dispenser de recourir à des catastrophes subites, violentes et générales, et regarder les changements anciens et les changements actuels... comme appartenant à une série d'événements uniforme et continue. » Si l'on sait tirer des couches géologiques les indices qu'elles recèlent, on retrouve dans les temps anciens la trace des

1. *Principes de géologie*, trad. franç., Paris, 1843, t. I, préf., p. xv-xvi.

conditions de climat, d'érosion, d'éruptions volcaniques qui existent encore aujourd'hui. On peut voir des troncs d'arbres debout, les racines encore enfouies dans le sol. On décèle, sur la boue et le sable durcis d'autrefois, des ondulations semblables à celles de nos plages. En comparant, comme le fait Lyell, les traces qu'ont laissées les gouttes de pluie dans les roches de tous âges, on a l'impression de contempler les empreintes que pourraient creuser dans le sable des averses se succédant à quelques jours de distance. Les formes et les dimensions des gouttes sont presque identiques et témoignent d'une analogie dans les conditions de l'atmosphère. Ni les pluies, ni les poussières, ni les déserts, ni les glaces, ni les vents ne semblent avoir été autrefois différents de ce qu'on voit aujourd'hui. Certes, tous les vestiges l'attestent, il y a eu des événements violents pour sculpter la surface de la terre. Des chaînes de montagnes sont sorties tout entières de son sein ou se sont enfouies dans ses profondeurs; des vallées se sont brusquement ouvertes, puis se sont comblées, puis excavées à nouveau; les mers ont fait reculer les terres, puis se sont elles-mêmes retirées. Mais tous ces changements représentent une série d'événements sans coupure véritable, une succession d'époques par quoi la croûte terrestre a progressivement acquis sa configuration d'aujourd'hui. En étudiant la disposition des masses de minéraux enfouis dans la terre, on parvient à reconstituer l'ordre géologique. Les roches composent une grande série chronologique de mouvements qui attestent une succession de faits dans l'histoire primitive du globe et des êtres qui l'ont habité. A travers tous les remaniements, malgré les changements de conditions, de circonstances, de climats, généraux ou locaux, les mêmes causes ont accumulé les mêmes matériaux, ont donné naissance aux mêmes couches de terrain. Tout s'est poursuivi sans violation des lois qui régissent aujourd'hui encore la formation des sols, des sédiments, des roches. Ainsi, dit Lyell [1], la géologie « consiste dans la recherche sérieuse et longtemps continuée des rapports qui existent entre les phénomènes géologiques anciens, et le résultat des changements actuellement en voie de s'opérer, soit sous nos yeux, soit dans des régions inaccessibles à l'observation et dont la réalité est attestée par les volcans et par les mouvements souterrains ». Si le passé a produit le présent, seul le présent doit expliquer le passé.

1. *Principes de géologie*, t. I, p. 516.

Pour classer les roches, il ne suffit plus d'en examiner la structure et la texture. Il faut aussi se référer à leur origine et à leur âge pour en déduire l'ordre de formation. Il y a trois critères pour attribuer un âge à une masse minérale : la superposition, c'est-à-dire la place relative à celle des autres roches alentour, les plus profondes étant les plus anciennes; le caractère minéralogique qui est souvent identique sur de larges tranches horizontales mais varie rapidement dans le sens vertical; enfin le contenu en débris organiques. Leur nature même, dit Lyell [1], « donne aux fossiles la plus haute valeur comme caractère chronologique, en conférant à chacun d'eux cette autorité qui appartient, dans l'histoire, aux médailles contemporaines des événements ». C'est donc parmi les formations renfermant les fossiles qu'il est le plus aisé de déterminer un âge relatif. On commence alors par établir une chronologie de ces formations, puis on cherche à rapporter autant que possible aux mêmes divisions les différents groupes de roches que l'on décèle. D'après leur origine et les causes de leur production, on peut répartir les roches en quatre grandes classes : aqueuses, plutoniques, volcaniques et métamorphiques. Mais ces quatre classes de roches ne forment pas une série unique de productions. Chacune ne correspond pas à une époque précise. De sorte qu'on ne peut pas reconstituer la succession des époques géologiques d'après un simple examen de l'ordre vertical des couches superposées dans une certaine région. Il y a une sorte de « transmutation » des roches, les masses fossilifères se convertissant peu à peu en masses cristallines. Et ce processus qui se poursuit encore aujourd'hui s'est effectué de tout temps. On voit actuellement se former, dans certains lacs, des couches aqueuses et fossilifères tandis qu'apparaissent ailleurs des formations volcaniques. De même, à chaque époque du passé, des dépôts fossilifères et des roches ignées se sont constitués à la surface alors que certaines couches sédimentaires, soumises à l'action de la chaleur et de la pression, ont acquis une structure cristalline. La position relative des roches ne peut donc être comparée que dans des zones limitées à cause des décalages trouvés d'une région à une autre. Les quatre grandes classes de roches doivent alors être considérées, dit Lyell [2], « comme quatre ordres de monuments ayant

1. *Manuel de géologie élémentaire*, trad. franç., Paris, éd. 1856, p. 160.
2. *Ibid.*, p. 153.

rapport à quatre séries d'événements contemporains ou presque contemporains ».

L'analyse géologique finit ainsi par résoudre la croûte terrestre en deux séries dans l'espace, l'une verticale, l'autre horizontale, qui peuvent se transcrire dans une sorte de tableau chronologique. Horizontalement, chaque ligne du tableau correspond aux couches de minéraux et de fossiles correspondant à une même époque; Lyell en distingue quatre auxquelles il donne les noms d'Eocène, Miocène, vieux et nouveau Pliocène. Verticalement, quatre grandes classes de roches « forment quatre colonnes parallèles ou presque parallèles »[1]. Chaque corps contenu dans l'écorce terrestre peut donc se définir par deux coordonnées : l'une qui en décrit l'époque et les contemporains; l'autre qui en précise la nature et même, dans certains cas, le mode de formation. Le présent correspond à la ligne inférieure du tableau : c'est la tranche qui affleure la surface du globe. A l'autre bout du tableau, dans la partie qui correspond aux temps les plus reculés, c'est-à-dire dans les profondeurs de la terre, on ne trouve plus de traces pour repérer le commencement des séries; plus de signes pour lier l'histoire des âges antérieurs à la présence des êtres organisés. Que les débris trouvés appartiennent à ce qui a vécu ou non, ils décrivent toujours les mêmes détours d'une même histoire. Le monde vivant ne représente qu'un aspect de la terre et de son passé.

L'évolution

Si, dans une histoire de la nature, les fossiles disent l'âge des roches, en retour les couches de minéraux racontent la répartition, dans l'espace et le temps, des espèces ayant vécu autrefois. « Le géologue, dit Lyell[2], arrive à connaître quelles sont les espèces terrestres, d'eau douce et marine, qui ont coexisté à telle époque particulière du passé, et lorsqu'il a identifié les couches formées dans la mer avec d'autres couches formées en même temps dans les lacs de l'intérieur, il peut aller plus loin et prouver que certains quadrupèdes ou certaines plantes aquatiques, trouvées à l'état de fossiles dans les formations lacustres, ont habité le globe à la même époque où des reptiles, des poissons et des zoophytes vivaient eux-mêmes dans l'Océan. » Étant donné les remaniements survenus en série à la surface de la terre, les mêmes espèces n'ont pu se multiplier et

1. *Manuel de géologie élémentaire*, p. 153.
2. *Ibid.*, p. 185.

persister à travers toute l'histoire du globe. Dans un plan horizontal de stratification de l'écorce terrestre, les mêmes types de débris organiques ne se retrouvent pas sur des étendues infinies mais dans des zones localisées. En examinant la répartition des êtres actuels autour du globe, on voit les surfaces habitables de la terre et de la mer divisées en un grand nombre de régions distinctes, de « provinces », habitées chacune par un certain mélange particulier d'animaux et de végétaux. De même la géologie distribue les êtres d'autrefois en de nombreuses provinces que peuplait chacune un ensemble particulier d'animaux et de plantes, provinces qui sont aujourd'hui enfouies dans des zones et à des profondeurs différentes. La succession des êtres vivant sur la terre paraît donc s'être accomplie non par une chaîne unique de transformations, mais « par l'introduction, de temps à autre, sur terre, de groupes de plantes et d'animaux nouveaux »[1]. Pour être à même de croître et de se multiplier pendant quelque temps, ces organismes nouveaux devaient être accordés aux conditions d'existence prévalant là et alors.

La descente en profondeur dans l'écorce terrestre équivaut à une remontée dans le temps. Selon l'image de Lyell, les archives géologiques décrivent une histoire du globe qui aurait été incomplètement conservée, écrite dans un dialecte changeant et dont on n'aurait retrouvé que le dernier volume. Toutes les pages de celui-ci seraient dans un tel état qu'on n'en pourrait seulement déchiffrer quelques fragments de chapitre, ou quelques pages de-ci, de-là. Les mots de ce langage, changeant progressivement avec les chapitres, peuvent en quelque sorte représenter les formes qui ont vécu, qui sont enfouies dans les formations consécutives de la terre et qui paraissent avoir été brusquement introduites. En comparant les derniers chapitres, en cherchant à lire, dans l'ordre de superposition des terrains, l'âge relatif des fossiles qu'ils contiennent, on fait apparaître des relations nouvelles entre les familles, ou espèces, disparues et celles vivant aujourd'hui. « Toutes les observations, dit Humboldt[2], s'accordent sur ce point que les formes et les flores fossiles diffèrent d'autant plus des formes animales ou végétales actuelles que les formations où elles vivent sont plus inférieures, c'est-à-dire plus anciennes. » Dans le monde des êtres comme dans celui des pierres, le présent correspond donc bien à la couche

1. *Manuel de géologie élémentaire* p. 497.
2. *Cosmos*, trad. franç., Paris, 1855, p. 316-317

la plus superficielle de l'écorce terrestre. En outre, on peut établir des relations numériques entre ce qui vit et ce qui a vécu. Un grand nombre des espèces actuelles s'apparente alors à un petit nombre d'espèces disparues, comme si les liens de parenté entre le passé et le présent pouvaient se représenter par un cône, la pointe fichée dans la profondeur de l'écorce terrestre. Comme si, à partir d'un même plan d'organisation, à partir d'un type unique, les corps vivants avaient tendance à diverger avec le temps.

C'est le même genre de relation que dévoile aussi la comparaison d'espèces semblables, ou même de variétés appartenant à la même espèce, mais vivant dans des régions géologiques différentes. Car si la formation du monde vivant s'est produite sous l'effet de causes opérant encore aujourd'hui, il doit être possible de les voir en action dans certaines conditions. L'œuvre qui a conduit directement à la formation d'une théorie de l'évolution comporte deux aspects : une enquête sur la distribution des espèces à travers le monde et une synthèse des facteurs en jeu dans la formation des espèces. C'est un type nouveau de naturaliste qui apparaît avec Darwin et Wallace. Plus que des hommes de muséum ou de parc zoologique, ce sont d'abord, comme les géologues, des voyageurs qui se rendent sur le terrain pour examiner le matériel. Ils vont d'île en île, de continent en continent, pour étudier, chez eux, les êtres vivants, pour en comparer les formes, les habitats et les mœurs. Ils accumulent les observations, les comparaisons, les mesures. Ils n'hésitent pas à expérimenter sur place, à immerger par exemple des escargots dans la mer pendant quinze jours, pour mesurer leur capacité de survie, donc déterminer leur aptitude à être transportés d'une terre à une autre. Grâce à l'énorme masse de matériaux ainsi récoltés, il devient possible d'analyser la parenté entre les êtres, leurs variations en fonction des conditions géographiques, leurs tendances à s'étendre ou au contraire à disparaître. On voit alors se nouer tout un faisceau d'interactions à travers les différences qu'imposent à une espèce les conditions géographiques, son isolement, les possibilités de transfert d'un lieu en un autre par air ou par mer. C'est ainsi que, dans les îles océaniques, on ne trouve aucun batracien ni aucun mammifère; qu'on y rencontre souvent des espèces qui n'existent nulle part ailleurs; qu'il y a une affinité remarquable entre les espèces des îles et celles du continent le plus voisin, sans que cependant ces espèces soient identiques. Dans l'archipel des Galapagos, par exemple, tous les « produits terrestres et aquatiques, dit Darwin [1], portent l'incontestable cachet du continent américain : sur vingt-six oiseaux terrestres, vingt et un ou peut-être vingt-trois sont considérés comme spécifiquement distincts et comme y ayant été créés; cependant l'affinité étroite qu'ils présentent avec les oiseaux américains dans tous leurs caractères, mœurs, gestes et intonations de voix est manifeste...; il est évident... que les îles Galapagos ont dû recevoir, soit par des moyens de transport éventuels, soit par suite d'une ancienne continuité avec la terre ferme, leurs colons d'Amérique. » Chacune des îles a en quelque sorte ses oiseaux. Mais tous ces oiseaux ont entre eux et avec ceux du continent américain un petit air de famille. Comme si émergeaient des différences sur un fond de ressemblance. Comme si ces diverses espèces d'oiseaux dérivaient toutes d'un ancêtre commun, leur individualisation n'étant que la conséquence de leur isolement dans leurs territoires géographiques.

C'est donc à la même conclusion qu'aboutissent aussi bien l'enquête géographique que l'analyse des « archives paléontologiques » : avec le temps, un petit nombre d'organismes semblables produit un grand nombre de descendants différents. Or, plus ces descendants s'écartent du type originel, plus ils ont tendance à s'isoler pour se reproduire entre eux, donc plus ces différences ont la chance de se perpétuer. Pour Darwin, les variétés devenues très distinctes les unes des autres finissent par être promues « au rang d'espèces ». En fin de compte, ce qui régit l'apparition des espèces nouvelles, ce sont deux variables : la taille des populations et la fréquence avec laquelle apparaissent les différences entre individus. Taille des populations, car ce sont les groupes déjà les plus nombreux qui se multiplient le mieux : chaque grand groupe tend ainsi à s'accroître toujours davantage et, par là même, à présenter des caractères de plus en plus distincts. Différences entre individus, parce que plus les membres d'un groupe se diversifient par leur conformation, leurs propriétés, leurs mœurs, mieux ils sont à même d'occuper des habitats variés, de s'y adapter. Ce sont les groupes les plus nombreux qui ont le plus de chances de donner naissance à des variétés. Ce sont les variétés les plus distinctes qui ont le plus de chances de trouver des habitats nouveaux, de s'y installer et, par leur accroissement numérique, de supplanter les

1. *L'Origine des espèces*, trad. franç., Paris, 1873, p. 424.

variétés les moins distinctes. Les nouveautés issues d'une espèce permettent à celle-ci d'exploiter avec plus d'efficacité les ressources de son milieu grâce à une sorte de division du travail dans la zone qu'elle occupe. « Cette tendance qu'ont les groupes déjà grands d'augmenter toujours et de diverger par leurs caractères, dit Darwin [1], jointe à la circonstance presque invariable d'une extinction considérable, rend compte de l'arrangement de toutes les formes vivantes en groupes subordonnés entre eux et tous compris dans un petit nombre de grandes classes, lesquelles ont tout le temps été prépondérantes. »

Tout cela se traduit par les mots de *divergence*, *diversification*, *dispersion*. On ne peut plus alors représenter la succession des formes vivantes à travers le temps par un tableau à une seule colonne, ou même à plusieurs colonnes parallèles correspondant à des séries indépendantes; la seule figure qui convienne pour décrire la diversification d'un groupe, c'est l'arbre généalogique. « De même que, pendant leur croissance, les bourgeons en produisent de nouveaux qui, à leur tour, lorsqu'ils sont vigoureux, poussent en tous sens des rameaux qui dépassent et étouffent les rameaux plus faibles, je crois que la génération en a agi de même pour le grand arbre de la vie, dont les branches mortes et brisées sont enfouies dans les couches de l'écorce terrestre, pendant que ses magnifiques ramifications vivantes et sans cesse renouvelées, en couvrent la surface » [2]. La divergence des caractères, jointe à la conservation des traits communs par l'hérédité, permet de comprendre les affinités qui rattachent entre eux tous les membres d'une même famille ou même d'un groupe plus élevé. Au sein d'une famille, issue d'un même ancêtre, mais fractionnée en groupes distincts, se transmettent certains caractères modifiés progressivement. Toutes les espèces de cette famille sont ainsi liées entre elles par des « lignes d'affinité détournées, de longueur variable, remontant dans le passé par un grand nombre de prédécesseurs ». Si l'on procède ainsi de proche en proche, c'est l'ensemble du monde vivant qu'on dispose au long des branches d'un même arbre généalogique. Ce sont tous les êtres, ayant vécu autrefois ou vivant aujourd'hui, qu'on fait ainsi dériver d'un très petit nombre d'ancêtres, voire d'un seul. L'origine des êtres, l'« aurore de la vie », s'estompe

1. *L'Origine des espèces*, p. 494.
2. *Ibid.*, p. 148.

au fond des temps. Elle se devine comme le pied de l'arbre, la pointe du cône enfouie au plus profond de l'écorce terrestre. Elle se réduit à quelques êtres organisés, qui « n'avaient qu'une configuration des plus simples », chez qui s'est effacée toute différence, toute particularité.

La netteté des coupures qu'on décèle dans le monde vivant est due à l'extinction des formes intermédiaires. « L'extinction n'a fait que séparer les groupes, dit Darwin [1], elle ne les a en aucune manière créés. » Si les oiseaux sont aussi profondément coupés des autres vertébrés, c'est qu'a été perdu un grand nombre de formes qui rattachaient les ancêtres des uns à ceux des autres. Parmi les formes qui liaient les poissons aux batraciens, au contraire, la disparition a été moins complète; la coupure est donc moins brutale. En fin de compte, un petit nombre seulement des espèces les plus anciennes a pu produire des descendants. Comme tous ceux qui proviennent d'une même espèce initiale sont considérés comme appartenant à une classe, les divisions des deux grands règnes animal et végétal renferment chacune un petit nombre de classes. Avec l'arbre généalogique se tisse entre tous les êtres un réseau de parenté. Entre deux organismes, la liaison se mesure en quelque sorte par le degré de cousinage : « Toute vraie classification, dit Darwin [2], est généalogique : la communauté de descendance est le lien caché que les naturalistes ont, sans en avoir conscience, toujours recherché, et non quelque plan inconnu de création, ou une énonciation de propositions générales, ou le simple fait de réunir et de séparer des objets plus ou moins semblables. »

Quant au second volet de la théorie de l'évolution, il a trait aux mécanismes en œuvre dans la variation des êtres, dans la progression de leur organisation et dans leur adaptation. Il repose sur trois principes. Tout d'abord, et conformément à ce qu'avait souligné Lyell, les causes qui, dans le passé, ont régi l'évolution des êtres vivants ne se distinguent pas de celles qui opèrent aujourd'hui. Pas besoin d'invoquer des phénomènes exceptionnels pour faire surgir les diverses formes vivantes. Inutile d'envisager des bouleversements qui auraient entraîné le remplacement simultané de *tous* les êtres. Il y a, pour Darwin [3], « un parallélisme frappant entre les lois de la vie dans le temps et dans l'espace, celles qui ont réglé la succession

1. *L'Origine des espèces*, p. 455.
2. *Ibid.*, p. 443.
3. *Ibid.*, p. 433.

des formes dans les temps passés étant les mêmes que les lois qui actuellement gouvernent les différences dans les diverses zones ». Toutes les formes vivant actuellement sont des descendantes de celles qui vivaient autrefois. On peut être certain que la succession habituelle des générations n'a pas été interrompue, donc qu'aucun cataclysme universel n'a jamais bouleversé le monde entier. Tous les changements se sont faits graduellement et sans à-coups. Ce qui apparaît, ce ne sont jamais des nouveautés, mais toujours des variétés qui se différencient par divergence et isolement. La transformation d'une espèce en une autre ne représente que la somme des petits changements qu'a subis une série de générations successives en cours d'adaptation. L'évolution progresse « à petits pas » et « ne peut jamais faire de saut brusque ». Ce qui se substitue à la continuité des êtres, c'est celle de la croissance, lente, tenace, irrésistible, de l'arbre généalogique.

Ensuite est définitivement rejetée l'idée de nécessité dans le monde vivant, d'une harmonie imposant un système de rapports entre les êtres. Les documents paléontologiques, la distribution géographique des espèces, le développement des embryons, les phénomènes de divergence des caractères à partir d'un ancêtre commun, l'extension de certains groupes et la disparition de certains autres, tout concourt à montrer la contingence des êtres vivants et de leur formation. Aucun plan préconçu, qu'il ait été réalisé d'un coup par création ou exécuté peu à peu par transformations successives, ne peut rendre compte ni des formes qui ont habité, ou qui habitent aujourd'hui la terre, ni de leur distribution. On ne voit jamais, dit Darwin, « paraître subitement de nouveaux organes semblant avoir été spécialement créés dans un but quelconque ». L'apparition d'une forme nouvelle n'a aucun caractère inéluctable. C'est la résultante de forces nombreuses qui se sont conjuguées à une certaine époque, en un certain lieu. Les conditions eussent-elles été différentes, le monde vivant serait aujourd'hui différent ou même il pourrait bien ne pas y avoir de monde vivant du tout. En exorcisant le génie de la nécessité, la théorie de l'évolution libère le monde vivant de toute transcendance, de tout facteur échappant, dans sa cause, à la connaissance. Il n'y a plus rien qui, par essence, s'oppose à l'analyse et à l'expérimentation.

Enfin ce qui, chez Darwin, transforme radicalement l'attitude devant le monde vivant, c'est la manière de considérer, non plus les individus, mais de larges populations. Jusqu'alors on appréciait les variations qui pouvaient survenir chez un être particulier pour envisager les types de transformations qu'il pouvait éventuellement subir. Avec Darwin, les mésaventures et les avatars qui peuvent arriver à tel ou tel individu perdent leur intérêt. Il n'y a, bien sûr, aucune chance de pouvoir jamais retrouver la trace de chaque animal ayant vécu sur la terre. Mais même si l'on pouvait reconstruire le destin individuel de chacun des êtres passés, on ne parviendrait pas à en tirer les lois de la variation et de l'évolution. L'objet de la transformation, ce n'est pas l'organisme, mais l'ensemble des organismes semblables qui vivent au cours des temps. Tout au long de ses textes, Darwin insiste sans cesse sur l'abondance de la production des êtres organisés, sur l'étendue des destructions, sur l'inefficacité des mécanismes qui président à la fécondation et à la reproduction. Car parmi des milliards de cellules germinales mises en jeu, c'est exceptionnellement que l'une parvient à jouer son rôle. Bref, partout l'accent est mis sur cet immense gaspillage de la nature, par quoi, en fin de compte, les événements les moins fréquents finissent par avoir les conséquences les plus importantes. Avant Boltzmann et avant Gibbs, Darwin adopte déjà l'attitude qu'imposera la mécanique statistique, dans la seconde moitié du XIXe siècle, pour étudier le comportement des unités constituant les corps. Toute la théorie de l'évolution repose sur les lois des grands nombres. Non que Darwin ait recours à des traitements mathématiques complexes pour analyser la variation des populations; il se contente de l'intuition et du bon sens. Pour envisager les transformations, il considère seulement les fluctuations qui surviennent toujours dans les grandes populations, ce qu'on appelle en statistique les queues de distribution. Son attitude est déjà celle de l'analyse statistique qui transformera le petit avantage conféré à quelques-uns par un faible accroissement dans les chances de survie et de reproduction en un mécanisme rigide aux conséquences inéluctables. La nécessité n'a donc pas entièrement disparu du monde vivant. Elle a seulement changé de nature.

La principale impulsion intervenant pour transformer les formes vivantes ne peut donc résider que dans le processus même qui donne naissance à de grandes populations, c'est-à-dire dans la puissance de multiplication propre aux êtres vivants. Il n'y a plus alors une poussée simple, unique, continue, pour faire apparaître des formes nouvelles avec le temps. L'émergence des êtres représente l'effet d'une longue lutte entre actions opposées, la résultante de forces qui se combattent, l'aboutissement d'un conflit entre l'organisme et son milieu. Mais dans cette affaire, c'est toujours l'organisme qui a la parole le premier. Le milieu ne fait jamais que répondre. Pour Darwin, il est « déraisonnable » de croire que les pattes de l'oie sont devenues palmées simplement à force de frapper l'eau; « absurde » de penser que les reptiles ont perdu leurs pattes uniquement en cherchant à mieux ramper. La capacité des êtres à se modifier dans leurs formes, leurs propriétés, leurs mœurs est inhérente au vivant même. C'est l'une des qualités par quoi les êtres se distinguent des choses. Elle est indissolublement liée au pouvoir le plus caractéristique des êtres vivants : celui de se reproduire. C'est simplement l'expression du vieux « croissez et multipliez ». Par sa nature même, chaque organisme ou chaque couple d'organismes est doué du pouvoir de produire des enfants en nombre toujours croissant de génération en génération. S'il n'existait qu'une seule espèce sur la terre, si rien ne venait limiter son expansion, s'il n'y avait aucune cause pour la détruire, cette espèce se multiplierait indéfiniment en raison géométrique. « Sans rien pour l'arrêter, dit Wallace [1], même le moins prolifique des animaux s'accroîtrait rapidement. » Linné avait déjà calculé que si une seule plante ainsi que chacun de ses descendants produisaient seulement deux graines par an, et on n'en connaît pas d'aussi peu fertile, il y aurait plus d'un million d'individus au bout de vingt ans. Darwin se livre au même calcul pour l'éléphant connu pour être, de tous les animaux, celui qui se reproduit le plus lentement : si l'on admet qu'il attend l'âge de trente ans pour procréer, qu'il vit jusqu'à cent ans et qu'il produit six petits au cours de cet intervalle, la descendance d'une seule paire s'élèverait à près de dix-neuf millions d'éléphants après sept cent cinquante ans. Quant à l'homme dont le nombre double au bout de vingt-cinq ans, il n'y aurait simplement pas la place sur la terre, après mille ans de ce régime, pour que les descendants d'un seul couple puissent se tenir debout côte à côte. Mais une espèce ne se trouve pas seule sur la terre. Ce qui vit à tout moment, ce sont des populations d'organismes diffé-

1. *On the Tendency of Varieties to depart indefinitely from the original type*, in *J of the Linnean Society*, 1859, vol. 3, p. 45.

rents, en compétition les uns avec les autres pour un territoire, pour la nourriture, pour la lumière; bref, pour leur existence. L'effet du milieu se limite alors à favoriser la multiplication des uns aux dépens des autres. Ceux-ci sont voués à la disparition, ceux-là à l'expansion. Or, si toutes les espèces ont le pouvoir de se multiplier de manière exponentielle, si toutes possèdent la faculté d'engendrer d'autres êtres à taux toujours croissant, ces descendants sont en général presque, mais pas tout à fait, identiques au type initial. Aussitôt apparues, les variétés participent à la compétition. Elles l'emportent ou elles perdent, selon que la différence avec leur ancêtre favorise ou non leur propre multiplication. D'où le remplacement progressif de certaines espèces par d'autres, mieux adaptées à se reproduire dans certaines conditions. En fin de compte, la seule force particulière à l'évolution du monde vivant, c'est le pouvoir de multiplication propre aux êtres.

On mesure la profondeur du fossé qui sépare cette théorie de tout ce qui l'a précédée. Tout, sauf l'œuvre de Malthus à qui Darwin comme Wallace attribuent l'origine du recours aux équilibres de populations, à l'opposition entre forces contraires, l'une inhérente aux êtres eux-mêmes, l'autre extérieure à eux, pour en régler l'évolution. Pour bâtir une théorie de l'évolution, la biologie emprunte un modèle à la sociologie. Mais celle-ci se fondait elle-même sur la stabilité, déjà observée par Buffon, dans le nombre des individus d'une espèce. « La cause que j'ai en vue, disait Malthus [1], est la tendance constante qui se manifeste dans tous les êtres vivants à accroître leur espèce, plus que ne le comporte la quantité de nourriture qui est à leur portée... La nature a répandu d'une main libérale les germes de la vie dans les deux règnes, mais elle a été économe de place et d'aliments. » Pour Malthus, le développement des populations humaines était soumis à l'action de deux facteurs agissant en sens opposé : d'une part, la « multiplication en raison géométrique »; d'autre part, les obstacles externes comme les destructions, les guerres, les fléaux, les limitations de nourriture, bref toutes restrictions apportées nécessairement à l'expansion, notamment le fait même que les « moyens de subsistance » ne peuvent croître au même taux, mais au mieux en progression arithmétique. D'où un conflit qui, dans les sociétés humaines, se traduit par une « lutte pour l'exis-

1. *Essai sur le principe de population*, trad. franç., Genève, éd. 1823, p. 2-3.

tence » dans laquelle Malthus voyait à la fois la cause et les conséquences des changements sociaux survenant avec l'avènement de l'âge industriel. Mais si la théorie de l'évolution a repris l'idée d'une lutte pour l'existence, c'est dans un sens quelque peu différent. Par un curieux retour des choses, on a souvent utilisé l'évolution biologique comme l'exemple par excellence de la concurrence vitale, de la victoire des forts sur les faibles, des maîtres sur les esclaves, pour fonder sur une exigence de la nature les inégalités sociales ou raciales et pour en justifier les pires excès. Mais, de la doctrine de Malthus, Wallace et plus encore Darwin ont surtout retenu l'idée d'une opposition entre la puissance de reproduction des êtres et les forces du dehors qui la limitent.

Comme déjà Maupertuis, c'est dans la sélection artificielle pratiquée sur les animaux domestiques et sur les plantes cultivées que Darwin s'efforce de trouver un modèle qui puisse s'appliquer dans la nature. Car la production d'espèces nouvelles par les éleveurs et les horticulteurs résulte d'une interaction entre deux sortes d'événements. D'une part, il y a la tendance naturelle des êtres vivants à se reproduire et à se diversifier. De l'autre, les efforts de l'éleveur pour développer, parmi les variétés qui apparaissent dans ses troupeaux ou ses cultures, celles qui l'intéressent plus particulièrement. Ce n'est pas l'homme qui agit directement sur la variabilité. Les modifications n'apparaissent qu'« occasionnellement », sans qu'on sache les provoquer. Elles se forment gratuitement pour ainsi dire, sans liaison aucune avec le moindre besoin, la moindre exigence de l'organisme. De sorte que, dit Darwin [1], « la chance d'en voir surgir sera d'autant plus grande que le nombre des individus produits sera plus considérable; et la circonstance d'un élevage sur une grande échelle deviendra une condition importante de réussite ». Mais si c'est la nature et non l'éleveur qui produit la variabilité, en revanche l'éleveur peut *choisir* parmi les variations que lui fournit la nature et adapter les animaux au dessein qu'il poursuit. Une fois apparue chez un individu, une variation se maintient par hérédité dans sa descendance. De simples différences individuelles suffisent donc pour permettre une accumulation des changements dans la direction voulue. L'homme peut opérer une sélection, soit méthodiquement, soit même de manière

1. *L'Origine des espèces*, p. 39.

inconsciente en conservant à chaque génération ceux des individus qui lui sont le plus utiles ou qui lui plaisent le mieux. En plaçant les organismes dans des conditions choisies, en triant régulièrement les différences individuelles, assez faibles parfois pour échapper à un œil sans expérience, et en limitant la reproduction à ces seuls organismes, on parvient à modifier n'importe quel caractère d'un animal ou d'une plante.

Pour Darwin, ce modèle de la sélection artificielle est entièrement transposable sous forme de « sélection naturelle » dans les phénomènes de variation et d'évolution. C'est à la « conservation des variations favorables, dit Darwin [1] et à la destruction de celles qui sont nuisibles, que j'ai appliqué le nom de " sélection naturelle " ou de " survivance du plus apte ". Les variations indifférentes, ni utiles ni nuisibles, n'étant pas affectées par la sélection » peuvent demeurer ou non. La variabilité s'effectue spontanément au cours des générations, dans la nature comme dans un élevage. Comme dans un élevage, la taille des populations joue un grand rôle pour donner aux variations la possibilité d'apparaître. C'est là qu'intervient le temps. La durée en soi n'a aucune influence sur la sélection naturelle. « Le temps n'a de l'importance, dit Darwin [2], et à ce point de vue son importance est grande, qu'en ce qu'il offre plus de chances à l'apparition de variations avantageuses, à leur sélection, augmentation et fixation en rapport avec les lentes modifications qui se font graduellement dans les conditions extérieures. » Et pour la première fois, le temps se mesure en générations. La génération représente en effet l'unité la plus convenable pour estimer les durées requises pour l'apparition de formes nouvelles au cours des périodes géologiques. Dans l'arbre généalogique que dresse Darwin pour représenter le monde vivant, une nouvelle branche apparaît lorsque l'étendue de la variation accumulée est suffisante pour déterminer une variété bien prononcée, celle, par exemple, que consigne un ouvrage de zoologie systématique. Ainsi les intervalles entre deux branches « peuvent représenter chacun un millier ou même une dizaine de milliers de générations » [3].

Quant aux processus de sélection qui s'opèrent dans la nature, s'ils sont de même nature que ceux fonctionnant dans la sélection artificielle, leurs effets sont beaucoup plus

1. *L'Origine des espèces*, p. 85.
2. *Ibid.*, p. 110.
3. *Ibid.*, p. 122.

étendus. Alors que l'éleveur ne peut choisir que les caractères visibles, en fonction de ses goûts ou de ses besoins, la nature, elle, agit aussi sur les organes internes, sur la constitution même des êtres, sur l'ensemble de l'organisation. « On peut par métaphore dire que la sélection naturelle est à chaque instant et dans l'univers entier occupée à scruter les moindres variations; rebutant celles qui sont mauvaises, conservant et additionnant toutes celles qui sont bonnes; travaillant insensiblement et sans bruit, partout et toutes les fois que l'occasion s'en présente, à l'amélioration de chaque être organisé, dans ses rapports tant avec le monde organique qu'avec les conditions inorganiques »[1]. La lutte pour l'existence est donc avant tout une lutte pour la reproduction. C'est dans leur capacité à se multiplier dans des conditions d'existence données, c'est dans leur pouvoir de donner une descendance capable d'occuper certains territoires que les individus sont constamment et automatiquement mis à l'épreuve. La sélection s'opère jusque dans les phénomènes de sexualité : la lutte entre les mâles pour la possession des femelles a pour résultat de donner au plus fort, au plus rusé, la descendance la plus nombreuse. « Lorsque les mâles et les femelles d'un animal ont les mêmes habitudes générales, mais diffèrent par la conformation, la couleur ou l'ornementation, leurs différences sont principalement dues à la sélection sexuelle : c'est-à-dire qu'elles résultent de ce que, pendant quelques générations successives, certains individus mâles ayant été doués de quelques avantages sur les autres, portant sur leurs armes, leurs moyens de défense ou leur charme, les ont transmis à leurs descendants mâles »[2]. Le moindre avantage que possède un organisme sur ses concurrents de l'espèce fait pencher la balance en sa faveur. Si faible soit-il, tout écart dans l'efficacité de la reproduction suffit à infléchir l'équilibre d'une population. Certaines modifications permettent à quelques individus de se multiplier un tout petit peu mieux, un tout petit peu plus vite que les autres. Les premiers ont alors tendance à s'accroître, les seconds à disparaître. Comme les variations sont, dans leur majorité, transmises héréditairement, les changements bénéfiques s'accumulent tout naturellement de génération en génération, tandis que les autres sont éliminés. « Toute déviation du type normal, dit Wallace[3], exerce quelque effet, si léger soit-il, sur la constitution ou les propriétés des

1. *L'Origine des espèces*, p. 89.
2. *Ibid.*, p. 94.
3. *J. Linnean Soc.*, vol. 3, p. 45.

individus... Si une espèce produit une variété qui accroît légèrement le pouvoir de préserver l'existence, cette variété doit inévitablement, avec le temps, acquérir une supériorité en nombre. » Aujourd'hui comme hier, l'évolution agit pour maintenir, pour corriger, pour améliorer l'adaptation des animaux et des plantes à leur milieu. La sélection naturelle opère par reproduction différentielle.

*

Jusqu'au milieu du XIXe siècle, le monde vivant représentait un système à régulation externe. Qu'ils soient figés depuis la création ou qu'ils aient progressé par une succession d'événements, les êtres organisés constituaient toujours une série continue de formes. Si l'on décelait des failles dans la hiérarchie, c'était par omission, par ignorance, par insuffisance d'inventaire. La structure du monde vivant, tel qu'on le voit aujourd'hui, traduisait alors une nécessité transcendante. Que les êtres puissent être différents de ce qu'ils sont, que d'autres formes puissent habiter la terre, voilà qui n'était pas même concevable. Avec la théorie de l'évolution disparaît l'idée d'une harmonie préconçue par quoi serait imposé un système de relations aux êtres organisés. A la nécessité d'un monde vivant tel qu'il est se substitue la contingence qui régnait déjà dans le ciel et les choses. Non seulement le monde vivant pourrait bien être totalement différent de ce qu'il est aujourd'hui, mais il aurait tout aussi bien pu n'exister jamais. Les organismes deviennent les éléments d'un vaste système d'ordre supérieur, qui comprend la terre et tous les objets qu'elle héberge. La forme des êtres, leurs propriétés, leurs caractères sont alors soumis à la régulation interne de ce système, au jeu des interactions qui coordonnent l'activité des éléments.

Ce retournement, ce n'est pas simplement le prolongement d'une pensée transformiste qui aurait commencé à s'exprimer avec Buffon et Lamarck. C'est l'effet d'un changement dans la manière même de considérer les objets, le résultat d'une attitude radicalement nouvelle qui apparaît au milieu du XIXe siècle. Que cette transformation ne soit pas un simple accident, on en trouve la preuve dans le fait qu'elle va se manifester indépendamment et à peu près simultanément dans des domaines fort éloignés : dans l'analyse de la matière avec Boltzmann et Gibbs, dans celle des êtres vivants avec Darwin, Wallace, puis de son côté Mendel. Il y a en effet deux manières d'envisager une collection d'objets appartenant à une même classe, comme les molécules d'un gaz ou les organismes d'une même espèce. On peut d'abord y voir un ensemble de corps identiques. Tous les membres du groupe représentent des copies conformes d'un même modèle. Dans le monde vivant, la classification des formes repose ainsi sur la perpétuation de la structure à travers les générations, sur la permanence du type. Ce qu'il importe alors de connaître, ce ne sont pas les objets eux-mêmes, mais le type auquel ils se réfèrent. Seul le type a une réalité. Les objets ne font que la refléter. Que les copies s'écartent parfois du modèle importe peu. Les déviations par rapport au type ne représentent que des quantités négligeables, des sortes de malfaçons sans conséquence. Tout au contraire, on peut voir, dans la même collection d'objets, une population d'individus qui ne sont jamais exactement identiques. Chaque membre du groupe prend ainsi un caractère unique. Il n'y a plus un modèle auquel se réfèrent tous les individus, mais un portrait-robot qui ne résume jamais que les moyennes des propriétés de chaque individu. Ce qu'il s'agit alors de connaître, c'est la population dans son ensemble à travers sa distribution. Mais le type moyen n'est plus qu'abstraction. Seuls ont une réalité les individus avec leurs particularités, leurs différences, leurs variations.

Ces deux manières de considérer la nature et les objets qui la composent s'opposent donc en tous points. C'est le passage de la première à la seconde qui marque le début de la pensée scientifique moderne. Dans le monde inanimé, l'attitude nouvelle se traduira par l'apparition d'une mécanique statistique. Dans le monde vivant, c'est une condition nécessaire à l'avènement d'une théorie de l'évolution. La variation n'est plus un problème d'individus mais de populations. Même si Darwin n'utilise pas l'analyse statistique, il a de toute population une conception statistique. D'abord, parce que les variations ne traduisent que les fluctuations de distributions inhérentes à tout système. Aussi parce que la sélection ne fait qu'infléchir lentement des équilibres de populations à travers le hasard des interactions des organismes et leurs milieux. Par là même disparaît la difficulté rencontrée jusqu'alors pour justifier les transformations des êtres. Inutile d'invoquer quelque mécanisme compliqué, quelque dessein de la nature, quelque influence du milieu pour expliquer les changements de forme. Aucun des individus d'une espèce n'est plus identique aux autres. A chaque génération, chaque caractère parcourt la série continue des écarts autour d'une moyenne. C'est seulement après coup qu'entre en jeu l'adaptation par le seul fait que tout organisme qui apparaît sur la terre est aussitôt mis à l'épreuve de la vie et de la reproduction.

Ce qui caractérise donc la théorie de l'évolution, c'est la manière d'envisager l'émergence des êtres vivants et leur aptitude à vivre ou à s'adapter au monde qui les entoure. Pour Lamarck, quand se formait un être nouveau, sa place était *déjà* marquée dans la chaîne ascendante des êtres. Il devait *par avance* représenter une amélioration, un progrès sur tout ce qui avait existé jusque-là. La direction, sinon l'intention, précédait la réalisation. Avec Darwin, l'ordre relatif entre l'apparition d'un être et son adaptation est inversé. La nature ne fait que favoriser ce qui existe déjà. La réalisation précède tout jugement de valeur sur la qualité de ce qui est réalisé. N'importe quelle modification peut naître de la reproduction. N'importe quelle variation peut apparaître, qu'elle représente une amélioration ou une dégradation par rapport à ce qui était déjà. Il n'y a aucun manichéisme dans la manière utilisée par la nature pour inventer des nouveautés, aucune idée de progrès ou de régression, de bien ou de mal, de mieux ou de pire. La variation se fait au hasard, c'est-à-dire en l'absence de toute relation entre la cause et le résultat. C'est seulement après son émergence que l'être nouveau se trouve confronté aux conditions d'existence. C'est seulement une fois vivants que les candidats à la reproduction sont mis à l'épreuve.

Déjà au XVIIIe siècle, Buffon, Maupertuis et Diderot avaient envisagé la possibilité d'un criblage des êtres organisés après leur formation. Des monstres pouvaient se constituer qui, incapables de vivre, devaient disparaître. La nature triait, en quelque sorte, les formes vivantes déjà formées, gardant ce qui a les moyens de vivre, rejetant ce qui est incomplet, ce qui ne peut se nourrir faute de bouche, ou se reproduire faute d'organes pour la génération. Mais de tels monstres ne pouvaient s'imaginer qu'à travers le jeu des molécules organiques. Tous les possibles *a priori* de la combinatoire devaient se constituer, mais seules certaines combinaisons étaient viables. Au milieu du XIXe siècle, il s'agit de tout autre chose. L'équilibre du monde vivant se réalise à travers une sorte de dialectique, celle de la permanence et de la variation, de l'identique et du différent. On a parfois critiqué le terme de sélection employé par Darwin à propos de l'évolution, par analogie avec l'élevage. Car à l'idée de choix s'associe celle de l'intention qui pousse l'éleveur à trier, dans son bétail, les formes qui lui paraissent le mieux servir son dessein. Il y a aussi un tri dans la nature, mais il se fait automatiquement. Tout ce qui peut interférer avec la reproduction vient en quelque sorte l'ajuster. Parmi les candidats à cette reproduction, aucune intention ne vient présider au choix des élus qui se fait après coup, au banc d'essai, d'après les seules qualités, les seules performances des individus. L'adaptation devient le résultat d'une partie subtile entre les organismes et ce qui les entoure. Car si le pouvoir de se reproduire est une qualité inhérente à l'organisme, sa réalisation dépend étroitement de toutes les variables du milieu. Ce qui est « choisi », c'est autant le milieu par l'organisme que l'organisme par le milieu. Dans l'adaptation, la reproduction ne fonctionne que comme un amplificateur. Elle ne fait qu'accentuer les déviations qui se forment spontanément. A force de tirer dans le même sens, la reproduction en arrive à faire dériver une population dans des voies bien précises. Survenues à l'aveugle, les variations s'orientent dans la direction que leur impose le tri sans pitié de la sélection naturelle. Pour Darwin, un être vivant, dès sa naissance, fait partie de cet immense système organisé que constitue la terre avec tout ce qu'elle porte. La sélection naturelle représente un facteur de régulation qui maintient le système en harmonie. On considère aujourd'hui qu'un système de ce genre ne peut se perpétuer que dans la mesure où des boucles de « feed-back » ou de rétroaction viennent automatiquement en ajuster le fonctionnement. L'évolution devient alors le résultat de la rétroaction exercée par le milieu sur la reproduction.

La sélection naturelle agit lentement et par étapes. Le temps de l'évolution est irréversible, contrairement à celui qui intervient encore en physique. Pour la mécanique newtonienne, en effet, il n'y a pas de direction privilégiée dans l'interaction de deux corps. C'est la thermodynamique statistique qui, dans la seconde partie du siècle, introduira en physique l'irréversibilité du temps en faisant évoluer les populations de molécules de l'état le moins probable, ou d'ordre, vers l'état le plus probable, ou de désordre. Mais avec la théorie de l'évolution, le temps du monde vivant coule déjà en sens unique, car une fois les êtres vivants engagés dans une certaine voie par la variation et la sélection, ils ne peuvent revenir en arrière. La sélection naturelle les contraint, soit à poursuivre leur différenciation dans la direction esquissée, soit à disparaître. Dans les conditions imposées par la vie sur la terre, la sélection naturelle a « pour résultat final une amélioration toujours croissante de l'être relativement à ces conditions, dit Darwin [1]. Cette amélioration conduit inévitablement à un progrès graduel de l'organisation de la plupart des êtres vivant à la surface du globe ». Pour chaque étape de la série, il n'y a qu'une probabilité très faible de jamais retourner à l'état antérieur Sur ce principe peut alors se bâtir une théorie générale de l'évolution des systèmes organisés, qu'ils soient vivants ou non. L'accroissement de complexité avec le temps et l'irréversibilité des suites de transformations deviennent des propriétés inhérentes à de tels systèmes. Ce qu'on appelle progrès ou adaptation n'est que le résultat nécessaire de ce jeu d'interactions qui se déroulent inévitablement entre le système et ce qui l'entoure.

Au milieu du XIXe siècle, les idées sur l'hérédité restent fort vagues. Mais pour la théorie de l'évolution, ce qui est sélectionné a la permanence de l'hérédité. Quoique non formulée par Darwin, cette proposition est implicite. C'est donc la reproduction qui élabore l'identique et le différent. Par sa régularité, elle fait naître l'enfant semblable aux parents. Par ses fluctuations, elle crée des nouveautés. Modifiés ou non, les êtres naissent. Après quoi ils sont jugés. Jugés par le pays où ils vivent et les êtres qui les entourent; par ceux qu'ils chassent et ceux qui les chassent; par ceux de leur sexe et ceux de l'autre. Et le verdict est sans appel. Il se mesure au nombre des descendants. On voit ainsi l'importance que prend désormais la reproduction des êtres. Elle devient l'opérateur principal du monde vivant, source à la fois de la permanence et de la variation; processus par quoi se maintiennent et se diversifient les structures, les qualités, les attributs des êtres. Elle est le lieu de rencontre entre le déterminisme qui régit la formation du semblable et la contingence qui préside à l'apparition des nouveautés. Car avec la théorie de l'évolution, la nécessité change à la fois de nature et de cible dans le monde vivant. En s'appliquant au comportement d'énormes populations, elle devient ce que l'analyse statistique considérera comme l'expression des lois régissant les grands nombres. Mais elle cesse de traduire les effets d'une force échappant à la connaissance, par quoi était imposée la configuration du monde vivant tel qu'il existe aujourd'hui. Tant que les formes vivantes se trouvaient dans leur ensemble liées

1. *L'Origine des espèces*, p. 130.

par un système de rapports nécessaires *a priori*, tout un secteur du monde vivant échappait, par essence, à l'analyse et à l'expérimentation. Devant ce domaine réservé, le biologiste se trouvait un peu dans la position de l'enfant qui, le nez écrasé à la vitre d'un pâtissier, regarde ce qu'il est défendu de toucher. Une fois la nécessité reléguée dans les seuls effets d'une sélection qu'impose l'obligation de vivre sous certaines conditions, dans certains territoires, parmi certains êtres, alors l'inaccessible disparaît. Si aucune intention ne peut être attribuée à l'apparition des nouveautés, leur succès ou leur échec dans la « lutte pour l'existence » dépend des seuls facteurs physiques, donc de paramètres modifiables. Il n'y a plus alors de secteur réservé en biologie. Même la reproduction doit devenir objet d'analyse.

CHAPITRE IV

Le gène

Le milieu du XIXe siècle marque un tournant dans la pratique de la biologie. En moins de vingt ans apparaissent, en effet, la théorie cellulaire sous sa forme finale, la théorie de l'évolution, l'analyse chimique des grandes fonctions, l'étude de l'hérédité, celle des fermentations, la synthèse totale des premiers composés organiques. C'est avec l'œuvre de Virchow, de Darwin, de Claude Bernard, de Mendel, de Pasteur, de Berthelot que se définissent les concepts, les méthodes, les objets d'étude qui sont à la source de la biologie moderne. Car l'attitude adoptée alors ne changera guère au cours du siècle suivant. Jusque-là réduite à l'observation, la biologie devient une science expérimentale. Pour la première partie du XIXe siècle, l'organisation constituait une donnée fondamentale par quoi se caractérisait tout vivant. Elle représentait la structure d'ordre deux, commandant tout ce qui est perceptible dans l'organisme. Placée au centre même de chaque être, elle servait de point d'appui, de schéma directeur à quoi venaient se référer toute observation et toute comparaison faites sur la structure visible des êtres et sur leurs propriétés. Pour la seconde moitié du siècle, au contraire, l'organisation ne forme plus un point de départ pour toute connaissance des êtres : elle devient la chose à connaître. Il ne suffit plus de constater qu'elle sous-tend toutes les caractéristiques d'un organisme. Il faut encore chercher à tous les niveaux sur quoi elle se fonde, comment elle s'établit, quelles sont les lois qui en régissent la formation et le fonctionnement. Ce déplacement qui s'opère autour de l'organisation met alors à découvert tout un ensemble de possibilités nouvelles d'analyse. Ce qu'on interroge désormais, ce n'est plus la vie en tant que force venue du fond des temps, à la fois cachée, irréductible et inaccessible, mais ce en quoi elle s'est décomposée, son histoire, son origine, la causalité, le hasard, le fonctionnement. A l'organisme pris dans sa totalité viennent s'ajouter de nouveaux objets d'analyse, des cellules, des réactions, des particules.

La biologie se divise alors en deux branches, possédant chacune ses techniques et son matériel. D'un côté, on continue à s'occuper de l'organisme tout entier, considéré soit comme une unité intangible, soit comme l'élément d'une population ou d'une espèce. Cette biologie, qui n'a pas de contact avec les autres sciences de la nature, fonctionne avec les concepts de l'histoire naturelle. On peut ainsi décrire les mœurs des animaux, leur développement, leur évolution, les relations entre espèces, sans référence aucune à la physique ou à la chimie. De l'autre côté, au contraire, on cherche à réduire l'organisme à ses constituants. La physiologie le réclame. Le siècle l'autorise. Toute la nature est devenue histoire. Mais une histoire où les êtres prolongent les choses, où l'homme s'aligne sur l'animal. L'introduction de la contingence dans le monde vivant par Darwin et Wallace représente pour la biologie le « tout est permis » d'Ivan Karamazov. Il n'y a plus de domaine réservé chez les êtres vivants, plus d'espace soustrait par principe à l'accès de la connaissance. Il n'y a plus de loi divine pour assigner des limites à l'expérimentation. Dans un univers privé de création et devenu gratuit, l'ambition de la biologie ne connaît plus de bornes. Si le monde vivant marche à l'aventure, s'il est vide de toute finalité, c'est à l'homme de maîtriser la nature. C'est à lui d'instaurer l'ordre et l'unité qu'il cherchait jusque-là dans l'essence de la vie. D'autant que les efforts de la dialectique et du positivisme cherchent à rétablir le pont, coupé à la fin du siècle précédent, entre l'organique et l'inorganique. De la matière au vivant, il n'y a pas une différence de nature, mais de complexité. La cellule est à la molécule ce que la molécule est à l'atome : un niveau supérieur d'intégration. Pour faire cette biologie, il ne suffit plus d'observer les êtres vivants. Il faut en analyser les réactions chimiques, étudier les cellules, déclencher des phénomènes. Si l'organisme doit encore être conçu comme un tout, c'est parce que la régulation des réactions, la coordination des cellules, l'intégration des phénomènes apportent la possibilité d'une synthèse.

Avec la fin du XIXe siècle et le début du XXe siècle, s'individualise toute une série d'objets nouveaux qui s'offrent à l'étude. Autour de chacun d'eux s'organise un domaine particulier de la biologie. Celle-ci se morcèle ainsi progressivement. Le mot finit par couvrir un éventail de sciences différentes qui se distinguent non seulement par leurs buts et leurs techniques, mais par leur matériel et leur langage. Deux d'entre elles, qui prennent leur essor au début de ce siècle, remodèlent totalement la représentation qu'on se fait des organismes, de leur fonctionnement, de leur évolution : la biochimie et la génétique, incarnant chacune l'une des tendances de la biologie. La biochimie, qui opère sur des extraits, étudie les constituants des êtres vivants et les réactions qui s'y déroulent; elle renvoie la structure des êtres et leurs propriétés au réseau des réactions chimiques et aux performances de quelques espèces moléculaires. La génétique, au contraire, interroge des populations d'organismes pour en analyser l'hérédité; elle réfère la production de l'identique comme l'apparition du nouveau aux qualités d'une structure nouvelle, enfouie dans le noyau de la cellule. Tout en obéissant elle-même à des lois rigoureuses, cette structure d'ordre trois commande à tous les niveaux pour déterminer les caractères de l'organisme et ses activités. Elle dirige le développement de l'embryon. Elle décide de l'organisation de l'adulte, de ses formes, de ses attributs. Elle maintient les espèces à travers les générations et en fait émerger de nouvelles. C'est en elle que se loge la « mémoire » de l'hérédité.

L'expérimentation

Jusqu'au milieu du XIXe siècle, on observait les êtres vivants, mais on ne cherchait guère à en déranger l'ordonnance pour l'analyser. On considérait les organismes dans leur entier pour préciser leurs propriétés et leurs structures. On les comparait entre eux pour déterminer les analogies et les différences. Pour Darwin comme pour Cuvier, c'était la nature qui effectuait les expériences pour le naturaliste. Quand les anatomistes voulaient repérer la configuration interne des organes, ils ouvraient des cadavres. Quand les histologistes cherchaient à résoudre les animaux et les plantes en leurs constituants élémentaires, ils examinaient des tissus dans leurs microscopes. Quand les embryologistes étudiaient le développement de l'œuf, ils regardaient les cellules se diviser, les feuillets se former, les organes se constituer. Seuls les physiologistes intervenaient parfois pour modifier délibérément les conditions de vie et observer les effets produits. Encore opéraient-ils, non sur des organes ou des tissus prélevés sur un être, mais sur l'organisme tout entier. Malgré la nécessité, évidente depuis Lavoisier, d'associer étroitement la chimie et la physiologie, celles-ci ne s'accordaient, ni par leurs méthodes, ni par leurs matériels. L'obligation de recourir à la force vitale pour justifier les caractéristiques moléculaires des organismes élevait, entre la chimie du vivant et celle du laboratoire, une barrière infranchissable.

Après le milieu du siècle, il ne suffit plus de connaître la structure des organes et de les rapporter à leurs fonctions pour en déterminer les rapports. Il faut analyser le fonctionnement même des corps vivants et de leurs constituants. C'est alors la physiologie qui vient occuper le devant de la scène. Mais la physiologie change de nature. Au temps de Cuvier, elle constituait surtout un système de référence pour l'anatomie; elle servait à établir les analogies sur quoi se fondait la comparaison entre les êtres vivants et leur organisation. Pour Claude Bernard, il s'agit de tout autre chose. Le fonctionnement d'un organe ne s'interprète plus en termes de structure et de texture. Il s'analyse, se décompose en paramètres variés, se mesure autant qu'il est possible. C'est l'anatomie qui devient l'auxiliaire de la physiologie. Non plus une physiologie d'observation, mettant en jeu ce que Claude Bernard appelle une « expérimentation passive », où le biologiste se borne à constater les variations qui s'introduisent spontanément dans un système. Mais une science « active », où l'expérimentateur intervient directement, prélève un organe, l'isole, le fait fonctionner, change les conditions, analyse les variables. La biologie doit alors changer de lieu de travail. Auparavant elle opérait dans la nature. Quand le naturaliste n'était pas sur le terrain pour observer les êtres chez eux, il travaillait dans un muséum, un parc zoologique ou un jardin botanique. Désormais, la biologie se fait au laboratoire.

Il y a deux raisons au moins qui justifient les tentatives pour analyser le fonctionnement de l'être vivant, non plus dans sa totalité, mais sur des fragments. D'une part, s'atténue, avec le milieu du siècle, l'exigence d'un recours à une force vitale. Depuis Bichat, l'être vivant était le siège d'un combat entre les forces de vie et celles de mort, entre la production, sous l'influence d'un agent spécifique au vivant, et la destruction, résultant des activités physiques et chimiques. Avec la thermodynamique et la synthèse totale de composés organiques, s'effondre la barrière dressée entre la chimie du vivant et celle de la matière. D'autre part, la théorie cellulaire fait des êtres vivants non plus des totalités indivisibles, mais des associations d'éléments. Quelle que soit sa complexité, un organisme ne représente jamais que la somme de ses unités élémentaires. « C'est en dernière analyse, dit Claude Bernard [1], un échafaudage d'éléments anatomiques. Chacun de ces éléments a son existence propre, son évolution, son commencement et sa fin; et la vie totale n'est que la somme de ces vies individuelles, associées et harmonisées. » Pour faire de la physiologie, il importe donc de décomposer la complexité et la difficulté de manière toute cartésienne. Il faut autant que possible interroger, non l'organisme tout entier, mais ses constituants pris individuellement. En cela, la physiologie doit adopter l'attitude des autres sciences expérimentales. « De même que la physique et la chimie arrivent, par l'analyse expérimentale, à trouver les éléments minéraux des corps composés, dit Claude Bernard [2], de même, lorsqu'on veut connaître les phénomènes de la vie, qui sont complexes, il faut descendre dans l'organisme, analyser les organes, les tissus, et arriver jusqu'aux éléments organiques. » Quand un animal respire, ce sont les globules rouges du sang et les cellules du poumon qui travaillent; quand il se déplace, les fibres des muscles et des nerfs; quand il sécrète, les cellules des glandes. Organes et systèmes existent non pour eux-mêmes, mais pour les cellules qui forment les édifices et accomplissent les fonctions. Leur rôle consiste à réunir, en qualité et en quantité, les conditions propres à la vie des cellules. Les vaisseaux, les nerfs, les organes divers sont agencés de manière à créer autour de chaque cellule le milieu qui lui convient, à lui dispenser les matériaux appropriés, à l'approvisionner en aliments, en eau, en air, en chaleur. Ainsi, dans un organisme, « l'élément est autonome en ce qu'il possède en lui-même et par suite de sa nature protoplasmique les conditions essentielles de sa vie, qu'il n'emprunte et ne soutire point des voisins ou de l'ensemble; il est, d'autre part, lié à l'ensemble par sa fonction ou le produit de cette fonction [3] ». Pour décrire l'organisme vivant, Claude Bernard se réfère à des modèles, sociétés ou usines, dans lesquels, grâce à la division du travail,

1. *Leçons sur les phénomènes de la vie*, 1879, t. II, p. 2.
2. *Leçons de pathologie expérimentale*, 1872, p. 493.
3. *Leçons sur les phénomènes de la vie*, t. I, p. 356.

les éléments fonctionnent dans l'intérêt commun. Les organes « sont dans le corps vivant comme, dans une société avancée, les manufactures ou les établissements industriels qui fournissent aux différents membres de cette société les moyens de se vêtir, de se chauffer, de s'alimenter, de s'éclairer ». Faire de la physiologie revient à analyser un tel système.

Mais la complexité même des corps vivants entraîne des difficultés de deux sortes. La première, c'est qu'en cherchant à atteindre les unités au plus profond de l'organisme, on risque de les endommager gravement, d'en perturber le fonctionnement, voire même de l'inhiber. Il faut donc n'introduire l'expérimentation dans l'organisme que pas à pas, progressivement; étudier d'abord les grands systèmes fonctionnels, puis les organes, puis les tissus, et enfin seulement les cellules qui détiennent les qualités de la vie. Difficulté aussi, parce que, chez les êtres vivants, les phénomènes qui se déroulent dans les organes différents ne sont pas indépendants les uns des autres. Chez les plantes ou les animaux inférieurs, comme les Hydres ou les Planaires, les morceaux coupés dans l'organisme restent capables de vivre séparément. Chez les animaux supérieurs, au contraire, c'est la subordination des parties au tout qui fait de l'organisme un système uni, un individu. Si chaque cellule possède les propriétés du vivant, si elle mène une vie pour ainsi dire autonome, elle n'en travaille pas moins pour la communauté. Le physiologiste doit donc chercher par l'analyse expérimentale à décomposer l'organisme, à isoler ses constituants, mais non pas à les concevoir séparément. La physiologie d'un organe ne peut s'interpréter que par référence à l'ensemble de l'organisme. « Le déterminisme dans les phénomènes de la vie est non seulement un déterminisme très complexe, dit Claude Bernard [1], mais un déterminisme harmoniquement subordonné. » Ce n'est pas par nature, par une qualité propre au vivant, que les phénomènes de la biologie sont plus compliqués que ceux de la physique. Ils sont plus compliqués parce qu'on ne peut jamais les isoler. Ils représentent toujours la résultante d'une série d'événements qui restent indissolublement liés entre eux et s'engendrent les uns les autres. En physiologie c'est l'interaction des fonctions, c'est leur solidarité qui créent la complexité.

Loin de chercher à soustraire les êtres vivants aux lois

1. *La Science expérimentale*, 1878, p. 70.

qui régissent la matière, le physiologiste doit donc tenter d'analyser les phénomènes qui se déroulent dans l'organisme à l'aide des méthodes de la physique et de la chimie. Non que les sciences physico-chimiques doivent résoudre tous les problèmes de la biologie, mais parce qu'elles sont plus simples que la physiologie et que c'est toujours le plus simple qui doit éclairer le plus complexe. La biologie doit « prendre aux sciences physico-chimiques la méthode expérimentale, dit Claude Bernard, mais garder ses phénomènes spéciaux et ses lois propres ». Alors la physiologie peut se transformer en une science active. Jusque-là, s'insérer dans l'organisme ne pouvait qu'en altérer la nature et en léser le fonctionnement. Désormais, on peut intervenir sur un corps vivant, s'y introduire pour expérimenter sans que, de ce fait, la qualité même du vivant soit nécessairement détruite par les conditions artificielles ainsi réalisées. On peut séparer certains constituants du corps par des moyens mécaniques ou chimiques, en étudier le fonctionnement et, moyennant certaines précautions, tirer de cette analyse des conclusions sur le rôle qu'ils jouent naturellement dans l'organisme. Ce qui importe, c'est de démêler l'écheveau des opérations qui se déroulent simultanément dans un être vivant. C'est de ramener l'expérimentation à des conditions aussi bien définies que possible. C'est d'isoler des phénomènes simples. Pour Claude Bernard [1], le physiologiste doit être « un inventeur de phénomènes, un véritable contremaître de la création ».

Un phénomène peut naître au hasard d'une observation ou comme conséquence logique d'une hypothèse. Mais il existe en physiologie deux recettes presque infaillibles pour fabriquer des phénomènes. La première consiste à reproduire par l'expérience ce que réalise la nature par la maladie. Physiologie et médecine représentent en quelque sorte les deux volets d'une même science. Pas seulement par leur objet d'étude, mais en tant que procédés méthodologiques. Dans la relation du normal et du pathologique, chacun finit par servir de guide à l'autre. La médecine ne peut plus se contenter d'être empirique et doit se fonder sur les résultats de l'analyse physiologique. Mais en retour, la connaissance des états pathologiques contribue à celle de l'état physiologique. La médecine ouvre la voie à la physiologie. Elle désigne les points où agir. Elle indique les effets à atteindre. On ne peut réparer une machine que

1. *Introduction à l'étude de la médecine expérimentale*, 1865, p. 34

si l'on en connaît les pièces et leur usage. En revanche, la lésion délibérée d'une pièce permet d'en préciser le rôle. La pathologie propose donc des modèles au physiologiste. Celui-ci tente de reproduire la maladie en provoquant des lésions aussi localisées que possible et en analysant leurs conséquences. Endommager délibérément et spécifiquement un élément du corps par des moyens mécaniques ou chimiques, déterminer les effets de la lésion, préciser les réactions des autres constituants, telle est l'une des méthodes les plus efficaces de la physiologie. On peut enlever un organe, comme le rein; le détruire sur place, comme le pancréas après injection de paraffine; le blesser par piqûre par exemple, comme la vésicule biliaire après ligature du canal cholédoque. Par comparaison avec l'animal en bonne santé, on déduit les effets de la lésion. On peut même tenter d'y remédier en donnant aux animaux blessés certaines substances, voire même des extraits des tissus mis hors d'état. On peut aussi chercher à compenser certains troubles par des lésions supplémentaires faites à d'autres organes. Cette méthode d'exploration par les lésions mécaniques ouvre un accès à l'analyse de nombreuses fonctions. C'est ainsi par exemple qu'on distingue entre l'« excrétion », par un tissu qui n'engendre rien mais permet seulement l'évacuation au-dehors de substances formées au-dedans, et la « sécrétion » par une glande qui attire des composés, les combine, crée en quelque sorte des substances nouvelles. Les sécrétions peuvent elles-mêmes se ranger dans deux rubriques : « externes » quand le produit est rejeté au-dehors; « internes » s'il est déversé dans l'organisme pour servir à la digestion ou à toute autre fonction. En voilà pour plus d'un siècle d'exploration. C'est en effet la méthode qui permettra de préciser certaines voies du métabolisme chez les êtres supérieurs, d'analyser la digestion, de découvrir l'existence des hormones, de déterminer le rôle de certains nerfs, de localiser les fonctions du cerveau, etc.

Aux interventions mécaniques, on peut substituer les lésions chimiques. Par leurs effets, les poisons simulent les maladies. De plus, ils agissent électivement sur les organes. Après l'injection d'un toxique, on constate presque toujours l'existence de lésions dans un tissu particulier, quelle que soit sa localisation dans le corps. C'est un élément histologique donné qu'atteint un poison donné. L'oxyde de carbone par exemple se fixe sur les globules rouges, les empêchant de jouer leur rôle dans la respiration;

certains sels métalliques endommagent les cellules du rein, leur interdisant d'évacuer dans l'urine les déchets charriés par le sang; le curare touche les cellules nerveuses, arrêtant la transmission du fluide qui s'y propage, paralysant ainsi l'animal. On peut même chercher les antidotes qui neutralisent spécifiquement l'action d'un poison et rétablissent dans sa fonction l'organe atteint. Avec l'arsenal des poisons, la physiologie dispose d'un outillage sans égal : simplicité d'emploi, spécificité d'action, réglage de l'effet par la dose, parfois réversibilité des lésions. Aussi l'utilisation des toxiques va-t-elle également constituer l'une des méthodes privilégiées de la physiologie pendant plus d'un siècle. Elle jouit toujours d'une grande faveur dans l'analyse fonctionnelle comme dans l'étude des réactions chimiques, que celles-ci se déroulent dans l'organisme, dans la cellule ou dans des extraits placés dans des tubes à essai.

La seconde recette à produire des phénomènes en physiologie repose sur l'équilibre, toujours instable, mais toujours rétabli, entre l'organisme et son milieu. Si étroite est cette interaction que l'organisme se trouve pour ainsi dire obligé de réagir à tout changement du milieu. Pour Claude Bernard, il en est des corps vivants comme des corps inanimés. Dans tout phénomène, il y a toujours deux choses à considérer : l'objet que l'on observe et les circonstances externes qui sollicitent cet objet, qui l'entraînent à révéler ses propriétés. Si l'on supprime le milieu, le phénomène disparaît, comme si l'objet avait été enlevé. Il n'y a d'attraction que dans la mesure où l'on observe le comportement de deux corps, ou d'électricité qu'à travers la relation qui s'établit entre le cuivre et le zinc. Qu'on retire l'un des deux corps, qu'on enlève le cuivre, on ne peut plus alors trouver ni attraction ni électricité : celles-ci deviennent des idées abstraites. Il en est de même avec les êtres vivants. « Le phénomène vital, dit Claude Bernard [1], n'est donc tout entier ni dans l'organisme, ni dans le milieu : c'est en quelque sorte un effet produit par le contact entre l'organisme vivant et le milieu qui l'entoure. » Supprimer le milieu ou le vicier revient à enlever l'organisme ou à le détruire. A la limite, on peut même considérer l'organisme comme un réactif de son milieu, ainsi que le faisait déjà Lavoisier. Mais le milieu, ce n'est plus seulement le fluide, air ou eau, dans lequel baigne l'organisme. Depuis Auguste Comte, c'est aussi la chaleur, la pression, l'électricité, la

1. *Leçons sur les propriétés des tissus vivants,* 1866, p. 6.

lumière, l'humidité, la teneur en oxygène ou en gaz carbonique, la présence de composés chimiques, bénéfiques ou toxiques. Bref c'est tout ce qui, atteignant l'enveloppe d'un être vivant, exerce sur lui quelque effet. Comme chacun de ces facteurs peut être modifié, il se transforme en paramètre pour l'expérimentation. Dans le système organisme-milieu viennent alors s'articuler deux séries de variables : les unes externes, sur quoi l'expérimentation agit à volonté par les moyens de la physique et de la chimie; les autres internes, qui s'expriment dans les fonctions que l'on cherche à mesurer par des méthodes tirées également de la physique et de la chimie. C'est en jouant sur les premières que l'on atteint les secondes. Pour faire naître un phénomène, il suffit de placer un être vivant, un organe, un morceau de tissu, voire un extrait, dans des conditions de milieu aussi définies que possible, puis de faire varier systématiquement chacun des paramètres du milieu. Il n'est pas exagéré de dire que, depuis lors, cette manière de procéder constitue la principale activité des laboratoires de biologie.

On classait jusque-là les êtres vivants selon leur niveau de complexité. A cette relation structurale vient s'associer une relation fonctionnelle. On peut établir chez les êtres une corrélation entre le niveau d'organisation et la nature de l'interaction de l'organisation avec son milieu. D'un côté il y a les êtres simples, réduits à un seul élément anatomique comme les infusoires, ou même formés de plusieurs cellules comme les animaux et les plantes inférieurs. Chez ceux-là, tous les éléments constituants entrent directement en contact avec le milieu ambiant, avec l'air ou l'eau qui les baignent. De l'autre côté, il y a les êtres plus complexes, les animaux supérieurs notamment, formés d'un grand nombre de cellules. Là, seuls les éléments de surface se trouvent en contact direct avec ce que Claude Bernard appelle le « milieu cosmique ». Les constituants enfouis dans la profondeur sont baignés par un « milieu intérieur », ou « organique », qui sert d'intermédiaire avec le milieu cosmique. Chez l'homme par exemple, les éléments essentiels, ceux qui remplissent les fonctions les plus importantes, ne sont pas exposés au milieu extérieur, à ses variations, à ses aléas. Ils n'entrent en relation qu'avec le sang et les humeurs qui les protègent de toute variation brusque. Car la caractéristique du milieu intérieur, c'est sa constance. Formé par les organes pour les organes, il agit en quelque sorte comme un amortisseur, comme un tampon pour protéger des changements intempestifs les éléments les plus précieux du corps. Ceux-ci peuvent alors travailler dans des conditions à peu près invariantes. « Il est donc bien vrai de dire, constate Claude Bernard [1], que l'animal aérien ne vit pas en réalité dans l'air atmosphérique, le poisson dans les eaux, le ver terricole dans le sable. L'atmosphère, les eaux, la terre sont une seconde enveloppe autour du substratum de la vie protégé déjà par le liquide sanguin qui circule partout et forme une première enceinte autour de toutes les particules vivantes. » Les animaux supérieurs vivent littéralement en dedans.

Le concept de milieu intérieur justifie en termes fonctionnels la répartition dans l'espace qu'avait attribué Cuvier aux structures de l'organisme. Si les éléments les plus précieux sont enfouis dans la profondeur du corps, c'est qu'ils sont ainsi mieux protégés contre les avatars du milieu ambiant. Ils peuvent donc fonctionner à l'abri des petites variations de température, d'humidité, de pression, etc. A la complexité de l'organisation répond la liberté de fonctionnement. Et l'autonomie à l'égard du milieu ambiant représente, en fin de compte, un facteur de sélection pour l'évolution. On peut alors retourner la classification des êtres vivants et les répartir selon la nature de leur milieu, donc leur degré d'autonomie vis-à-vis du monde extérieur. On distingue ainsi trois formes d'existence. Dans un premier groupe, qui comprend les êtres inférieurs, la dépendance est totale à l'égard des conditions externes; lorsque celles-ci sont appropriées, la vie suit son cours; si elles deviennent défavorables, ou l'organisme meurt, ou il tombe en état de « vie latente », c'est-à-dire d'« indifférence chimique » : tout échange, toute activité, toute manifestation de la vie sont suspendus. Dans un second groupe où se rangent les animaux inférieurs et les plantes, le milieu intérieur dépend moins étroitement des conditions externes, de sorte que les oscillations de celles-ci se répercutent encore sur la vie de l'organisme, l'atténuent ou l'exaltent, sans jamais la supprimer; c'est en général la température du corps qui, restant sous l'influence de la température externe, règle les mouvements de cette « vie oscillante ». Dans le troisième groupe enfin, celui des animaux supérieurs, toutes les activités sont indépendantes des conditions externes; quelles que soient les vicissitudes du milieu ambiant, ces organismes vivent de la même

1. *Leçons sur les phénomènes de la vie*, t. II, p. 5.

manière dans une véritable serre chaude : c'est la « vie constante et libre, indépendante des variations du milieu cosmique ». Plus l'organisme est complexe, plus il est libre.

Si le milieu intérieur et sa stabilité présentent une grande importance, c'est qu'ils soulignent l'une des propriétés fondamentales des êtres vivants, la régulation des fonctions. Ils fournissent une mesure de l'intégration d'un être en donnant à l'expérimentation un accès à la coordination des organes et des fonctions. Cette analyse conduit à se représenter l'organisme comme un système où toutes les activités sont ajustées jusque dans le détail. Au siècle précédent existait déjà une interaction de certaines fonctions. Pour Lavoisier, la machine animale était commandée par trois « régulateurs » principaux, la respiration, la digestion et la transpiration. Pour Claude Bernard, ce sont toutes les activités du corps dans leur ensemble qui sont soumises à des mécanismes de régulation. « Tous les mécanismes vitaux, quelque variés qu'ils soient, n'ont toujours qu'un but, celui de maintenir l'unité des fonctions de la vie dans le milieu intérieur [1]. » Il y a alors des mécanismes d'« équilibration », des mécanismes « compensateurs », « isolateurs », « protecteurs », qui règlent la température, la concentration de l'eau, la teneur en oxygène, les réserves alimentaires, la composition du sang, les sécrétions externes ou internes. Plus l'organisation d'un animal est complexe, mieux les systèmes de régulation sont ajustés. D'où l'avantage d'utiliser en physiologie les organismes chez qui ces systèmes sont les plus perfectionnés, c'est-à-dire les animaux supérieurs. Pour la biologie du XIXe siècle, l'organisation des êtres vivants repose d'abord sur l'intégration des fonctions. Si la vie est possible, c'est parce qu'un « équilibre résulte, dit Claude Bernard, d'une continuelle et délicate compensation établie par la plus sensible des balances ». D'un côté, il faut des mécanismes de régulation pour mettre les cellules à l'abri de toute variation intempestive. De l'autre, pour en coordonner les activités individuelles dans l'intérêt général. Le fonctionnement des parties doit se conformer à l'harmonie du tout. Et c'est encore au modèle de l'usine qu'a recours Claude Bernard pour décrire les phénomènes de régulation chez les êtres vivants. « L'organisme représente... ce qui a lieu dans une fabrique de fusils, par exemple, où chaque ouvrier

1. *Leçons sur les phénomènes de la vie*, t. I, p. 121.

fait une pièce indépendamment d'un autre qui fait une autre pièce sans connaître l'ensemble auquel elles doivent concourir. Il semble y avoir ensuite un ajusteur qui met toutes ces pièces en harmonie »[1]. Au milieu du XIXe siècle, c'est le système nerveux qui est le « grand harmonisateur fonctionnel » chez l'animal adulte. C'est lui qui règle non seulement les battements du cœur, la respiration, la tension en oxygène, la température du corps, mais aussi la teneur en sel et en eau, l'activité chimique du foie, la sécrétion de la salive et de la sueur, etc. Au système nerveux, le début du XXe siècle ajoutera d'autres mécanismes régulateurs, de nature chimique, les hormones. Avec Cannon, cette coordination, cette constance du milieu intérieur deviendra l'« homéostase ». Le concept de régulation est l'un de ceux sur lesquels repose la biologie moderne, dans ses aspects les plus variés. Grâce à lui, la biologie fournira, pour une fois, un modèle à la physique : avec Wiener, c'est en partie sur les systèmes observés chez les êtres vivants que se fondera la cybernétique.

Vers le milieu du XIXe siècle, il devient donc possible, grâce aux méthodes de la physiologie, d'intervenir sur les êtres vivants pour en analyser le fonctionnement dans les domaines les plus variés. A l'exception toutefois de l'hérédité et de la reproduction. « L'hérédité, dit Claude Bernard[2], n'est pas un élément que nous ayons en notre pouvoir et dont nous soyons le maître comme nous le sommes des propriétés vitales. » La théorie de l'évolution a fait de la reproduction le mécanisme chargé à la fois de perpétuer les structures et de les faire varier. La théorie cellulaire a logé ce mécanisme dans la cellule, et plus particulièrement dans l'œuf. Mais l'hérédité et la reproduction donnent peu de prise à l'expérimentation de la physiologie. Il est certes possible d'intervenir sur l'embryon, de léser certaines cellules ou certains tissus, d'en contrarier le développement. Mais on ne réussit guère qu'à le tuer ou en compromettre grossièrement l'ordonnance. Jamais on ne dévie la morphogenèse dans une direction qui n'est pas conforme à la nature de l'œuf. On peut bien faire subir à un œuf de lapin tous les traitements imaginables. On le détruira, on le fera avorter. Mais « on n'en fera pas sortir un chien ou un autre mammifère »[3]. A l'hérédité ne s'appliquent plus les recettes qui font leurs preuves en

1. *Leçons sur les phénomènes de la vie*, t. I, p. 335.
2. *Ibid.*, p. 342.
3. *Ibid.*, p. 332.

physiologie. L'étude des formes n'appartient plus à la chimie. Elle ne relève plus de ses lois. Elle échappe à l'expérience.

Faute d'un accès à l'hérédité qu'elle peut « contempler » mais non analyser, la biologie est réduite à décrire la formation du semblable par le semblable avec les images du siècle précédent. Aux semences se sont substitués des ovules et des spermatozoïdes; aux molécules organiques, des cellules; la formation de l'embryon d'où émerge l'adulte résulte de la division et de la différenciation des cellules. Mais pour que l'œuf reproduise l'organisme dont il provient, pour que se reconstitue ainsi l'identique à travers les générations, il faut bien un système de mémoire qui guide les cellules. « L'œuf est un devenir, il représente une sorte de formule organique qui résume l'être dont il procède et dont il a gardé en quelque sorte le souvenir évolutif »[1]. Évolution, ici, signifie la suite des transformations qui s'opèrent au cours du développement embryonnaire. Le souvenir traduit une « force héréditaire », un « état antérieur » à l'œuf lui-même, une « impulsion primitive », qui conduit nécessairement par cycle de la poule à l'œuf et de l'œuf à la poule. Quant à la nature de cette mémoire, elle ne diffère guère de ce que proposait déjà le XVIIIe siècle. Comme Maupertuis, Darwin et Haeckel font de la mémoire une propriété des particules constituant l'organisme. Pour Darwin, chaque cellule du corps du géniteur envoie dans les cellules reproductrices un germe, ou « gemmule », sorte d'émissaire chargé de la représenter, de la reconstituer en quelque sorte dans la génération suivante. Pour Haeckel, il existe, dans les cellules, des particules ou « plastides » qui effectuent des mouvements spécifiques; doués de mémoire, ils conservent à travers les générations le mouvement qui leur est propre et par lequel se manifeste leur activité. Au contraire, et à l'instar de Buffon, Claude Bernard loge la mémoire, non pas dans les particules constituant l'organisme, mais dans un système particulier qui guide la multiplication des cellules, leur différenciation, la formation progressive de l'organisme. L'œuf contient alors un « dessin » qui est transmis par « tradition organique » d'un être à l'autre. La formation de l'organisme se conforme à « un plan » dont la mise en opération représente l'exécution de « consignes » très strictes. Et ce n'est pas seulement le développement de l'embryon que dirige ce plan; c'est aussi

1. *La Science expérimentale*, p. 133.

le fonctionnement du futur adulte, sa structure, ses propriétés jusque dans les détails, puisque chez l'homme certaines maladies apparaissent de père en fils. Dès l'œuf, tout est coordonné, tout est prévu non seulement pour l'évolution du nouvel être, mais pour son entretien durant sa vie entière. « Tout acte d'un organisme vivant, dit Claude Bernard [1], a sa fin dans l'enceinte de cet organisme. »

La physiologie expérimentale reste donc désarmée devant la reproduction. Sans moyen de convertir les hypothèses en expériences, sans techniques adaptées à la situation, sans matériel pour mettre en œuvre ses propres méthodes, elle reste sans prise sur l'hérédité. Aussi appropriés à l'élevage et à l'agriculture que soient les procédés d'hybridation, ils ne lui paraissent pas convenir à l'analyse de la reproduction. En fait la physiologie s'intéresse à l'individu. Elle opère sur un organisme à la fois pour en observer les propriétés, le comportement, les réactions dans des circonstances variées. C'est l'observation, non plus d'individus, mais de populations unies par des liens de parenté qui donne à l'expérimentation un accès à l'hérédité. Darwin avait déjà adopté une telle attitude pour faire naître la variation des fluctuations statistiques qui surviennent nécessairement au sein de grandes populations. En suivant, dans la succession des générations, le comportement d'un nombre limité de caractères parmi de grandes populations, Mendel va être à même de faire apparaître des phénomènes dans l'hérédité, de les mesurer, d'en tirer des lois. Mais c'est surtout la physique qui, pour manier les énormes ensembles de molécules constituant les corps, va faire du hasard la loi de l'univers.

L'analyse statistique

A sa naissance, la biologie s'était délibérément coupée de la physique. Après le milieu du XIXe siècle, se renouent les liens à travers la thermodynamique. D'abord parce qu'avec le concept d'équivalence et celui d'énergie va disparaître l'une des singularités du monde vivant. Aussi parce qu'en cherchant à lier les propriétés des corps à leur structure interne, la mécanique statistique va modifier jusqu'à la manière de regarder les choses, les êtres, les événements même, dans nombre des activités humaines. Pendant la première partie du siècle, les phénomènes de

1. *Leçons sur les phénomènes de la vie*, t. I, p. 340.

la mécanique s'analysaient toujours en termes d'espace, de temps, de forces et de masses. La force était introduite comme cause d'un mouvement préexistant à celui-ci et indépendante de lui. Pour Carnot, il y avait deux manières d'envisager la mécanique dans ses principes. « La première est de la considérer comme la théorie des forces, c'est-à-dire des causes qui impriment les mouvements. La seconde est de la considérer comme la théorie des mouvements eux-mêmes. » Si la matière était une, les forces augmentaient sans cesse en nombre, en nature, en variété. Cependant, aux mouvements des corps, on associe de plus en plus étroitement les phénomènes où se manifeste la chaleur. Ainsi se constitue un domaine nouveau de la physique dans lequel, en mesurant les variations de chaleur, on cherche à analyser les relations existant entre les propriétés des corps sans en connaître la structure intime. Les forces en jeu dans des domaines aussi différents que le mouvement, l'électricité, le magnétisme, la chaleur, la lumière ou les réactions chimiques trouvent alors un dénominateur commun dans le concept d'énergie. L'énergie c'est tout ce qui est travail, en produit, ou en provient. Indestructible en valeur absolue, comme la matière, elle peut subir des sortes de transmutations qui la font apparaître sous des aspects variés. Le principe d'équivalence transforme chacun des changements qui s'opèrent dans la nature en une conversion d'énergie. Il considère les différentes formes d'énergie comme indépendantes et de valeur égale. A chaque forme correspond un facteur d'intensité, la hauteur pour la gravitation, la température pour la chaleur, la différence de potentiel pour l'électricité. Les variations dans un système résultent des différences entre ces facteurs.

Mais ce que n'explique pas l'équivalence de l'énergie, c'est la contradiction entre certains événements observés en physique. Les phénomènes de la mécanique ou de l'électrodynamique sont réversibles; ils peuvent s'effectuer aussi bien dans un sens que dans l'autre et, dans les équations de la mécanique, le signe dont est affecté la variable temps ne joue aucun rôle. Les phénomènes thermiques ou chimiques, au contraire, sont irréversibles : ils procèdent toujours dans la même direction et l'on ne peut, par exemple, faire couler la chaleur du froid vers le chaud. Dans un système fermé aux échanges avec l'extérieur, la quantité d'énergie reste constante. Mais cette grandeur ne suffit pas à caractériser le système. Il faut aussi admettre une qualité dans l'énergie, qualité d'autant plus élevée que cette énergie est plus utilisable, qu'elle se convertit mieux en travail. Il y a ainsi des formes nobles, comme celles de la mécanique; d'autres viles comme celles de la chaleur. Mais dans un système laissé à lui-même, la qualité de l'énergie tend naturellement à se dégrader, non à s'améliorer. D'où le sens unique imposé à certains phénomènes. Si la chaleur va du plus chaud au plus froid, c'est que, sans changer en quantité, l'énergie perd ainsi en qualité. Comme une balle abandonnée dans un escalier, elle tend toujours à descendre pour ne s'arrêter qu'au point le plus bas. Cet état d'équilibre représente ce que les physiciens appellent le niveau d' « entropie » maximum. L'entropie n'est pas un concept vague. C'est une quantité physique mesurable, au même titre que la température d'un corps, la chaleur spécifique d'une substance, la longueur d'un objet. Elle permet de décrire avec précision les variations d'état que subissent un corps ou un système : si un corps reçoit de la chaleur, son entropie augmente; s'il en perd, elle diminue. Ce que dit la seconde loi de la thermodynamique par quoi sont régis les phénomènes physiques de l'univers, c'est que, dans un système isolé, l'énergie tend à se dégrader, donc l'entropie à s'accroître : les mouvements finissent par s'arrêter, les différences de potentiel électrique ou chimique par s'annuler, la température par s'uniformiser. Sans apport d'énergie externe, tout système physique se délabre. Il évolue vers l'inertie totale.

Avec la thermodynamique, tout l'*a priori* de la biologie qui séparait radicalement les êtres des choses et coupait la chimie du vivant de celle du laboratoire se trouve bouleversé. En liant entre elles les différentes formes de travail, le concept d'énergie et celui d'équivalence font dériver de son métabolisme toutes les activités de l'organisme. En fin de compte, ce que peut accomplir l'être vivant en fait de mouvement, d'électricité, de lumière, de bruit résulte de la conversion de l'énergie chimique libérée par la combustion des aliments. Il y a alors deux généralisations qui rapprochent la biologie de la physique et de la chimie : les éléments sont les mêmes pour composer les êtres vivants et la matière brute; la conservation de l'énergie s'applique aussi bien aux événements du monde vivant qu'à ceux du monde inanimé. Pour ceux qui, comme Helmholtz, décèlent le caractère universel de ces principes, la conclusion est simple : il n'y a pas de différence entre les phénomènes qui se déroulent chez les êtres vivants ou dans le monde inanimé. A première vue, par leur croissance, par leur développement, par leur pouvoir de maintenir des structures au cours des générations, les êtres vivants paraissent défier la seconde loi de la thermodynamique qui fait se délabrer sans cesse l'univers. Mais si la thermodynamique impose une direction générale à un système, elle n'en exclut pas les exceptions locales. Elle n'interdit pas à certains éléments de remonter à contre-courant aux dépens de leurs voisins. C'est l'ensemble du système et non chacune des parties qui doit se dégrader. Parce qu'ils reçoivent de l'énergie venue du milieu sous forme d'aliments, les êtres vivants sont en mesure de préserver à travers le temps leur faible niveau d'entropie. Ils peuvent aussi, sans contrevenir aux lois de la thermodynamique, produire sans cesse ces grosses molécules spécifiques qui les caractérisent. Le concept d'énergie et celui d'équivalence viennent ainsi jouer l'un des rôles que la biologie à sa naissance avait dû attribuer à la force vitale. Au début du siècle, l'organisme dépensait de la force vitale pour effectuer son travail de synthèse et de morphogenèse. A la fin, il consomme de l'énergie.

Plus importantes encore pour la biologie et les autres sciences, plus chargées peut-être de conséquences pour la manière de considérer les êtres et les choses, apparaissent l'introduction des grandes populations comme objets d'étude et celle de la méthode statistique pour leur analyse. Au XIXe siècle, ce sont les gaz qui permettent de lier la chaleur au mouvement des particules, donc d'associer les propriétés d'un corps à sa structure interne. Un gaz peut être considéré comme un assemblage de molécules se déplaçant librement. Pour Bernoulli, Joule ou Clausius, toutes les particules avaient la même vitesse : cela permettait d'établir un réseau de relations entre certaines propriétés des gaz, telles que la pression, la chaleur et la densité. Pour Maxwell, au contraire, il n'est pas possible d'attribuer la même vitesse à toutes les particules car leurs mouvements naissent des collisions qui surviennent entre elles. Un gaz devient une collection de « sphères petites, dures et parfaitement élastiques, agissant l'une sur l'autre seulement durant l'impact ». On peut construire de ce gaz un modèle purement mécanique : les particules voyagent sur une certaine distance, reprennent leur voyage, se heurtent et repartent sans fin. Chaque particule possède alors des caractéristiques uniques de vitesse et de mouvement; chacune « charrie avec elle, dit Maxwell, son énergie et son mouvement ». Et les caractéristiques de chaque particule varient sans cesse au hasard des collisions. Il est donc hors de question d'étudier dans le détail le comportement toujours changeant de chacun des milliards d'individus qui constituent un gaz. En revanche on peut considérer l'ensemble de la population et en analyser le comportement par des méthodes statistiques. Il faut alors admettre que les vitesses des particules sont distribuées selon la fameuse courbe en cloche qui s'applique à des phénomènes aussi variés que la taille des adultes dans un pays, le nombre de chiots par portée ou la dispersion d'un tir. Le comportement des individus échappe à la description, mais pas celui de la population. On peut considérer celle-ci comme formée de molécules idéales, ayant pour paramètres les moyennes des valeurs réelles. Le modèle purement mécanique des balles qui s'entrechoquent permet alors de décrire les propriétés d'un gaz et même d'interpréter l'entropie en termes d'agitation moléculaire. Si l'homme se trouve dans l'impossibilité d'empêcher l'énergie de se dégrader, c'est qu'il est peu doué, qu'il est incapable de distinguer chaque molécule et d'en observer les caractéristiques. Mais on peut parfaitement concevoir un être au cerveau plus brillant, aux sens plus affinés, « un être, dit Maxwell [1], dont les facultés soient assez développées pour qu'il puisse suivre chaque molécule dans sa course; cet être dont les attributs seraient cependant finis comme les nôtres deviendrait capable de faire ce que nous ne pouvons faire actuellement ». Il suffit alors d'imaginer cet être minuscule, ce démon capable de « discerner par la vue les molécules individuelles » et chargé de manœuvrer une porte glissant sans friction dans un mur séparant deux compartiments d'un récipient rempli de gaz. Quand une molécule rapide arrive de gauche à droite, le démon ouvre la porte; quand approche une molécule lente, il la ferme; et inversement. Les particules rapides s'accumuleront alors dans le compartiment de droite qui s'échauffera; les lentes dans celui de gauche qui se refroidira. Le démon aura ainsi, « sans dépense de travail », converti l'énergie non utilisable en énergie utilisable. Il aura tourné la seconde loi de la thermodynamique.

Mais, pendant la seconde moitié du siècle, l'analyse statistique et le calcul des probabilités vont changer de rôle et de statut. Pour Maxwell, ils ne constituaient que

1. *La Chaleur*, trad. franç., Paris, 1891, chap. XXII, p. 421.

des outils adaptés à l'analyse d'un problème particulier : faute de pouvoir observer chaque individu, il fallait bien considérer la population. Pour Boltzmann et pour Gibbs, au contraire, l'analyse statistique et le calcul des probabilités donnent les règles même de la logique de ce monde. Si l'on s'occupe de grands nombres, ce n'est plus tellement parce qu'on n'a pas accès à l'analyse des unités; c'est surtout parce que le comportement des individus ne présente aucun intérêt. Qu'on parvienne ou non à trouver les détails, qu'on sache ou non les soumettre à un traitement mathématique, les cas individuels n'apprendraient rien de plus que la population dans son ensemble. Quel avantage pourrait-il y avoir à connaître la distance parcourue par une molécule particulière? Ou à savoir si telle molécule vient heurter la paroi du récipient contenant le gaz à tel moment, à tel endroit et dans telles circonstances? Même si l'on y parvenait, même si l'on réussissait à analyser dans le détail le comportement de chacune de toutes ces unités, que pourrait-on faire de cette masse de résultats, sinon de les réunir, de les composer, pour en tirer la règle statistique qui régit la population dans son ensemble. Ce qui importe c'est de savoir non pas quelles particules entrent en collision à un moment donné, mais combien il y a alors de collisions en moyenne et quelle est la probabilité pour une particule d'y participer.

On voit combien cette attitude diffère de toutes celles qui l'avaient précédée, hormis celle de Darwin. Pour celui-ci, comme pour Boltzmann et Gibbs, ce n'est pas sur des individus qu'agissent les lois de la nature, mais sur de grandes populations. Quelles que soient les irrégularités qui se manifestent dans le comportement de chaque unité, l'importance des nombres en jeu finit par imposer une régularité à l'ensemble. Mais l'analogie entre les deux modes de pensée va plus loin encore. D'abord, parce qu'avec la mécanique statistique comme avec la théorie de l'évolution, la notion de contingence vient s'installer au cœur même de la nature. Depuis Newton, toute la physique reposait sur un déterminisme rigide. Il était admis que le comportement de toutes les molécules, comme celui de tous les corps visibles, était strictement imposé par un système de causes que la science s'efforçait d'insérer dans les lois de la nature. Pour que se répètent avec précision les phénomènes observables, il fallait bien que les processus dont ils découlent, les processus élémentaires, soient eux aussi soumis à un déterminisme inflexible. Mais dans la seconde moitié du XIXe siècle, plusieurs des lois dites de la nature se transforment en lois statistiques. Celles-ci ne sont exécutées avec rigueur que dans la mesure où le nombre des individus en jeu est très élevé. Les prédictions tirées de ces lois ne peuvent donc plus être formulées en vertu d'une causalité stricte. Elles n'ont plus qu'un caractère de probabilité et se vérifient seulement dans certaines limites qu'on peut définir avec précision. Si, pour les phénomènes observables, cette probabilité confine à la certitude, c'est seulement que les corps visibles sont composés d'un nombre énorme de molécules. Mais quand il s'agit de populations moins importantes, les déviations ne sont pas rares. Elles constituent ce que Boltzmann appelle des « fluctuations statistiques ». S'il existe un mécanisme particulier pour les favoriser, comme la sélection naturelle dans l'évolution, alors les exceptions finissent même par occuper le devant de la scène.

Enfin l'analogie entre théorie de l'évolution et mécanique statistique se poursuit jusque dans la manière d'envisager l'irréversibilité du temps. Pour l'évolution, c'est le mécanisme de la sélection qui rend irréversible l'ensemble du processus. Une fois engagé dans une certaine voie un groupe d'organismes, une fois opérée la sélection de certains variants par étapes successives, il n'y a aucune chance pour le groupe de retourner à l'état antérieur. La sélection naturelle peut encore accentuer la différenciation; elle peut même en infléchir la direction; mais elle ne peut renverser la série des étapes passées. Pour la physique, c'est la seconde loi de la thermodynamique qui impose une direction aux phénomènes. Aucun événement ne peut survenir dans la direction opposée à celle qu'on observe car cela impliquerait une diminution d'entropie. On ne peut faire revenir en arrière aucune portion de la substance de l'univers, contrairement à ce qu'on peut concevoir avec un système purement mécanique, avec une horloge idéale par exemple. Qu'il s'agisse du monde organique ou du monde physique, les séquences du film déroulant l'évolution ne peuvent être projetées à l'envers.

Mais il flottait encore une odeur de mystère dans ces processus par quoi se dégrade l'énergie. Comme si l'irréversibilité exigeait quelque élément secret commun aux différents mécanismes trouvés dans la nature. Avec la thermodynamique statistique disparaît la nécessité d'un facteur caché. L'irréversibilité traduit les changements de la distribution des molécules, de l'ordre dans lequel elles sont agencées dans les corps. La circulation à sens unique résulte d'une propriété inhérente à la structure même de la matière. Car avec Boltzmann, la seconde loi de la thermodynamique, qui règle la marche de l'univers et impose à son bilan un accroissement net d'entropie, finit par n'être plus qu'une loi statistique. Elle devient même *la* loi statistique par excellence. Ce qu'expriment la plupart des phénomènes physiques, c'est simplement la tendance naturelle des populations de molécules à passer de l'ordre au chaos. L'ordre des molécules représente, pour le physicien, une valeur statistique que l'on peut mesurer. La chaleur emmagasinée dans le soleil, par exemple, constitue une énorme provision, utilisable dans la mesure où elle n'est pas distribuée également à travers toutes les régions de l'univers mais reste concentrée en un espace limité. Avec le temps, cette chaleur a tendance à se disperser spontanément et la température à s'uniformiser dans l'univers, ce qui équivaut à un accroissement du désordre ou de l'entropie. Si la chaleur coule toujours du plus chaud vers le plus froid, ce n'est donc pas en vertu de quelque loi secrète lui interdisant d'emprunter le sens inverse. C'est seulement que le second itinéraire, étant quelques milliards de milliards de fois moins probable que le premier, n'est jamais utilisé en pratique, sans toutefois être totalement exclu en théorie. Parler de molécules qui passent d'un état moins probable à un état plus probable, c'est comme parler des pierres d'un monument qu'un tremblement de terre transforme en un tas de ruines; ou des livres d'une bibliothèque bien rangée que dispersent des utilisateurs sans soin. Ce que dit la thermodynamique statistique, c'est qu'à battre les cartes d'un jeu, il y a les plus grandes chances de les faire passer de l'ordre au chaos. Elle ne dit pas toutefois que l'inverse soit impossible. Avec un nombre d'essais suffisamment élevé, il peut, et même il doit, se produire. Mais il faut pour cela une durée énorme, de sorte que de telles exceptions ne sauraient perturber la marche générale de l'univers. Le flux des événements coule dans la direction qui est statistiquement la plus probable. Avec Darwin, l'irréversibilité de l'évolution découle de l'impossibilité de revenir en arrière pour les organismes engagés dans une certaine voie de spécialisation. Avec Boltzmann, l'irréversibilité de la thermodynamique découle de l'impossibilité de revenir en arrière pour les molécules de l'univers passant spontanément de l'ordre au désordre.

C'est toute l'attitude du XIXe siècle qui se trouve transformée par le regard nouveau qu'impose la mécanique statistique. D'abord parce que celle-ci fait résulter de la structure même de la matière les propriétés des corps. Avec Gibbs, l'analyse statistique s'applique non seulement au comportement moyen des grandes populations, mais à tout « système conservatif », comportant n'importe quel degré de liberté. Elle permet d'analyser la distribution des positions et des moments qui est compatible avec l'énergie d'un système donné, distribution que finit par parcourir le système s'il fonctionne assez longtemps. La plupart des événements qui surviennent dans le monde physique relèvent alors d'un tel traitement. Toutes les réactions chimiques, leurs vitesses, leurs variations avec la température, les processus de fusion et d'évaporation, les lois de pression, de vapeur, etc., tous ces phénomènes reposent sur l'hypothèse sous-jacente de changements survenant dans l'ordre des molécules. Tous deviennent régis par des lois statistiques.

Avec la mécanique statistique se perfectionne l'outil mathématique permettant d'analyser la structure et l'évolution de n'importe quel système mettant en jeu des grands nombres. Ainsi deviennent accessibles à l'analyse bien des objets, des événements, des propriétés même qui y échappaient jusque-là. Cela dans la mesure où ils peuvent être dénombrés et classés, c'est-à-dire dans un système discontinu. Ce type d'analyse statistique, en effet, repose entièrement sur la distribution d'éléments discrets. Que cette discontinuité existe naturellement, comme dans les populations d'unités, ou qu'elle soit introduite par les méthodes de mesure qui imposent toujours un choix entre deux valeurs limites, elle constitue une condition nécessaire à ce genre d'analyse. Car une fois les choses discontinues, il suffit de les compter à l'aide du concept mathématique à la fois le plus vieux et le plus simple, celui de nombres entiers. Pouvoir compter des nombres entiers, voilà tout l'art d'appliquer la méthode statistique. Plus le nombre des cas observés est grand, plus les résultats sont reproductibles. Mais le mécanisme statistique possède une telle sûreté, il fonctionne avec une telle précision dans le détail, qu'on peut ajuster les conditions de manière à ne procéder qu'à un nombre d'observations limité. Avec Maxwell, c'était un peu par accident que la méthode statistique avait été utilisée pour l'analyse de phénomènes physiques. Après Boltzmann et Gibbs, la méthode s'étend progressivement aux domaines les plus variés, même à ceux où il paraissait, à première vue, difficile sinon impossible d'introduire la discontinuité nécessaire. On parvient à tirer des lois pratiques en partant de phénomènes dont on ignore totalement le déterminisme. Au lieu de rechercher les causes d'événements isolés, il devient possible d'observer un grand nombre d'événements appartenant à la même classe, de les trier, de composer les résultats, puis d'en calculer la moyenne à l'aide de règles empiriques. Les événements à venir dans la même classe peuvent alors être prédits, non pas avec certitude, mais avec une probabilité qui, bien souvent, équivaut à une certitude. Ces prévisions ne valent que pour un ensemble d'événements, à l'exclusion des exceptions et des détails. De fait, l'une des caractéristiques de la méthode statistique, c'est d'ignorer délibérément et systématiquement les détails. Peu importe d'obtenir tous les renseignements possibles sur un événement particulier, de pouvoir en décrire chaque circonstance avec minutie. Là n'est pas le but, mais dans l'obtention d'une loi qui transcende les cas individuels.

Si enfin la thermodynamique statistique transforme totalement la manière de considérer la nature, c'est surtout qu'elle associe, pour leur conférer un même statut de quantités liées et mesurables, deux concepts jusque-là étrangers l'un à l'autre, sinon opposés : l'ordre et le hasard. Tout cet arsenal de forces et d'impulsions, toutes ces charges et ces potentiels qui conservaient malgré tout un petit relent de mystère et d'arbitraire sont relégués au rang de facteurs auxiliaires. Ils ne représentent plus que les différents aspects d'un mécanisme plus profond, plus universel, qui émerge comme la loi générale de l'univers : la tendance naturelle des choses à passer de l'ordre au désordre sous l'effet d'un hasard calculable. Cette loi ne vise pas à proposer une explication causale des événements. Elle ne cherche pas à dire pourquoi ils surviennent, mais comment. A partir de là, la notion même de causalité perd quelque peu de sa signification, voire de son intérêt. Ainsi s'estompe beaucoup du mystère qui imprégnait encore la représentation de la nature pendant la première moitié du XIXe siècle. Si nombre de phénomènes, totalement différents et restés sans explication, présentent souvent des caractères communs, c'est que, d'une façon ou d'une autre, ils se fondent sur un mécanisme commun. Et cela ne concerne plus seulement des phénomènes qu'analyse la physique. Mais aussi, à la fin du siècle et au début du suivant, ceux à quoi s'intéressent l'astronomie, la géologie, la biologie, la météorologie, la géographie, l'histoire, l'économie, la politique, l'industrie et le commerce; bref, les domaines les plus variés de l'activité humaine, et même jusqu'aux détails de la vie quotidienne.

Il n'est donc pas exagéré de dire que la manière dont nous regardons maintenant la nature a pour une bonne part été façonnée par la thermodynamique statistique. Celle-ci a transformé les objets comme l'attitude de la science. C'est sur elle que repose le changement dans la pensée d'où, au début de ce siècle, est issu le monde physique d'aujourd'hui. Un monde de relativité et d'incertitude, soumis aux lois quantiques et à la théorie de l'information, où matière et force ne représentent que deux aspects d'une même chose. C'est par la thermodynamique statistique que se constituent des sciences nouvelles comme la chimie-physique, qui fonde les propriétés chimiques des corps sur leur structure physique. C'est grâce à elle que l'expérimentation peut s'étendre aux domaines les plus variés de la biologie. D'abord parce que les réactions chimiques qui se déroulent chez les êtres vivants tombent sous le coup des lois qui régissent la matière. Mais aussi et surtout parce que la méthode d'analyse statistique transforme la biologie en une science quantitative. A la fin du XIXe siècle, l'étude des êtres vivants n'est plus seulement une science de l'ordre, mais aussi de la mesure.

La naissance de la génétique

Que l'attitude de Darwin, de Boltzmann et de Gibbs traduise, non une idée propre à quelques-uns, mais une tendance qui se manifeste après le milieu du XIXe siècle, on en trouve encore un témoignage dans l'œuvre de Mendel. Depuis des siècles s'étaient accumulées les observations sur l'hérédité. Mais jusqu'alors, celle-ci ne constituait pas à proprement parler un objet d'analyse. Même si le XIXe siècle ne s'occupait plus de vérifier l'existence des « jumarts », même s'il avait renoncé à hybrider des espèces distinctes, les croisements réalisés mettaient en jeu des variétés différant par tout un éventail de caractères. L'hérédité était surtout l'affaire des horticulteurs et des éleveurs. A travers tout le XIXe siècle, en effet, les exigences économiques conduisaient à accroître récoltes et troupeaux, à les adapter aux conditions locales de climat, de température, de ressources. Il s'agissait d'augmenter le rendement, non seulement en élevant le nombre de bêtes et de plantes par hectare, mais en améliorant la qualité de tout ce qu'utilisaient l'alimentation et l'industrie de l'homme. C'était dans les vergers et les pâturages, dans les ruches et les basses-cours que se poursuivaient les expériences pratiques. Une fois les croisements réalisés, on examinait quelques individus de la descendance pour en reconnaître tous les traits, en faire une description aussi complète que possible, n'en omettre aucun détail. La plupart des caractères considérés se prêtaient mal à une discrimination nette, mais se nuançaient au contraire en une série presque infinie d'intermédiaires. De fait, mieux se fondaient chez l'hybride les caractères des parents, plus on estimait atteindre l'hérédité au cœur. On voyait ainsi les caractères se réassortir au fil des générations. On constatait la disparition de certains d'entre eux pendant un temps, leur réapparition ensuite. Naudin, par exemple, opposait l'uniformité des descendants dans la première génération hybride à « l'extrême confusion des formes » dans la seconde : quelques-unes imitant celles du père, d'autres celles de la mère, comme si les hybrides étaient des « mosaïques vivantes »[1] dont l'œil ne pourrait percevoir les éléments. Gärtner observait une grande hétérogénéité dans la progéniture des hybrides : alors que certains individus donnaient une descendance pure, d'autres produisaient des mélanges. Mais ce qui caractérisait l'hérédité, c'était surtout sa complexité.

En Mendel viennent se rencontrer les deux courants qui mènent à la constitution d'une science de l'hérédité : le savoir pratique de l'horticulture et celui théorique de la biologie. Fils d'un fermier, il s'intéresse à l'évolution. Pendant toute sa jeunesse, il voit son père planter, hybrider, greffer. Mais toute sa vie, il se demande comment se forment les espèces. Dans le jardin du monastère où il vit, il reçoit l'autorisation de cultiver quelques plantes. Mais ce qui fascine Mendel, c'est la nature de l'hérédité que la vigueur des greffons montre plus forte que le milieu où ils sont insérés. Lui aussi commence à produire des hybrides, non plus pour améliorer les rendements, mais pour suivre le comportement des caractères au cours des générations. L'attitude de Mendel diffère entièrement de toutes celles qui l'avaient précédée. « Parmi toutes les expériences faites, dit-il, aucune n'a été réalisée sur une échelle assez grande, et de manière suffisamment précise, pour permettre de déterminer le nombre des différentes formes sous les-

1. *Nouvelles recherches sur l'hybridité dans les végétaux*, in *Ann. Sc. nat., Botanique*, série 4, 19, p. 194.

quelles apparaissent les descendants des hybrides, de classer ces formes avec certitude selon les générations successives ou de préciser leurs relations statistiques »[1]. L'attitude de Mendel comporte notamment trois éléments de nouveauté : la manière d'envisager l'expérimentation et de choisir le matériel qui convient; l'introduction d'une discontinuité et l'utilisation de grandes populations, ce qui permet d'exprimer les résultats par des nombres et de les soumettre à un traitement mathématique; l'emploi d'une symbolique simple par quoi devient possible un dialogue incessant entre l'expérimentation et la théorie.

Tout d'abord Mendel apporte une attention nouvelle au choix du matériel à utiliser. Il essaie plusieurs plantes avant de se fixer sur le Pois. Il s'adresse alors à des variétés dont la pureté est garantie par plusieurs années de culture dans des conditions rigoureuses. Les variants à hybrider doivent différer entre eux, non par un ensemble, mais par un nombre limité de traits. Il faut écarter les caractères qui « ne permettent pas une séparation nette et sûre, dit Mendel[2], car la différence est alors de nature " plus ou moins ", ce qui est souvent difficile à définir ». On ne doit donc retenir que les traits où la discrimination s'établit sans ambiguïté, comme la forme ou la couleur des graines, celles de la cosse, la répartition des fleurs autour de la tige, etc. Pour éviter une complexité d'emblée insurmontable dans l'analyse des hybridations, il importe de négliger les détails et de se limiter à l'étude d'un très petit nombre de caractères : d'abord un, puis deux, puis trois, en prenant soin, pour chaque cas, de distinguer toutes les combinaisons possibles dans la descendance. Pour épuiser les combinaisons, il y a deux conditions à respecter : d'une part, réaliser les expériences à une échelle suffisante pour pouvoir ignorer les individus et ne s'occuper que de populations; d'autre part, suivre le comportement des caractères non seulement parmi les enfants d'un couple, mais à travers une longue série de générations successives.

Par sa nature même, cette expérimentation conduit à exprimer les résultats de manière entièrement nouvelle. Grâce à la discontinuité introduite délibérément dans la discrimination des caractères, il suffit, à chaque génération, de compter les individus appartenant à chacune des classes possibles. Chaque classe se traduit ainsi par un

1. *Versuche über Pflanzen-Hybriden*, 1866, trad. angl. repr. in *Classic Papers in Genetics*, 1959, p. 2.
2. *Ibid.*, p. 4.

nombre entier, nombre d'autant plus élevé que l'expérience est réalisée à une échelle plus vaste. On peut soumettre ces nombres à l'analyse statistique et en établir les relations. Les nombres apparaissent alors dans des rapports généralement simples. C'est ainsi que, lors de croisements entre variétés différant par un seul caractère, les hybrides de première génération ressemblent exclusivement à l'un des parents, jamais à l'autre : le caractère de ce dernier est dit « récessif » par rapport à celui du premier qui le « domine ». A la génération suivante issue de ces hybrides, les deux formes récessives et dominantes apparaissent dans un rapport voisin de 1 à 3. Selon que les porteurs du caractère dominant n'engendrent que des produits identiques à eux-mêmes ou qu'ils continuent au contraire à produire des formes récessives, on peut encore les répartir en deux classes qui se retrouvent dans le rapport 1 à 2. Lorsque les variétés utilisées diffèrent, non plus par un, mais par deux caractères, les hybrides sont, une fois encore, tous identiques. A la génération suivante, les descendants formés par ces hybrides se rangent en quatre classes formées dans des rapports proches de 1 : 3 : 3 : 9. Trois de ces classes peuvent encore être subdivisées chacune en deux au cours des générations suivantes. Et le nombre des classes croît avec celui des caractères en jeu. « Les descendants des hybrides où sont combinés plusieurs caractères différentiels, dit Mendel [1], expriment les termes d'une série de combinaisons où sont réunies les séries développées de chaque paire de caractères différentiels... Si n représente le nombre des caractères différentiels dans les deux lignées originelles, 3^n donne le nombre des termes dans la série des combinaisons, 4^n le nombre des individus appartenant à la série et 2^n le nombre des unions qui restent constantes. » En d'autres termes, les différents caractères sont transmis indépendamment les uns des autres. Sur des populations suffisamment grandes, on peut en prévoir la distribution.

Enfin la simplicité d'un choix binaire entre les deux formes d'un caractère permet une représentation symbolique simple. « Si l'on désigne par A l'un des deux caractères constants, dit Mendel [2], par exemple le dominant, a le récessif et Aa la forme hybride dans laquelle les deux sont unis, l'expression $A + 2\,Aa + a$ donne les termes de

1. *Classic Papers in Genetics*, p. 13-14.
2. *Ibid.*, p. 10.

la série pour les descendants des hybrides à un seul caractère. » L'interprétation symbolique des résultats devient en quelque sorte le lieu d'articulation entre la théorie et l'expérimentation. D'une part, elle permet de tirer aisément des hypothèses à partir des distributions observées. D'autre part, elle conduit immédiatement à formuler des prédictions que l'expérience vient mettre à l'épreuve. C'est ainsi que des rapports observés entre les combinaisons de caractères peuvent être déduites certaines conclusions quant à la formation et à la constitution du pollen et des œufs. Une lignée ne reste pure et constante que dans la mesure où les organismes sont issus de pollen et d'œufs portant le même caractère, par exemple *A*. Il n'y a aucune raison de penser qu'un autre mécanisme intervienne pour la formation des hybrides, par exemple *Aa*. Comme les deux formes d'un même caractère *A* et *a* sont produites dans la même plante hybride, voire dans la même fleur, il faut bien en conclure que, dans les ovaires de l'hybride *Aa*, il se forme autant d'œufs de chacun des types *A* et *a*, et dans les anthères autant de pollen *A* que de *a*. D'une manière générale, lorsque plusieurs caractères sont en jeu, il doit se former dans l'hybride autant de sortes de pollen ou d'œufs qu'il apparaîtra de combinaisons dans la descendance. C'est bien ce que confirme l'expérience. Dans un hybride *Aa*, « laquelle des deux sortes de pollen va s'unir avec chaque sorte d'œuf est une pure affaire de hasard, dit Mendel[1]. Toutefois, d'après la loi des probabilités, il se trouvera toujours que sur la moyenne de nombreux cas, chaque forme de pollen *A* et *a* s'unira selon une fréquence égale avec chaque sorte d'œuf *A* et *a*. En conséquence, pendant la fertilisation, parmi deux cellules de pollen *A*, l'une rencontrera un œuf de type *A*, l'autre un œuf de type *a*, de même qu'une cellule de pollen *a* s'unira avec un œuf *A* et une autre avec un œuf *a* ». Les résultats des croisements se décrivent même par un graphique simple. Mais pour représenter le caractère d'un individu, un seul symbole ne suffit plus. Il en faut deux que Mendel réunit sous forme de fraction. Dans la descendance de l'hybride *A*/*a* se forment quatre combinaisons, *A*/*A*, *A*/*a*, *a*/*A*, *a*/*a*. Seules sont pures la première et la dernière qui correspondent aux caractères des parents. Comme la forme *A* est dominante sur *a*, les trois premières ont le même caractère *observable*, quoiqu'une structure

1. *Classic Papers in Genetics*, p. 18.

différente d'après leur descendance. D'où le rapport de 1 à 3 entre les formes récessive et dominante dans la seconde génération. Ces valeurs ne représentent que le résultat moyen de nombreuses expériences mettant en œuvre une autofécondation des hybrides. Dans les fleurs ou dans les plantes prises individuellement, les termes de la série s'écartent souvent de la moyenne. « Les valeurs séparées doivent nécessairement être sujettes à des fluctuations, dit Mendel [1]... Les véritables valeurs peuvent être déterminées seulement à partir de la somme de cas individuels aussi nombreux que possible; plus le nombre est grand, mieux sont éliminés les effets du hasard. »

Avec Mendel, les phénomènes de la biologie acquièrent soudain la rigueur des mathématiques. C'est toute une logique interne qu'imposent à l'hérédité la méthodologie, le traitement statistique et la représentation symbolique. Mis à part l'épisode de la préformation, la manière d'envisager le mécanisme de l'hérédité n'avait guère changé pendant plus de vingt siècles. La théorie de l'évolution exigeait un processus capable aussi bien de reproduire chez l'enfant les traits des parents que de les faire varier quelque peu. Ce qu'à l'époque de Mendel, Darwin envisageait sous le nom de « pangenèse » ressemblait fort à ce qu'avaient déjà imaginé Hippocrate et Aristote, puis Maupertuis et Buffon. Selon la pangenèse, chaque fragment du corps, chaque cellule produisait un petit germe de lui-même, ou « gemmule », qui s'installait dans les cellules germinales avec la mission de reproduire ce fragment dans la génération suivante. Cette théorie avait l'avantage de ménager tout aussi bien la possibilité de variations survenant spontanément, hors de toute influence des facteurs externes, que celle d'une insertion des caractères acquis dans l'hérédité. Pas plus que Maupertuis et Buffon, Darwin ne distinguait entre ce qui constitue le corps des parents, leurs semences et le corps de l'enfant. Délégués par les premiers, les mêmes éléments passaient dans les seconds pour former le troisième. L'hérédité ne pouvait alors se loger que dans l'organisation elle-même, dans la structure secondaire à quoi se référait tout ce qu'on pouvait percevoir d'un être vivant en fait de structures et de fonctions. Pour Mendel, l'hérédité se présente de façon tout à fait différente à travers des phénomènes qui s'analysent avec précision. Ni la régularité des ségrégations, ni la dominance

1. *Classic Papers in Genetics*, p. 19.

des caractères, ni la persistance de l'état hybride ne s'accordent à la pangenèse. Pour représenter un trait décelable chez un individu, il faut faire appel à deux symboles. Le symbole ne peut donc correspondre, ni à un caractère observable, ni à son délégué, la gemmule. D'où la nécessité de distinguer entre ce qu'on voit, le caractère, et quelque chose d'autre qui sous-tend le caractère; entre ce que la génétique du XXe siècle désignera par phénotype et génotype. Si le premier est déterminé par le second, il ne l'exprime qu'en partie. Les caractères ne font que traduire la présence cachée de particules, d'unités, de ce que Mendel appelle des « facteurs ». Ceux-ci sont indépendants les uns des autres et chacun d'eux gouverne un caractère observable. La plante possède chaque facteur en deux exemplaires, issus chacun d'un parent, soit par le pollen, soit par l'œuf. Ce que transmet l'hérédité, ce n'est donc ni une représentation globale de l'individu, ni une série d'émissaires venus de tous les points du corps des parents pour se réagencer chez l'enfant comme les pierres d'une mosaïque. C'est une collection d'unités discrètes qui régissent chacune un caractère. Chaque unité peut exister dans des états différents qui déterminent les formes différentes du caractère correspondant. Comme tout organisme reçoit de chaque parent un jeu complet d'unités, celles-ci se réassortissent au hasard au cours des générations. L'organisation qu'étudient les anatomistes, les histologistes et les physiologistes, cette structure d'ordre deux à quoi se réfèrent les formes et les propriétés d'un être vivant ne suffit donc plus à expliquer l'hérédité. Il faut faire appel à une structure d'ordre plus élevé, plus cachée encore, plus profondément enfouie dans le corps. C'est dans une structure d'ordre trois qu'est logée la mémoire de l'hérédité.

Ainsi l'attitude même qui conduit Boltzmann à lier les propriétés des corps à leur structure interne pour en tirer la loi régissant l'évolution de la matière ouvre à Mendel un accès à l'analyse de l'hérédité et à la connaissance de ses lois. Dans les deux cas, on a affaire à des éléments discontinus. Dans les deux cas, on ne peut prévoir la conduite d'un seul élément livré au jeu du hasard. Dans les deux cas enfin, on réussit à extraire un ordre du hasard par le traitement statistique de grandes populations. Qu'il s'agisse des facteurs de l'hérédité ou des molécules d'un gaz, le comportement de chaque unité n'a pas d'importance. La combinaison des caractères réalisée dans une plante particulière n'a pas plus d'intérêt pour Mendel que la trajectoire d'une molécule particulière pour Boltzmann. C'est à ce prix que l'hérédité devient un objet d'analyse. Aux humeurs, aux forces obscures, aux desseins mystérieux qui, depuis l'antiquité, semblaient façonner les caractères des êtres vivants, la méthode expérimentale vient alors substituer de la matière, des particules et des lois. C'est toute la représentation des êtres vivants qui se trouve ainsi bouleversée. En bonne logique, c'est toute la pratique de la biologie qui devrait en être transformée. En réalité, il n'en est rien. Le cas Mendel fournit un bon exemple de l'impossibilité qu'il y a à tracer une histoire linéaire des idées, à retrouver une succession d'étapes qu'aurait délibérément suivie la logique. Car si l'œuvre de Mendel s'accorde à la physique de son temps, elle reste sans la moindre influence sur la manière dont ses contemporains font de la biologie. C'est le XXe siècle qui fera de Mendel le créateur de la génétique et de son premier mémoire l'acte de naissance de cette science. Jusqu'au tournant du siècle, cette œuvre reste ignorée ou négligée. Non que le Père Gregor Mendel soit un inconnu pour les hommes de science de son temps. C'est peut-être un amateur, mais il est lié à nombre de biologistes parmi les plus fameux. A plusieurs, il décrit en détail ses expériences dans de longues correspondances, sans en retenir l'attention. Lorsqu'un soir de février 1865, Mendel vient lire sa première communication à la société locale de sciences naturelles, il y a une quarantaine de personnes dans la Realschule de Brno. Dans l'assemblée, des naturalistes, des astronomes, des physiciens, des chimistes, bref un public averti. Pendant une heure, Mendel parle de l'hybridation des pois. Les auditeurs éprouvent de l'amitié pour la personne du conférencier. Tout en s'étonnant d'entendre l'arithmétique et le calcul des probabilités intervenir dans l'hérédité, le public écoute avec patience et applaudit avec politesse. Quand Mendel a fini son rapport, chacun rentre chez lui sans manifester la moindre curiosité. « Comme je m'y attendais j'ai rencontré beaucoup d'opposition, écrit Mendel à Nägeli; mais pour autant que je sache, personne n'a pris la peine de répéter mes expériences [1] ». Quand meurt Mendel quelques années plus tard, c'est un homme honoré pour ses fonctions sociales, ignoré pour son œuvre. Au début du siècle suivant, quand sera « redécouverte »

1. Lettre à Carl Nägeli, 18 avril 1867, repr. in *Great Experiments in Biology*, p. 229.

cette œuvre, on trouvera bien souvent non coupées les pages de la revue contenant le mémoire de Mendel.

Comment dire alors que l'esprit n'attend que des idées nouvelles pour s'en emparer et les exploiter? Comment voir le développement des sciences comme guidé par la seule finalité de la logique? Celle-ci ne peut manœuvrer que dans l'espace assigné par l'attitude du moment, autour des objets alors offerts à l'analyse. Pour que se constitue une génétique, il faut d'abord que la fin du XIXe siècle transforme l'étude de la cellule : qu'elle en affine la structure, en révélant l'existence des chromosomes et de leurs mouvements réglés comme un ballet; qu'elle en modifie le rôle aussi en substituant au mécanisme de la pangenèse celui du « germen », lignée cellulaire réservée à la seule reproduction et protégée des vicissitudes qui touchent les corps vivants.

Le jeu des chromosomes

Après le milieu du XIXe siècle, l'effort des biologistes se concentre pour une bonne part sur la cellule. Celle-ci n'est plus seulement l'unité élémentaire de tout être vivant, le terme ultime de l'analyse anatomique. Elle devient le lieu où s'articulent les activités de l'organisme, le « foyer de vie » dit Virchow. Dans les cellules s'effectuent les réactions du métabolisme et s'élaborent les molécules caractéristiques du vivant. Par leur différenciation se forment les organes et s'échafaude le corps de l'adulte. A travers leur division se perpétue l'organisation. Il n'y a plus désormais de cellule qui ne naisse d'une autre cellule. La reproduction s'effectue par une « excroissance de l'individu », dit Haeckel. Comme on le voit avec netteté chez les êtres unicellulaires qui se multiplient en se divisant, les phénomènes de l'hérédité traduisent en réalité ceux de la croissance. Chacun de ces petits organismes grandit jusqu'au point de se couper en deux moitiés, identiques non seulement par la taille mais aussi par la forme et la structure. On comprend alors pourquoi le rejeton ressemble à son ancêtre : il en est un fragment. Les choses ne se passent pas autrement avec les êtres pluricellulaires qui se forment par la multiplication d'une seule cellule initiale, l'œuf. Le corps d'un tel organisme peut se comparer à une colonie de cellules où la division du travail exige la différenciation des unités. De sorte que certaines cellules se trouvent en mesure de remplir seulement les fonctions nécessaires à la respiration, d'autres à la reproduction, ou à la locomotion, ou à la digestion. Qu'il s'agisse d'un être unicellulaire ou d'un organisme complexe, l'hérédité résulte toujours de la continuité des cellules. C'est donc dans l'espace de la cellule que doivent se loger, et les réactions chimiques qui donnent sa spécificité à l'organisme, et le système qui lui confère la propriété de produire son semblable. Les cellules germinales contiennent, non plus en effigie mais en puissance, l'ébauche de l'organisme à naître. Dans ces gouttes de substances albumineuses est déjà renfermée la spécialisation de toutes les cellules qui en dériveront. C'est donc sur le fonctionnement de la cellule et sur sa division que converge l'analyse.

Il n'est pas question de faire une zoologie des cellules. Il ne s'agit pas de préciser, dans un organisme, la position, les relations, les propriétés de toutes les unités qui le composent; d'en connaître la filiation exacte; d'en dresser une carte détaillée. En réalité, il y a fort peu de chances de jamais pouvoir débrouiller l'enchevêtrement des cellules et des fibres dans un organisme complexe. Mais si les cellules d'un animal diffèrent entre elles par la forme, l'emplacement, la fonction, elles n'en sont pas moins construites sur un même modèle. Par-delà leur diversité, elles présentent une unité de structure. Quelles que soient sa nature et son origine, une cellule apparaît toujours comme un corpuscule à demi liquide, constitué par une substance albumineuse, le protoplasme. Elle contient toujours un noyau, plus ou moins petit, plus ou moins arrondi, formé également d'une substance albumineuse. Bien souvent elle est entourée d'une membrane, parfois remplie de particules. Mais ce qui domine l'organisation de la cellule, c'est la présence de deux constituants majeurs. « Noyau et protoplasme, dit Haeckel [1], noyau cellulaire interne et substance cellulaire externe, voilà les deux seules parties essentielles de toute vraie cellule. Tout le reste est secondaire, accessoire. » Il faut donc distribuer les rôles, préciser la composition et la fonction de chacun des deux constituants afin de déterminer ce que transmet la cellule à ses descendants pour qu'ils se forment à son image.

La cytologie, la science qui cherche à explorer l'espace de la cellule, conjugue des intérêts fort variés : pour la physiologie, pour le développement de l'embryon, l'hérédité, l'évolution tout autant que pour la morphologie.

1. *Anthropogénie*, trad. franç., Paris, 1877, p. 84.

L'unité est apportée par la méthode, le langage et le matériel. A la fin du XIXe siècle, le microscope optique a atteint le maximum de résolution que lui permet la physique. Mais par l'emploi de composés qui colorent sélectivement certaines des structures de la cellule, les cytologistes accroissent leurs moyens de discrimination et d'identification. Ils trouvent même ainsi un accès à la composition chimique des constituants cellulaires : le noyau, par exemple, se colore aisément par certaines substances basiques. Peu à peu le paysage qui se dévoile au fond du microscope prend du relief. En décrire les détails exige l'emploi d'un langage nouveau. La fin du siècle élabore tout un vocabulaire inédit en juxtaposant des racines grecques ou latines, voire en les hybridant. Le discours du biologiste devient rapidement impénétrable pour le non-initié. La facilité qu'il y a à colorer le noyau, par exemple, est fort simplement évoquée par le radical « chrome ». D'où le nom de « chromatine » donné par Flemming à la substance qu'il contient; celui de « chromosomes » donné par Waldeyer aux filaments qu'on y distingue; de « chromomères » donné par Balbiani et Van Beneden aux bandes qui strient les chromosomes en travers; de chromatides, chromidies, chromidiogamie, chromioles, chromocentres, chromonèmes, chromoplastes, chromospires, etc. La précision des détails se mesure à celle des noms. Enfin, la cytologie se distingue par le matériel qu'elle emploie. Comme elle cherche à analyser, non pas les caractéristiques de certains types cellulaires, mais les attributs communs à l'ensemble des cellules, elle a toute liberté de choix. Elle peut alors se concentrer sur quelques organismes qui, par leur structure et leurs propriétés, offrent des avantages pour l'observation et l'expérimentation. Il apparaît ainsi quelques organismes privilégiés sur quoi converge l'attention des spécialistes dispersés par la géographie, la discipline, l'intérêt même. Il existe deux sortes de matériel particulièrement favorables. D'un côté, on dispose des êtres unicellulaires, les Protistes, où le cycle de reproduction est semblable à celui des êtres multicellulaires. Au lieu de rester unies pour former un seul corps, les cellules des Protistes demeurent séparées et vivent indépendamment les unes des autres. « Chez les Protozoaires, dit R. Hertwig [1], il n'y a qu'une seule sorte de reproduction, à

1. *Die Protozoen und die Zelletheorie*, in *Archiv für Protistenkunde*, 1902, I, p. 1.

savoir la division cellulaire. » Physiologiquement, un protozoaire constitue un individu, au même titre qu'un métazoaire : mais par sa morphologie et son mode de formation, on peut le comparer aussi bien à une cellule germinative qu'à une cellule isolée d'un métazoaire. Les protozoaires forment ainsi un matériel simple, adapté à l'analyse de la division cellulaire dont ils présentent l'aspect le plus pur, le plus dénudé. De l'autre côté, il y a, parmi l'infinie diversité des êtres multicellulaires, des formes qui se prêtent plus particulièrement à l'observation du noyau cellulaire, des cellules germinatives et du développement embryonnaire. C'est parmi ces êtres privilégiés qu'il faut choisir son matériel en fonction du but poursuivi. Si l'on s'intéresse à la division de la cellule, à la morphologie du noyau, à son mode de formation, alors il faut utiliser l'Ascaris, ver parasite du cheval, dont Van Beneden et Boveri révèlent les vertus. « L'Ascaris constitue un matériel imbattable, dit Boveri [1]. On peut conserver les œufs pendant des mois au froid et au sec. Quand on a le temps de travailler, on les place à la température de la chambre et ils continuent à se développer lentement. Si on veut accélérer temporairement le développement, on les met à l'étuve. Si on veut l'arrêter, on les remet au froid et on les retrouve toujours dans l'état où on les a laissés. » Et surtout, le noyau y est particulièrement simple; le nombre des chromosomes petit, quatre en général, et même deux dans un certain type; on peut aisément les reconnaître, en observer les figures et le comportement; les voir se cliver, puis se disposer le long d'une sorte de fuseau qui les attire aux deux pôles opposés lors de la division cellulaire; bref, c'est l'organisme idéal pour analyser le mécanisme par quoi une cellule en donne deux semblables. Si, plutôt qu'à la division cellulaire, on s'intéresse aux cellules germinales, à la fertilisation, au développement de l'embryon, alors il faut recourir à la grenouille, et surtout à l'oursin, dont O. Hertwig et Boveri dévoilent les avantages : l'ovule est transparent, facile à observer; le spermatozoïde petit avec un noyau condensé simple à repérer. On peut placer un ovule et du sperme dans une coupelle pleine d'eau de mer et voir les spermatozoïdes venir se coller à l'œuf. « Mais une seule cellule spermatique atteint son but, dit Boveri [2], la première qui touche la

1. Cité dans F. Baltzer, *Theodor Boveri*, Berkeley, 1967, p. 121
2. *Ibid.*, p. 70.

surface nue de l'œuf. » On peut suivre le trajet du noyau mâle qui vient s'unir au noyau femelle; on peut contempler les divisions successives qui se déroulent alors dans l'œuf selon un ordre rigoureux dans le temps et dans l'espace; bref, on observe dans le détail cette sorte de miracle par quoi des fragments détachés de deux individus, l'un mâle et l'autre femelle, se pénètrent pour donner naissance à un organisme nouveau et identique.

Avec l'œuf d'oursin, l'étude de la cellule et du développement embryonnaire passe même de l'observation à l'expérimentation. Il devient possible, en effet, d'agir sur les cellules germinales ou sur l'œuf en voie de développement, voire même de modifier les conditions chimiques et physiques de la fécondation artificielle. En secouant avec vigueur des œufs non fécondés, les Hertwig parviennent à les briser en morceaux qui peuvent encore être fertilisés par le sperme de la même espèce. En traitant des œufs par certains composés, Boveri réussit à les fertiliser chacun par plusieurs spermatozoïdes; en secouant alors ces œufs, il observe des distributions anormales de chromosomes dans les cellules qui s'y divisent. En augmentant la concentration de sel dans l'eau de mer ou en exposant les œufs à des traitements chimiques ou physiques variés, Loeb induit la parthénogénèse artificielle. En isolant une cellule d'un œuf fécondé qui a commencé sa segmentation, Driesch obtient un développement complet, qui produit un organisme petit, certes, mais achevé. Au XXe siècle, la virtuosité technique des embryologistes ne cessera de croître. Au point de leur permettre d'intervenir dans l'œuf sur les cellules de leur choix; de les détruire à volonté; d'y injecter certaines substances, voire des extraits d'autres embryons; d'enlever le noyau d'un œuf pour en substituer un autre. L'effet se mesure aux lésions qui se développent dans l'embryon, à l'étape qu'il atteint dans son développement, aux monstruosités qui apparaissent. Même la formation de l'embryon devient ainsi accessible à la méthode expérimentale.

Pour la cytologie du XIXe siècle, il s'agit d'abord de distinguer la part prise dans le fonctionnement de la cellule par ses deux constituants principaux, le noyau et le cytoplasme. Peu à peu, c'est le noyau qui vient occuper le devant de la scène. Et dans le noyau, c'est aux chromosomes qu'est attribué le premier rôle. La constance de leur nombre et de leurs formes, la sûreté de leurs mouvements, la précision de leur répartition dans les produits de la division cellulaire, tout concourt à leur donner une position exceptionnelle. On voit les chromosomes grossir, puis s'effiler, disparaître et reparaître plus tard avec la même forme qu'auparavant. On les voit se fissurer en longueur, en deux parties identiques, attirées chacune vers un pôle, comme par un « centre magnétique », dit Van Beneden. Ils manifestent une continuité à travers le cycle de la cellule. Ils ont une individualité, une structure caractéristique à certaines étapes. Ce sont des « éléments organisés qui ont, dit Boveri [1], une existence autonome dans la cellule ». Et surtout ils ont le pouvoir extraordinaire, en se dédoublant et en se regroupant à chaque pôle, de reformer deux noyaux identiques à celui dont ils dérivent. On peut distinguer les chromosomes les uns des autres, suivre leur évolution, les compter. Ils vont par paires : deux groupes de deux chez l'Ascaris, sauf dans les cellules germinales, l'ovule et le spermatozoïde, dont le noyau n'héberge chacun que deux chromosomes. Mais par la fusion de ces noyaux lors de la fertilisation se reconstitue un jeu complet de chromosomes, issus pour moitié du père et pour moitié de la mère. Toute anomalie dans le nombre des chromosomes ainsi reformés, tout excès, tout défaut entraîne des perturbations dans l'évolution de l'embryon. « Le développement normal, dit Boveri [2], dépend d'une combinaison particulière de chromosomes; et cela peut seulement signifier que, pris individuellement, les chromosomes possèdent des qualités différentes. » C'est donc une structure aux propriétés exceptionnelles qui apparaît ainsi dans la profondeur du noyau. Une structure qui a cette propriété, unique dans la cellule, de se dédoubler avec exactitude.

En même temps, la dualité de constitution, d'abord observée dans la cellule, s'étend à l'ensemble de l'organisme. Jusque-là on ne distinguait pas entre les éléments chargés soit de sa structure, soit de sa reproduction. L'enfant représentait une excroissance des parents, dont chaque portion déléguait à travers les cellules reproductrices une sorte de germe destiné à la reformer exactement à la génération suivante. La même particule devait donc successivement entrer dans la composition d'un organe chez le parent, d'une cellule reproductrice, puis du même organe chez l'enfant.

1. Cité dans F. Baltzer, *Theodor Boveri*, p. 68.
2. Cité dans E. B. Wilson, *The Cell in Development and Heredity*, 1925, p. 916.

« Il est probable, disait Huxley [1], que chaque partie de l'adulte contient des molécules dérivées du parent mâle et du parent femelle; et que, considéré comme une masse de molécules, l'organisme entier peut se comparer à un tissu dont la trame dérive de la femelle et la chaîne du mâle. » Mais avec ce que Nägeli distingue par les mots « trophoplasme » et « idioplasme », apparaît une dualité dans l'ensemble de l'organisme. Le trophoplasme, qui constitue la majeure partie du corps, est chargé des opérations de nutrition et de croissance. L'idioplasme, au contraire, ne représente qu'un composant mineur en volume, mais joue un rôle essentiel dans la reproduction et le développement : c'est le substrat de l'hérédité. Contenu dans l'œuf, il en dirige l'évolution et le développement; il se répand dans l'ensemble de l'organisme pour y former une sorte de trame directrice. Si l'œuf de poule diffère de l'œuf de grenouille, c'est qu'il héberge un idioplasme différent. L'espèce est contenue dans l'œuf tout autant que dans l'organisme adulte. L'idioplasme représente une substance fort complexe, formée par l'assemblage de particules ou « micelles » en nombre énorme. D'après un calcul de Nägeli, un volume d'un millième de millimètre cube peut contenir jusqu'à quelque quatre cents millions de micelles. C'est la répartition de ces micelles, leur distribution dans l'idioplasme, qui assure la spécificité de ce dernier. Ainsi la reproduction des formes à travers les générations n'est plus réalisée par des délégués de chaque partie du corps réunis dans l'œuf, mais par une substance particulière qui dirige le développement. Parmi les biologistes, Nägeli était sans doute l'un des mieux placés pour donner une interprétation à l'œuvre de Mendel. C'est à lui notamment que Mendel communique ses résultats par une série de lettres; mais sans le moindre effet.

Avec Weismann s'accuse encore la distinction entre deux types de constituants. En outre, elle change de nature. Elle ne concerne plus des substances diffuses dans le corps, mais les cellules elles-mêmes. La reproduction met en jeu des cellules d'un type particulier, les cellules germinales, qui diffèrent de celles constituant le corps, ou cellules somatiques, à la fois par leur fonction, leur structure et même leur rôle dans l'évolution. Les cellules germinales contiennent une substance « à laquelle sa constitution physico-chimique, dit Weismann [2], y compris sa nature

1. *Evolution*, in *Science and Culture*, Encycl. Britt., 1878, p. 296.
2. *Essais sur l'hérédité*, trad. franç., Paris, 1892, p. 171.

moléculaire, donne la faculté de devenir un nouvel individu de la même espèce ». C'est la qualité de cette substance qui décide si l'organisme à naître doit devenir lézard ou homme, s'il doit être grand ou petit, s'il doit ressembler à son père ou à sa mère. La reproduction repose entièrement sur la nature et les propriétés des cellules germinales. Celles-ci « n'ont pas d'importance pour la vie de celui qui les porte, mais elles seules conservent l'espèce » [1]. Cette discrimination entre la nature des cellules entraîne deux conséquences importantes.

Tout d'abord se renverse, pour ainsi dire, la proposition selon laquelle l'enfant n'est qu'un bourgeonnement des parents. Pour Weismann, tandis que les cellules germinales peuvent donner naissance aux deux types, les somatiques ne forment jamais que des somatiques. Les cellules germinales ne peuvent donc être considérées comme un produit de l'organisme. Dans les générations successives d'animaux, elles se comportent comme une lignée d'êtres unicellulaires qui se reproduisent par fission. Au long de cette lignée se différencient les cellules somatiques. Les corps des animaux viennent s'y greffer latéralement en quelque sorte. On a donc « pour la reproduction des êtres multicellulaires, dit Weismann [2], le même processus que pour celle des animaux unicellulaires : une division continue de la cellule germinale, et la différence ne consiste que dans le fait qu'ici la cellule germinale ne forme pas l'individu tout entier, mais que celle-ci est entourée... de milliards de cellules somatiques dont l'ensemble seulement forme l'unité supérieure de l'individu ». Comme les cellules germinales se reproduisent par fission, à la manière des protozoaires, elles contiennent toujours la même substance héréditaire. Les organismes qui en dérivent sont donc nécessairement identiques entre eux. La lignée germinale forme l'ossature de l'espèce sur quoi s'insèrent les individus comme des excroissances. Ce n'est plus la poule qui produit l'œuf. C'est, selon le mot de Butler, l'œuf qui a trouvé dans la poule le moyen commode de refaire un œuf.

Mais la distribution entre germen et soma a encore une autre conséquence. Si les cellules germinales dérivent directement de celles de la génération précédente, si elles ne sont pas produites par le corps de géniteur, elles se trouvent du même coup à l'abri de tout ce qui peut arriver

1. *Essais sur l'hérédité*, p. 124.
2. *Ibid.*, p. 125.

à celui-ci. Quelque avatar que puisse subir un organisme, ses cellules germinales, donc sa descendance, se trouvent hors d'atteinte. Comment les caractères acquis par un être vivant pourraient-ils alors être transmis héréditairement? « Tous les changements dus à des influences extérieures, dit Weismann [1], sont de nature passagère et disparaissent avec l'individu. » Ce sont là des épisodes transitoires qui intéressent des organismes particuliers, non l'espèce. Les individus qui la forment n'ont aucune influence sur la charpente de l'espèce. A l'abri des aventures, les cellules germinales continuent à se reproduire identiques à elles-mêmes. L'organisme ne peut acquérir aucun caractère auquel il ne soit prédisposé par l'hérédité. Dans l'œuf se trouvent déjà déterminés tout l'avenir de l'individu, ses formes, ses propriétés. S'il reste encore à l'action des conditions externes une marge de manœuvre, elle est « restreinte et ne forme qu'une petite région mobile autour d'un point fixe qui est formé lui-même par l'hérédité » [2]. Constante au sein de l'espèce, la nature des cellules germinales varie d'une espèce à l'autre. Ce qui se transforme pour permettre l'apparition de formes nouvelles, ce sont non pas les individus eux-mêmes, mais les « dispositions héréditaires » contenues dans ces cellules. « La sélection naturelle, dit Weismann, n'opère en apparence que sur les qualités de l'organisme adulte, mais en réalité elle opère sur les dispositions cachées dans la cellule germinale. »

C'est toute la manière de considérer l'hérédité qui est ainsi bouleversée. Jusque-là, la possibilité d'hériter des caractères acquis n'avait jamais été sérieusement mise en question. Depuis l'antiquité, que ce soit chez les Égyptiens, les Hébreux ou les Grecs, tous les textes étaient truffés d'histoires où les enfants perpétuent le résultat d'incidents survenus aux parents. C'est ce genre de relation qu'avait systématisé Lamarck pour en faire le mécanisme des transformations locales, le coup de patte des circonstances par quoi il devient possible à l'organisme de s'adapter étroitement à son milieu. L'hérédité des caractères acquis s'apparente à toute une série de superstitions, à la génération spontanée, à la fécondité des hybridations entre espèces, bref à tous les aspects d'un vieux mythe par quoi se fondaient dans la création l'homme, les bêtes et la terre. Plus que toute autre, la transmission de l'acquis a

1. *Essais sur l'hérédité*, p. 318.
2. *Ibid.*, p. 154.

résisté à l'expérimentation. Plus que toute autre, elle a contribué à freiner l'analyse du vivant en général, de la reproduction en particulier. Même pour Darwin qui faisait reposer l'évolution sur les fluctuations survenant spontanément dans toute grande population, la pangenèse laissait place à une influence directe des conditions externes sur les caractères héréditaires. Pour Weismann, au contraire, le milieu n'a plus le moyen d'enseigner l'hérédité. La lignée germinale se trouve à l'abri de toute variation qui peut survenir dans les individus de l'espèce. Aucune des prétendues transmissions de caractères acquis ne résiste à l'analyse. Aucun des organismes mutilés de génération en génération n'engendre une descendance elle-même mutilée. On peut bien, dès leur naissance, couper systématiquement la queue de tous les souriceaux d'une lignée : après cinq générations, les centaines de petites souris formées possèdent toujours une queue normale et en moyenne celle-ci a la même longueur que celle des ancêtres. Ce qui peut arriver à un individu n'influe pas sur sa descendance. L'hérédité est séparée de toute fantaisie locale, de toute influence, de tout désir, de tout incident. Elle se loge dans la matière et dans son arrangement. « L'essence de l'hérédité, dit Weismann [1], est la transmission d'une substance nucléaire d'une structure moléculaire spécifique. » Seuls les changements de cette substance, ses « oscillations » sont en mesure d'entraîner des changements durables chez les êtres vivants. Tout le mécanisme de l'hérédité, de la variation, de l'évolution se fonde, non pas sur la persistance de l'acquis à travers les générations, mais sur les vertus d'une structure moléculaire.

Ainsi, à la fin du siècle, apparaissent deux éléments nouveaux. D'un côté, la cytologie révèle, dans le noyau de la cellule, l'existence d'une structure aux propriétés peu communes. De l'autre, l'analyse critique de la stabilité des espèces et de leur variation conduit à attribuer l'hérédité à la transmission d'une substance particulière. C'est d'un commun accord qu'on loge cette substance dans les chromosomes. Tout les désigne à cette tâche : la constance de leur nombre et de leur forme, la précision de leur clivage et de leur répartition lors de la division cellulaire; la réduction de leur nombre à la moitié dans les cellules germinales; leur fusion dans l'œuf lors de la fertilisation par quoi l'enfant reçoit son lot de chromosomes à parts égales de

1. *Essais sur l'hérédité*, p. 176.

son père et de sa mère. Il n'y a que la substance du noyau pour être en mesure de véhiculer la « tendance héréditaire ». Et cette tendance est à même de contenir non seulement les dispositions des parents, mais celles d'ancêtres plus lointains. Chacune des cellules germinales qui s'unissent à la fécondation contient en effet des chromosomes issus du grand-père, de l'arrière-grand-père, etc. La substance venue des générations successives y figure « en proportion de leur éloignement dans le temps, dit Weismann [1], selon une raison qui va toujours en diminuant, d'après le même calcul appliqué jusqu'ici par les éleveurs au croisement des races pour déterminer la fraction de " sang noble " qui est contenue dans quelque descendant ». Les chromosomes du père constituent la moitié du noyau de l'enfant; ceux du grand-père n'y entrent que pour un quart; ceux de la dixième génération précédente pour 1/1024 et ainsi de suite. Les questions d'hérédité tombent sous le coup de mathématiques simples. A chaque génération se réassortissent les chromosomes issus du père et de la mère. C'est l'analyse statistique qui permet d'évaluer la contribution des différents ancêtres à la substance héréditaire d'un individu. « Dans les phénomènes biologiques, dit de Vries [2], les écarts de la moyenne suivent les mêmes lois que les écarts de la moyenne de tout autre genre de phénomènes qui ne sont régis que par le hasard. » Vivants ou non, tous les corps obéissent à la loi statistique.

Alors peut se développer une science de l'hérédité. On dit souvent que le tournant du XIXe au XXe siècle a « redécouvert » les lois de Mendel. Mais c'est surtout l'attitude de Mendel, celle de la mécanique statistique, qui est redécouverte. Même attention concentrée sur un petit nombre de caractères à l'exclusion des détails; même choix de caractères à différences suffisamment tranchées pour que s'introduise la discontinuité, même manière de dénombrer les descendants d'un croisement, de compter les types, de les distribuer en classes finies; même intérêt pour les populations et non pour les individus dont on consigne cependant le pedigree; même analyse des résultats par un traitement statistique; même représentation par une symbolique factorielle; même distinction entre ce qui se voit et ce qui se cache. D'où, bien sûr, mêmes phénomènes, mêmes conclusions, mêmes lois. Si générale est

1. *Essais sur l'hérédité*, p. 175-176.
2. *Espèces et variétés*, trad. franç., Paris, 1909, p. 458.

devenue l'attitude conduisant à l'analyse de l'hérédité que l'œuvre de Mendel, ignorée pendant plus de trente ans, est « retrouvée » simultanément en Allemagne, en Autriche, en Hollande puis en Angleterre, aux États-Unis et en France. L'essor que connaît la génétique dès les premières années du siècle vient de l'importance qu'y attache l'économie tout autant que la biologie. Pour s'intéresser à l'hérédité, il y a ceux qui s'occupent d'évolution. Mais il y a aussi ceux qui cherchent à accroître le rendement de l'agriculture et de l'élevage. Qu'on analyse le mécanisme de la variation ou qu'on tente d'améliorer les variétés de plantes et d'animaux, les méthodes et les problèmes ne diffèrent guère. A l'effort des biologistes se joint alors celui des éleveurs et des agronomes qui disposent de moyens considérables. Tous se retrouvent ainsi dans certaines sociétés, comme l'Association des Éleveurs américains [1], dont le président définit ainsi les buts : l'association « a suggéré que les biologistes se tournent pour un temps des intéressants problèmes de l'évolution historique vers les besoins de l'évolution artificielle. Elle demande aux éleveurs, qui trouvent des bénéfices financiers dans l'élevage d'êtres vivants, de faire une pause de temps à autre et d'étudier les lois de l'hérédité. Elle invite les éleveurs et les biologistes à s'associer pour leur bénéfice mutuel ». Ainsi, à ses débuts, l'analyse de la génétique s'applique-t-elle souvent à des organismes qui ont de l'importance dans les affaires humaines, comme le blé, le maïs, le coton ou les animaux de ferme.

Les qualités du matériel jouent un grand rôle en génétique. « Pour l'étude des lois générales de l'hérédité, dit de Vries [2], il faut exclure complètement les cas complexes et considérer la pureté héréditaire des parents comme une des premières conditions du succès. Il faut en outre que la progéniture soit nombreuse, puisque ni la constance, ni les proportions exactes dans le cas d'instabilité ne peuvent être déterminées avec un petit lot de plantes. Enfin, pour arriver à un choix défini du matériel de recherche, on doit se souvenir que l'objet capital est d'établir les relations qui unissent les descendants à leurs parents. » Ce sont d'abord les botanistes, de Vries, Correns, Tschermak, qui retrouvent l'attitude de Mendel. Les plantes, en effet, se prêtent particulièrement bien à l'étude de

1. *Proceedings*, vol. 1-5, 29 déc. 1903.
2. *Espèces et variétés*, p. 179-180.

l'hérédité : l'agriculture en produit d'énormes populations; on en maîtrise les processus de fertilisation; certains caractères en sont aisés à discerner. L'analyse s'étend ensuite aux petits animaux de laboratoire, au cobaye, au lapin, au rat. Mais l'expérimentation demande un matériel aux vertus exceptionnelles. Elle réclame un organisme suffisamment peu exigeant pour qu'on l'élève sans difficulté au laboratoire; suffisamment petit pour qu'on en manipule des populations importantes dans un espace réduit; suffisamment rapide à la reproduction pour qu'on en observe les générations successives dans un délai restreint. Les caractères doivent en être aisés à observer, les amours fréquentes et la fertilité élevée. Ses cellules doivent se prêter à l'examen microscopique et le nombre de ses chromosomes être suffisamment peu élevé pour qu'on en repère les particularités. Cet oiseau rare existe : c'est la mouche. Pendant près d'un demi-siècle, les généticiens examineront avec ferveur les yeux, les ailes et les poils de la drosophile, mise à la mode par Morgan.

Les techniques et les méthodes adoptées par la génétique la mettent en mesure d'analyser, d'une part le mécanisme de la variation chez les êtres vivants, d'autre part les caractéristiques de la structure qui sous-tend l'hérédité. Tout d'abord, à considérer, non pas quelques individus isolés, mais des centaines, voire des milliers, de plantes ou d'animaux, on voit se modifier des caractères dans la population. Pendant la seconde moitié du XIXe siècle, les variations naissaient de l'accumulation progressive de changements minimes qui, séparément, échappaient souvent à l'œil. Que l'hérédité soit transmise par des extraits de chaque cellule comme pour Darwin, ou par une substance du noyau comme pour Weismann, c'étaient les fluctuations subies par chaque caractère qui étaient à l'origine des variations et de l'évolution. D'un individu à l'autre, l'intensité d'un caractère n'est jamais rigoureusement identique au sein de l'espèce. Elle s'accentue ou s'atténue selon les cas. Dans une population, la fluctuation ne manque jamais et jamais non plus les « oscillations » d'un caractère ne s'écartent beaucoup d'une moyenne. Mais ces déviations finissent par s'accumuler et entraîner des variations d'importance, dès qu'un tri exercé délibérément par l'éleveur, ou spontanément par les conditions de milieu, oriente la pression de sélection toujours dans le même sens. Au début du XXe siècle, la variation des caractères change totalement de mécanisme.

Pour de Vries [1], elle ne s'opère plus par une série de modifications insensibles, mais par des changements brusques et tranchés. « Les espèces ne se transforment pas graduellement mais restent inaltérées pendant toutes les générations successives. Subitement, elles produisent de nouvelles formes qui diffèrent nettement de leurs parents et qui, de suite, sont aussi parfaites, aussi constantes, aussi bien définies et aussi pures qu'on peut l'attendre d'une espèce quelconque. » Ainsi la nature fait des sauts. Le moyen qu'elle emploie pour produire des variétés et des espèces nouvelles, c'est la mutation.

Contrairement aux fluctuations, aux changements insensibles, aux gradations, les mutations sont accessibles à l'observation et à l'expérimentation. Pour peu que le matériel soit approprié, la souche pure, la population assez grande, on peut en mesurer la fréquence d'apparition, en préciser les caractéristiques, établir les lois qui les régissent. Et ces lois se résument dans une série de mots : rareté, soudaineté, discontinuité, répétition, stabilité, hasard, généralité. Tout d'abord la mutation est rare : au cours des générations successives, la grande majorité des individus n'est pas modifiée; « les chances de trouver des mutantes en nombre élevé sont très réduites, dit de Vries [2]; on doit s'attendre à ce qu'elles forment une très faible proportion de la culture ». Les formes mutantes, apparaissent « subitement », « sans qu'on les attende ». Elles possèdent d'emblée « tous les caractères du nouveau type, sans intermédiaires », il y a « une absence totale de transition entre les individus normaux et les formes mutantes ». Celles-ci ont une descendance stable; les formes nouvelles persistent à travers les générations et sont héritées à leur tour; elles ne manifestent aucune « tendance à retourner graduellement à la forme originale ». Les formes mutantes surgissent, non pas une fois, mais régulièrement et « les types se répètent dans les générations successives ». Une mutation ne touche qu'un caractère à la fois. Mais quels que soient le matériel étudié et le caractère considéré, « les mutations sont la règle ». Enfin on ne trouve aucun sens privilégié aux mutations, aucune liaison entre leur production et l'effet des conditions externes, aucune corrrélation entre leur apparition et leur utilité. Elles surviennent au hasard et représentent

1. *Espèces et variétés*, p. 18.
2. *Ibid.*, p. 299.

aussi bien une « progression » qu'une « régression ». Elles se font « dans toutes les directions..., dit de Vries [1]; certains changements sont utiles, d'autres nuisibles, mais il y en a beaucoup qui n'ont pas d'importance, n'étant ni avantageux, ni désavantageux ». De sorte que toutes les qualités varient en tous sens. Elles fournissent ainsi « un matériel très considérable pour l'action du crible de la sélection naturelle ».

Le nouveau statut de la variation justifie *a posteriori* l'attitude adoptée empiriquement par Mendel d'abord, par la génétique ensuite pour analyser l'hérédité. La discontinuité introduite arbitrairement pour la commodité de l'expérimentation reflète en réalité la marche de la nature. Si un même trait peut revêtir des aspects bien tranchés, si on peut représenter ceux-ci par une série de symboles, c'est que le facteur déterminant le caractère doit lui-même occuper des états discrets. La modification de ce facteur ne se fait pas à travers une suite d'intermédiaires, mais par le passage brusque d'un état à un autre. Tout comme les changements de matière et d'énergie, les variations de l'hérédité se font par sauts quantiques. On peut même favoriser ces sauts et accroître la fréquence des mutations en exposant le sperme des drosophiles à un rayonnement X, comme le fait Muller, ou en traitant les organismes par certains composés chimiques. Mais qu'elles surviennent « spontanément » ou qu'elles soient « induites artificiellement », les mutations apparaissent toujours au hasard. On ne trouve jamais aucune relation entre leur production et les conditions externes, aucune direction imprimée par le milieu. En excluant définitivement toute transmission de caractères acquis, l'analyse des mutations précise le rôle respectif de l'hérédité et du milieu dans la formation des êtres vivants. Le milieu ne peut influencer l'organisme que dans les limites étroites des fluctuations autorisées par ce que Weismann appelait la « structure moléculaire de la substance héréditaire », et qui devient le « matériel génétique ». Hors de ces limites, point d'organisme.

L'autre affaire de la génétique, c'est d'explorer l'organisation et le mouvement de ce que Mendel désignait par « facteurs », et que nomme « gènes » le Danois Johannsen. L'expérimentation y trouve un accès par les phénomènes d'hybridation. Mais au lieu de croiser entre elles des

1. *Espèces et variétés*, p. 361.

variétés de provenance inconnue, on s'adresse désormais à des mutants de types différents mais issus d'une même lignée. Ce qu'on analyse alors, c'est le déterminisme même de la variation. Pour les premières années du XXe siècle, comme pour Mendel, les caractères, étudiés d'abord en petit nombre, donnent lieu régulièrement à des ségrégations indépendantes. Mais, à mesure que s'étend l'analyse et que s'accroissent le nombre et la diversité des mutations étudiées, se manifestent des anomalies. Certains groupes de caractères semblent « couplés » : ils ont tendance à rester unis à travers les générations successives. D'autres, au contraire, paraissent « se repousser ». Dans l'élevage de drosophiles que constitue Morgan, apparaît toute une série de mutations qui modifient la couleur de l'œil, celle du corps, la forme des ailes. Au cours des générations, ces caractères restent unis au sexe des animaux, comme par un lien invisible. Pour Morgan et ses collaborateurs, Bridges, Sturtevant et Muller, tout se passe comme si les gènes étaient arrimés à des structures linéaires, ou « groupes de liaison ». Chez la drosophile, la génétique distingue quatre groupes de liaison et la cytologie quatre chromosomes; on peut combiner les techniques et identifier ainsi chacun des premiers à chacun des seconds. On peut même associer le sexe de l'animal à l'une de ces structures. En fin de compte, c'est par le mouvement et la distribution des chromosomes, par l'échange de gènes entre chromosomes homologues, que se répartissent les différences héréditaires entre les individus d'une espèce. En déterminant les fréquences avec lesquelles s'unissent ou se séparent les caractères au cours des générations, on les dispose en ordre linéaire au long des chromosomes, à la manière de boules enfilées en chapelet. On peut estimer les distances relatives entre les gènes et dresser la carte génétique des espèces.

Pour le généticien, il existe donc trois manières d'analyser l'hérédité. Il peut regarder la fonction à travers les caractères; la mutation dans leurs changements; la recombinaison par leurs réassortiments. Chacune de ces méthodes lui permet de réduire le matériel génétique à des unités. Mais quel que soit le type d'analyse employé, le terme ultime est le même : c'est le gène qui représente à la fois l'unité de fonction, de mutation et de recombinaison. Ainsi le matériel de l'hérédité se résout en unités élémentaires qu'on ne peut fractionner. Les gènes deviennent comme les atomes de l'hérédité. Si, par mutation, un gène peut présenter plusieurs états discrets, un seul d'entre eux existe dans chaque chromosome. Par sa rigueur et son formalisme, une telle notion quantique de l'hérédité paraît souvent difficile à admettre pour les biologistes, eux qui, chaque jour, observent une sorte de continuité dans la variation. Elle s'accorde en revanche aux conceptions de la physique, puisque les qualités du vivant s'y trouvent réduites à des unités insécables et leurs combinaisons soumises aux lois des probabilités que régit le hasard. Pas plus que le mouvement d'un atome ou d'un électron isolé, on ne saurait prédire la combinaison particulière de gènes qui se formera chez un individu particulier. A la danseuse Isadora Duncan qui lui demande de lui faire un enfant réunissant la beauté de sa mère et l'intelligence de son père, Bernard Shaw oppose la chance égale de voir naître un rejeton possédant malheureusement la beauté de son père et l'intelligence de sa mère. Seules peuvent être mesurées des distributions et calculées des probabilités portant sur de grandes populations.

Parmi les constituants des êtres vivants, le matériel génétique joue un rôle privilégié. Il occupe le sommet de la pyramide et décide des qualités de l'organisme. Les autres composants sont chargés de l'exécution. Mais, sans le cytoplasme qui l'entoure, le noyau ne peut rien. C'est la cellule tout entière qui constitue l'unité élémentaire du vivant, qui en détient les propriétés, qui assimile, croît et se reproduit. Le gène représente le terme ultime de l'analyse génétique, mais il n'a aucune autonomie. Son expression dépend le plus souvent des autres gènes qui l'encadrent. C'est le matériel génétique tout entier, c'est la combinaison particulière de gènes réalisée dans un organisme, qui en détermine le développement, la forme et les propriétés. La sélection naturelle agit sur les populations en favorisant la reproduction de certains individus. Mais par là même, elle finit, à la suite d'un long détour, par atteindre le matériel génétique lui-même. Et cela en agissant à trois niveaux. D'abord sur le caractère, c'est-à-dire sur le gène lui-même : est favorisé l'état qui, d'une manière ou d'une autre, confère quelque avantage pour la reproduction. Ensuite sur l'individu considéré comme un assortiment de gènes : certaines combinaisons ont plus de chances d'avoir une descendance. Enfin sur l'espèce qui peut se concevoir comme la somme de tous les gènes contenus dans tous les individus qui la constituent : l'apparition de nouveaux gènes par mutation, celle de nouveaux assortiments par recombinaison donnent naissance à des formes nouvelles d'où la sélection naturelle extrait des espèces nouvelles. Par une sorte de cycle, le substrat de l'hérédité finit par être aussi celui de l'évolution.

Sous sa forme classique, la génétique appartient a ce domaine de la biologie qui interroge l'organisme entier ou des populations d'organismes. Elle ne cherche pas à dissocier l'animal ou la plante pour en reconnaître les constituants et en étudier le fonctionnement. La méthode d'analyse qu'elle utilise a été appelée celle de la « boîte noire ». L'organisme y est considéré comme une boîte fermée, qui contient quantité de rouages engrenés les uns dans les autres en un mécanisme fort complexe. Des chaînes de réactions s'y déroulent en tous sens, s'entrecroisent, se chevauchent. Chacune de ces chaînes affleure à la surface de la boîte par l'une de ses extrémités, le caractère. La génétique ne cherche pas à ouvrir la boîte pour en démonter les rouages. Elle se contente d'en examiner la surface pour en déduire le contenu. A travers le caractère visible, elle cherche à repérer l'extrémité invisible des chaînes de réactions, à déceler la structure qui, au fond de la boîte, en commande la forme et les propriétés. Quant aux rouages intermédiaires qui vont du gène au caractère, la génétique les ignore totalement. C'est en fin de compte à une représentation d'une extrême simplicité que conduit ce type d'analyse. Simplicité dans la mécanique à quoi est soumis le matériel génétique, comme le symbolise le mouvement des chromosomes, avec leur clivage, leur séparation, leur réassortiment. Simplicité aussi dans la structure elle-même puisque l'agencement des gènes se représente par la plus compréhensible des figures : la ligne droite. Le gène lui-même, l'élément d'hérédité, apparaît comme une structure à trois dimensions d'une redoutable complexité et sans prise pour l'expérimentation. Mais pour décrire ce qui sous-tend les formes, les propriétés et le fonctionnement d'un être vivant dans son ensemble, on imagine mal modèle plus simple qu'un segment de collier de perles. Toutes les variations de caractères, toutes les mutations correspondent à des changements dans la nature ou l'ordonnance des perles.

En quelques années, la théorie du gène a transformé la représentation du monde vivant. Les propriétés des animaux et des plantes, leur variation reposent en fin de compte sur la permanence d'une structure logée dans la cellule et sur ses performances. Cependant, même la méthode de la boîte noire a ses limites. Au début du siècle, elle avait permis de mettre en forme l'hérédité, de la représenter par un système de signes simples, de la soumettre au traitement mathématique. Mais, en se désintéressant des rouages, elle laisse un vide entre le gène et le caractère. A force de symboles et de formules, la génétique dessine une image de l'organisme de plus en plus abstraite. Être de raison, le gène se présente comme une entité sans corps, sans épaisseur, sans substance. A cette conception abstraite, il s'agit alors de substituer un contenu concret. La mécanique de l'hérédité requiert, dans les chromosomes, la présence d'une substance douée de deux rares vertus : le pouvoir de se reproduire avec exactitude et celui d'influencer par son activité les propriétés de l'organisme. Trouver la nature de cette substance, expliquer le mode d'action des gènes, combler le vide entre gène et caractère, tels deviennent les buts des généticiens vers le milieu du siècle. Mais ni l'attitude de la génétique, ni son matériel, ni ses concepts ne se prêtent à une telle analyse. Pour accéder aux détails de la structure qui commande l'hérédité, il ne suffit plus d'observer quelques caractères, d'en suivre les réassortiments à travers les générations, d'en mesurer les fréquences d'association. Il y faut une coopération de la génétique et de la chimie.

Les enzymes

A l'encontre de la génétique, la chimie des êtres vivants appartient à la branche de la biologie qui tente de réduire l'organisme à ses constituants. Pendant la seconde moitié du XIXe siècle, la chimie organique avait délimité son domaine. Il lui faut maintenant définir sa position en regard de la chimie minérale et préciser la nature des composés comme le mécanisme des réactions propres aux êtres vivants. Jusqu'alors, les chimistes organiciens s'efforçaient surtout d'identifier l'énorme variété des composés qu'ils isolaient et d'en faire l'analyse. Toutes ces substances se caractérisent par la présence de carbone. Mais on pouvait classer ces corps selon tout un éventail de critères : selon leur taille, et il y avait alors des molécules soit énormes, soit très petites; selon leur nature, et l'on distinguait les sucres, les graisses et les substances albumineuses; selon leur rôle, plastique ou métabolique; selon leur fonction, alcool, aldéhyde, éther, etc. A la liste déjà longue venaient sans cesse s'ajouter des substances nouvelles, comme cet acide riche en phosphore isolé par Miescher à l'époque même où Mendel hybridait des pois; sa localisation dans le noyau cellulaire lui valait le nom d'acide nucléique, sans qu'un emploi pût lui être trouvé. Mais l'analyse se bornait le plus souvent à isoler les corps à partir de produits naturels, à les séparer les uns des autres, à en modifier l'arrangement pour dénouer aussi subtilement que possible les liens qui y tenaient assemblés les éléments. Si les chimistes pouvaient décomposer les substances organiques, ils ne savaient pas les recomposer. Ils se déniaient eux-mêmes toute possibilité de synthèse. Les transformations qui accompagnent le flux de matière à travers un être défiaient les lois de la chimie minérale. Pour déplacer avec autant de sûreté les atomes ou les radicaux, pour guider avec une telle précision chaque élément vers sa place dans la molécule, pour produire aussi fidèlement des composés spécifiques, il fallait autre chose que les forces utilisées au laboratoire : il fallait une force vitale. Placée à l'exacte limite entre le vivant et l'inanimé, la chimie organique élevait là une barrière qu'elle voyait à jamais infranchissable.

Après le milieu du siècle, se modifie l'attitude de la chimie et s'efface peu à peu la nécessité d'un recours à une force échappant aux lois de la physique. La plupart des obstacles dressés entre chimie organique et chimie minérale s'effritent l'un après l'autre. Tout d'abord le concept d'énergie et celui d'équivalence viennent jouer l'un des rôles dévolus jusque-là à la force vitale. Il existe de l'énergie dans la structure même d'un composé chimique, c'est-à-dire dans les forces qui lient entre eux les atomes de la molécule. Si ces liaisons sont rompues et les atomes réarrangés en une structure nouvelle à liaisons plus faibles, l'excès d'énergie apparaît sous forme de chaleur, de lumière, d'électricité ou sous forme mécanique. On peut calculer l'énergie contenue dans un composé et mesurer la quantité de chaleur que libère une réaction. Quand brûle du charbon, par exemple, se rompent les liaisons qui unissaient entre eux les atomes de carbone d'une part, ceux d'oxygène de l'autre. De sorte que les deux types d'atomes peuvent alors s'attacher l'un à l'autre. Mais l'énergie contenue dans les liaisons du gaz carbonique ainsi formé est plus faible que celle des liaisons associant entre eux les atomes de carbone dans le charbon. Quand un organisme consomme du glucose, une fraction seulement de celui-ci se transforme en composés organiques spécifiques. Le reste brûle, se combine avec l'oxygène, libérant non seulement du gaz carbonique et de l'eau, mais aussi de l'énergie. Celle-ci peut être soit transformée en chaleur, soit réutilisée pour d'autres réactions chimiques. Chez les êtres vivants, les transformations chimiques opèrent donc à travers des couplages de réactions qui permettent un transfert d'énergie. A côté du flux de matière qui traverse l'organisme, coule aussi un flux d'énergie. Ce n'est plus de la force vitale qu'exigent la formation du protoplasme et la croissance, mais de l'énergie. « Il y a peut-être dans le corps vivant, dit Helmholtz [1], d'autres agents que ceux qui agissent dans le monde inorganique; mais ces forces, pour autant qu'elles exercent une influence chimique et mécanique dans le corps, doivent avoir tout à fait le même caractère que les forces inorganiques...; il ne peut y avoir aucun choix arbitraire dans la direction de leurs actions. » A partir de la thermodynamique se constitue une chimie physique qui calcule l'énergie utilisable des composés, détermine la vitesse des réactions, en mesure les équilibres. Peu à peu, les règles de la chimie minérale s'appliquent aux composés organiques. Pour toute une série de phénomènes biologiques se vérifie le jeu de l'équilibre chimique et de l' « action de masse ». Chez les êtres vivants ou au laboratoire, les lois de la dynamique chimique sont les mêmes pour tous les corps.

Le second thème qui contribue à réunir chimie organique et chimie minérale, c'est la synthèse des composés organiques à partir du carbone. Au laboratoire, il existe plusieurs manières de produire un corps. On peut l'obtenir d'abord en manipulant d'autres substances, soit qu'on morcelle un composé plus complexe, soit qu'on ajoute des fragments à un corps plus simple. On peut aussi construire toute l'architecture de la molécule à partir des seuls éléments. Pour le chimiste, il n'y a véritablement de « synthèse totale » qu'avec cette dernière méthode. Mais jusque-là, la possibilité même de son application aux constituants des êtres vivants semblait exclue. Dans les composés organiques, on trouvait des éléments en nombre si limité, mais en proportions si rigoureuses et en combinaisons si variées, que ces substances paraissaient hors de l'atteinte d'une synthèse au laboratoire. Tous les efforts pour reproduire les jeux de la nature par l'art du chimiste avaient échoué. Certes Wöhler avait réussi à produire de l'urée et de l'acide oxalique, Kolbe des acides salicylique et acétique. Mais, d'une part, il s'agissait là de réactions exceptionnelles et

1. *The conservation of forces applied to organic nature*, in *Proc. Royal Institution*, 12 avril 1861.

non d'une méthode générale pour former une série de composés. D'autre part, il fallait dans tous les cas commencer avec un composé qui était déjà un dérivé du carbone. Impuissante à associer le carbone et l'hydrogène, la chimie considérait comme infranchissable l'obstacle entre organique et minéral. Seule la force vitale était capable de fonctionner à contre-courant des forces agissant sur la matière. Pour Liebig, le chimiste organicien n'avait même aucune obligation de vérifier par la synthèse les résultats de l'analyse.

Après le milieu du siècle, la question des synthèses organiques se pose en termes différents. Pour Berthelot [1], il devient « nécessaire de former au moyen des éléments les composés organiques, ceux-là surtout qui possèdent des fonctions particulières dissemblables de celles des composés connus en chimie minérale ». Il ne s'agit plus alors d'obtenir quelques composés par des moyens exceptionnels. Il importe de mettre au point une méthode pour produire les types les plus variés de composés organiques, pour en parcourir la série tout entière. Cela est possible parce que la chimie organique se fonde sur les caractéristiques du carbone, et les propriétés de ses dérivés sur leurs fonctions. « Les composés organiques, dit Berthelot [2], peuvent être classés sous huit fonctions, ou types fondamentaux, qui comprennent tous les composés aujourd'hui connus et tous ceux que nous pouvons espérer obtenir. » Ces huit fonctions peuvent elles-mêmes être rangées en quelques groupes selon le nombre des éléments associés au carbone. Il y a ainsi une première classe formée de composés à deux éléments seulement, les carbures d'hydrogène; une classe de corps à trois éléments, carbone, hydrogène et oxygène, où se groupent quatre fonctions, les alcools, aldéhydes, acides et éthers; puis une classe de composés azotés où sont représentées deux fonctions, les alcalis et les amides; il existe enfin une dernière fonction, les « radicaux métalliques composés », contenant des métaux fixés sur certains éthers. L'ordre de complexité impose celui de la synthèse. Car la difficulté principale, c'est la première étape; c'est d'obliger le carbone à nouer des liaisons nouvelles avec d'autres éléments, en particulier avec l'hydrogène. Une fois formés les carbures d'hydrogène, toutes les autres fonctions peuvent être dérivées par synthèse. Mais l'asso-

1. *La Synthèse chimique*, 1897, p. 203.
2. *Ibid.*, p. 215.

ciation du carbone avec d'autres éléments ne constitue plus une opération purement empirique. Elle a un fondement théorique qui repose sur le concept de valence. Avec Kékulé, ce qui distingue le carbone et lui donne une position unique dans le monde vivant, c'est sa « tétravalence ». Chaque atome de carbone a le pouvoir de former quatre liaisons avec d'autres atomes, liaisons qui sont « saturées » ou « non saturées » par d'autres éléments. Entre une série de six atomes de carbone unis deux à deux, peut se former une chaîne qui se referme sur elle-même en un « cycle », ou « noyau aromatique ». Avec la tétravalence du carbone, il devient donc possible de préciser la position respective des atomes dans un composé, de caractériser les liaisons qui se forment entre eux, de fonder les isomères sur leur distribution dans l'espace, bref, de représenter n'importe quelle molécule organique dans un système de symboles et d'en prédire les propriétés chimiques. De là on peut déduire les lois générales régissant l'hydrogénation du carbone et les proportions d'éléments à utiliser pour obtenir un composé donné. Sous l'influence d'un arc électrique ou de la chaleur, le carbone s'unit directement à l'hydrogène pour produire les hydrocarbures les plus simples comme l'acétylène ou l'éthylène. Par une suite de substitutions, on parvient alors de proche en proche à synthétiser l'ensemble des carbures d'hydrogène. « Ces méthodes sont générales, dit Berthelot [1], et elles permettent de former tous les carbures à partir des éléments : elles établissent donc le lien définitif entre la chimie organique et la chimie minérale, l'une et l'autre procédant des mêmes principes de mécanique moléculaire. » Car les carbures d'hydrogène représentent les squelettes carbonés sur lesquels on peut, par simple fixation d'hydrogène et d'eau, greffer toutes les autres fonctions; soit directement en transformant un carbure en alcool, aldéhyde, acide, etc.; soit indirectement en formant d'abord un alcool que l'on change ensuite en aldéhyde ou en acide, etc. Ainsi, en utilisant les seuls éléments, sous le seul effet des « affinités chimiques » et de forces physiques comme l'électricité ou la chaleur, par les seules méthodes du laboratoire, on parvient à produire une multitude de composés organiques naturels. « Par le fait de cette formation, dit Berthelot [2], et par l'imitation des mécanismes qui y président dans les végétaux et les

1. *La Synthèse chimique*, p. 240.
2. *Ibid.*, p. 272.

animaux, on peut établir, contrairement aux opinions anciennes, que les effets chimiques de la vie sont dus au jeu des forces chimiques ordinaires, au même titre que les effets physiques et mécaniques de la vie ont lieu suivant le jeu des forces purement physiques et mécaniques. Dans les deux cas, les forces moléculaires mises en œuvre sont les mêmes, car elles donnent lieu aux mêmes effets. » Mais les chimistes ne se contentent pas d'imiter la nature et d'en reproduire les composés. Ils peuvent aussi créer des corps inédits, former des substances qui n'existent nulle part mais ressemblent aux produits naturels et participent de leurs propriétés. Par là même se matérialisent en quelque sorte les lois abstraites dont la chimie poursuit la connaissance. On n'a plus seulement alors à imaginer les transformations qui ont pu se produire autrefois dans la chimie des êtres. « Nous pouvons prétendre..., dit Berthelot [1], à concevoir les types généraux de toutes les substances possibles et à les réaliser,... à former de nouveau toutes les matières qui se sont développées depuis l'origine des choses, à les former dans les mêmes conditions, en vertu des mêmes lois, par les mêmes forces que la nature fait concevoir leur formation. » Il n'y a plus de limite théorique imposée à la chimie organique.

Enfin va s'effacer toute distinction entre réactions chez le vivant ou au laboratoire, à la suite d'un surprenant détour qui conduit la chimie à s'immiscer dans un domaine réservé auparavant aux naturalistes. C'est la chimie, en effet, qui révèle le rôle des microorganismes dans ce monde. C'est par l'utilisation de ses méthodes que sont éliminées les dernières traces de génération spontanée. Jusque-là, on caractérisait les substances organiques par leur composition et leurs fonctions chimiques. A la fin du siècle s'accroît l'importance de la structure moléculaire, de la position relative des atomes, puisque certains corps, appelés isomères, ayant une composition identique, possèdent des propriétés différentes. L'espèce chimique, dit Pasteur [2], « c'est la collection de tous les individus identiques par la nature, la proportion et l'arrangement des éléments. Toutes les propriétés des corps sont fonction de ces trois termes ». On peut lier certaines caractéristiques optiques des corps à leur « dissymétrie moléculaire », ce qui donne une arme supplémentaire à l'analyse. Mais alors apparaît l'impossi-

1. *La synthèse chimique*, p. 277.
2. *Dissymétrie moléculaire; Œuvres*, 1922, t. I, p. 327.

bilité de produire, par les réactions du laboratoire, la dissymétrie que l'on trouve dans les produits naturels. « Tous les produits artificiels des laboratoires, dit Pasteur [1], sont à image superposable. Au contraire, la plupart des produits organiques naturels..., ceux qui jouent un rôle essentiel dans les phénomènes de la vie végétale et animale, sont dissymétriques. » Ainsi les composés caractérisant les organismes possèdent une qualité par quoi ils se distinguent des mêmes composés produits au laboratoire. Dans tout être vivant, il existe donc une force d'origine inconnue, qui introduit une dissymétrie dans les activités chimiques et qu'on ne peut imiter au laboratoire. C'est à travers cette dissymétrie que la chimie va s'introduire dans le monde des êtres microscopiques, par l'intermédiaire des fermentations. Toute fermentation met en jeu deux facteurs, l'un passif, l'autre actif. Le premier, tel que le sucre, est dit fermentescible; il subit une transformation sous l'influence du second, ou ferment, facteur azoté de nature « albuminoïde ». Pour Liebig, le pouvoir de fermentation était la propriété de certaines substances organiques, elles-mêmes en état de « métamorphose » et capables de transmettre ce caractère aux substances voisines. Pour Berzélius, c'était une propriété « catalytique » qui conférait à une substance la capacité d'en transformer une autre sans intervenir elle-même dans la transformation. Dans tous les cas, des substances albumineuses se voyaient attribuer, par quelque force de nature mystérieuse, le rôle de ferment, c'est-à-dire d'aptitude à agir par contact sur les corps fermentescibles. Dans tous les cas, le pouvoir de fermentation était un caractère, non pas de l'être vivant pris dans sa totalité, mais de certains de ses constituants. Avec Pasteur, il s'agit de tout autre chose. Si les êtres vivants introduisent dans les réactions chimiques une dissymétrie moléculaire, celle-ci en retour signe la présence d'un être vivant. La démarche usuelle de la science s'inverse alors. Le plus souvent elle procède de la connaissance théorique aux questions pratiques intervenant dans les affaires de l'homme. Ici elle emprunte le chemin opposé. C'est à travers les difficultés rencontrées par les industries de la bière, du vin, de l'alcool, que Pasteur trouve le moyen d'associer étroitement la pratique de la biologie à celle de la chimie. Les déviations des fermentations, les « maladies » de la bière ou du vin provoquent la formation de composés

1. *Dissymétrie moléculaire; Œuvres*, t. I, p. 364.

dissymétriques. Elles sont donc associées à la présence d'êtres vivants. Pour Pasteur, l'anormal, le pathologique ne fournit pas un modèle que cherche à reproduire la physiologie. Il donne un point d'action à l'expérience. Il signale le phénomène que l'analyse transforme en processus physiologique. Les anomalies d'une fermentation deviennent simplement d'autres types de fermentations. Qu'elle soit alcoolique, amylique, « visqueuse », acétique, lactique, butyrique, etc., toute fermentation s'accompagne de la multiplication d'êtres microscopiques. « Les vrais ferments, dit Pasteur [1], sont des êtres organisés. » En outre, dans chaque sorte de fermentation, on trouve un type particulier d'organisme qu'on peut isoler, cultiver, étudier. Pour un substrat donné, c'est la spécificité de l'organisme en jeu qui détermine celle des réactions chimiques, donc de la fermentation. Non qu'une même substance ne puisse fermenter sous l'action d'organismes différents. Ni qu'un même organisme ne puisse faire fermenter diverses substances. En réalité, tout un spectre de composés est produit lors d'une fermentation; c'est l'ensemble du spectre qui caractérise l'organisme. « Chaque fermentation, dit Pasteur [2], a une équation qu'on peut assigner d'une manière générale, mais qui, dans le détail, est assujettie aux mille variations que comportent les phénomènes de la vie. » Il en est de la fermentation par les microorganismes comme de la nutrition des animaux : toutes deux reflètent les activités chimiques, le métabolisme de l'être vivant.

On voit combien cette position diffère de celles qui l'ont précédée. Elle ne modifie pas seulement la nature des liens établis entre la biologie et la chimie, mais aussi la représentation du monde vivant en général, les relations qui se tissent entre les êtres, la distribution des rôles dans les activités chimiques qui se déroulent sur cette terre. Brusquement, le monde invisible révélé par l'apparition du microscope, mais resté sans emploi et presque ignoré depuis la fin du XVIIe siècle, se voit attribuer une place, un statut, une fonction. L'attitude de Pasteur repose sur deux facteurs distincts qu'il développe en parallèle. D'une part, il y a la spécificité du microorganisme qui impose la nature des réactions de fermentation, comme la cause engendre l'effet. Le concept de spécificité s'étend alors à un domaine imprévu, celui de la pathologie : toute une série de maladies,

1. *Fermentations et générations dites spontanées; Œuvres*, t. II, p. 224.
2. *Études sur la bière; Œuvres*, t. V, p. 216.

chez l'homme comme chez les animaux, deviennent la conséquence de l'invasion de l'organisme par un « germe » particulier. Si forte est la confiance dans la validité du principe qu'il s'applique même aux cas où l'on ne peut ni voir, ni cultiver dans un tube à essai les agents en cause qui deviendront les virus. On sait l'importance qu'a revêtu depuis lors l'infection par des bactéries et des virus en médecine, humaine ou vétérinaire, et en agriculture. D'autre part, il y a la corrélation établie entre les effets chimiques exercés sur des substances externes ou des organismes et le caractère vivant du facteur en jeu. On peut alors retourner le problème des fermentations et formuler la question en termes nouveaux. « De deux choses l'une, dit Pasteur [1] : les ferments des fermentations proprement dites étant organisés, si l'oxygène seul, en tant qu'oxygène, leur donne naissance par son contact avec les matières azotées, ces ferments sont des générations spontanées; si ces ferments ne sont pas des êtres spontanés, ce n'est pas en tant qu'oxygène seul que ce gaz intervient dans leur formation, mais comme excitant d'un germe apporté en même temps que lui, ou existant dans les matières azotées ou fermentescibles. » En reprenant les anciennes expériences de Spallanzani, en les perfectionnant, en les exécutant avec la rigueur du chimiste, Pasteur exclut définitivement toute possibilité de génération spontanée : même chez les êtres microscopiques, le vivant ne naît que du vivant. Là où l'on trouve des bacilles, il existait déjà un bacille identique pour les engendrer.

Mais si est enfin exorcisé le démon de la génération spontanée, celui du vitalisme tire là un regain de vigueur. La fin du XIXe siècle se trouve en effet placée devant un paradoxe : d'un côté, l'analyse des réactions et de leur équilibre comme les opérations de synthèse dénient toute singularité à la chimie des êtres; de l'autre, la cristallographie reconnaît une qualité particulière aux constituants du vivant et la microbiologie considère le pouvoir de faire fermenter comme une propriété des seuls êtres organisés. D'où des polémiques sans fin, chargées de la passion que sait y mettre la fin du siècle. D'autant qu'on connaît depuis longtemps déjà l'existence de « diastases » solubles capables de provoquer, en l'absence de tout organisme et dans un tube à essai, la dégradation de certains sucres ou certains composés albumineux. Il faut donc distinguer

1. *Fermentations et générations dites spontanées; Œuvres*, t. II, p. 224.

deux classes de ferments, suivant qu'ils sont « organisés » ou non. Mais au tournant du XIXe au XXe siècle, les chimistes sont en mesure de résoudre ce problème. Ils ont les moyens d'écraser les cellules, d'en faire des extraits, d'y rechercher les ferments. En broyant avec du sable un gâteau de levure séchée, Büchner constate que le « jus de levure », débarrassé de toute cellule vivante par filtration, peut encore provoquer la fermentation du glucose en alcool. « Cela démontre, dit Büchner [1], que le processus de fermentation n'exige pas l'appareillage compliqué que représente la cellule de levure. Il est vraisemblable que l'agent du jus actif dans la fermentation est une substance soluble, substance albumineuse sans doute. » Tous les ferments connus se comportent alors de la même façon. Tous sont des substances et non des êtres vivants. Tous agissent hors de l'organisme. A partir de là se révèlent les activités de catalyse les plus variées : les chimistes trouvent des diastases qui attaquent spécifiquement les graisses; d'autres, certains sucres; d'autres encore, les substances albumineuses. Mais avec le développement de la chimie physique, la catalyse a perdu beaucoup de son mystère. On mesure les paramètres d'une réaction chimique, sa vitesse, son équilibre, sa réversibilité. L'effet de catalyse ne s'exerce que sur l'un de ces paramètres : elle accroît la vitesse, comme le fait une élévation de température. « On appelle catalytiques, dit Ostwald [2], les processus dans lesquels la vitesse de la réaction est changée par la présence de corps qui se retrouvent à la fin de la réaction dans le même état qu'au commencement. Ces corps ne modifient que la vitesse de la réaction; ils n'interviennent pas dans sa formule. » Les effets de catalyse ne sont pas réservés à la seule chimie du vivant. On connaît des corps minéraux, des métaux lourds, par exemple, comme la mousse de platine qui, grâce à son énorme surface, catalyse toute une série de réactions au laboratoire. La différence principale entre ces catalyseurs minéraux et les diastases, c'est la spécificité de ces dernières qui agissent chacune sur une seule réaction. Ainsi disparaît l'obstacle qui, depuis Lavoisier, limitait l'analyse des réactions dans les êtres vivants. Il devient possible de soumettre les processus de l'organisme aux lois de la dynamique chimique.

Avec l'expérience de Büchner et la fermentation du glu-

1. *Berichte deutsche chemische Gesellschaft*, 1897, vol. 30, p. 117-124; trad. angl. in *Great Experiments in Biology*, p. 28.
2. *Lehrbuch der allgemeinen Chemie*, 1902, t. II, p. 248.

cose en éthanol par un extrait sans cellule, une chimie nouvelle apparaît. Ce qui confère son importance au travail de Büchner, ce n'est pas seulement l'éclairage nouveau qu'il donne à la chimie du vivant. C'est surtout la voie qu'il ouvre à une méthode d'analyse. Avec des tissus ou des cellules entières, il est souvent difficile, et parfois même impossible, de faire pénétrer certains composés à travers la membrane de la cellule. Avec les extraits, au contraire, il devient relativement aisé d'intervenir dans une réaction : on peut ajouter des composés soupçonnés d'y jouer un rôle, en éliminer d'autres, rechercher des inhibiteurs. Il n'est pas exagéré de dire que, depuis lors, l'analyse d'extraits sans cellule constitue la méthode principale des chimistes qui étudient les êtres vivants. Ainsi s'individualise, au début de ce siècle, une branche nouvelle de la chimie, la chimie biologique. La chimie organique continue à s'intéresser à l'ensemble des dérivés du carbone, à en étudier les propriétés, à produire de nouveaux corps par synthèse. La chimie biologique, au contraire, cherche à analyser les constituants des êtres vivants et leurs transformations en relation avec le fonctionnement de l'organisme. Placée au cœur même de la biologie, elle est en relation avec les autres disciplines qui analysent les différents aspects des êtres. Elle s'en distingue toutefois par ses méthodes, ses objets, sa manière même de considérer l'organisme. Pour la chimie biologique, quand l'organisation d'un être est détruite, la vie disparaît mais pas toutes ses manifestations. La dissociation de l'organisme arrête certains phénomènes, comme la reproduction ou la croissance; mais elle en laisse d'autres se poursuivre, comme la fermentation. Le rôle de la chimie biologique consiste alors à « distinguer les fonctions qui ne dépendent que de la constitution chimique, dit Loeb[1], et celles qui supposent en outre une structure physique particulière de la substance vivante ».

On peut discerner deux courants dans les débuts de la chimie biologique. Le premier cherche à préciser la nature du contenu cellulaire dans son ensemble, à analyser le « protoplasme » en termes physico-chimiques. A cette époque, la limite de la structure est donnée par la résolution du microscope optique. On aperçoit dans la cellule des structures comme le noyau, la membrane, les mitochondries, etc. Le « protoplasme » n'a pas véritablement

1 *La Dynamique des phénomènes de la vie*, trad. franç., Paris, 1908, p. 65

une structure. C'est une sorte d'émulsion, une suspension de granules, ou « micelles », dans un liquide, ce qu'on appelle un colloïde. « Les substances qui composent la matière vivante, dit Loeb [1], qu'elles soient liquides ou solides, sont des colloïdes. » Les colloïdes, qui s'opposent aux cristalloïdes, ne sont pas l'apanage du vivant : on peut en préparer au laboratoire en mettant, par exemple, en suspension dans l'eau de fines particules d'or ou de platine. Ce genre de suspension possède des qualités particulières de stabilité, de surface, de charges électriques qui favorisent les réactions chimiques et aident à la catalyse. Les corps albumineux et les graisses extraits d'organismes divers produisent aisément des solutions colloïdales. En fin de compte, par-delà la variété des structures visibles à l'œil nu ou au microscope chez les êtres vivants, c'est la nature colloïdale du protoplasme qui donne aux cellules leur caractère propre. « La vie, dit Loeb [2], est liée à la persistance de certaines solutions colloïdales. Les agents qui font passer tous les colloïdes à l'état de gel mettent aussi fin à la vie. » C'est ce qui se passe quand on fait coaguler les albumines par la chaleur ou l'action des métaux. En détruisant les structures visibles mais en respectant la nature colloïdale du protoplasme, il devrait être possible d'analyser le protoplasme. Mais les moyens d'étude sont encore insuffisants au début de ce siècle. C'est seulement avec le développement des méthodes physiques, avec l'ultracentrifugation notamment, que le contenu de la cellule pourra s'interpréter, non plus en termes de colloïdes, mais de molécules.

Le second courant de la biochimie cherche à analyser les constituants et les réactions de la cellule. C'est dans la voie indiquée par Büchner que s'engage cette étude. Il s'agit d'abord de préciser les différentes étapes de la dégradation du glucose par la levure. Mais, très vite, l'étude s'étend à d'autres réactions et ce genre d'analyse biochimique connaît un essor considérable au début de ce siècle. Sa méthode principale consiste à dissocier avec précaution des organismes, des tissus ou des cellules, à les « ouvrir » avec ménagement pour avoir accès à leur contenu. Une fois identifié un phénomène, la biochimie s'efforce d'en préciser les réactions, d'isoler les constituants en jeu, de les purifier selon les méthodes du laboratoire pour en analyser la

1. *La dynamique...*, p. 74.
2. *Ibid.*, p. 79-80.

nature et le fonctionnement. Elle vise à recomposer l'ensemble qu'elle a détruit, à réunir les corps qu'elle a séparés, pour former un « système » dont elle étudie les propriétés, mesure les paramètres, précise les exigences. La réaction peut alors se représenter par la symbolique de la chimie. A vouloir ainsi réduire les êtres vivants à leurs constituants, à étudier des composés isolés, à chercher leurs caractéris tiques et leurs interactions, la biochimie s'oppose à la plupart des autres disciplines de la biologie. Celles-ci reprochent souvent à celle-là d'étudier des objets qui n'ont plus rien de commun avec les êtres vivants, de créer des artefacts, de chercher à expliquer le fonctionnement du tout seulement par celui des parties; bref, de tirer des conclusions fausses de son analyse. Quelque peu cuirassée contre ce genre de critiques, la chimie biologique s'efforce néanmoins d'y parer. A chaque étape de son analyse, elle compare les phénomènes étudiés dans le tube à essai ou dans l'organisme.

Comme matériel, les biochimistes utilisent soit des tissus d'animaux, soit des cultures de micro-organismes, pour préparer leurs extraits. Là encore certains objets, comme le foie de rat, le muscle de pigeon ou la suspension de levures, constituent un matériel privilégié, parce que facile à obtenir et aisé à manier. Dans les extraits, on cherche à identifier des molécules et déceler des réactions. Suivant leur nature, les substances qui composent les tissus vivants peuvent être rangées sous trois rubriques : sucres ou saccharides, graisses ou lipides, albuminoïdes ou protéines. Dans chaque classe, il existe de grosses et de petites molécules. Instables, difficiles à préparer, à isoler, à caractériser, les grosses molécules, protéines en particulier, ne constituent pas encore véritablement des objets d'analyse. Ni les moyens, ni les concepts ne permettent de les traiter de manière appropriée. En revanche, les petites molécules se prêtent aux méthodes de la chimie organique. On peut les purifier, les analyser, en étudier les propriétés, suivre leur transformation à travers le métabolisme. Bien souvent, on parvient même à en réaliser la synthèse. Aussi le nombre et la variété de ces molécules augmentent sans cesse comme ceux des réactions par quoi elles sont transformées dans l'organisme. Au laboratoire et à la température du corps, ces réactions ne procèdent qu'avec une extrême lenteur. Mais, pour chaque réaction, on trouve une activité catalytique particulière, une diastase, un « enzyme » comme on dit désormais, pour en accroître plusieurs milliers de fois la vitesse. On analyse les cinétiques enzymatiques; on en décrit les caractéristiques. Peu à peu, pour chacune des réactions qu'on identifie on décèle l'activité enzymatique correspondante. Chaque enzyme est désigné par le nom de son substrat, auquel s'ajoute le suffixe ase. Il y a ainsi des enzymes pour la dégradation de chaque classe de composés, des sucrases, des lipases, des protéases. Il y a, dans une classe comme celle des sucrases, des enzymes particuliers pour chaque type de sucre, une amylase, une lactase, une saccharase. Il y a aussi des enzymes, comme la maltase, capables non seulement de dégrader un sucre, mais dans certaines conditions de le resynthétiser à partir des produits de dégradation. Il y a même des enzymes chargés des processus de respiration. Depuis Lavoisier, la respiration est une combustion, mais d'un type particulier, puisqu'elle s'effectue lentement, à la température du corps. Avec le début du xxe siècle, la respiration devient le résultat d'activités enzymatiques spécialisées qui catalysent l'oxydation lente des aliments par petites étapes successives. En fait, les aliments sont d'abord digérés. Les produits de la digestion sont ensuite oxydés par le retrait d'atomes d'hydrogène. Oxydations et réductions sont couplées par l'intermédiaire de petites molécules capables de s'oxyder ou se réduire alternativement à grande vitesse. La respiration se transforme alors en un jeu de réactions d'oxydo-réduction, catalysées chacune par un enzyme : des électrons sont transférés le long d'une chaîne qui commence aux métabolites pour finir à l'oxygène moléculaire. Dans les fermentations, qui s'opèrent en l'absence d'oxygène, celui-ci est remplacé par certains composés organiques. Mais on trouve toujours un enzyme particulier pour activer une réaction particulière. Telle est donc la spécificité des effets catalytiques dans la chimie du vivant que celle-ci peut se décrire par l'aphorisme : une réaction-un enzyme. En retour, une fois leur action précisée, les enzymes fournissent à la chimie une arme nouvelle pour l'analyse comme pour la synthèse. A l'aide des enzymes qu'il caractérise, le biochimiste se trouve en mesure de manier à sa guise les petites molécules de la cellule, de les couper ou de les agrandir avec précision, de retrancher tel atome ici, d'ajouter tel radical là. Le biochimiste acquiert ainsi une sûreté et une virtuosité naguère imprévisibles.

Ainsi pourvue de matériel et de méthodes nouvelles, la biochimie élabore toute une série de concepts nouveaux. D'abord la mise en évidence de composés et de réactions en nombre sans cesse croissant conduit à l'image du « métabolisme intermédiaire ». Par là s'entend l'ensemble des réactions par quoi les aliments sont transformés en composés spécifiques. Depuis longtemps déjà, il était clair qu'un aliment ne contient pas tous les corps qui constituent un organisme ou une cellule. Il faut donc que ces aliments soient dégradés, puis qu'avec les produits ainsi formés s'échafaudent des composés spécifiques. C'est ce qu'illustrent depuis Pasteur les observations faites sur la croissance des micro-organismes : la levure, par exemple, est capable de se multiplier dans des milieux parfaitement définis contenant des sels minéraux et un seul composé organique, tel que le glucose, comme source de carbone et d'énergie. Une fois entré dans la cellule, il faut bien que le glucose soit remanié pour donner naissance à tous les composés indispensables à la croissance et à la vie de la levure. Ces transformations ne s'effectuent pas d'un seul coup. Elles se décomposent en une série d'étapes, chacune simple et accessible à l'analyse. Elles correspondent donc à des chaînes de réactions, mettant en jeu toute une série d'intermédiaires qui, le plus souvent, ne jouent aucun rôle physiologique particulier mais représentent chacun le produit d'une réaction et le substrat de la suivante. Par une série de remaniements, les aliments sont d'abord traités par des enzymes spécifiques qui les dégradent, les fragmentent, les transforment en petites molécules. Celles-ci servent alors de substrats à d'autres enzymes qui les remodèlent, ajoutent des atomes, substituent des radicaux, allongent, soudent; bref, manufacturent les constituants caractéristiques de l'organisme. Celui-ci devient une sorte d'usine chimique où fourmille une multitude de petites molécules formées à partir des aliments sur des chaînes de dégradation et transformées en composés spécifiques par des chaînes de synthèse. En outre, on retrouve bien souvent la même chaîne métabolique chez des organismes différents. Que le glucose, par exemple, soit dégradé pendant la fermentation de la levure ou pendant la contraction d'un muscle en absence d'oxygène, ce sont toujours les mêmes réactions, les mêmes intermédiaires. Ainsi se dessine l'unité de la chimie dans le monde vivant.

Pour la biochimie, les aliments doivent fournir à l'organisme, non seulement des matériaux de construction, mais aussi de l'énergie. Quand une levure utilise un sucre pour sa croissance, que ce soit en présence ou en absence d'air, par respiration ou par fermentation, une partie seulement du sucre consommé est convertie en constituants de la levure. Le reste sert à fournir l'énergie nécessaire à son travail. Pour croître et se multiplier, pour maintenir l'ordre du monde vivant à contre-courant de la dégradation de l'univers, les organismes doivent recevoir de l'énergie du dehors. En fin de compte, c'est le soleil qui fournit son énergie à la plupart des êtres vivants. Mais individuellement les organismes possèdent différents moyens de s'approvisionner. Certains, comme les plantes, tirent directement leur énergie de la lumière solaire par la photosynthèse; d'autres, comme certaines bactéries, de l'oxydation de composés minéraux; d'autres enfin, comme la plupart des animaux, de l'oxydation de composés organiques. Mais dans tous les cas, pour être disponible en temps opportun, l'énergie doit s'emmagasiner sous forme chimique. Pour les biochimistes, elle vient se loger dans certains composés phosphorés qui contiennent des liaisons dites à « haut potentiel d'énergie ». C'est par la formation, la synthèse ou le transfert de ces liaisons que s'accumule, se libère ou s'échange l'énergie dans l'organisme. C'est même finalement un seul et unique composé, commun à l'ensemble du monde vivant, qui constitue la réserve d'énergie chez tous les organismes. Qu'il s'agisse de bactéries ou de mammifères, que l'énergie soit obtenue par la respiration ou la fermentation, la dégradation d'un sucre s'accomplit toujours par une série d'opérations semblables : mêmes étapes, mêmes réactions aboutissant à la production du même composé à haut potentiel d'énergie. Ainsi s'affermit le concept d'une unité de fonctionnement pour l'ensemble des êtres vivants.

On peut encore analyser la nutrition des organismes, préciser leurs exigences alimentaires, chercher ce qui est indispensable à leur croissance et à leur reproduction. Certains composés, appelés « vitamines », apparaissent nécessaires à la santé et à la vie des mammifères. D'autres, baptisés « facteurs de croissance », sont requis pour la multiplication de certains microbes. En cherchant à préciser la nature des composés exigés par des organismes aussi différents que les bactéries et les mammifères, physiologistes et biochimistes rencontrent de singulières analogies : les facteurs nécessaires aux bactéries s'identifient souvent aux vitamines indispensables aux mammifères. De plus, ces composés ne se retrouvent pas seulement chez les organismes qui les requièrent dans leurs aliments, mais chez tous les êtres vivants. Certains organismes sont capables de synthétiser eux-mêmes chacun de ces composés et d'autres pas. A ces derniers, il faut alors fournir tout faits les composés qu'ils ne peuvent élaborer. D'où la notion de « métabolites essentiels » à la vie de tous les organismes. Ce n'est plus seulement par le fonctionnement des organismes que se dessine l'unité du monde vivant. C'est aussi par leur composition.

Avec la première partie de ce siècle, l'expérimentation a donc trouvé un accès à la chimie du vivant. On étudie par centaines des réactions dans des tubes à essai. On analyse un nombre considérable de composés relativement simples. On en suit les transformations par quoi se constituent les réserves d'énergie et s'élaborent les matériaux de construction. Plus se précisent ces réactions, moins elles se distinguent de celles réalisées au laboratoire. L'originalité de la chimie des êtres vivants réside surtout dans les enzymes. C'est grâce à la spécificité de la catalyse enzymatique, à sa précision, à son efficacité que peut se tisser le réseau de toutes les opérations chimiques dans l'espace minuscule de la cellule. C'est même ce haut degré d'électivité qui, en permettant à chaque enzyme de choisir un seul des isomères optiques d'un même composé, imprime une dissymétrie à la chimie du vivant. On cherche à caractériser les enzymes, à en déterminer la nature et le mode d'action. Peu à peu, les biochimistes en viennent à associer les activités enzymatiques à la présence de protéines. Chaque activité enzymatique particulière devient même l'attribut d'une protéine particulière. Si la chimie des êtres vivants a un secret, c'est donc dans la nature et les qualités des protéines qu'il faut le chercher. Mais autant les méthodes de la biochimie conviennent à l'analyse de molécules relativement simples, autant elles paraissent mal adaptées à celle de ces énormes architectures moléculaires. Fragiles, instables, les protéines se dénaturent facilement. Difficiles à manier, elles échappent aux moyens classiques d'étude. En les dégradant par des méthodes diverses, on les trouve formées par l'assemblage de quelques molécules simples, les « acides aminés », liés par centaines dans une molécule de protéine. Peu à peu s'élaborent des méthodes nouvelles pour les préparer, les isoler, les purifier. On parvient même à cristalliser certaines protéines-enzymes, tout comme des sels métalliques. Voilà encore un obstacle qui disparaît entre les deux chimies. Mais les protéines restent des architectures d'une exceptionnelle complexité. La biochimie ne trouve encore aucun accès à la structure de ces molécules, à l'agencement des acides aminés par quoi s'établit le pouvoir de fixer spécifiquement un métabolite à l'exclusion de tout autre et d'en catalyser la transformation. L'analyse des protéines exige des techniques et des concepts neufs. Ceux-ci n'apparaîtront qu'au milieu de ce siècle, sous l'influence conjuguée de la physique, de la chimie des polymères et de la théorie de l'information.

*

Au début du xxe siècle, les deux nouvelles sciences, la génétique et la biochimie, donnent un tour nouveau à la biologie. D'abord parce qu'elles introduisent toutes deux la rigueur jusque-là inconnue de méthodes quantitatives : il ne suffit plus de constater l'existence d'un phénomène; il s'agit désormais d'évaluer des paramètres, de mesurer des vitesses de réactions ou des fréquences de recombinaison, de déterminer une constante d'équilibre ou un taux de mutation. Aussi parce que toutes deux déplacent le centre d'activité chez les êtres vivants. Ceux-ci ne s'étagent plus en profondeur par le seul agencement des organes et des fonctions; ils ne s'enroulent plus autour d'un foyer de vie d'où rayonne l'organisation. Pour la biochimie, l'activité de l'organisme se disperse dans l'épaisseur de chaque cellule, dans ces milliers de gouttelettes colloïdales où s'exécutent les réactions chimiques et s'échafaudent les architectures. Pour la génétique, cette activité se concentre sur le noyau de la cellule, sur le mouvement des chromosomes où se décident les formes, s'agencent les fonctions, se perpétue l'espèce. Chacune des deux sciences se réfère à son propre modèle. D'un côté, les chimistes parlent de structures moléculaires et de catalyse enzymatique; ils racontent comment les organismes tirent leur énergie du milieu et remontent ainsi le cours naturel des choses : ce n'est plus seulement un flux de matière qui traverse l'organisme, mais aussi un flux d'énergie. De l'autre côté, les généticiens décrivent l'anatomie et la physiologie d'une structure d'ordre trois logée dans les chromosomes; ils attribuent à sa fixité la mémoire de l'espèce, à ses changements l'apparition d'espèces nouvelles. Les qualités des êtres vivants reposent en fin de compte sur deux entités nouvelles : ce que les biochimistes appellent protéine et ce que les généticiens nomment gène. La première est l'unité d'exécution chimique, qui accomplit les réactions et donne leur structure aux corps vivants. La seconde, l'unité d'hérédité qui régit à la fois la reproduction d'une fonction et sa variation. Celle-ci commande. Celle-là réalise.

Vers le milieu du siècle, les deux sciences se retrouvent à peu près au même point. Chacune est parvenue à déceler l'unité d'action placée au centre de son domaine. Chacune connaît donc l'objet de l'analyse à venir. Mais chacune se trouve dépourvue des moyens nécessaires pour y parvenir. De fait, avant la dernière guerre, la biologie est devenue une science quelque peu cloisonnée. Chaque spécialiste se consacre à l'étude de ses problèmes à l'aide de son matériel. Dans le même institut, parfois sur le même palier, cohabitent souvent deux collègues qui s'intéressent, l'un aux gènes, l'autre aux molécules. Les conclusions auxquelles est parvenue la génétique exigent, dans les chromosomes, la présence d'une substance capable de performances peu communes : d'une part, elle doit déterminer les structures et les fonctions des corps vivants; d'autre part, elle doit produire des copies rigoureusement identiques d'elle-même, sans que soit toutefois exclue la possibilité de rares variations. La chimie trouve dans les noyaux deux sortes de substances : des protéines et cet acide auquel Miescher avait au siècle précédent donné le nom de « nucléique ». Mais la structure de ce dernier est encore mal connue. Il est composé de quatre molécules particulières, deux « bases puriques » et deux « bases pyrimidiques », liées chacune à un sucre et un groupement phosphate en un « nucléotide ». Les quatre composés s'associent sous la forme d'un « tétranucléotide ». L'acide nucléique apparaît ainsi comme une espèce moléculaire sans variété ni fantaisie, donc sans aptitude à jouer le moindre rôle dans l'hérédité. C'est donc aux protéines qu'est attribué ce rôle, encore que leurs propriétés s'y prêtent mal. Par sa complexité, l'hérédité semble placée hors de la portée de la chimie expérimentale. « Plus nous faisons de découvertes sur l'activité physiologique et sur l'hérédité, dit J. S. Haldane [1], plus il devient difficile d'imaginer en termes de physique ou de chimie une description ou une explication capable d'englober tous les faits d'une coordination persistante. »

Avec la fin du XIXe et la première partie du XXe siècle, a disparu la vieille forme du vitalisme, celle qu'avait dû alléguer à ses débuts la biologie pour acquérir son indépendance. Devant le développement de la science

1. *The Philosophical Basis of Biology*, Londres, 1931, p. 12.

expérimentale, de la génétique, de la biochimie, on ne peut plus, sinon par mystique, invoquer sérieusement quelque principe d'origine inconnue, un X échappant par essence aux lois de la physique, pour rendre compte des êtres vivants et de leurs propriétés. Si la physique ne semble pouvoir expliquer l'ensemble des phénomènes de la vie, ce n'est plus par le fait d'une force réservée au seul monde vivant et placée hors de toute connaissance. C'est à cause des limites inhérentes à l'observation et à l'analyse, comme de la complexité des êtres vivants au regard de la matière. De même que certaines caractéristiques des atomes ne peuvent plus être réduites à la mécanique, de même il se pourrait que certaines particularités de la cellule ne puissent s'interpréter en termes de physique atomique. « Constater l'importance des propriétés des atomes dans les fonctions des êtres vivants, dit Niels Bohr [1], ne suffit pas à expliquer les phénomènes biologiques. Le problème est donc de savoir s'il nous manque encore quelque donnée fondamentale pour l'analyse des phénomènes naturels avant de comprendre la vie sur la base de l'expérience de la physique... Dans ce cas l'existence de la vie devrait être considérée comme un fait élémentaire sans explication possible, comme un point de départ pour la biologie, de la même manière que le quantum d'action qui apparaît comme un élément irrationnel pour la mécanique classique constitue avec les particules élémentaires le fondement de la physique atomique. » Ce qui pourrait alors imposer une limite à la connaissance du monde vivant, ce n'est plus une différence de nature entre le vivant et l'inanimé. C'est l'insuffisance de nos moyens, voire de notre possibilité d'analyse. A cela s'ajoute dans les constituants des êtres vivants une complexité sans commune mesure avec celle des molécules étudiées par la physique et la chimie classiques. Il se pourrait donc bien que les êtres vivants, loin d'échapper aux lois de la physique, mettent en jeu « d'autres lois de la physique, encore inconnues, dit Schrödinger [2], mais qui, une fois révélées, feront tout autant partie intégrante de cette science ». Il n'est donc plus question de recourir à une force mystérieuse pour justifier l'origine, les propriétés, le comportement des êtres vivants. Il s'agit de savoir si les lois déjà trouvées dans l'analyse de la

1. *Light and Life*, in *Nature*, 1933, vol. 131, p. 458.
2. *What is Life?*, éd. 1956, p. 67.

matière suffisent ou s'il faut en chercher de nouvelles. Pour se constituer en science, la biologie avait dû se séparer radicalement de la physique et de la chimie. Au milieu du XXe siècle, pour poursuivre l'analyse de la structure des êtres vivants et de leur fonctionnement, il lui faut s'associer étroitement à elles. De cette union va naître la biologie moléculaire.

CHAPITRE V

La molécule

Au milieu de ce siècle, l'organisation change une fois encore de statut. C'est la structure des éléments constituants qui détermine celle de l'ensemble et son intégration. Chez les êtres vivants, l'organisation gagne en profondeur et vient se loger dans les moindres détails de la cellule. Jusque-là, et malgré la présence d'un noyau et d'organites variés, la cellule apparaissait comme une sorte de « sac à molécules ». Si des réactions chimiques sans nombre pouvaient s'y enchevêtrer et la catalyse fonctionner, c'était surtout grâce à la nature du protoplasme, à ce lacis mal défini que désignait le terme de colloïdal. Pour coordonner l'activité des organes et des tissus, les organismes complexes disposaient d'un appareillage particulier. Nerfs et hormones y tissaient à travers le corps un réseau d'interactions par quoi étaient liés les éléments du corps les plus éloignés. C'est sur l'existence de mécanismes spécialisés dans la régulation des fonctions que reposait l'unité de l'organisation. Rien de semblable n'intervenait dans les structures plus simples.

Avec le développement de l'électronique et l'apparition de la cybernétique, l'organisation devient en elle-même un objet d'étude pour la physique et la technologie. Les exigences de la guerre et de l'industrie conduisent à la construction d'engins automatiques où la complexité s'accroît par intégrations successives. Dans un poste de télévision, dans une fusée contre avion ou dans une calculatrice, s'intègrent des éléments qui sont déjà eux-mêmes intégrés à un niveau inférieur. Chacun de ces objets constitue un système de systèmes. Dans chacun d'eux, ce qui sous-tend l'organisation de l'ensemble, c'est l'interaction des constituants. Il n'y a d'intégration que dans la mesure ou les éléments communiquent entre eux, où ils modulent réciproquement leurs activités particulières en fonction du but poursuivi par le tout. Jusque-là, la coordination des constituants représentait une propriété réservée à certains systèmes. Désormais, organisation et interaction des éléments sont indissociables. Chacune devient pour l'autre sa condition même d'existence, à la fois sa cause et son effet. Il n'y a d'interaction que dans la mesure où les constituants réagissent les uns sur les autres. Il n'y a d'influence réciproque entre les constituants que dans la mesure où le système est intégré. Si des échanges peuvent s'établir entre les éléments d'un corps organisé, c'est que leur structure s'y prête. Mais, du même coup, l'organisation de ces éléments contient en puissance la série de leurs réarrangements dans le temps, donc de ses propres transformations. En fin de compte, la coordination des activités détermine tout aussi bien l'évolution d'un système intégré que ses propriétés. C'est de la relation entre structures et fonctions que naît la logique interne d'un tel système.

Les qualités d'un être vivant, ses performances, son développement ne font alors que traduire des interactions qui s'établissent entre ses constituants. A l'origine de chaque caractère, il y a les propriétés de certaines architectures. L'analyse des fonctions ne peut se dissocier de celle des structures. Structure des cellules pour les fonctions du corps, des molécules pour celles de la cellule. Mais interpréter les processus qui se déroulent dans les êtres vivants par la structure des molécules qui caractérisent la cellule, cela exige une convergence des analyses et une combinaison des méthodes. Pendant cent ans, la biologie expérimentale s'était progressivement scindée en une série de branches qui tendaient toujours à s'isoler davantage. Chaque discipline restait centrée sur un petit nombre de techniques qui lui assignaient les limites de son domaine. Au milieu de ce siècle, au contraire, ces différentes disciplines se trouvent dans l'obligation de s'associer étroitement. Pour poursuivre leur analyse, il leur faut unir leurs efforts, articuler leurs attitudes, adapter leurs méthodes, bref se constituer en une « biologie moléculaire ». Pour faire de la biologie moléculaire, il ne suffit plus de mettre en œuvre une technique, d'analyser un phénomène et d'en mesurer tous les paramètres. Il faut faire appel à l'ensemble des moyens nécessaires pour préciser l'architecture des composés en jeu et la nature de leurs relations. On ne cherche plus, par exemple, à étudier d'un côté des gènes, d'un autre des réactions chimiques, d'un autre encore des effets physiologiques. On s'efforce de décrire la chaîne des événements qui conduisent du gène au caractère en termes d'espèces moléculaires, de synthèses, d'interactions. C'est l'organisation d'une macromolécule, le « message » constitué par l'agencement des motifs chimiques au long d'un polymère, qui détient la mémoire de l'hérédité. Elle devient la structure d'ordre quatre par quoi se déterminent la forme d'un être vivant, ses propriétés, son fonctionnement.

Biochimie et physique, génétique et physiologie viennent alors se fondre en une seule pratique. C'est dire que la biologie moléculaire ne peut être l'affaire d'individus isolés, préoccupés chacun de son problème et de son organisme. Elle exige un effort conjugué des hommes et des techniques. Dans un même institut, dans un même laboratoire se mettent à coopérer des spécialistes que sépare leur formation d'origine, mais qu'unit un même thème d'analyse sur un même matériel. Il n'y a plus alors deux sortes de biologie pour s'intéresser, l'une à l'organisme entier, l'autre à ses constituants. Il y a deux aspects d'un même objet. On continue toujours à considérer la « boîte noire » du dehors, pour en observer les propriétés. Mais, dans le même temps, on l'ouvre pour en discerner les rouages, les démonter, tenter d'en reconstituer le mécanisme avec les pièces détachées. Organisme ou constituants, chacun ne peut s'interpréter que par référence à l'autre. Jadis contrainte de s'isoler pour définir ses objets et ses méthodes, la biologie est maintenant conduite à s'associer étroitement à la physique et à la chimie. Ce qui ne lui enlève rien de son caractère propre.

Les macromolécules

Au milieu du XIXe siècle, la notion d'énergie et celle d'équivalence avaient modifié la représentation du monde vivant. D'une part en établissant un lien entre la chimie des êtres et celle des choses. D'autre part en donnant un fondement commun aux activités les plus variées d'un organisme. L'énergie s'était ainsi substituée à la force vitale dans certaines de ses fonctions, mais non dans toutes. Les cellules se comptent par milliards dans un organisme complexe. Les molécules par millions dans une cellule. Mais rien n'expliquait la spécificité des architectures; ni l'agencement des cellules; ni la mise en place des atomes dans les isomères, ces substances de composition identique, mais de propriétés différentes. D'un côté, en effet, la mécanique statistique permettait d'interpréter le comportement moyen de grandes populations moléculaires. De l'autre, l'analyse de la génétique montrait que les caractères des êtres vivants ne résultent pas de phénomènes statistiques, qu'ils ne traduisent pas une agitation au hasard de molécules en nombres énormes, mais qu'ils reposent, au contraire, sur la qualité de quelques substances contenues dans les chromosomes. Contrairement à celui des corps inanimés, l'ordre des êtres vivants ne peut s'extraire du désordre. Il repose sur la reproduction d'un ordre déjà constitué. « La vie, dit Schrödinger [1], semble être un comportement de la matière ordonné selon des lois et basé, non sur la tendance à aller de l'ordre au désordre, mais sur le maintien d'un ordre préexistant. »

C'est le concept d'information qui, au milieu de ce siècle, ouvre un accès à l'analyse de cet ordre et de sa transmission. En ignorant les paramètres relatifs à chaque individu et en se référant au seul comportement moyen d'une population, la thermodynamique statistique renonce à connaître la structure interne du système. Elle n'en perçoit pour ainsi dire que la surface. Mais sous une même surface peuvent se dissimuler des organisations fort différentes. L'information que donne du système l'analyse statistique reste donc incomplète, d'autant plus que le nombre des structures internes qui peuvent se traduire par un même comportement moyen est plus élevé. Pour Maxwell, l'acquisition de cette information était gratuite. Seule l'insuffisance de son équipement sensoriel empêchait l'homme de l'obtenir. Au démon placé dans un récipient à gaz, il n'en coûtait rien d'évaluer la qualité des molécules et de les trier. Pour Szilard et pour Brillouin, au contraire, l'information se paie. Le démon ne peut « voir » les molécules que s'il leur est couplé par quelque processus physique, comme des radiations. Ce qui tend vers l'équilibre, ce n'est pas seulement le gaz, mais l'ensemble gaz plus démon. Tôt ou tard, ce dernier devient « aveugle » dans son gaz. Il ne continue à distinguer les particules qu'au prix de quelque énergie fournie au système du dehors, sous forme de lumière par exemple. Moyennant quoi, le démon acquiert l'information voulue sur les molécules et, en les triant, abaisse l'entropie du système.

1. *What is Life?*, p. 68.

Mais au bout du compte, l'entropie générale s'est accrue. Le démon lui-même n'échappe donc pas à la toute-puissance du second principe de la thermodynamique. Le système ne fonctionne que grâce à une série de transformations successives où intervient l'information. Entropie et information sont aussi étroitement associées que l'envers et l'endroit d'une médaille. Dans un système donné, l'entropie donne la mesure à la fois du désordre et de notre ignorance sur la structure interne; l'information celle de l'ordre et de notre connaissance. Toutes deux s'évaluent de la même manière. L'une est le négatif de l'autre.

Cet isomorphisme de l'entropie et de l'information établit un lien entre les deux formes de la puissance : celle de faire et celle de diriger ce qui fait. Dans un système organisé, qu'il soit ou non vivant, ce sont les échanges, non seulement de matière et d'énergie mais d'information, qui unissent les éléments. Entité abstraite, l'information devient le lieu où s'articulent les différents types d'ordre. Elle en est tout à la fois ce qui se mesure, ce qui se transmet, ce qui se transforme. Toute interaction entre les membres d'une organisation peut alors être considérée comme un problème de communication. Cela s'applique aussi bien à une société humaine qu'à un organisme vivant ou à un engin automatique. Dans chacun de ces objets, la cybernétique trouve quelque modèle pour l'appliquer aux autres. La société, parce que le langage représente le type même d'un système d'interaction entre éléments d'un ensemble intégré. L'organisme, parce que l'homéostase sert d'exemple pour tous les phénomènes fonctionnant à rebours du courant général vers le désordre. L'engin, parce que les combinaisons de ses circuits précisent les exigences de l'intégration. En fin de compte, tout système organisé peut s'analyser par référence à deux concepts : celui de message et celui de régulation par rétroaction.

Par message s'entend une succession de symboles prélevés dans un certain répertoire. Ces symboles peuvent être tout aussi bien des signes, des lettres, des sons, des phonèmes, etc. Un message donné constitue donc une sélection particulière dans un ensemble d'arrangements possibles. C'est un certain ordre parmi tous ceux qu'autorise la combinatoire des symboles. L'information mesure la liberté de ce choix, donc l'improbabilité du message. Mais elle en ignore le contenu sémantique. Toute structure matérielle peut alors se comparer à un message, en ce sens que la nature et la position des éléments qui la constituent, atomes ou molécules, résultent d'un choix parmi une série de possibles. Par transformation isomorphe selon un code, une telle structure peut être traduite dans un autre jeu de symboles. Elle peut être communiquée par un émetteur en n'importe quel point du globe à un récepteur qui la reconstitue par transformation inverse. C'est ainsi que fonctionnent la radio, la télévision et les services secrets. On ne voit donc rien, dit Wiener [1], qui empêche « de considérer l'organisme comme un message ».

Quant à la rétroaction, c'est un principe de régulation qui permet à une machine d'ajuster son activité en fonction, non seulement de ce qu'elle doit faire, mais de ce qu'elle fait réellement. Elle fonctionne en introduisant dans le système les résultats de son activité passée. Cela met en jeu des organes sensoriels chargés d'évaluer l'activité des organes moteurs, d'en vérifier les performances et de les corriger. Cette surveillance a pour fonction de redresser la tendance du mécanisme à la désorganisation, c'est-à-dire de produire temporairement et localement un renversement de la direction de l'entropie. Selon leur complexité, ces mécanismes vont du simple réglage d'une chaudière d'après la température ambiante jusqu'à constituer un véritable système d'apprentissage. Toute organisation fait intervenir des boucles de régulation par quoi chaque élément est tenu informé des effets de son propre fonctionnement et l'ajuste en conséquence dans l'intérêt du tout.

Avec la possibilité de réaliser mécaniquement une série d'opérations prévues dans un programme, le vieux problème des relations entre l'animal et la machine se trouve posé en termes nouveaux. « Les deux systèmes, dit Wiener [2], ont ceci de commun qu'ils s'efforcent tous deux de maintenir l'entropie par l'intermédiaire de la rétroaction. » Tous deux y parviennent en désorganisant le milieu extérieur, « en consommant de l'entropie négative », selon l'expression de Schrödinger et de Brillouin. Tous deux possèdent en effet un appareillage spécialisé pour recueillir à bas niveau d'énergie l'information provenant du monde extérieur et pour la transformer en vue de son propre fonctionnement. Dans les deux cas, c'est la réalisation, et non l'intention, qui ajuste l'action du système sur le monde extérieur par l'intermédiaire d'un centre de régulation. Un organisme

1. *The Human Use of Human Beings*, 1954, p. 95.
2. *Ibid.*, p. 26.

ne conserve une certaine stabilité qu'à travers d'incessants emprunts au-dehors. Malgré les changements du milieu, il parvient à osciller autour de l'équilibre qui le caractérise. S'il réussit à maintenir son homéostase, c'est que d'innombrables mécanismes de régulation lui permettent de définir lui-même les conditions les plus favorables à son existence. Vivant ou non, tout système qui fonctionne tend à s'user, à se dégrader, à gagner de l'entropie. Grâce à quelque régulation, chaque dégradation locale est compensée par un travail fourni ailleurs dans l'organisme. D'où un autre accroissement d'entropie, compensé à son tour par un autre travail effectué en un autre point du corps. Et ainsi de suite en une sorte de cascade où chaque perte d'ordre ici est compensée par un gain là. La coordination du système repose sur un réseau de circuits régulateurs par quoi s'intègre l'organisme. Mais comme dans une chute d'eau, le changement total d'énergie que résume l'ensemble des opérations s'effectue toujours dans la même direction, celle qu'impose le second principe de la thermodynamique. La tendance statistique au désordre délabre peu à peu tout système fermé aux échanges avec l'extérieur. En fin de compte, le maintien en l'état d'un système vivant se paie : le retour à l'équilibre toujours instable se solde par un déficit d'organisation alentour, c'est-à-dire par un accroissement de désordre dans l'ensemble que constituent l'organisme et son milieu. L'être vivant ne peut donc pas être un système fermé. Il ne peut cesser d'absorber des aliments, de rejeter des déchets, d'être constamment traversé par un courant de matière et d'énergie venu du dehors. Sans un afflux constant d'ordre, l'organisme se désintègre. Isolé il ne peut que mourir. Tout être vivant reste en quelque sorte branché en permanence sur le courant général qui emporte l'univers en direction du désordre. Il en représente une sorte de dérivation à la fois locale et transitoire, qui entretient l'organisation et lui permet de se reproduire.

Animal et machine, chacun des systèmes devient alors un modèle pour l'autre. La machine peut se décrire en termes d'anatomie et de physiologie. Elle possède des organes d'exécution qu'anime une source d'énergie. Elle dispose de toute une série d'organes sensoriels, répondant à des stimulus lumineux, sonores, tactiles, thermiques, pour surveiller sa propre santé, pour sonder le milieu, vérifier la nourriture. Elle contient des centres de contrôle automatique pour évaluer ses performances; une mémoire où sont consignés les gestes à accomplir et où s'inscrivent les données de l'expérience passée. Tout cela est relié par un système nerveux qui, d'un côté, porte au cerveau les impressions venues des sens et, de l'autre, transmet les ordres aux membres. A tout instant, la machine qui exécute son programme est capable d'orienter son action, de la corriger, de l'interrompre même, au vu des messages reçus.

Inversement, l'animal peut être décrit à la lumière de la machine. Organes, cellules et molécules sont alors unis par un réseau de communication. Ils échangent sans cesse signaux et messages sous forme d'interactions spécifiques entre constituants. La souplesse du comportement repose sur des boucles de rétroaction; la rigidité des structures sur l'exécution d'un programme rigoureusement prescrit. L'hérédité devient le transfert d'un message répété d'une génération à la suivante. Dans le noyau de l'œuf est consigné le programme des structures à produire. « La fibre chromosomique, dit Schrödinger [1], contient, chiffré dans une sorte de code miniature, tout le devenir d'un organisme, de son développement, de son fonctionnement... Les structures chromosomiques détiennent aussi les moyens de mettre ce programme à exécution. Elles sont tout à la fois la loi et le pouvoir exécutif, le plan de l'architecte et la technique du constructeur. » C'est donc sur la structure d'une grosse molécule que repose l'ordre d'un être vivant. Pour des raisons de stabilité, l'organisation d'un chromosome devient semblable à celle d'un cristal. Non pas la structure monotone et un peu ennuyeuse où un même motif chimique se répète à l'infini, avec la même période, dans les trois dimensions. Mais ce que les physiciens désignent par « cristal apériodique », dans lequel l'agencement de plusieurs motifs offre la variété qu'exige la diversité des êtres vivants. Un petit nombre de motifs y suffit, ajoute Schrödinger. Avec le code morse la combinaison de deux symboles permet de chiffrer n'importe quel texte. C'est par une combinatoire de symboles chimiques qu'est tracé le plan de l'organisme. L'hérédité fonctionne comme la mémoire d'une calculatrice.

Jusque vers le milieu de ce siècle, la structure des macromolécules était restée à peu près inaccessible. Elle va devenir un objet d'analyse, grâce, une fois encore, à la conjonction de deux lignes d'efforts. L'une venue de la technologie qui trouve dans les polymères une source de

1. *What is Life?*, p. 18-19.

matériaux nouveaux pour l'industrie. L'autre de la physique et de la chimie qui s'efforcent de purifier les macromolécules, d'en déterminer la composition, d'en préciser l'organisation. L'existence de polymères chez les êtres vivants était connue depuis la première partie du XIXe siècle. A plusieurs reprises, en effet, les chimistes avaient constaté que certaines substances de grosse taille ne libéraient, par hydrolyse, que quelques composés simples, voire un seul. C'est ainsi que dans la cellulose ou l'amidon on ne trouve que du glucose, dans le caoutchouc ou la gutta-percha de l'isoprène. Depuis Berzélius, le terme de polymère servait à désigner la grosse architecture, celui de monomère l'unité de base. Le plus souvent, ces unités paraissaient liées bout à bout pour former une chaîne. Mais la similitude de composition n'excluait pas la diversité de structure. Quoique constituées toutes deux du même glucose, amidon et cellulose n'en possèdent pas moins des propriétés fort différentes : sous une forme ou sous une autre, le premier entre dans la nourriture de l'humanité tout entière; la seconde, au contraire, n'est pas digérée par l'homme. Seul l'agencement des unités pouvait justifier une telle différence. Chez certains polymères, en effet, les unités sont toutes disposées dans le même sens en une chaîne monotone; chez d'autres, au contraire, elles se trouvent tantôt à l'endroit, tantôt à l'envers, en motifs alternés. Certaines chaînes sont longues, d'autres courtes. Certaines linéaires, d'autres branchues. Dans certains polymères on ne trouve qu'une seule espèce de monomère; dans d'autres plusieurs. Bref, la variation de quelques paramètres suffit à faire naître la diversité.

Au début de ce siècle, les chimistes tentent d'analyser au laboratoire les moyens employés par la nature pour édifier ces grosses architectures. La chimie des polymères diffère de celle des petits composés et repose sur des principes différents. Pour préparer une petite molécule organique le chimiste doit, souvent à grand prix, intervenir lui-même à chaque étape et placer chaque atome à la position voulue. La production de polymères, au contraire, exige seulement que les unités de base soient mélangées dans certaines proportions et placées dans des conditions convenables d'acidité, de température, de pression, etc. Une fois la réaction amorcée, elle se poursuit spontanément sans autre intervention du chimiste. Celui-ci peut toutefois influencer la nature du produit final de diverses manières : en faisant varier les conditions de la réaction; en changeant les unités de base; en modifiant leurs proportions; surtout en ajoutant au mélange certaines substances qui agissent comme catalyseurs et guident en quelque sorte l'orientation des unités au long de la chaîne. Grâce à l'emploi de ces catalyseurs, il devient possible de diriger la réaction, de maîtriser l'organisation spatiale du produit. Dès lors s'établit une coopération étroite entre le laboratoire et l'industrie. C'est toute une série de substances nouvelles qui apparaît, par la polymérisation de molécules simples, d'hydrocarbures en particulier. Mais c'est aussi tout un ensemble de concepts et de techniques qui va progressivement influencer l'attitude de la biologie devant les macromolécules des êtres vivants.

En cela, la technologie des polymères rejoint les méthodes d'analyse que précisent peu à peu la physique et la chimie. La nature même des macromolécules leur confère des propriétés particulières, de poids, de charge électrique, de diffraction de la lumière, de viscosité une fois en solution. Ces caractéristiques fournissent le moyen de traiter ces composés et d'en étudier le comportement. On peut les peser, pour ainsi dire, en les soumettant à des forces de centrifugation de quelques cent mille fois supérieures à la gravitation. On peut mesurer leur agilité dans un champ électrique, estimer leur taille, leur volume, leur forme générale. Bref, on parvient à se former une représentation de ces architectures moléculaires dans leur ensemble. Mais c'est surtout par l'emploi de trois techniques que se révèlent jusque dans le détail la composition de ces molécules, leur organisation interne, les processus de leur synthèse.

La première relève de la chimie. Au début de ce siècle, les botanistes avaient trouvé le moyen de purifier et d'isoler les différents pigments des végétaux. Ils faisaient couler des extraits de plantes sur de longues colonnes de certaines poudres calcaires qu'ils éluaient ensuite par divers solvants. Seuls retenus par la colonne en des zones différentes, les pigments se séparaient les uns des autres au cours de l'élution. Cette méthode, connue sous le nom de « chromatographie », est reprise et diversifiée par les chimistes au milieu de ce siècle. Elle se prête, en effet, à des variations infinies. On peut jouer sur la composition de la colonne, sur celle du liquide d'élution, sur l'activité, la concentration des ions, etc. Cette technique possède un pouvoir de résolution considérable. Elle distingue entre des composés très voisins, ne différant que par des détails de charge électrique, de taille ou de forme. On peut même, en guise de colonne, utiliser des feuilles de certains papiers, sur lesquelles coulent lentement, d'abord dans une direction puis dans l'autre, les solutions des produits à analyser. Chaque composé se déplace à une vitesse qui lui est propre. C'est alors un jeu pour le chimiste d'établir, en qualité et en quantité, une discrimination entre des composés presque identiques. Il n'est pas exagéré de dire que la simplicité et l'efficacité de cette technique ont entièrement transformé l'analyse des macromolécules biologiques, protéines et acides nucléiques notamment. Jusque-là, on savait ces composés constitués de quelques radicaux chimiques, une vingtaine pour les protéines, quatre pour les acides nucléiques, mais assemblés en nombre énorme dans chaque molécule. Au prix d'un travail considérable, on pouvait même hydrolyser la molécule, préciser la nature des unités qu'elle contient, compter les exemplaires de chacune. Mais on n'avait aucun moyen d'analyser l'agencement de ces unités et l'organisation spatiale d'une protéine. C'est la chromatographie qui rend possible cette étude. Par l'emploi de certains enzymes, le chimiste a le moyen de pratiquer des coupures dans la molécule de protéine et d'en recueillir, non pas les unités séparées, mais des fragments formés eux-mêmes de plusieurs unités. Il peut ensuite couper chaque fragment en morceaux plus petits, puis analyser la composition de chacun. De même que dans un puzzle, il s'agit alors de repérer la position relative des fragments et des morceaux, puis de les ajuster pour reconstituer le dessin d'origine. Comme il existe des enzymes de spécificités distinctes pour briser la molécule en des points divers, on peut découper le même dessin en une série de puzzles différents. En procédant de proche en proche, on finit par obtenir assez d'équations pour résoudre toutes les inconnues. A l'étonnement général, une molécule de protéine, architecture d'une rare complexité en trois dimensions, se réduit à une structure d'une particulière simplicité en une dimension. C'est, en effet, un polymère linéaire formé par la liaison bout à bout de quelques centaines d'unités prélevées dans l'assortiment de vingt. La complexité dans l'espace naît des replis de la chaîne sur elle-même, des sinuosités qui creusent à sa surface un relief tourmenté : ce qui donne à la molécule sa forme particulière, c'est la longueur de la chaîne, cent à mille unités, et la séquence dans laquelle sont disposées ces unités. Une fois encore la diversité et la complexité naissent de la simplicité d'une combinatoire.

La seconde technique, par quoi se transforment les possibilités de l'analyse biochimique, vient de la découverte des radio-isotopes par les physiciens. Un élément radioactif émet des radiations que l'on peut déceler. Il est donc « visible » quelle que soit sa localisation dans l'organisme. Par synthèse, le chimiste est capable de placer un atome radioactif en un point choisi d'une molécule, minérale ou organique. Une fois entrée dans l'organisme, d'une manière ou d'une autre, une telle molécule peut être suivie à la trace. On en observe les transformations successives, la distribution parmi les constituants, la rétention ou l'excrétion. L'utilisation des isotopes permet aussi de dénouer les fils de l'enchevêtrement que constitue le métabolisme intermédiaire; de suivre pas à pas les étapes qui président à l'élaboration des petites molécules et à leur polymérisation pour former les grosses; de mesurer la stabilité des constituants ou la vitesse de leur renouvellement. Couplée à l'examen histologique, l'autoradiographie des isotopes donne même le moyen de repérer la constitution des structures visibles au microscope dans la cellule et d'en surveiller les modifications pendant le cycle de division. Ce n'est plus seulement la composition des êtres vivants qui est alors objet d'analyse. C'est toute la dynamique de leurs transformations chimiques.

La troisième technique enfin qui ouvre un accès à la structure des macromolécules dans la cellule vient des perfectionnements qu'apportent les physiciens aux moyens d'observation. D'abord avec le microscope électronique où la substitution d'un faisceau d'électrons à la lumière visible accroît de près de mille fois le pouvoir de résolution de l'œil : il devient possible d'observer, dans le détail, les organites de la cellule et même de distinguer, dans l'ensemble, la forme de certaines très grosses molécules. Aussi et surtout avec l'analyse des cristaux par la diffraction des rayons X : ce n'est plus alors la forme générale d'une molécule qui peut être discernée; c'est la position exacte de chaque atome, non seulement dans des composés simples, mais dans les architectures les plus élaborées. Toutefois, à la précision des résultats répond la difficulté de la technique. Réservée aux physiciens, elle conduit certains d'entre eux à s'intéresser directement à la biologie. La diffraction des rayons X avait été employée en Grande-Bretagne au début de ce siècle pour analyser l'organisation des cristaux simples, comme ceux du chlorure de sodium. De là était née une école de cristallographes intéressés à résoudre la structure interne des composés les plus variés; y compris les macromolécules biologiques, tant ces physiciens s'étaient convaincus que les fonctions de la cellule vivante ne peuvent reposer que sur la configuration de ces molécules. C'est même l'un d'eux qui avait proposé l'expression de « biologie moléculaire » pour désigner cette sorte d'analyse; après quoi, chacun des spécialistes occupés d'une manière ou d'une autre à l'expérimentation sur la cellule s'était trouvé dans la situation de Monsieur Jourdain, à faire de la biologie moléculaire sans le savoir. D'abord quelque peu isolés, les cristallographes tâtonnent devant la complexité des systèmes biologiques. Il leur faut procéder par étapes du simple au complexe; n'accroître que progressivement leur résolution; apprendre à reconnaître certains secteurs privilégiés des molécules; marquer celles-ci par dcs atomes lourds faciles à repérer aux rayons X. Peu à peu ils parviennent non seulement à discerner les contours des macromolécules, mais à en préciser les détails. A l'analyse purement cristallographique vient alors se substituer un jeu subtil où se mêlent l'interprétation des données physiques, la construction de modèles au laboratoire et une sorte d'intuition fondée sur la connaissance des propriétés des atomes et de leurs liaisons. Si laborieux qu'il soit, ce dialogue naissant entre la cristallographie et la chimie théorique s'affirme comme le seul moyen d'accéder à l'organisation des grosses architectures biologiques. Car si l'analyse de la chimie décrit l'ordre des unités au long de la chaîne, elle reste muette sur les replis de celle-ci, sur l'anatomie fine de la molécule, sur sa configuration dans l'espace. L'analyse physique permet de localiser chaque détail dans un édifice qui contient plusieurs milliers d'atomes.

Aux cristallographes vient s'ajouter un autre contingent de physiciens qui s'intéressent aussi à la biologie mais pour des raisons différentes. Après la guerre, en effet, beaucoup de jeunes physiciens sont révoltés par l'utilisation militaire qui est faite de l'énergie atomique. De plus, certains sont lassés du tour que prend l'expérimentation en physique nucléaire, de sa lenteur, de la complexité qu'impose l'emploi des grosses machines. Ils y voient la fin d'une science et se cherchent d'autres activités. Quelques-uns regardent vers la biologie avec un mélange d'inquiétude et d'espoir. Inquiétude parce qu'ils n'ont, en général, des êtres vivants que les notions vagues de zoologie et de botanique que laissent les vieux souvenirs de l'école. Espoir parce que les plus fameux parmi leurs aînés leur désignent la biologie comme chargée de promesses. Niels Bohr y voit la source de nouvelles lois physiques à trouver. Schrödinger aussi qui prophétise pour la biologie des heures de renouveau et d'exaltation, tout particulièrement dans le domaine de l'hérédité. Entendre l'un des pères de la mécanique quantique se demander : « Qu'est-ce que la vie? » et décrire l'hérédité en termes de structure moléculaire, de liaison interatomique, de stabilité thermodynamique, suffit pour drainer vers la biologie l'enthousiasme de certains jeunes physiciens et lui conférer une sorte de légalité. Leur ambition comme leur intérêt se limitent à un seul problème : la nature physique de l'information génétique.

Les microorganismes

Au changement des concepts et des techniques vient s'ajouter celui du matériel utilisé dans l'étude de la cellule et de l'hérédité. La génétique classique n'était pas parvenue à combler le vide creusé entre le gène et le caractère. Elle avait conclu à la présence, dans les chromosomes, d'une substance capable à la fois de se reproduire exactement et de porter la spécificité génétique. Mais le matériel employé par la génétique pendant la première moitié de ce siècle ne se prêtait ni à la recherche d'une telle substance, ni à l'étude de son mode d'action. Certains efforts pour combiner physiologie et génétique chez la drosophile avaient pu mettre en évidence l'influence des gènes sur certaines réactions chimiques de l'organisme. Mais chez un être complexe qui se reproduit par voie sexuée, l'effet d'un gène ne se manifeste le plus souvent qu'à la suite d'un long délai, après la série des transformations qu'imposent le développement et la morphogenèse. Les organismes étudiés par les généticiens ne convenaient pas aux chimistes et inversement. Pour associer leurs efforts, il leur fallait un matériel commun. Contre toute attente ce sont les microorganismes qui vont constituer ce matériel. Et plus particulièrement les bactéries et les virus.

Née près de trois siècles auparavant de l'invention du microscope, la bactériologie s'était longtemps limitée à l'observation, jusqu'aux travaux de Pasteur qui en avait fait une science d'expérimentation. En quelques années, l'homme avait alors eu la surprise de constater que sans les microorganismes, ce monde ne serait pas ce qu'il est. Mais l'importance des microbes comme agents pathogènes, leur fonction dans les cycles des transformations que subissent les éléments à la surface de la terre, leur rôle dans nombre d'industries, tout cela devait longtemps rejeter au second plan la valeur des microbes pour l'étude des mécanismes biologiques. La théorie cellulaire avait contribué à unifier le monde vivant. Mais les bactéries restaient exclues de cette généralisation. Leur petite taille, en effet, ne permettait pas d'y reconnaître les structures caractéristiques. On ne pouvait guère que les cultiver, les décrire, tenter de les classer. C'est au début de ce siècle que les microbes étaient peu à peu devenus des objets pour la physiologie et la biochimie. L'évolution de la médecine, celle des industries entraînaient une rigueur toujours accrue dans l'identification des germes et dans la connaissance de leurs propriétés. Plus on isolait de microbes, plus il importait d'en définir les caractères pour les distinguer. Même si les microbiologistes se bornaient à étudier la croissance dans des conditions variées, ils n'en parvenaient pas moins à préciser les besoins nutritifs des microorganismes, leur pouvoir d'utiliser certains composés comme source de carbone, leur sensibilité à l'effet des agents antimicrobiens. Dans le même temps, les chimistes découvraient dans les microorganismes un matériel particulièrement favorable à leurs études. Plus simple à manipuler qu'un muscle de pigeon, plus reproductible dans ses caractères qu'un foie de rat, une culture de levures ou de bactéries se prête tout aussi bien à l'extraction des constituants, à l'analyse du métabolisme, à la détermination des activités enzymatiques. Pigeons, rats ou bactéries, dans tous ces objets se retrouvaient de remarquables similitudes : partout mêmes réactions chimiques, mêmes intermédiaires à haut potentiel d'énergie, mêmes activités enzymatiques toujours associées à des protéines. Derrière la diversité des formes et la variété des propriétés se profilait ainsi une unité de composition et de fonctionnement dans le monde vivant. C'étaient toujours les mêmes matériaux qui étaient utilisés pour produire les mêmes constituants. Comme si, bien souvent, la nature ne connaissait qu'une manière d'opérer.

Pourtant, jusque vers le milieu de ce siècle, toute similitude entre microorganismes et êtres supérieurs paraissait exclue dans un domaine au moins : l'hérédité. Devenu tardivement unité de mutation et de fonction, le gène était surtout l'unité de recombinaison et de ségrégation. C'était sur l'étude des hybrides se reproduisant par voie sexuée que reposait la génétique. C'était par l'association de l'analyse génétique et de l'observation cytologique qu'avaient pu être établis le rôle des chromosomes et la mécanique de l'hérédité. Or rien de tout cela ne pouvait se faire avec des microbes, pas plus les hybridations que la cytologie. Ils se reproduisent par voie végétative et l'on n'y trouvait rien qui pût rappeler la sexualité. Leur petite taille empêchait toute observation cytologique. L'absence d'organisation ne permettait pas de distinguer entre somatique et germinal, entre caractère et facteur, entre phénotype et génotype. Aussi bactériologistes et généticiens s'accordaient-ils pour considérer que les bactéries étaient dépourvues d'un appareil génétique, que leur hérédité n'avait rien de commun avec celle des animaux et des plantes. Le monde des microbes ne semblait relever ni des concepts, ni des méthodes de la génétique.

C'est seulement au milieu de ce siècle que les micro-organismes deviennent accessibles à l'analyse de la génétique. Les moisissures et les levures d'abord, où l'on observe des phénomènes de sexualité et de conjugaison. Dans ces organismes on peut coupler l'étude du métabolisme et celle de l'hérédité. Les caractères qu'on y considère ne sont plus seulement des qualités un peu secondaires, comme la longueur d'une aile ou la couleur d'une fleur. C'est la chimie même de l'organisme, son pouvoir de croissance, ses facultés de synthèse. Pour la première fois s'associent un généticien et un chimiste dans l'étude d'une moisissure qui se multiplie dans un milieu simple et y forme tous ses constituants. Le généticien isole des mutants devenus incapables de croître dans ce milieu. Le biochimiste cherche à expliquer cette incapacité. Ce qui apparaît alors, c'est que chacune de ces mutations bloque le métabolisme en un certain point. Chacune empêche la synthèse d'un métabolite essentiel. Chacune altère la qualité d'un enzyme intervenant dans cette synthèse. Toute la chimie de l'organisme est donc régie par son hérédité. Un gène particulier gouverne une réaction chimique particulière parce qu'il détermine les propriétés de la protéine-enzyme particulière qui catalyse cette réaction. Dans le vide créé naguère entre le gène et le caractère vient se loger la protéine.

Une fois les réactions du métabolisme ainsi transformées en objets d'étude pour la génétique, il devient possible d'analyser l'hérédité d'organismes aussi simples que les bactéries. Les propriétés qui avaient jusque-là exclu les bactéries de la génétique en font même un matériel particulièrement favorable à l'étude de la variation. Avec leur petite taille et la rapidité de leur croissance, les bactéries produisent en quelques heures d'énormes populations dans de petits volumes. En appliquant à ces cultures les méthodes de la statistique, on constate que la variation y est la conséquence de rares changements quantiques, identiques aux mutations des êtres supérieurs. Comme une mouche, une bactérie possède donc des déterminants factoriels héréditaires, c'est-à-dire des gènes. Ceux-ci en gouvernent aussi bien la morphologie que le métabolisme et l'ensemble des propriétés qu'on peut y déceler. Il existe même, chez certains microbes, des phénomènes de conjugaison rappelant la sexualité des organismes supérieurs, avec des mâles et des femelles. On peut alors réaliser des hybridations et préciser les relations existant entre les gènes. Ceux-ci sont disposés le long de structures linéaires, semblables aux chromosomes des êtres supérieurs. Il en est de même chez les virus. Dans l'ensemble du monde vivant, il n'y a donc qu'une seule manière d'assurer la permanence des formes et des propriétés à travers les générations. Une seule manière aussi de les modifier. Les règles du jeu génétique sont les mêmes pour tous.

Jusqu'alors, la reproduction sexuée apparaissait comme le seul moyen d'assortir les gènes d'une espèce en des combinaisons si nombreuses qu'elles permettent une variété presque infinie des individus. Mais il y a chez les bactéries d'autres moyens que le sexe pour transférer du matériel génétique d'une cellule à une autre. C'est ainsi que des virus peuvent servir de véhicules aux gènes bactériens et réaliser une sorte d'hérédité infectieuse. Ou que, dans certaines espèces, les bactéries sont capables d'absorber et d'incorporer dans leur propre chromosome les gènes libérés par le broyage d'autres bactéries. C'est donc à tort que s'était établie une corrélation entre hérédité et reproduction sexuée. La notion d'hérédité doit être élargie. Elle devient la capacité de reproduction identique que possède chaque cellule et qu'elle transmet à travers les générations. Cette propriété de reproduire structures et réactions à travers la multiplication, voilà le principe central de l'hérédité. Sans elle, pas d'organisme vivant. Le reste, la sexualité, la diversité des formes, la différenciation des cellules, ce n'est que complications élaborées au cours de l'évolution, que variations sur un même thème fondamental. On peut parfaitement concevoir un univers un peu ennuyeux, sans sexe, sans hormones et sans système nerveux; un univers seulement peuplé de cellules identiques qui se reproduisent à l'infini

De fait cet univers existe. C'est celui que forme une culture de bactéries.

L'emploi de cultures bactériennes comme objet d'étude comporte deux conséquences importantes. La première, c'est d'ouvrir un accès à la structure intime du matériel génétique. Avec les bactéries, en effet, l'analyse génétique se simplifie à l'extrême et acquiert un pouvoir de résolution inconnu avec l'étude d'organismes complexes. Le simple geste qui consiste à étaler des cultures de microbes sur des milieux sélectifs permet d'obtenir en quelques heures des renseignements portant sur des milliards d'événements, mutations ou recombinaisons. On imagine difficilement le travail requis pour atteindre un résultat équivalent par l'examen d'animaux ou de plantes. Cet accroissement de résolution conduit à réviser l'image de structure intégrale en boule de chapelet attribuée au gène par la génétique classique. Le gène défini comme unité de fonction contient en fait plusieurs centaines d'éléments que peut modifier la mutation et séparer la recombinaison. Mais à cette organisation nouvelle s'appliquent toujours les principes anciens : la nature quantique des variations, le rôle du hasard dans les assortiments soumis aux lois de probabilité, l'arrangement des éléments le long d'une structure à une dimension. En outre, les bactéries donnent le moyen d'accéder à la chimie du matériel génétique. Si en effet les gènes libérés dans des broyats bactériens sont à même de pénétrer dans d'autres bactéries pour y prendre racine et leur conférer des caractères nouveaux, le chimiste peut intervenir. Il a le moyen d'extraire ces gènes, de les doser, de les purifier, tout comme n'importe quel autre composé. C'est ainsi qu'Avery trouve l'activité génétique liée à la présence de l'acide désoxyribonucléique. Cette substance, on en connaissait depuis près d'un siècle la présence dans le noyau des cellules. On en connaissait la composition globale. Mais on ne voyait jusque-là ni quel rôle lui attribuer, ni quelle structure moléculaire lui donner. Son rôle, c'est de porter la spécificité des unités de Mendel. Sa structure, elle peut être résolue par la combinaison de l'analyse chimique et de la cristallographie. Il s'agit d'un long polymère formé par l'alignement des quatre unités qui sont répétées par millions et permutées au long de la chaîne, comme les signes d'un alphabet le long d'un texte. C'est l'ordre de ces quatre unités qui dirige celui des vingt unités dans les protéines. Tout conduit alors à regarder la séquence contenue dans le matériel génétique comme une série d'instructions spécifiant les architectures moléculaires, donc les propriétés de la cellule, à considérer le plan d'un organisme comme un message transmis de génération en génération; à voir dans la combinatoire des quatre radicaux chimiques un système de numération à base quatre. Bref tout invite à assimiler la logique de l'hérédité à celle d'une calculatrice. Rarement modèle imposé par une époque aura trouvé application plus fidèle.

L'utilisation des cultures de bactéries par différentes disciplines a encore une autre conséquence : avec un organisme aussi rudimentaire, les différentes techniques se simplifient à un point tel qu'elles peuvent être mises en œuvre simultanément. Pour analyser l'hérédité, il ne suffit plus alors d'observer les caractères de la cellule bactérienne, leurs variations, leurs réassortiments chez les hybrides. Il faut, en parallèle, extraire le matériel génétique, en préciser les caractéristiques, en mesurer les propriétés dans une centrifugeuse. Il faut en même temps analyser les protéines correspondantes, en préciser la structure, en évaluer l'activité enzymatique. On peut ainsi suivre les effets d'une mutation, non seulement par les changements de fonction qu'elle provoque, mais par ceux des structures en jeu. Inversement, il devient possible d'analyser les propriétés d'une cellule, son organisation, son fonctionnement, d'après la nature des lésions qu'entraînent les mutations. L'analyse génétique ne vise plus alors simplement à démonter le mécanisme de l'hérédité. Elle devient un outil de précision servant à repérer les constituants de la cellule, leur rôle, leurs interactions avec les autres éléments. Ce qu'on cherche avec les mutations, c'est à disséquer la cellule sans la détruire. Depuis plus d'un siècle, c'était l'étude du pathologique qui constituait l'une des méthodes les plus sûres pour interpréter le normal. La physiologie expérimentale intervenait du dehors pour déclencher des lésions dans l'organisme par action mécanique ou par l'effet de toxiques. La biologie moléculaire les provoque du dedans, comme conséquence de mutations. Elle cherche à atteindre non les structures déjà formées, mais le programme qui en dirige l'élaboration. Si efficace peut même devenir la pression de sélection exercée au laboratoire sur une population de bactéries, qu'on obtient presque à volonté des monstres où la fonction choisie est endommagée par quelque mutation. Avec de tels monstres, physiologistes et morphologistes analysent les aberrations sur l'organisme entier, biochimistes et physiciens sur des extraits. Il y a alors, non plus deux domaines qui s'ignorent, mais deux aspects d'une même analyse.

On mesure les changements survenus dans l'attitude de la biologie. Toute l'histoire de celle-ci est dominée par un conflit entre deux positions contraires; entre l'espoir de ramener les performances des organismes aux propriétés de la matière et le refus d'une conception qui nie toute qualité particulière à l'intégration des êtres vivants. D'un côté, plus s'affine l'analyse chimique, plus elle montre l'identité des lois qui régissent le monde vivant et le monde inanimé. De l'autre, plus s'étend l'étude des organismes vivants, de leur comportement, de leur évolution, plus elle montre les ruptures qui s'opèrent à chaque palier d'intégration. Du virus à l'homme, de la cellule à l'espèce, la biologie s'intéresse à des systèmes de complexité toujours croissante, par l'intégration successive de systèmes inférieurs. Chaque niveau d'organisation représente un seuil où changent brusquement les objets, les méthodes et les conditions d'observation. Les phénomènes décelables à un niveau disparaissent au niveau inférieur; leur interprétation ne vaut plus au niveau supérieur.

Pour la biologie, il s'agit alors d'articuler ces niveaux deux à deux, de franchir chaque seuil, d'en faire apparaître les singularités d'intégration et de logique. Les bactéries constituent pour ainsi dire un minimum vital. Avec elles, la biologie moléculaire débute en se plaçant au premier palier d'intégration qui caractérise un organisme, en ignorant les autres. Elle s'installe délibérément à l'une des frontières du monde vivant, à la limite de l'inanimé. Le niveau inférieur se décrit en termes de chimie et de physique. Le niveau supérieur en termes d'organisation, de système logique, de machine automatique même, ce qui n'est après tout qu'un rendu pour un prêté. Mais la nature du système et les méthodes d'observation permettent toujours de considérer ensemble les deux niveaux, de comparer sans cesse le tout de l'organisme et le détail des constituants ou des phénomènes que met en évidence l'analyse. Notre savoir sur la cellule bactérienne s'est élaboré par l'accumulation de techniques variées pratiquées, soit sur l'organisme entier, soit sur des extraits. Plus particulièrement, par la combinaison à chaque étape de l'analyse génétique avec celle de la physique et de la chimie. Il faut détruire l'intégrité de la cellule pour en reconnaître les constituants et étudier leur fonctionnement. Mais il faut recourir à la cellule intacte pour vérifier qu'après isolement et purification les composés isolés agissent bien dans le tube à essai comme dans l'organisme. C'est de la comparaison des deux niveaux qu'émerge la description de la cellule bactérienne.

Le message

Avec les bactéries, l'individu constitue rarement un objet d'analyse. Le plus souvent, l'expérimentation met en jeu une culture, c'est-à-dire un milieu contenant une population qui atteint aisément des milliards de microbes dans quelques centimètres cubes. Il n'y a donc aucune chance d'y observer directement les propriétés de chacun. Même quand on veut repérer la présence de certains individus particuliers, de mutants par exemple, on se trouve obligé de placer la population dans des conditions où seuls ces individus peuvent se multiplier. Ce qu'on observe alors, ce ne sont pas les individus eux-mêmes, mais leur descendance, c'est-à-dire encore une population énorme. La représentation que se forme le biologiste de la cellule bactérienne ne peut donc être qu'une image statistique, une sorte de portrait-robot qui émerge d'une quantité d'observations accumulées sur une quantité d'individus.

Ce portrait-robot représente l'objet le plus simple qui réunisse les qualités d'organisation, d'autonomie et d'invariance par quoi on s'accorde en général à caractériser les êtres vivants. Il existe, certes, des organisations plus rudimentaires encore, comme les virus. Mais si les virus manifestent certaines propriétés des organismes, ils sont loin de les posséder toutes. Et le manque d'autonomie qui en résulte empêche de les considérer comme des êtres vivants. Quant aux cellules que l'on trouve soit chez les êtres supérieurs, soit chez les organismes unicellulaires comme les protozoaires ou les levures, on y observe une complexité d'organisation bien supérieure à celle d'une bactérie.

La simplicité relative de la cellule bactérienne ne permet cependant pas d'affirmer son caractère primitif, au sens de l'évolution. Il est tentant de lier la simplicité à l'archaïsme et de considérer la cellule bactérienne comme un fossile vivant, voire notre ancêtre à tous. Mais qu'il s'agisse d'une bactérie ou d'un mammifère, tout être vivant que le biologiste se trouve en mesure d'examiner procède d'une évolution qui se compte par milliards d'années. Lorsque les chemins suivis par cette évolution ne sont plus jalonnés de traces décelables, leurs méandres risquent fort de rester à jamais inconnus. Rien ne permet de mesurer la parenté entre organismes primitifs et bactéries actuelles. Le matériau initial de l'évolution, nous ne pouvons que l'imaginer.

S'il devait présenter quelque ressemblance avec la cellule bactérienne d'aujourd'hui, nous ne pouvons imaginer qu'il en avait la déconcertante complexité. Derrière chaque bactérie que nous considérons, derrière chacun de ses constituants, il y a une longue histoire, aussi nécessaire à l'intelligence du système que la connaissance de sa structure.

Pour des raisons techniques, l'étude de la cellule bactérienne s'est concentrée sur un colibacille sans danger, un organisme qu'héberge l'intestin de l'homme. Ce colibacille se multiplie parfaitement dans un milieu formé de quelques sels minéraux simples et d'un composé organique, un sucre par exemple, qui sert à la fois de source de carbone et d'énergie; rien dans ce milieu que ne sache produire le chimiste à partir d'éléments simples. On peut également cultiver le colibacille dans un milieu plus complexe, comme du bouillon de viande, qui contient une variété de produits organiques. La présence de composés nécessaires à la croissance permet alors à la cellule bactérienne d'économiser nombre de synthèses et, par là même, de se multiplier plus vite. Dans les meilleures conditions de température et d'aération, notre colibacille parvient à se reproduire toutes les vingt minutes. Pendant vingt minutes, la bactérie croît et s'allonge. Puis elle se coupe en deux, produisant ainsi deux bactéries, identiques entre elles et identiques à celle qui leur a donné naissance.

Une bactérie est un objet trop petit pour être discerné à l'œil nu. Au microscope optique, un colibacille a une forme allongée, d'environ un micron sur un demi. Mais on n'y distingue aucune structure. Au microscope électronique, les photographies de coupes pratiquées sur des bactéries préalablement fixées et colorées rappellent celles des paysages lunaires. C'est seulement à force de persévérance et de comparaison, par la combinaison des techniques les plus variées, qu'ont pu être identifiées les rares structures visibles. Sur les photographies électroniques, la cellule bactérienne apparaît comme un petit sac dont la forme est maintenue par la présence d'une paroi rigide. Sous la paroi, le sac est entouré d'une membrane à deux couches qui réalise une séparation physique entre la cellule et le milieu. Imperméable au passage de certaines substances, la membrane protège la cellule contre la fuite des molécules que celle-ci élabore. Elle laisse au contraire circuler librement certains sels minéraux. En outre, grâce à des sortes de pompes logées dans cette membrane, la cellule bactérienne peut absorber et concentrer certains composés, comme les sucres, qu'elle trouve dans le milieu et qui sont nécessaires à son métabolisme. La structure de la membrane comme le mécanisme de ces pompes sont encore mal connus. Même au microscope électronique, on ne distingue à l'intérieur du sac qu'un petit nombre de structures définies. Dans la région centrale, apparaît une masse assez dense formée, semble-t-il, par des fibres repliées sur elles-mêmes, entortillées en écheveau : c'est la longue fibre contenant le programme génétique. A part cela, le sac ne paraît contenir que quelques milliers de petits granules, de taille homogène, en forme de sphères : c'est là que sont synthétisées les protéines.

En ouvrant le sac, le chimiste y trouve quelques milliers d'espèces moléculaires. Mais par leur taille, celles-ci ne forment pas une série continue. Elles peuvent être rangées en deux catégories bien distinctes. Pour la moitié environ, il s'agit de molécules assez petites, ne dépassant pas cinq ou six cents unités de poids moléculaire. L'autre moitié au contraire ne comprend que de très grosses molécules supérieures à dix ou vingt mille. Entre les deux, pas d'intermédiaires. Étonnante à première vue, cette répartition s'explique par la manière dont la cellule élabore ses constituants. Construire pièce par pièce, atome par atome, les énormes architectures moléculaires représente une tâche à la fois très complexe et très coûteuse, même pour la cellule. Celle-ci procède donc en deux étapes. Dans un premier temps, les éléments prélevés dans le milieu sont combinés à travers une série de transformations. Un à un ou en groupes, ils sont sans cesse échangés, déplacés, ajoutés ou retranchés. Cette première partie du travail consiste essentiellement à lier entre eux des atomes de carbone. Ainsi s'élaborent des squelettes de structures variées, allongés ou refermés sur eux-mêmes, auxquels viennent s'accrocher d'autres atomes. Toute cette activité met en jeu plusieurs centaines de réactions. Mais en fin de compte elle aboutit à la production d'un nombre limité de petits composés, quelques dizaines au plus. Dans le second temps de la chimie cellulaire, les petites molécules sont assemblées pour la production des grosses. C'est par la polymérisation d'unités liées bout à bout que se forment les chaînes caractérisant les macromolécules. Chacune des opérations chimiques est alors identique aux autres : il s'agit toujours d'ajouter une unité à une chaîne en formation. En variant la longueur de la chaîne, en disposant les unités selon un ordre différent, la cellule construit ainsi une variété considérable de grosses architectures avec un nombre limité de radicaux simples. Les deux temps de la chimie cellulaire diffèrent donc à la fois par leur fonction, leurs produits, leur nature. Le premier cisèle des motifs chimiques, le second les assemble. Le premier forme des composés qui n'ont d'existence que temporaire, car ils constituent des intermédiaires sur des voies de biosynthèse; le second édifie des produits stables. Le premier opère par une série de réactions distinctes; le second par la répétition de la même.

C'est aussi par une série de transformations mettant en jeu de petits composés que la cellule bactérienne trouve le moyen d'utiliser l'énergie qu'elle extrait du milieu. Il y a, dans le monde des bactéries, bien des façons de se procurer de l'énergie, que ce soit par la capture de la lumière solaire, par l'oxydation de produits minéraux ou par celle de composés organiques. Mais pour accumuler ses réserves et les transférer, la cellule bactérienne fonctionne, là encore, comme tous les êtres vivants. C'est toujours le même composé riche en phosphore qui est en jeu. Sa synthèse permet d'emmagasiner le potentiel d'énergie récoltée; son hydrolyse, de le mobiliser quand besoin est. Notre colibacille ne sait extraire son énergie que de la dégradation de certains composés organiques comme les sucres. Dans une molécule de sucre, de glucose par exemple, les atomes sont arrangés en une structure bien définie, selon un ordre précis dans l'espace. C'est en détruisant la molécule, en désorganisant sa structure que la cellule bactérienne convertit l'ordre initialement contenu dans le glucose en énergie chimique. Celle-ci est alors utilisée pour la synthèse des constituants bactériens, c'est-à-dire pour l'établissement d'un ordre moléculaire différent, celui de la cellule. En fin de compte, c'est donc par un transfert d'organisation, par une conversion de l'ordre du milieu en ordre de la bactérie que se traduit la mobilisation d'énergie. Pour dégrader une molécule de sucre, la cellule procède, pas à pas, par une série de réactions successives. A chaque étape, un quantum d'énergie est libéré et recueilli sous la forme d'une molécule de ce composé riche en phosphore. Grâce à cette destruction ménagée, les transferts d'énergie s'effectuent dans la cellule avec un rendement considérable.

Si l'on veut procéder par analogie, c'est de toute évidence le modèle d'une usine chimique en miniature qui décrit au mieux la cellule bactérienne. Usine et bactérie ne fonctionnent que grâce à l'énergie reçue du dehors. Toutes deux transforment, par une série d'opérations, des matières premières prélevées dans le milieu en produits fabriqués. Toutes deux rejettent les déchets alentour. Mais l'idée même d'usine implique une orientation des efforts, une direction du travail, une volonté de production; bref un but à atteindre autour de quoi s'agence l'architecture et se coordonnent les activités. Quel peut alors être le but de la bactérie? Que cherche-t-elle à produire qui justifie son existence, détermine son organisation et sous-tend son travail? A cette question, il n'y a apparemment qu'une réponse et une seule. Ce que cherche à produire sans relâche une bactérie, ce sont deux bactéries. Voilà, semble-t-il, son seul dessein, sa seule ambition. A toute vitesse, la petite cellule bactérienne exécute les quelque deux mille réactions qui composent son métabolisme. Elle grandit. Elle s'allonge peu à peu. Et quand vient le temps, elle se divise. Là où il y avait un individu, il y en a soudain deux. Chacun devient alors le siège de toutes les réactions chimiques. Chacun échafaude l'ensemble des structures moléculaires. Chacun grandit à nouveau. Quelques minutes plus tard, chacun se divise à son tour pour produire deux individus. Et ainsi de suite tant que le permettent les conditions de culture. Depuis deux milliards d'années, ou plus, se reproduisent des bactéries ou quelque chose de semblable. Toute la structure de la cellule bactérienne, tout son fonctionnement, toute sa chimie se sont affinés pour ce seul but : produire deux organismes identiques à elle-même, le mieux possible, le plus vite possible, dans les conditions les plus variées. Si l'on veut regarder la cellule bactérienne comme une usine, il faut donc la considérer comme une usine d'un type particulier. Les produits fabriqués par la technologie de l'homme diffèrent en effet totalement des machines qui les produisent, donc de l'usine elle-même. Ce qu'élabore au contraire la cellule bactérienne, ce sont ses propres constituants et ce qu'elle produit en fin de compte est identique à elle-même. Si l'usine produit, la cellule se reproduit.

Les deux sortes de synthèse qu'effectue la cellule vivante, par remaniements successifs ou par polymérisation, ne se distinguent pas fondamentalement de celles que réalise au laboratoire le chimiste organicien. Aucun mystère particulier dans les transformations qui s'accomplissent dans la cellule. Aucun matériau inconnu. Aucune réaction, aucune liaison chimique qui paraisse hors de la portée du laboratoire. Non seulement le chimiste est capable de préparer nombre des composés qu'on rencontre dans la cellule; mais certains d'entre eux se forment même spontanément dans des conditions qui, selon toute vraisemblance, devaient prévaloir à la surface de la terre avant l'apparition des êtres vivants. C'est le cas, par exemple, quand des solutions de sels minéraux convenablement choisis sont « excitées » par des décharges d'énergie, sous l'effet d'un rayonnement ultraviolet notamment. Ni dans les matières premières, ni dans la nature des réactions, ni dans le type de liaisons formées, n'apparaît de discontinuité entre la chimie du vivant et celle de la matière inerte.

Mais si le laboratoire et l'industrie sont en mesure de produire certains des composés qui caractérisent la cellule, à quel prix y parviennent-ils! Un appareillage coûteux et encombrant, un rendement déplorable, des conditions de température, de pression, d'acidité presque toujours incompatibles avec la vie. Et pendant ce temps, notre cellule bactérienne effectue quelque deux mille réactions distinctes, avec une virtuosité sans égale, dans un espace minuscule. Deux mille réactions qui divergent, se croisent, convergent à toute vitesse sans jamais s'emmêler; qui produisent exactement en qualité et en quantité les espèces moléculaires nécessaires à la croissance et à la reproduction; le tout avec un rendement voisin de cent pour cent. Si la chimie du vivant diffère de celle du laboratoire, ce n'est pas dans la nature du travail accompli; c'est dans les conditions de sa réalisation.

Et pourtant, depuis longtemps déjà, le secret de la cellule est connu du chimiste : c'est l'emploi de catalyseurs, c'est-à-dire de substances qui, sans participer à la réaction elle-même, sans y être chimiquement transformées, en activent l'exécution. La plupart des réactions chimiques se produisent spontanément mais avec une extraordinaire lenteur dans les conditions du laboratoire ou de la cellule. Le catalyseur ne fait qu'en accroître la vitesse. Mais alors que les catalyseurs du laboratoire sont le plus souvent dépourvus de spécificité et activent des réactions très diverses, ceux des êtres vivants sont rigoureusement spécifiques. Pour chaque réaction chimique dans la cellule, il existe un catalyseur particulier, un enzyme et un seul. Chaque catalyseur active l'une des réactions cellulaires, et celle-là seulement. Pour effectuer ses deux mille opérations chimiques, la cellule produit donc deux mille espèces d'enzymes. Ceux-ci appartiennent à une même famille de molécules, les protéines. Toutes les protéines ne sont pas des enzymes et certaines d'entre elles jouent un autre rôle dans la cellule. Mais tous les enzymes sont des protéines.

Chacun d'eux contient quelques milliers d'atomes assemblés en un ordre rigoureux. C'est la géométrie de la structure qui lui confère ses propriétés. Le changement d'un seul radical chimique, le déplacement de quelques atomes peuvent suffire à déformer la molécule et lui faire perdre sa fonction.

Toute la chimie de la cellule, sa précision, son efficacité reposent donc sur les qualités des quelque deux mille protéines-enzymes qui catalysent les réactions du métabolisme. Ce qui est reproduit avec exactitude à chaque génération, ce n'est donc pas seulement la cellule bactérienne dans son ensemble. C'est chacun des enzymes qui en régissent la chimie. C'est chacune des espèces moléculaires qui la constituent. L'extraction et l'étude d'une protéine exigent une culture d'au moins mille milliards de bactéries. Une seule de ces bactéries contient plusieurs milliers d'espèces moléculaires. Pourtant, quand le chimiste tente d'isoler et de purifier une protéine à partir d'une telle mixture, il y parvient. Quand le même chimiste s'efforce d'analyser la composition de la protéine et de déterminer la séquence des unités dans la chaîne, il y parvient encore. Quand le cristallographe cherche à préciser l'organisation de cette molécule et y repérer la position exacte de chaque atome, il y parvient lui aussi. Tout cela signifie que les milliers d'exemplaires de cette protéine, synthétisés par chacune des mille milliards de bactéries, possèdent exactement les mêmes propriétés; qu'elles sont constituées exactement par les mêmes unités, disposées selon la même séquence; qu'elles ont exactement la même structure, les mêmes atomes distribués de la même façon. Bref que toutes les bactéries de la culture produisent rigoureusement les mêmes espèces moléculaires. S'il y a des erreurs, elles sont trop rares pour être décelées.

La permanence des êtres vivants à travers les générations, ce n'est donc pas seulement dans leurs formes qu'on l'observe. C'est jusque dans le détail des substances qui les composent. Chaque espèce chimique est reproduite exactement d'une génération à l'autre. Mais chaque espèce ne forme pas des copies d'elle-même. Une protéine ne naît pas d'une protéine identique. Les protéines ne se reproduisent pas. Elles sont organisées à partir d'une autre substance, l'acide désoxyribonucléique, le constituant des chromosomes. Seul dans la cellule, ce composé possède la propriété d'être reproduit par copie de lui-même. Cela grâce à la singularité de sa structure. Il s'agit en effet d'un long polymère formé, non pas d'une, mais de deux chaînes enroulées en hélice l'une autour de l'autre. Chacune des chaînes contient un squelette constitué alternativement par un sucre et un phosphate. A chaque molécule de sucre se trouve lié un autre radical chimique prélevé parmi un assortiment de quatre espèces seulement. Ces quatre unités sont répétées par millions tout au long de la chaîne, en combinaisons et permutations d'une variété infinie. Par analogie, on compare souvent cette séquence linéaire à celle qui agence les signes d'un alphabet au long d'un texte. Qu'il s'agisse d'un livre ou d'un chromosome, la spécificité naît de l'ordre dans lequel sont disposés les unités, lettres ou radicaux nucléiques. Mais ce qui confère à ce polymère un rôle unique dans la reproduction c'est la nature des relations unissant les deux chaînes. Chaque unité de l'une s'associe à une unité de l'autre, mais pas à n'importe laquelle. Tel est le système des liaisons ainsi formées qu'à une unité sur une chaîne ne peut correspondre qu'une seule des trois autres unités sur la seconde. Si l'on désigne les quatre radicaux nucléiques par A, B, C et D, la présence d'un A sur une chaîne entraîne nécessairement celle d'un B sur l'autre; en face d'un C se place toujours un D. Les signes vont par paires. De sorte que les deux chaînes sont complémentaires. La séquence de l'une impose la séquence de l'autre.

Grâce aux particularités de cette structure la fibre d'acide nucléique est reproduite avec rigueur. Comme les deux chaînes sont complémentaires, chacune contient les particularités de la séquence. La reproduction de la molécule résulte alors de la séparation des deux chaînes suivie de la reconstitution, par chacune d'elles, de la chaîne qui lui est complémentaire. Comme en face d'un B ne peut venir se loger qu'un A, etc., il n'y a aucune ambiguïté pour chaque chaîne à diriger la synthèse de la séquence complémentaire. Quelque peu déconcertant par sa simplicité, ce mécanisme donne naissance à deux molécules identiques à partir de la structure initiale. Reproduire la fibre du chromosome revient en quelque sorte à la recopier signe par signe. Les forces intervenant dans la reconnaissance de chaque unité et sa mise en place sont celles qui régissent la formation des cristaux. Pour lier chaque radical au précédent, pour effectuer la chimie de la polymérisation, quelques enzymes suffisent. Ces enzymes sont encore mal connus. L'un d'eux, cependant, a été isolé qui copie un acide désoxyribonucléique dans un tube à essai si on lui fournit les ingrédients nécessaires à la réaction, c'est-à-dire les quatre radicaux de base. On a aussi décelé dans la cellule bactérienne l'existence de véritables systèmes de réparation, qui « tâtent », pour ainsi dire, les copies formées, en vérifient la fidélité, en corrigent certaines erreurs.

Seule de tous les constituants bactériens à être ainsi recopiée, la fibre nucléique perpétue la structure des autres espèces chimiques à travers les générations. Son rôle consiste, en effet, à diriger la synthèse des protéines, à en guider l'organisation. Un gène particulier correspond à un segment particulier de la chaîne nucléique. Là sont chiffrées, dans un système de numération à base quatre, les instructions nécessaires à l'édification d'une protéine particulière. Acide nucléique et protéine sont tous deux des polymères linéaires. Chacun est caractérisé par la séquence des unités qu'il contient, par l'ordre dans lequel sont disposées ces unités au long de la chaîne. L'acide nucléique impose la séquence de la protéine. L'ordre des unités nucléiques détermine celui des unités protéiques. C'est là un processus à sens unique, car le transfert d'information procède toujours dans une même direction, de l'acide nucléique vers la protéine, jamais en sens inverse. Mais alors que la combinatoire nucléique n'emploie que quatre motifs chimiques, celle des protéines en utilise vingt. L'activité du gène, l'exécution des prescriptions pour la synthèse de la protéine, exige donc une transformation univoque d'un système de symboles dans l'autre.

A la vieille représentation du gène, structure intégrale en chapelet comme le voyait la génétique classique, s'est donc substituée celle d'une séquence linéaire de motifs chimiques, d'un cristal apériodique comme l'avaient prédit les physiciens. L'image qui décrit au mieux notre savoir de l'hérédité est bien celle d'un message chimique. Un message écrit, non pas avec des idéogrammes comme en chinois, mais avec un alphabet comme en morse. De même qu'une phrase constitue un segment de texte, de même un gène correspond à un segment d'acide nucléique. Dans les deux cas, un symbole isolé ne représente rien; seule la combinaison des signes prend un « sens ». Dans les deux cas, une séquence donnée, phrase ou gène, débute et se termine par des signaux spéciaux de « ponctuation ». La transformation de la séquence nucléique en séquence protéique ressemble à la traduction d'un message qui arrive chiffré en morse mais ne prend de sens qu'une fois traduit, en français par exemple. Elle s'effectue par l'intermédiaire d'un « code » qui donne l'équivalence des signes entre les deux « alphabets ».

L'activité des gènes, la mise en ordre des unités dans les chaînes protéiques représentent donc un travail beaucoup plus subtil que leur reproduction, la mise en ordre d'unités nucléiques. Pour la traduction et la formation des liaisons chimiques de la protéine, la cellule bactérienne déploie un appareillage fort complexe. Les synthèses de protéines s'effectuent en deux étapes successives car les unités protéiques sont assemblées et polymérisées, non sur le gène directement, mais dans le cytoplasme sur de petits granules qui constituent de véritables chaînes de montage. Le texte nucléique du gène est tout d'abord transcrit, avec le même alphabet de quatre signes, en une autre espèce d'acide nucléique. Cette copie désignée sous le nom de « messager » s'associe aux granules du cytoplasme et leur apporte ainsi les instructions qui leur permettent d'assembler les unités protéiques selon l'ordre dicté par celui des éléments nucléiques. Là s'effectue la traduction du texte génétique recopié dans le message, grâce à l'intervention d'autres molécules, appelées « adapteurs ». Ceux-ci disposent les unités protéiques convenables face aux unités nucléiques, établissant ainsi une correspondance univoque entre les deux alphabets. Chargés de leurs adapteurs, les granules se déplacent d'une extrémité à l'autre du messager, comme la tête de lecture d'un magnétophone le long d'une bande magnétique. Les unités protéiques sont ainsi alignées dans l'ordre prescrit par le gène. A mesure, chacune d'elles est attachée à la précédente par une même liaison chimique. La chaîne est ainsi synthétisée pas à pas, d'une extrémité à l'autre.

Le code génétique est aujourd'hui presque entièrement connu. Chaque unité protéique correspond à une combinaison particulière de trois unités nucléiques, à un triplet. Comme il existe soixante-quatre combinaisons de trois unités nucléiques choisies parmi les quatre, la cellule contient un « dictionnaire » de soixante-quatre termes génétiques. Deux ou trois des triplets assurent la ponctuation, c'est-à-dire indiquent, dans le texte nucléique, le début et la fin des séquences qui correspondent aux chaînes protéiques. Chacun des autres triplets nucléiques « signifie » une unité protéique. Comme le nombre de ces unités protéiques est limité à vingt, chacune d'elles répond à plusieurs triplets, à plusieurs synonymes dans le dictionnaire nucléique, ce qui autorise quelque souplesse dans l'écriture de l'hérédité. Tous les organismes, de l'homme à la bactérie, paraissent capables d'interpréter correctement n'importe quel message génétique. Le code génétique semble universel et sa clef connue de tout le monde vivant.

Une fois les unités protéiques mises en ordre et leurs liaisons formées, la chaîne se replie sur elle-même en un dessin d'une complication rare et unique. La protéine acquiert ainsi sa forme définitive qui lui confère ses propriétés particulières, de catalyse ou autre. Cette transformation d'une structure à une dimension en une autre à trois est encore mal connue dans le détail. Elle n'exige, semble-t-il, aucun facteur particulier qui n'intervienne déjà dans sa synthèse. Elle paraît se réaliser spontanément, par le seul jeu des interactions qui s'établissent parmi les radicaux chimiques répartis le long de la chaîne. Certains groupements d'atomes s'attirant, d'autres se repoussant, il suffit que se constitue la séquence pour qu'elle se convertisse librement en un certain agencement dans l'espace, en une configuration rigoureusement définie. On peut dénaturer les protéines, sous l'action notamment de certains composés. La molécule perd alors sa forme; elle se déplie et retourne à l'état de chaîne étirée. Remises dans des conditions physiologiques, certaines chaînes reprennent leur structure spécifique et d'autres non. Selon toute vraisemblance, celles-ci n'acquièrent leur configuration qu'au cours de la synthèse, par la formation de quelque « noyau » autour duquel vient s'organiser le reste de la molécule. Mais, dans tous les cas, c'est par le seul effet d'interactions physiques que s'accomplit cette étape clef de la reproduction des molécules : la transformation du plan en l'édifice, la conversion du potentiel en fonctionnel.

La cellule bactérienne contient une seule molécule d'acide désoxyribonucléique, une longue fibre où sont alignés quelque dix millions de signes. Sa longueur, plus d'un millimètre, est près de mille fois supérieure au diamètre de la cellule dans laquelle elle s'enroule, s'entortille en pelote. Au cours de la croissance bactérienne, la fibre est reproduite une seule fois par génération et chacune des deux bactéries formées par la division cellulaire en reçoit un exemplaire. C'est par cette molécule d'acide nucléique qu'est constitué le « chromosome » de la bactérie : celui-ci contient tous les gènes nécessaires pour déterminer l'organisation et le fonctionnement de la cellule bactérienne. Le système est donc agencé pour un seul but : conduire la bactérie à en produire deux, dont chacune, contenant un exemplaire du chromosome, devient à son tour capable de produire deux bactéries.

Ce qui est chiffré le long de la chaîne nucléique, ce qui est recopié signe par signe pour être scrupuleusement transmis d'une génération à l'autre, c'est la collection des plans détaillant les architectures de la cellule bactérienne; c'est l'ensemble des prescriptions permettant d'échafauder minutieusement toute la série des édifices protéiques. Le programme n'est pas transcrit et traduit d'un trait mais par segments. La lecture du message peut être comparée, non à celle d'un rouleau qu'on déviderait d'un bout à l'autre, mais plutôt à celle d'un livre d'instructions dont on consulte les pages en fonction des besoins. Certaines régions du programme contiennent des directives qui renvoient à d'autres régions selon les circonstances. Elles précisent la conduite à tenir dans une situation donnée. Par exemple, à la page 35 se trouvent les instructions : faire l'appareil permettant de déceler dans le milieu de culture la présence du sucre galactose; s'il y en a, exécuter les directions prescrites à la page 241; sinon fermer cette page. Ou encore, la page 428 donne les plans pour la construction d'un appareil à mesurer, dans le cytoplasme, la concentration d'un métabolite essentiel, l'arginine; si cette concentration dépasse un certain niveau, ne rien faire; si elle ne l'atteint pas, exécuter les instructions prévues aux pages 19, 64, 155, 601 et 883. La plupart des situations auxquelles peut se trouver confronté un colibacille sont prévues dans le message. Le programme contient ainsi les plans de toutes les pièces nécessaires pour faire une bactérie et il donne à celle-ci les moyens de faire face aux difficultés de la vie courante. Mais ce n'est qu'un programme. Dans les processus qui conduisent à recopier la séquence nucléique, soit pour la reproduction, soit pour les synthèses protéiques, l'acide désoxyribonucléique joue le rôle passif d'une matrice. Hors de la cellule, sans les moyens d'exécuter les plans, sans l'appareillage de copie ou de traduction, il reste inerte, tout comme reste inerte une bande magnétique hors de son magnétophone. Pas plus que la mémoire d'une calculatrice, celle de l'hérédité n'agit par elle-même. Fonctionnel seulement au sein de la cellule, le message génétique ne fait rien tout seul. Il peut seulement guider ce qui fait. Pour que soient produites les machines à partir des plans, il faut les machines. Aucune des substances qu'on peut extraire de la cellule n'a la propriété de se reproduire. Seule la bactérie, la cellule intacte, est capable de croître et se reproduire, car elle seule possède à la fois le programme et le mode d'emploi, les plans et les moyens de les exécuter.

La régulation

Ces moyens d'exécution, ce sont les protéines. Sur leurs propriétés reposent toutes les activités de la cellule, son architecture, son intégration. Les protéines agissent, non pas en formant des liaisons chimiques, mais en s'associant à d'autres composés. Leur structure leur confère en effet une vertu unique : celle de « reconnaître » avec exactitude une ou plusieurs espèces chimiques seulement dans la mixture la plus hétérogène. La précision de ce choix, sa spécificité déterminent les relations qui s'établissent entre les constituants de la cellule. Elles en gouvernent toute la chimie.

Si un enzyme catalyse la transformation d'un métabolite donné, et de celui-là seulement, c'est que dans les anfractuosités de sa surface se trouve une sorte de niche où vient exactement s'encastrer cette espèce moléculaire et elle seule. Une fois le substrat logé dans son site, certains de ses atomes sont soumis aux actions qu'exercent les radicaux de la protéine qui se trouvent alentour. Les forces unissant certains atomes du substrat s'en trouvent perturbées. D'où un changement survenant dans quelque liaison, une rupture par exemple. Le produit ainsi formé ne s'adapte plus exactement à la niche de la protéine, quitte sa cavité, laissant la protéine intacte et la place libre pour une nouvelle molécule de substrat. Le tout en une infime fraction de seconde. Le secret de cette chimie réside donc dans la précision des motifs chimiques, dans l'ajustement de chaque enzyme à son substrat, sur quoi reposent l'efficacité et la vitesse des réactions. Reconnu par un enzyme et un seul, un métabolite se trouve nécessairement engagé dans une voie chimique donnée, celle que lui impose l'activité catalytique de l'enzyme. Ce dernier en retour est parfaitement « informé » de la nature d'une espèce chimique et ignore les autres. Sa structure même détermine à la fois son choix et son interaction. Un enzyme possède ainsi les propriétés mêmes que Maxwell attribuait à son démon [1] : dans ce mélange de composés que contient la cellule, il « voit » une espèce moléculaire

1. Wiener, *Cybernetics*, 2ᵉ éd., 1961, p. 58.

et une seule pour lui ouvrir les portes de la réaction. La rigueur de l'ordre qui caractérise les échanges de matière et d'énergie dans la cellule se fonde sur la sûreté de ce tri.

La spécificité des interactions qu'établissent certaines protéines, soit entre elles, soit avec d'autres composés, détermine aussi l'architecture de la cellule. Malgré sa relative simplicité, la cellule bactérienne contient déjà une telle diversité d'espèces chimiques, elle représente déjà un tel degré de complexité qu'il est difficile d'en percevoir l'agencement dans son ensemble. Mais on commence à saisir ce qui détermine la forme d'objets plus simples, comme les virus. Un virus est une particule constituée d'un fragment d'acide nucléique enfermé dans une coque de protéine. Dépourvu de tout enzyme, de tout l'appareillage chimique nécessaire aux synthèses et à la mobilisation de l'énergie, le virus ne peut se reproduire de lui-même mais uniquement au sein de cellules qu'il infecte et dont il utilise la machine à son propre compte. C'est seulement dans une cellule que les instructions contenues dans l'acide nucléique du virus peuvent être mises à exécution : les protéines du virus sont synthétisées, son acide nucléique recopié; les pièces séparées ainsi fabriquées sont ensuite agencées en nouvelles particules de virus. Libérées alors, celles-ci peuvent aller infecter d'autres cellules. Un virus se multiplie donc, non par croissance et division, comme une cellule, mais par la production indépendante de ses constituants qui sont finalement assemblés pour reconstituer la particule. On voit donc qu'un virus possède certaines propriétés d'un système vivant, mais pas toutes. Il peut se disséminer, se multiplier et subir des mutations. Il peut diriger la production de protéines virales qui influencent en sa faveur le milieu où il se trouve. Il peut donc être l'objet d'une évolution par sélection naturelle. Mais en revanche il ne peut mettre à exécution son programme génétique et se reproduire que dans un milieu déjà capable d'effectuer les opérations du métabolisme, de produire de l'énergie et de synthétiser les polymères, c'est-à-dire dans une cellule. On ne peut donc considérer un virus comme un organisme. Hors de la cellule, la particule virale n'est qu'un objet inerte. Seul le système cellule-virus possède toutes les propriétés du vivant. L'infection virale, c'est la rupture de l'ordre cellulaire qu'entraîne l'irruption d'un message chimique étranger.

Il existe une grande variété de virus, de tailles et de formes diverses. Chez les plus petits, l'acide nucléique ne contient guère que quelques milliers d'unités de base, juste assez pour ordonner la séquence de trois ou quatre chaînes protéiques seulement. La coque protéique de ces petits virus, en forme de bâtonnets ou de sphères, est construite par la réunion de plusieurs exemplaires d'une même espèce moléculaire. C'est par l'assemblage de ces molécules identiques qu'est définie l'architecture du virus. On peut isoler et purifier les protéines de la coque virale. Placées en solution dans certaines conditions, les molécules de cette protéine s'agrègent par un processus semblable à la cristallisation et donnent naissance à des particules de forme identique à celle du virus. Si la solution de protéine contient aussi des molécules de l'acide nucléique, le virus se reconstitue et les particules formées sont infecticuses. C'est encore la structure particulière de la protéine, un certain arrangement de ses atomes, qui lui confère le pouvoir de s'associer électivement à d'autres protéines identiques en un édifice aux symétries et à la forme rigoureusement définies. C'est par certains motifs que les molécules de cette protéine se reconnaissent entre elles et s'ordonnent selon une géométrie unique. Aucun moule n'est exigé pour l'établissement de la forme. Aucune source d'énergie. Aucune force particulière, sinon les actions entre groupements d'atomes par quoi s'organisent et s'accroissent les cristaux dans le monde non vivant. Ce sont encore les mêmes interactions qui entrent en jeu pour élaborer la forme de virus plus complexes, constitués, par exemple, d'une tête polyédrique soudée à une queue allongée. Plusieurs espèces de protéines, et non plus une seule, doivent alors s'ordonner, s'enchâsser les unes dans les autres en motifs répétés symétriquement pour que s'édifie l'architecture complexe où se loge l'acide nucléique. De même pour les organites de la cellule, comme les granules du cytoplasme où s'opère la traduction du langage nucléique en langage protéique et l'assemblage des protéines. De même aussi pour les flagelles qui ornent le pourtour de la petite cellule bactérienne.

Nombre des formes que nous admirons dans les cellules présentent les mêmes propriétés que les cristaux. La cristallisation implique une union des semblables, une géométrie rigoureusement ordonnée par les forces qui arrangent et unissent entre elles des molécules identiques. Qu'il s'agisse de particules, de feuillets, de fibres ou de tubules, la plupart des structures qui se dévoilent au microscope présentent ces caractéristiques. On ne connaît pas encore l'organisation moléculaire des organites les plus complexes de la cellule, la membrane notamment. Mais on est assuré désormais que l'édification de ces organites ne met en jeu aucun principe mystérieux, qu'elle ne requiert aucune force inconnue de la physique, qu'elle n'exige aucun facteur qui ne soit contenu dans la structure même des constituants. La diversité et la beauté des formes, toute cette géométrie qui nous émerveille chez les êtres vivants paraît bien reposer sur un phénomène connu depuis longtemps : la formation des cristaux. Une fois encore, entre le monde vivant et le monde inanimé il y a une différence, non pas de nature, mais de complexité. C'est encore sur les propriétés de certaines protéines, sur leur capacité à reconnaître électivement d'autres espèces moléculaires que repose l'intégration de la cellule bactérienne. Dans un système aussi complexe, seule la coordination des éléments donne une unité au système. Formée de quelques milliers d'espèces moléculaires, siège de quelques milliers de réactions chimiques qui se déroulent simultanément à toute vitesse, la cellule bactérienne ne peut former une totalité fonctionnelle sans une étroite cohésion de ses constituants. Tous les échanges de matière et d'énergie doivent être réglés dans le détail pour que puisse s'accomplir le dessein de la bactérie : produire deux bactéries. La petite cellule bactérienne ne saurait donc être une simple collection d'espèces moléculaires enfermées dans un sac et soumises aux lois statistiques qui régissent les éléments simplement juxtaposés et indépendants les uns des autres. Il faut un réseau de communication pour tenir informés les constituants qui se trouvent éloignés les uns des autres à l'échelle atomique et pour en commander les activités particulières en fonction de l'intérêt général et du but commun. A toutes les étapes de la chimie cellulaire interviennent des circuits de régulation pour coordonner les réactions et les ajuster aux exigences de la production. Moyennant une faible dépense d'énergie, la cellule adapte ainsi son travail à ses besoins. Elle ne produit que ce qu'il lui faut, quand il le faut. L'usine chimique est entièrement automatique.

Coordonner les activités chimiques de la cellule, c'est d'abord mettre en route, ou au contraire arrêter, les chaînes de réactions selon les conditions présentes. C'est donner en permanence aux agents d'exécution des renseignements sur leurs propres activités pour qu'ils les adaptent à la situation. C'est établir des interactions entre des constituants étrangers par la structure, mais unis par la fonction. Il n'y a d'intégration que dans la mesure où la rigidité des consignes prescrites dans le programme génétique est corrigée par la souplesse des informations recueillies sur la situation locale, sur l'état du système, sur la nature du milieu. Ce jeu entre ce qu'il faut faire et ce qui est fait détermine à tout instant l'activité de chaque constituant. C'est l'existence de ces interactions qui libère le système de ses contraintes thermodynamiques et lui donne le pouvoir de lutter contre la tendance mécanique au désordre. Cela exige qu'aux organes d'exécution soient couplés, pour les diriger, des organes de perception capables de « sonder » le monde extérieur, de déceler la présence de certains composés agissant comme signaux, d'en mesurer la concentration. Ce rôle est dévolu à certaines protéines, dites de régulation, à qui leur structure confère des propriétés particulières. Ces protéines se trouvent, en effet, capables de s'associer sélectivement et réversiblement non pas à une seule, mais à deux ou plusieurs espèces moléculaires qui, différant par leur nature et leur structure, ne manifestent entre elles aucune réactivité chimique. C'est seulement par l'intermédiaire de la protéine régulatrice que peut s'établir une interaction particulière entre ces corps : abandonnés à eux-mêmes, ils ne pourraient chimiquement que s'ignorer. Ces protéines constituent pour ainsi dire des structures à deux têtes : la première donne à la protéine le moyen de reconnaître une espèce chimique particulière et d'accomplir ainsi une certaine fonction, de catalyse ou autre; la seconde, de fixer un composé totalement différent qui modifie la configuration de la protéine et, par là même, change les propriétés de la première tête. Suivant que ce composé est ou non présent, suivant qu'il atteint ou non une certaine concentration dans la cellule, la protéine oscille entre deux états : activité ou non-activité. C'est donc ce composé qui, par ses variations, module le fonctionnement de la protéine et, du même coup, celui de la chaîne de réactions dont elle fait partie. Il agit en quelque sorte comme un signal chimique pour placer la protéine en position « marche » ou « arrêt ». Ces protéines de régulation jouent donc un rôle de couplage entre les différentes fonctions de la cellule, entre les milliers de réactions qui concourent à la mise en réserve ou à la mobilisation de l'énergie comme du potentiel chimique. Ce qui confère leur valeur à ces interactions, c'est qu'elles sont affranchies des principales contraintes pesant sur les réactions chimiques : étant réversibles et ne faisant pas intervenir de véritables liaisons chimiques, elles ne mettent en jeu que des énergies d'activation faibles ou nulles; n'étant pas soumises à des règles d'affinité et de réactivité chimiques, elles réalisent des couplages entre n'importe quelles espèces moléculaires. La nature des interactions, leur possibilité même d'existence relèvent de la seule organisation de la molécule protéique, c'est-à-dire en fin de compte d'une séquence nucléique. Sans ces agents de couplage, sans ces protéines à têtes multiples, la coordination de la cellule se heurterait à des difficultés insurmontables, tant de structure chimique que de thermodynamique. C'est par la seule présence de ces structures que s'établit un réseau de communication entre cellule et milieu, entre gènes et cytoplasme, entre paires de constituants sans affinité chimique.

Autour de ces protéines, viennent s'agencer les circuits de régulation. Comme en électronique, les mêmes éléments peuvent s'agencer en une variété de circuits et remplir la fonction qu'impose la circonstance. Certaines protéines de régulation décèlent la présence d'un métabolite particulier dans le milieu de culture. Mais l'effet qui en résulte varie selon la nature de ce composé et son rôle dans l'économie de la cellule. S'agit-il par exemple d'un sucre pouvant fournir de l'énergie, sa présence déclenche aussitôt la synthèse des enzymes qui le dégradent. S'agit-il au contraire d'un métabolite essentiel que peut produire la cellule, sa présence dans le milieu de culture arrête instantanément la formation des enzymes qui concourent à sa propre synthèse. Dans une chaîne de réactions, les agents d'exécution sont à tout instant informés, par le produit final, du résultat de leur activité qu'ils adaptent en conséquence. C'est par une boucle de rétroaction que chaque métabolite synthétisé par la cellule ajuste sa propre production.

Comme les relais des machines électroniques, les protéines de régulation ne réagissent à la présence d'un signal chimique qu'au-dessus d'un certain seuil. Leur réponse provient de l'oscillation de la protéine entre deux états possibles. Elle représente un choix entre les deux termes d'une alternative, entre activité ou non-activité, entre marche ou arrêt, entre oui ou non. Tout ce que peut déceler la protéine, en effet, c'est la présence ou l'absence d'un composé donné, d'un motif chimique déterminé. De tels systèmes binaires fonctionnent à tous les niveaux du métabolisme pour en coordonner la diversité. A tout instant ils interviennent pour adapter les fonctions aux besoins de la cellule et à l'état du milieu; pour ajuster les activités de catalyse dans les chaînes de réaction; pour déterminer ceux des gènes qui doivent être traduits en protéines; pour autoriser, une fois par génération, et une fois seulement, la reproduction du chromosome; pour coordonner la division de la cellule. L'intégration de celle-ci, la cohésion de ses activités reposent donc entièrement sur l'existence de ces structures protéiques, purs produits de la sélection naturelle. Toutes les interactions imaginables entre les espèces moléculaires les plus éloignées peuvent s'établir à la seule condition qu'existe la structure protéique convenable. De fait, on observe les connexions les plus inattendues chimiquement, mais les plus efficaces logiquement. Lorsque se discerne une voie métabolique nouvelle et que se dévoile sa régulation, celle-ci se trouve immanquablement conférer à la cellule une efficacité de fonctionnement jointe à une économie de moyens. C'est exactement le genre d'avantage qui confère une prime à la reproduction. La logique du système de régulation repose sur l'ambition qu'a la bactérie d'en produire deux à moindres frais.

Qu'on analyse donc les fonctions de notre cellule bactérienne, sa morphologie ou son intégration, c'est toujours la famille des protéines qui occupe la première place. Parmi elles, on trouve aussi bien les agents d'exécution que les pièces de la charpente ou les organes des sens. Quel que soit leur rôle, les protéines ont pour caractéristique de s'unir sélectivement à d'autres composés par ce que les chimistes appellent des associations « non covalentes » qui ne font pas intervenir de véritables liaisons chimiques. Ce qui leur donne une position privilégiée dans la cellule, c'est leur pouvoir de reconnaître spécifiquement certains motifs chimiques dans un mélange, quelle que soit la complexité de ce dernier. Par là même, les protéines sont en mesure de « palper » en quelque sorte les espèces chimiques, de « sonder » la composition du milieu, de « percevoir » des stimulus spécifiques de toutes sortes. Ne « connaissant » qu'eux, elles choisissent leurs associés. A tous les niveaux, les protéines fonctionnent ainsi comme autant de démons de Maxwell pour lutter contre la tendance mécanique au désordre. Elles détiennent le « savoir » par quoi se maintient l'organisation de la cellule.

L'existence même de chaque interaction découle de la seule structure de la protéine correspondante. C'est dire que l'anatomie de la cellule bactérienne comme sa physiologie reposent presque exclusivement sur les particularités de quelques séquences protéiques. C'est dire aussi que la reproduction de ces structures, et par là même de tout le système, n'est possible que dans la mesure où l'ordre moléculaire à trois dimensions est entièrement déterminé par un autre ordre, à une seule dimension. La difficulté de copier une architecture dans l'espace avait déjà été soulevée par Buffon. Mais elle se retrouve à tous les niveaux, qu'il s'agisse de formes visibles ou de molécules. Au modèle d'un moule intérieur, la biologie moléculaire a substitué celui d'un message linéaire. Car de tous les agencements d'éléments matériels, c'est sans aucun doute la séquence qui peut être reproduite le plus fidèlement et à moindres frais. Qu'on considère la disposition des caractères dans un organisme, ou celle des atomes dans une molécule, il n'y a jamais qu'une seule manière de représenter la reproduction d'un objet : la mise en place de chaque élément dans la copie doit être guidée par son homologue dans l'original. Il n'y a possibilité de reproduire une chose que dans la mesure où chaque singularité peut en être repérée, où chaque motif, chaque détail significatif peut en être reconnu. Ce qui n'est pas le cas avec une structure à trois dimensions : la surface seule en est accessible, non la profondeur. La croissance se limite alors à la superposition d'éléments nouveaux dans les régions accessibles de la structure. C'est le mécanisme même qui régit la formation d'un cristal par la répétition monotone d'un même motif. On peut, au contraire, parfaitement concevoir la reproduction d'une surface, dont aucun détail n'est masqué. En théorie, rien ne s'oppose par exemple à la reproduction exacte d'une matrice à deux dimensions; ou mieux encore de deux matrices, dont chacune représente l'image de l'autre dans un miroir. En pratique, toutefois, la copie d'une telle structure n'en représente pas moins une opération d'une complexité très supérieure à celle d'une simple séquence. Ce qui donne à la reproduction des molécules son efficacité, ce qui même l'a peut-être rendue possible, c'est l'existence d'une relation univoque entre deux systèmes d'ordre : l'un, la double séquence nucléique qui reste toujours linéaire et se recopie donc sans difficulté; l'autre, la séquence protéique qui se convertit spontanément et sans ambiguïté en structures spécifiques à trois dimensions. Si la complexité dans l'espace peut se reproduire, c'est qu'elle est sous-tendue par la simplicité d'une séquence. C'est que, dans le monde vivant, l'ordre de l'ordre est linéaire.

La copie et l'erreur

En principe, le nombre des séquences nucléiques possibles, donc celui des architectures protéiques, est quasi sans limites. On connaît mal encore les restrictions de structure que peuvent imposer certaines contraintes physiques. Mais de toute façon, ce qui est possible excède, et de loin, tout ce qui est réalisé. La petite cellule bactérienne ne contient que quelques milliers d'espèces protéiques; mais chacune d'elles se trouve parfaitement adaptée à sa fonction; chacune d'elles apporte, avec une précision et un rendement qui nous émerveillent, sa contribution au projet de l'organisme d'en produire deux. Ce que révèle aujourd'hui l'analyse de la cellule bactérienne, c'est le résultat des reproductions qui se sont succédé pendant deux milliards d'années; c'est la coupe que pratique notre époque dans la chaîne de l'évolution. Celle-ci n'opère, bien sûr, ni sur les constituants de la bactérie, ni même sur la bactérie dans son entier, mais sur de grandes populations. Cependant, la nature même de son mécanisme conduit l'évolution à s'occuper des détails, à mettre à l'épreuve chacune des structures moléculaires, à les adapter toujours plus à leurs fonctions. Avec des êtres aussi simples que des bactéries, le seul critère que connaisse la sélection naturelle, c'est la vitesse de multiplication. Et dans la course pour former une descendance, tout se paie; la moindre défaillance, le moindre retard, le moindre écart, pourvu qu'ils soient héréditaires. C'est une loi sans sursis ni pitié. Si minime soit-elle, toute différence de structure, donc de fonction, entraîne presque inévitablement quelque répercussion évolutive, quand elle se répète à chaque génération. Qu'apparaisse une structure capable de fixer plusieurs métabolites, que s'établissent ainsi quelques circuits de régulation, et voilà favorisée la reproduction du chromosome qui les détermine. La sélection naturelle choisit parmi les organismes qui existent. Mais, *a posteriori*, tout se passe comme si elle choisissait une à une les espèces chimiques qui constituent la bactérie; comme si elle ciselait chaque molécule, fignolait chaque détail.

Ce qui s'inscrit dans le programme génétique, c'est donc le résultat de toutes les reproductions passées; c'est l'accumulation des réussites puisque la trace des échecs en a disparu. Le message génétique, le programme de l'organisme actuel, apparaît donc comme un texte sans auteur, qu'un correcteur aurait revu pendant plus d'un milliard d'années, qu'il aurait amélioré, affiné, complété sans relâche, en éliminant peu à peu toute imperfection. Ce qui est aujourd'hui recopié et transmis pour assurer la stabilité de l'espèce, c'est ce texte sans cesse remanié par le temps. Et le temps, ici, c'est le nombre des copies successives du message, le nombre des générations qui depuis un lointain ancêtre ont conduit à notre cellule bactérienne. Il paraît probable que nous ne connaîtrons jamais dans leurs détails les chemins suivis par l'évolution. Il n'y a aucune chance que nous puissions jamais trouver chacune des étapes, par quoi, en quelques milliards peut-être de générations, les atomes se sont peu à peu arrangés pour aboutir au formidable édifice que constitue la cellule bactérienne. Nous pouvons être assurés que certains au moins des mécanismes dévoilés par l'analyse de la génétique et de la biologie moléculaire fonctionnent dans la variation des êtres vivants et dans leur évolution. Il est cependant difficile d'en préciser le rôle et d'en évaluer l'importance.

Ce qui nous étonne peut-être le plus dans les opérations qu'accomplit la cellule bactérienne, c'est leur fidélité. Des milliers de réactions se déroulent avec une précision et une sûreté qui dépassent de loin tout ce que peuvent réaliser la technologie et l'industrie. Il existe même dans la cellule des mécanismes spécialisés dans le repérage des malfaçons et chargés de les corriger. Sur cette précision reposent le maintien du système, sa constance à travers les générations. C'est elle qui préserve l'organisme de la désagrégation qui guette inéluctablement tout système mécanique. Au total, les ratés d'importance suffisante pour entraîner la mort de la cellule, ou plutôt son incapacité à se reproduire, ne touchent pas une bactérie sur mille au cours de la croissance. Mais sûreté ne signifie pas infaillibilité. Çà et là finissent par se glisser de rares erreurs. On peut en distinguer deux groupes, suivant qu'elles sont ou non transmises à la descendance, qu'elles altèrent les instructions génétiques mêmes ou qu'elles en dérangent l'exécution. Dans ce dernier cas, des erreurs peuvent s'insérer dans les opérations de transcription et surtout de traduction qui mettent en œuvre un appareillage complexe. C'est, par exemple, un accident dans la mise en place d'une unité protéique en regard d'un triplet nucléique qui possède un autre sens dans le dictionnaire. Incorrecte par le changement d'un seul symbole, la séquence peut donner naissance à une protéine modifiée, incapable d'assurer la fonction qui lui est dévolue. Mais les erreurs de ce genre sont rares puisqu'il est possible de purifier une protéine et d'établir la séquence exacte de ses unités sans y déceler d'ambiguïté. Elles sont le plus souvent sans danger pour la cellule, car peu importe à celle-ci de produire une ou deux molécules d'enzyme défectueuses sur les mille qui font le même travail. Il s'agit là de défauts de fabrication, d'accidents sans conséquence pour l'espèce.

Seules les erreurs qui entraînent un changement du message génétique même, c'est-à-dire les mutations, peuvent avoir des conséquences importantes pour l'espèce. Car, une fois apparues, elles sont fidèlement recopiées à leur tour de génération en génération. Les bactéries permettent d'analyser les mutations, leur origine, leur expression, avec une facilité et une efficacité inconnues chez les autres organismes. On a, en effet, le moyen d'exercer une pression de sélection sans pitié sur des populations énormes, dans la direction voulue. Le généticien peut ainsi faire surgir les mutants les plus rares. Il lui suffit pour cela de placer les quelques milliards d'organismes que contient une goutte de culture dans des conditions où seul est capable de se multiplier le mutant espéré. Il devient alors aisé de mesurer la fréquence des mutations; d'en préciser le mécanisme; de rechercher une éventuelle liaison de cause à effet entre la fonction et la structure. La nature des mutations est imposée par l'organisation même du texte chimique. Il y a mutation quand est altéré le sens du texte, quand est modifiée la séquence nucléique par quoi est prescrite une séquence protéique, donc une structure remplissant une fonction. Les mutations résultent d'erreurs semblables à celles qu'introduit dans un texte un copiste ou un imprimeur. Comme un texte, un message nucléique peut être modifié par le changement d'un signe en un autre, par la délétion ou l'addition d'un ou de plusieurs signes, par la transposition de signes d'une phrase à une autre, par l'inversion d'un groupe de signes, bref par tout événement qui dérange l'ordre préétabli.

Ce qui caractérise ces événements, c'est qu'ils ne peuvent être orientés dans une direction précise, ni par le milieu ni par aucun constituant de la cellule. Les changements du texte chimique surviennent, non par la modification d'une séquence préalablement choisie, mais à l'aveugle. Par l'emploi de certains réactifs ou de certains rayonnements, connus pour transformer un radical chimique particulier, il est possible d'atteindre sélectivement l'une des quatre unités nucléiques, de provoquer le changement d'une lettre du texte en une autre, de transformer un B en A par exemple. Mais le signe B se trouve répété par millions tout au long de la chaîne; il existe en nombreux exemplaires dans chaque segment du message, dans chaque gène. Le réactif chimique ne peut choisir un B particulier; il opère au hasard et c'est l'un quelconque des millions de B qui se trouve transformé en A. La seule molécule, en effet, qui ait à connaître de la séquence nucléique pour en établir l'ordre au cours de la copie est l'acide nucléique lui-même. Dans les processus de synthèse protéique, le transfert de l'information s'effectue toujours en sens unique, de l'acide nucléique vers la protéine, jamais en direction inverse. Il n'existe dans la nature aucune espèce moléculaire capable de modifier la séquence nucléique de façon concertée, ni parmi les enzymes qui servent à aligner les unités nucléiques pour copier la matrice, ni parmi les protéines de régulation qui placent les segments nucléiques en position « marche » ou « arrêt ». Ces molécules ont le pouvoir d'établir des associations avec l'acide nucléique, non de modifier les séquences du message en fonction d'une signification qu'elles ignorent. Par la nature même du matériel génétique et des relations qu'il entretient avec les autres constituants de la cellule, aucune espèce moléculaire n'a le moyen de changer le plan qui décide de sa propre architecture. C'est dire qu'un gène ne peut être transformé par référence à la fonction qu'il gouverne. Qu'elles soient spontanées ou provoquées artificiellement, les mutations modifient toujours au hasard l'ordre d'une séquence prise au hasard dans l'ensemble du programme génétique. Tout le système est agencé pour en faire des erreurs aveugles. Il n'y a dans la cellule aucun constituant pour interpréter le programme dans son ensemble, pour « comprendre » même une séquence et la modifier en conséquence. Les éléments qui traduisent le texte génétique ne comprennent que la signification des triplets pris séparément. Ceux qui, en le reproduisant, pourraient changer le programme ne le comprennent pas. S'il existait une volonté pour modifier le texte, elle ne disposerait d'aucun moyen d'action directe. Il lui faudrait passer par le long détour de la sélection naturelle.

Chaque mutation, chaque erreur de copie touche un ou plusieurs signes du texte génétique. Chacune modifie un ou plusieurs gènes. D'où une altération d'une ou de plusieurs protéines. Suivant l'« utilité » de ces structures, suivant qu'elles favorisent ou non le dessein qu'a la bactérie de se reproduire, le mutant sera ou non avantagé par rapport à ses congénères. Bien évidemment, l'ensemble des structures et des fonctions que l'on trouve aujourd'hui chez un organisme placé dans des conditions voisines du milieu naturel a été affiné par la sélection pendant des millions de générations. Telles sont la précision et l'efficacité atteintes que, pour la plupart, les programmes ne peuvent qu'entraîner une diminution, voire une perte de fonction. C'est seulement quand se transforme radicalement le milieu qu'une mutation peut apporter quelque bénéfice à l'organisme. Que périssent alors quelques milliards d'individus, devenus incapables de se multiplier, il suffit que quelques mutants se reproduisent pour que s'adapte l'espèce aux conditions nouvelles. Nuisibles dans les circonstances habituelles, certaines mutations deviennent avantageuses dans les situations exceptionnelles.

Pour la plupart, les mutations représentent des changements, non pas en quantité, mais en qualité. Elles bouleversent l'ordre du texte génétique mais n'y ajoutent pas. Pourtant l'évolution procède par l'accroissement de la complexité de l'organisme, donc par l'extension de son programme. Il y a deux sortes d'événements capables d'augmenter le contenu de la cellule bactérienne en information génétique. Tout d'abord, il arrive parfois que, pendant la reproduction du chromosome, un même segment soit copié deux fois. Il s'agit d'une erreur semblable à celles qui surviennent dans la composition d'un texte où, par suite d'inattention, une même ligne se trouve répétée. Dès lors, les deux exemplaires du fragment génétique se perpétuent de génération en génération. La même protéine est produite par les deux copies du même gène. Mais les contraintes qu'exerce la sélection pour maintenir les fonctions n'opèrent que sur un gène seulement. L'autre peut varier à loisir et la mutation y surgir en toute liberté. Il n'est plus nécessaire alors que ces variations apportent quelque avantage à la cellule pour qu'elles se perpétuent. Il suffit qu'elles ne soient pas nuisibles. Selon toute vraisemblance, c'est par de telles répétitions qu'ont été formées peu à peu, maillon par maillon, les chaînes de réactions chimiques.

Certaines bactéries ont même un autre moyen d'acquérir un supplément de programme génétique. Le plus souvent, les microorganismes sont isolés les uns des autres. Ils ne communiquent pas entre eux. Ils n'échangent rien. Ils sont même protégés contre tout commerce par leur paroi.

Cependant, des transferts de matériel génétique d'une cellule à une autre sont parfois réalisés, soit par l'intermédiaire de virus, soit par des processus rappelant la sexualité des êtres supérieurs. Mais un tel apport de matériel génétique n'a de conséquence durable sur la descendance de la cellule que dans la mesure où les fragments ainsi introduits parviennent à y prendre racine, à être reproduits, à être transmis d'une génération à l'autre. Cette implantation s'opère souvent par recombinaison génétique. C'est ainsi qu'à un segment de chromosome peut se substituer un segment homologue issu d'un autre individu. Parmi les populations de bactéries qui se multiplient dans des conditions différentes, tendent à se constituer des ensembles génétiques différents, selon les exigences du milieu. Grâce à la recombinaison, les éléments des textes génétiques, les gènes issus d'individus différents peuvent se réassortir en des combinaisons nouvelles qui offrent parfois des avantages pour la reproduction. Même si la sexualité n'est pas véritablement un mode de reproduction pour les bactéries qui se multiplient d'ordinaire par fission, elle n'en permet pas moins un brassage des différents programmes génétiques existant dans l'espèce, et par là même l'apparition de types génétiques nouveaux.

Mais la recombinaison ne fait que réassortir les programmes génétiques dans les populations. Elle ne les augmente pas. Il existe toutefois certains éléments génétiques qui se transmettent de cellule à cellule et s'ajoutent simplement au matériel génétique déjà présent. Ces éléments constituent en quelque sorte des chromosomes surnuméraires. Les instructions qu'ils contiennent ne sont indispensables ni à la croissance ni à la reproduction. Mais ce supplément de texte génétique permet à la cellule d'acquérir de nouvelles structures et d'effectuer de nouvelles fonctions. C'est un élément de ce genre qui détermine, par exemple, la différenciation sexuelle dans certaines espèces bactériennes. En outre, n'étant pas indispensable, la séquence nucléique contenue dans de tels éléments surnuméraires n'est pas soumise aux contraintes de stabilité qu'exerce la sélection sur le chromosome bactérien. Pour la cellule, ces éléments constituent un supplément gratuit, une sorte de réserve de texte nucléique à qui toute liberté de varier est donnée au cours des générations.

C'est sur la nature même du texte génétique que reposent ces deux propriétés, en apparence opposées, des êtres vivants, la stabilité et la variabilité. Si l'on considère l'individu, la cellule bactérienne, on voit se recopier avec une extrême rigueur, à la lettre, le programme où sont consignés, non seulement les plans détaillés de chaque architecture moléculaire, mais les moyens de mettre ces plans à exécution et de coordonner l'activité des structures. Si l'on considère, au contraire, des populations de bactéries, ou même l'ensemble d'une espèce, le texte nucléique apparaît alors comme perpétuellement désorganisé par les erreurs de la copie, les contrepèteries de la recombinaison, les additions, les omissions. En fin de compte, le texte se trouve toujours remis en ordre. Mais ce n'est ni par le mystère d'une volonté cherchant à imposer ses desseins, ni par un remaniement des séquences dirigé par le milieu : le message nucléique ne reçoit pas les leçons de l'expérience. La remise en ordre du message découle automatiquement d'une sélection qui s'exerce, non sur le texte génétique même, mais sur les organismes entiers, ou plutôt sur les populations, pour en éliminer toute irrégularité. L'idée même de sélection est contenue dans la nature des êtres vivants, dans le fait qu'ils existent seulement dans la mesure où ils se reproduisent. Chaque individu nouveau, qui par le jeu de la mutation, de la recombinaison et de l'addition se trouve porteur d'un programme nouveau, est aussitôt mis à l'épreuve de la reproduction. Cet organisme ne peut-il se reproduire, il disparaît. Est-il capable de se reproduire mieux et plus vite que ses congénères, aussitôt cet avantage, si minime soit-il, en favorise la multiplication et par là même la propagation de ce programme particulier. Si, en définitive, le texte nucléique semble modelé par le milieu, si les leçons de l'expérience passée finissent par s'y inscrire, c'est à travers le long détour de la réussite dans la reproduction. Mais ne se reproduit que ce qui existe. La sélection s'opère, non parmi les possibles, mais parmi les existants.

Contrairement à la structure du texte génétique, l'exécution des instructions qu'il contient est soumise, elle, à des influences spécifiques du milieu. Mais là non plus, le milieu n'exerce aucun effet didactique. Dans certains processus, telle la synthèse induite d'enzymes, la cellule bactérienne répond à la présence de composés spécifiques dans le milieu par la production de protéines spécifiques. Il y a quelques années encore, il paraissait inévitable que le composé dût, en quelque sorte, moduler le sens de la phrase génétique, lui donner sa part d'ordre, apporter sa contribution à la structure finale de la protéine. On sait maintenant qu'il n'en est rien : même dans ces phénomènes, le milieu n'exerce aucun effet didactique. Le composé spécifique joue le rôle d'un simple stimulus; il ne fait que mettre en route une synthèse dans laquelle les mécanismes et la structure du produit final sont fixés avec rigidité par le texte nucléique. Le système ne donne le choix qu'entre les deux termes d'une alternative. La seule instruction qui puisse être reçue du milieu, c'est par l'intermédiaire des protéines régulatrices, c'est un signal : marche ou arrêt. La lecture du message génétique ressemble ainsi à la musique que produisent les machines à disques dans les cafés. En appuyant sur un des boutons, on peut choisir, parmi les disques de la machine, celui qu'on désire entendre. Mais en aucun cas on ne peut modifier ni le texte ni l'exécution de la musique enregistrée. De même, un segment du texte génétique contenu dans le chromosome de la cellule bactérienne peut être transcrit ou non, selon les signaux chimiques reçus du milieu; mais ceux-ci n'en peuvent modifier la séquence, donc la fonction. Le vieux mot d'adaptation couvre ainsi deux choses différentes. D'un côté, il s'agit d'un phénomène survenant chez l'individu; il traduit en quelque sorte la réponse de l'organisme à quelque facteur externe, mais c'est toujours dans les limites permises par les instructions contenues dans le programme. De l'autre côté, au contraire, il s'agit de modifications survenant dans une population; c'est alors un changement du programme lui-même, sous l'effet d'une pression qui favorise certains des programmes à mesure qu'ils apparaissent. Mais qu'il s'agisse d'exploiter les possibilités d'un programme ou d'en changer, l'adaptation résulte toujours d'un effet, non pas didactique, mais électif, du milieu.

*

Voilà comment la biologie moléculaire se représente le seuil d'intégration qui sépare le monde vivant du monde inanimé. Certes, nous ne sommes pas près encore de connaître dans tous ses détails un objet aussi simple qu'une bactérie. Sur les quelque deux mille réactions qui s'effectuent dans la petite usine chimique, six ou sept cents seulement ont jusqu'alors été décelées et étudiées. Nous ignorons la composition et la structure de nombreuses espèces chimiques qui se reconnaissent entre elles et s'assemblent en organites. La composition et la structure de la membrane restent mal connues. Mais si chaque acquisition nouvelle nous fait mesurer la complexité des détails, elle nous démontre la simplicité des principes en jeu. Les procédés qu'emploie la nature ressemblent fort à ceux qu'élabore l'homme pour sa technologie, qu'il s'agisse de l'allongement des polymères, des transferts d'information ou des circuits de régulation. A mesure qu'on étudie l'usine bactérienne, qu'on en démonte les mécanismes, qu'on en analyse les structures, rien n'en émerge qui ne paraisse, en théorie du moins, à la portée de notre chimie expérimentale. Aucune solution de continuité entre le comportement des petites molécules minérales et celles des énormes architectures organiques, entre les réactions du non-vivant et celles du vivant, entre la chimie du laboratoire et celle des organismes. L'activité des enzymes se manifeste en solution dans un tube à essai et s'exerce sur des molécules que l'on sait, bien souvent, produire au laboratoire; elle ne met en jeu que des interactions connues des physiciens. Un enzyme a même été récemment synthétisé qui possède la même activité de catalyse que son homologue naturel. En théorie, une telle opération ne soulève pas de difficulté : depuis longtemps déjà, on sait former au laboratoire la liaison qui unit deux unités dans une chaîne protéique. Mais en pratique, cette synthèse représente une affaire d'une extrême complexité : il s'agit d'aligner, puis de lier bout à bout, plusieurs centaines d'unités. Cela se fait par addition successive d'une unité à la fois, chacune de ces opérations mettant en œuvre une série de réactions chimiques. La formation de la protéine se solde ainsi par quelques milliers de réactions à réaliser l'une après l'autre dans un ordre rigoureux. Malgré la construction de machines capables d'effectuer automatiquement certaines parties du travail, dans l'ordre prescrit par un programme, une telle synthèse reste difficile, sa durée considérable, son rendement minime. Mais on peut aisément prédire pour bientôt la production d'une variété de protéines. Pas simplement de molécules douées de quelque activité, catalytique ou autre, mais aussi de structures inconnues, sans fonction; un peu dans le genre de ce qui a dû se former sur la terre avant l'apparition des êtres vivants. Ces structures sans rôle ni but permettraient d'explorer un passé difficilement accessible à l'expérimentation.

Pour des raisons non de principe, mais de technique, il est plus difficile encore de produire au laboratoire une longue chaîne nucléique de séquence précise. Non que le chimiste ignore le moyen d'accrocher une à une des unités nucléiques. Mais l'efficacité des procédés connus reste très faible. Même si le rendement de chaque réaction dépassait quatre-vingt-dix pour cent, et l'on en est loin, après les milliers d'opérations nécessaires, la quantité de produit formé serait dérisoire en regard des matières premières utilisées. Mais on parvient à synthétiser de courtes séquences de quelques unités puis à les répéter en longues chaînes. Déjà la synthèse d'un gène a été réalisée par des méthodes qui combinent les procédés de la chimie organique et l'utilisation d'enzymes bactériens. Selon toute vraisemblance, on parviendra à produire des séquences nucléiques capables de s'implanter dans la cellule et de conférer à celle-ci quelque fonction nouvelle. Ce qui paraît, et pour longtemps encore, hors de notre atteinte, c'est la création, pièce par pièce, d'une longue chaîne nucléique, l'élaboration par synthèse d'un programme génétique, même aussi simple que celui d'un virus. Mais il n'y a aucune raison *a priori* pour que le chimiste n'y parvienne pas un jour.

Ce qui avait attiré nombre de physiciens vers la biologie et plus particulièrement vers l'analyse de l'hérédité, c'était l'espoir d'y trouver quelque loi nouvelle que n'avait pas révélée encore l'étude de la matière. Cette attente a été déçue. Certes l'inefficacité des techniques place pour longtemps encore la complexité de nombreuses structures à l'abri de la chimie expérimentale. Il n'est cependant pas inconcevable qu'on parvienne dans l'avenir à synthétiser une à une ces milliers d'espèces chimiques qui constituent la cellule bactérienne. Mais il n'y a aucune chance de voir s'assembler correctement *tous* ces composés et de voir surgir une bactérie tout armée d'un tube à essai. Nombre des enzymes qui servent à polymériser des unités ne fonctionnent qu'en présence d'une matrice. D'autres ne peuvent qu'agrandir un fragment de polymère préexistant, qui est utilisé comme amorce. Il est même possible que, dans l'édification de certains organites complexes, l'orientation correcte des unités soit parfois déterminée par la présence des mêmes organites déjà formés. L'information requise pour la structure des constituants pris individuellement est contenue dans les séquences nucléiques. Mais, si la plupart des macromolécules s'assemblent spontanément en bon ordre, on ne peut encore affirmer que ce soit toujours suffisant. Il n'est pas exclu que l'agencement de certains complexes soit guidé par l'agencement déjà réalisé, comme dans la formation des cristaux. Aussi rudimentaire qu'apparaisse la cellule bactérienne parmi l'ensemble des êtres vivants, il a fallu des périodes de temps considérables pour que s'organise le système. Si la bactérie fonctionne avec une telle virtuosité, c'est que, pendant deux milliards d'années, ses aïeux se sont essayés à cette chimie en notant scrupuleusement la recette de chaque réussite. Voilà où se produit la coupure entre monde vivant et monde inanimé, entre biologie et physique. Les corps inanimés ne dépendent pas du temps. Les corps vivants lui sont indissolublement liés. Chez eux, aucune structure ne peut être détachée de l'histoire.

L'histoire de notre colibacille, c'est en fin de compte une chaîne continue de reproductions avec leurs aventures, leurs impasses, leurs succès. Il n'y a de bactéries aujourd'hui sur cette terre que dans la mesure où, au cours des temps, d'autres bactéries, ou quelque chose de plus rudimentaire encore, ont sans interruption cherché désespérément à se reproduire. Comme le mécanisme à copier n'est pas infaillible, nombre d'occasions se présentent de changer le système, de le détériorer, de le perfectionner. L'évolution est bâtie sur les incidents, sur les événements rares, sur les erreurs. Cela même qui entraînerait un système inerte à sa destruction devient source de nouveauté et de complexité dans un système vivant. L'accident peut s'y transformer en novation et l'erreur en succès. Car le jeu de la sélection naturelle a ses règles propres. N'y comptent que les écarts ayant un retentissement sur la taille de la descendance. S'ils la réduisent, ce sont des fautes; s'ils l'accroissent, des exploits. Il n'y a ni ruse, ni stratagème à ce jeu. Seulement des comptes bien tenus qui se soldent par la disparition ou l'extension. La reproduction oriente le hasard.

Tel est l'agencement de la petite cellule bactérienne que l'ensemble du système peut se reproduire jusqu'à une fois toutes les vingt minutes. Chez les bactéries, contrairement aux organismes où la reproduction est obligatoirement sexuée, la naissance n'est pas compensée par la mort. Pendant la croissance des cultures, les bactéries ne meurent pas. Elles disparaissent en tant qu'entité : là où il y avait un, il y a soudain deux. Les molécules de la « mère » sont équitablement réparties entre les « filles ». La mère contenait par exemple une longue fibre d'acide désoxyribonucléique qui se dédouble avant la division de la cellule. Chaque fille reçoit l'une de ces fibres identiques, formées chacune d'une « vieille » chaîne et d'une nouvelle. L'un des critères par quoi se connaît qu'une bactérie n'est plus en vie, c'est son incapacité à se reproduire. Si l'on veut voir une mort dans cette non-vie, c'est une mort contingente. Elle dépend souvent du milieu et des conditions de culture. En substituant de manière continue du milieu neuf à une petite fraction d'une culture, celle-ci reste en croissance perpétuelle : les bactéries s'y reproduisent éternellement.

Ce qui rend éphémère l'individu dans une culture de bactéries, ce n'est donc pas la mort au sens habituel, mais la dilution qu'entraînent la croissance et la multiplication. Seule persiste l'organisation qui se reproduit automatiquement tant que la cellule peut extraire du milieu énergie et matériaux. Aucune Psyché pour orienter les opérations, aucune volonté pour en prescrire la poursuite ou l'arrêt. Rien que la perpétuelle exécution d'un programme indissociable de sa réalisation. Car les seuls éléments à interpréter le message génétique, ce sont les produits du message. Le texte génétique n'a de sens que pour les structures qu'il a lui-même déterminées. Il n'y a plus alors de cause à la reproduction; seulement un cycle d'événements où chacun des constituants ne joue un rôle qu'en fonction des autres. Si l'organisation a pu se reproduire et les êtres vivants apparaître, c'est que la complexité des architectures dans l'espace s'est trouvée engendrée par la simplicité d'une combinatoire linéaire. Mais c'est aussi qu'a pu s'établir une relation univoque entre deux systèmes de symboles : l'un qui sert à conserver l'information au cours des générations; l'autre à déployer les structures à chaque génération. Le premier réalise une communication verticale du parent à l'enfant; le second détermine une communication horizontale entre constituants de l'organisme. La relation entre ces deux systèmes donne à la reproduction de la cellule une logique interne qu'aucune intelligence n'a choisie. Mais cette logique même exclut le message génétique de tout changement dirigé soit par le milieu, soit par la cellule elle-même. Seule l'activité du matériel génétique, et non sa structure, est soumise à la régulation coordonnant les constituants de l'organisme. Ce qui ne signifie nullement que le message nucléique échappe à toute surveillance. Soustrait au contrôle interne de la cellule, le programme génétique reste assujetti à une régulation externe. Non parce qu'une main mystérieuse guide la destinée de la bactérie, mais parce qu'un individu bactérien fait partie d'une population, celle qui habite un tube à essai, une flaque d'eau ou un intestin de mammifère.

Il represente alors un simple élément dans un système de niveau supérieur fonctionnant avec une autre logique. C'est à l'intérieur de ce système que s'exerce une régulation sur le programme génétique. Les interactions qui unissent la population et son milieu finissent par se répercuter sur la reproduction des nouveautés survenant spontanément dans le texte génétique. En fin de compte, il existe bien entre le programme génétique et le milieu cette nécessaire relation qu'exige l'adaptation. Mais elle ne s'établit qu'à travers le détour d'une longue boucle de rétroaction qui ajuste la qualité du message par la quantité de la descendance. Si le texte génétique se trouve en perpétuel remaniement, s'il est sans cesse modifié, corrigé, adapté à la reproduction dans les conditions les plus variées, c'est par les retouches successives qu'y apporte la sélcction naturelle. Sans pensée pour le dicter, sans imagination pour le renouveler, le programme génétique se transforme en se réalisant.

CONCLUSION

L'intégron

Que l'hérédité puisse aujourd'hui s'interpréter en termes de molécules, ce n'est là ni une fin, ni la preuve que désormais toute la biologie doive devenir moléculaire. Cela signifie d'abord que les deux grands courants de la biologie, l'histoire naturelle et la physiologie, qui ont si longtemps cheminé à distance, presque en s'ignorant, ont aujourd'hui fini par fusionner. La vieille querelle entre intégristes et tomistes s'est ainsi résolue dans la distinction naguère établie par la physique entre le microscopique et le macroscopique. D'une part, la variété du monde vivant, l'extraordinaire diversité de formes, de structures, de propriétés observées au niveau macroscopique se fondent sur la combinatoire de quelques espèces moléculaires, c'est-à-dire sur une extrême simplicité de moyens au niveau microscopique. D'autre part, les processus qui se déroulent chez les êtres vivants au niveau microscopique des molécules ne se distinguent en rien de ceux qu'analysent la physique et la chimie dans les systèmes inertes; c'est seulement au niveau macroscopique des organismes qu'apparaissent des propriétés particulières nées des contraintes qu'impose la nécessité de se reproduire et de s'adapter à certaines conditions. Il s'agit alors d'interpréter les processus communs aux êtres et aux choses en fonction du statut particulier que confèrent aux êtres leur origine et leur fin.

Reconnaître l'unité des processus physico-chimiques au niveau moléculaire, c'est dire que le vitalisme a perdu toute fonction. En fait, depuis la naissance de la thermodynamique, la valeur opératoire du concept de vie n'a fait que se diluer et son pouvoir d'abstraction que décliner. On n'interroge plus la vie aujourd'hui dans les laboratoires. On ne cherche plus à en cerner les contours. On s'efforce seulement d'analyser des systèmes vivants, leur structure, leur fonction, leur histoire. Mais en même temps, reconnaître la finalité des systèmes vivants, c'est dire qu'on ne peut plus faire de biologie sans se référer constamment au « projet » des organismes, au « sens » que donne leur existence même à leurs structures et leurs fonctions. On voit combien cette attitude diffère du réductionnisme qui a longtemps prévalu. Jusqu'ici, pour être scientifique, l'analyse devait d'abord s'abstraire de toute considération qui dépassait le système étudié et son rôle fonctionnel. La rigueur imposée à la description exigeait l'élimination de cet élément de finalité que le biologiste refusait d'admettre dans son analyse. Aujourd'hui au contraire, on ne peut plus dissocier la structure de sa signification, non seulement dans l'organisme, mais dans la suite des événements qui ont conduit l'organisme à être ce qu'il est. Tout système vivant est le résultat d'un certain équilibre entre les éléments d'une organisation. La solidarité de ces éléments fait que chaque modification apportée en un point met en question l'ensemble des relations et produit tôt ou tard une organisation nouvelle. En isolant des systèmes de nature et de complexité différentes, on s'efforce d'en reconnaître les constituants et d'en justifier les relations. Mais quel que soit le niveau étudié, qu'il s'agisse de molécules, de cellules, d'organismes ou de populations, l'histoire est posée comme perspective nécessaire et la succession comme principe d'explication. Chaque système vivant relève alors de deux plans d'analyse, de deux coupes, l'une horizontale, l'autre verticale, qui ne peuvent être dissociées que pour la commodité de l'exposé D'un côté, il s'agit de distinguer les principes qui régissent l'intégration des organismes, leur construction, leur fonctionnement; de l'autre, ceux qui ont dirigé leurs transformations et leur succession. Décrire un système vivant, c'est se référer aussi bien à la logique de son organisation qu'à celle de son évolution. C'est aux algorithmes du monde vivant que s'intéresse aujourd'hui la biologie.

*

L'organisation des systèmes vivants obéit à une série de principes, tant physiques que biologiques : sélection naturelle, énergie minimum, autorégulation, construction en « étages », par intégrations successives de sous-ensembles. La sélection naturelle impose une finalité non seulement à l'organisme dans son entier, mais à chacun de ses constituants. Chez un être vivant, toute structure a été sélectionnée parce qu'elle remplissait une certaine fonction dans un ensemble dynamique capable de se reproduire. C'est donc par leur histoire, par leur continuité, que se distinguent les molécules composant les systèmes vivants. Certaines n'ont pas varié depuis des millions d'années : en un sens, elles restent des copies de celles qui se formèrent jadis. D'autres, au contraire, se sont transformées sous quelque pression de sélection. Nombreuses sont celles qui se sont perdues en route. Plus nombreuses, peut-être, celles qui sont apparues avec des espèces nouvelles, avec l'homme par exemple. Mais derrière les exigences de la sélection, les systèmes vivants, tout comme les systèmes inertes, restent soumis au principe d'énergie minimum. Qu'elles fassent ou non intervenir de véritables liaisons chimiques, qu'elles entraînent des synthèses ou de simples associations de molécules, les réactions du vivant procèdent toujours dans une même direction, vers la diminution de l'énergie libre. Leurs vitesses sont toujours déterminées par les énergies d'activation qu'exigent les transitions en jeu.

Ce sont les circuits de régulation qui donnent aux systèmes vivants à la fois leur unité et le moyen de se mettre en règle avec la thermodynamique. Pour celle-ci, une réaction chimique ne peut se moduler qu'à travers son équilibre ou sa vitesse. Dans une réaction simple, la constante d'équilibre est une fonction des molécules qui y participent. La catalyse ne fait qu'accroître la vitesse en diminuant l'énergie d'activation requise. Dans une réaction faisant intervenir une architecture aussi complexe qu'une protéine, comme une réaction enzymatique, c'est la conformation de la protéine qui détermine à la fois son affinité pour le substrat et la vitesse de la réaction. On ne peut changer celles-ci qu'en modifiant celle-là. Toute la coordination de la cellule repose alors sur la déformation géométrique de quelques protéines sous l'effet d'interactions avec certains métabolites agissant comme signaux spécifiques. Chez les êtres multicellulaires viennent s'ajouter d'autres circuits de régulation pour accorder les activités des cellules et les intégrer. Là interviennent les contacts directs entre cellules, les hormones et le système nerveux. On ignore encore le fonctionnement de ces circuits. Mais selon toute vraisemblance, hormones et médiateurs chimiques du système nerveux agissent aussi en déformant certaines protéines dans la membrane des cellules sensibles. En eux-mêmes, ces composés restent dépourvus de toute signification. Ils ne prennent valeur de signal pour certaines cellules que grâce à la présence de protéines servant de récepteurs, c'est-à-dire en définitive grâce au programme génétique de ces cellules. Mais dans tous les cas, la régulation des systèmes biologiques opère sur des équilibres et des vitesses de réaction. Dans tous les cas, elle ne fait que traduire l'interaction des constituants, c'est-à-dire des propriétés inhérentes à leur agencement, donc à leur structure.

Quant à l'architecture en étages, c'est le principe qui régit la construction de tout système vivant, quel que soit son degré d'organisation. Telle est la complexité d'un organisme, même le plus simple, qu'il n'aurait vraisemblablement jamais pu se former, se reproduire, évoluer, si l'ensemble avait dû s'agencer pièce par pièce, molécule par molécule, comme une mosaïque. Au lieu de cela, les organismes s'édifient par une série d'intégrations. Des éléments similaires viennent s'assembler en un ensemble intermédiaire. Plusieurs de ces ensembles s'associent alors pour constituer un ensemble de niveau supérieur et ainsi de suite. C'est donc par la combinaison d'éléments de plus en plus élaborés, par une articulation de structures subordonnées les unes aux autres, que naît la complexité des systèmes vivants. Et si à chaque génération ces systèmes peuvent se reproduire à partir de leurs éléments, c'est qu'à chaque niveau la structure intermédiaire est thermodynamiquement stable. Les êtres vivants se construisent ainsi par une série d'empaquetages. Ils sont agencés selon une hiérarchie d'ensembles discontinus. A chaque niveau, des unités de taille relativement bien définie et de structure à peu près identique s'unissent pour former une unité à l'échelon suivant. Chacune de ces unités constituées par l'intégration de sous-unités peut être désignée par le terme général d'*intégron*. Un intégron se forme par l'assemblage d'intégrons de niveau inférieur; il participe à la construction d'un intégron de niveau supérieur.

Cette hiérarchie d'intégrons, ce principe de la boîte faite de boîtes est illustré déjà au niveau microscopique, dans l'élaboration des structures protéiques au sein de la cellule. On peut en effet distinguer trois étapes dans l'édification de ces structures. Dans la première, les éléments inorganiques sont convertis en petites molécules spécifiques, les sous-unités protéiques, par une série de réactions enzymatiques. C'est sur l'association entre enzymes et substrats, sur leur équilibre, que se fonde la spécificité des réactions. C'est par l'interaction des enzymes avec certains métabolites qu'est coordonnée leur vitesse. Dans une seconde étape, les polymères sont assemblés le long de matrices où viennent s'aligner en ordre précis des sous-unités. Cet agencement repose sur des associations spécifiques qui ne font encore intervenir aucune liaison chimique. C'est seulement une fois en place que les sous-unités sont enchaînées l'une à l'autre par l'action d'enzymes. Dans une troisième étape enfin, les chaînes protéiques se replient et s'assemblent en superstructures. Pour les plus simples de celles-ci, l'assemblage résulte des seules propriétés d'association que confère aux constituants leur structure : l'affinité des éléments entre eux suffit à l'agencement du système qui s'élabore spontanément. Pour les plus complexes, interviennent peut-être des sortes de « centres » dans l'organisation des autres éléments. Centres qui peuvent fonctionner, soit comme agents de structure pour modifier la conformation d'autres constituants, soit comme des sortes d'enzymes pour accélérer leur association, soit même comme matrices pour favoriser un agencement particulier parmi ceux qu'autorise la thermodynamique. Mais de toute façon, les arrangements possibles pour une structure organisée dépendent des énergies de liaison entre éléments. De toute façon, ils constituent une propriété d'équilibre du système. Même s'il existe de tels centres, leur formation reste déterminée par les interactions des constituants. En fin de compte, les structures les plus complexes s'échafaudent par une série d'étapes où les intermédiaires peuvent servir, non seulement de matériaux, mais le cas échéant d'agents pour l'édification de la structure suivante. Jusqu'à nouvel ordre, seuls les éléments incorporés dans la structure sont requis pour sa construction. C'est par l'assemblage spontané des constituants que se forment les êtres vivants.

A bien des égards, les propriétés de ces structures rappellent donc celles des cristaux. C'est là une vieille analogie puisqu'elle avait déjà été envisagée il y a plus de deux siècles pour expliquer la forme, la croissance et la reproduction des êtres organisés. Pourtant cette comparaison avait dû être abandonnée quand se dévoila la structure d'un solide cristallin parfait. Un tel cristal, en effet, fait intervenir la répétition d'un même motif dans les trois dimensions. Il consiste en un arrangement régulier d'atomes du centre à la surface. Devenant alors inaccessible, l'intérieur de la structure se trouve exclu de toute fonction. Le cristal peut croître uniquement par addition d'éléments en surface. Il ne se reproduit pas. Mais depuis lors, le concept de cristal a été généralisé : il s'applique à toute organisation de matière qui se répète en deux, ou même une seule dimension. A partir de particules qui, pour ainsi dire, n'ont elles-mêmes aucune dimension, peuvent se constituer spontanément des fibres, des surfaces semblables à des membranes ou des corps à trois dimensions. Dès lors, l'analogie entre cristaux et structures du vivant reprend une valeur opératoire. Ce qui confère aux objets d'un ensemble la propriété de s'assembler, c'est leur identité. Celle-ci ne leur permet pas seulement de former des structures géométriques; elle leur donne le pouvoir de les former spontanément. Mais la rigueur que renferme le mot identité, les écarts de structure qui peuvent être tolérés, on n'a guère le moyen de les évaluer. Si les contraintes pour la formation de cristaux à trois dimensions paraissent strictes, elles semblent moins sévères dans les autres cas. Au point que les sous-unités nucléiques ou protéiques représentent des objets suffisamment identiques pour se disposer en agencements géométriques. Toute une série de structures biologiques, les polymères, les membranes, les organites répartis dans la cellule, ont ainsi leur logique interne. Une logique qui n'est pas exactement celle des cristaux à trois dimensions mais qui n'en diffère guère. Quelles que soient les structures considérées, elles ne peuvent exercer de fonction chimique que par leur surface.

Mais si l'on perçoit maintenant les principes qui interviennent dans l'organisation des systèmes vivants, dans leur construction, leur logique, si par extrapolation on entrevoit leur origine, on discerne mal encore la suite des événements qui ont conduit de l'organique au vivant. Pour le biologiste, le vivant ne commence qu'avec ce qui a pu constituer un programme génétique. Pour lui, c'est seulement du jour où il donne prise à la sélection naturelle qu'un objet mérite le nom d'organisme. La marque du vivant, il la voit dans la faculté de se reproduire, même si un être primitif exigeait plusieurs années pour former son semblable. Pour le chimiste, au contraire, il y a quelque arbitraire à vouloir tracer une démarcation là où il ne pouvait y avoir que continuité. Tout organisme contient une panoplie de structures, de fonctions, d'enzymes, de membranes, de cycles métaboliques, de composés riches en énergie, etc. Quel que soit le début assigné à ce qu'on appelle un système vivant, l'organisation de celui-ci ne se conçoit qu'au sein d'un milieu déjà préparé de longue date. De toute nécessité, l'évolution biologique continue sans faille une longue évolution chimique. Au laboratoire, on peut tenter de reconstituer les conditions qui, semble-t-il, prévalaient sur la terre avant l'apparition des êtres vivants. On voit alors se former spontanément toute une série de composés organiques. Il apparaît même des polymères au hasard de liaisons qui s'établissent entre sous-unités. Malgré leur inefficacité, les réactions requises pour l'élaboration des macromolécules caractérisant le vivant semblent bien s'effectuer en l'absence de catalyseurs biologiques. Mais ce qu'on parvient difficilement à se représenter, c'est l'apparition d'un système intégré, si primitif soit-il; c'est l'origine d'une organisation capable de se reproduire, même mal, même lentement. Car le plus humble des organismes, la plus modeste des bactéries, constitue déjà une coalition de molécules en nombre énorme. Il n'est pas question que toutes les pièces se soient formées indépendamment dans l'océan primitif pour venir, un beau jour, se rencontrer par hasard et s'agencer soudain en un pareil système. L'ancêtre, ce ne pouvait d'abord être qu'une sorte de noyau, une association de quelques molécules, s'aidant l'une l'autre à se reformer tant bien que mal. Mais alors, par quoi cela a-t-il commencé? Le message génétique ne peut être traduit que par les produits mêmes de sa propre traduction. Sans acides nucléiques, les protéines sont sans lendemain. Sans protéines, les acides nucléiques restent inertes. Lequel est la poule et lequel l'œuf? Et où trouver la trace d'un tel précurseur, ou de quelque précurseur du précurseur? Dans un recoin encore non exploré de la terre? Sur un météorite? Sur une autre planète du système solaire? Sans aucun doute, découvrir ici ou là, sinon une forme nouvelle de vivant, du moins des vestiges organiques un peu complexes, n'aurait pas de prix. Cela transformerait notre manière d'envisager l'origine des programmes génétiques. Mais, avec le temps, cet espoir s'amenuise.

Faute de vestiges à interroger, la biologie en est réduite aux conjectures. Elle cherche à sérier les problèmes, à individualiser les objets, à formuler des questions auxquelles peut répondre l'expérimentation. Lequel des polymères, nucléique ou protéique, a droit à l'antériorité? Quelle est l'origine du code génétique? La première question conduit à se demander si quelque chose possédant une vague ressemblance avec le vivant est concevable en l'absence soit de l'un, soit de l'autre type de polymère. La seconde soulève des problèmes d'évolution et de logique.

D'évolution, parce que la correspondance univoque entre chaque groupe de trois sous-unités nucléiques et chaque sous-unité protéique n'a pu surgir d'un coup. De logique, parce qu'on discerne mal pourquoi a été adoptée cette correspondance particulière plutôt qu'une autre, pourquoi tel triplet nucléique « signifie » telle sous-unité protéique et non telle autre. Peut-être a-t-il existé dans les organisations primitives des contraintes de structure qui nous échappent : ce serait alors l'ajustement des conformations moléculaires qui aurait imposé, sinon le système dans son ensemble, du moins certaines des équivalences. Mais peut-être aussi n'y a-t-il jamais eu de contrainte d'aucune sorte : ce serait alors par le seul fait du hasard que seraient nées les équivalences pour persister ensuite. Car une fois établi un système de relations, celles-ci ne peuvent se modifier sous peine de faire perdre toute signification à ce qui en possédait déjà, de brouiller ce qui avait déjà valeur de message. Il en est du code génétique comme d'une langue : même si elles sont dues au hasard, dès lors qu'elles sont instaurées, les relations entre « signifiant » et « signifié » ne peuvent changer. Voilà les questions auxquelles la biologie moléculaire tente de trouver une réponse. Mais rien ne dit qu'on parvienne jamais à analyser la transition entre l'organique et le vivant. Peut-être ne pourra-t-on pas même estimer la probabilité qu'avait un système vivant d'apparaître sur cette terre. Si le code génétique est universel, c'est vraisemblablement que tout ce qui a réussi à vivre jusqu'ici est issu d'un seul ancêtre. Or il n'y a pas de probabilité mesurable pour un événement qui ne s'est produit qu'une fois. Il est à craindre que le sujet n'en vienne à s'enliser dans un fatras d'hypothèses sans possibilité de vérifications. A propos de l'origine de la vie pourrait bien surgir un nouveau foyer de querelles abstraites, avec des écoles et des théories relevant, non pas de la prédiction scientifique, mais de la métaphysique.

Et pourtant, ce qu'a démontré la biologie, c'est qu'il n'existe pas d'entité métaphysique pour se cacher derrière le mot de vie. Le pouvoir de s'assembler, de produire des structures de complexité croissante, de se reproduire même, appartient aux éléments qui composent la matière. Des particules à l'homme se rencontrent toute une série d'intégrations, de niveaux, de discontinuités. Mais aucune rupture, ni dans la composition des objets, ni dans les réactions qui s'y déroulent. Aucun changement d'« essence ». Au point que l'analyse des molécules et des organites cellulaires est maintenant devenue l'affaire des physiciens. C'est par la cristallographie, l'ultracentrifugation, la résonance magnétique nucléaire, la fluorescence, etc., que se précisent désormais les détails de structure. Cela ne signifie nullement que la biologie soit devenue une annexe de la physique, qu'elle en constitue pour ainsi dire une filiale de la complexité. Avec chaque niveau d'organisation apparaissent des nouveautés, tant de propriétés que de logique. Se reproduire n'est au pouvoir d'aucune molécule par elle-même. Cette faculté n'apparaît qu'avec le plus simple des intégrons méritant la qualification de vivant, c'est-à-dire la cellule. Mais dès lors se modifie la règle du jeu. A l'intégron de niveau supérieur, à la population de cellules, la sélection naturelle impose des contraintes et apporte des possibilités inédites. Par là même, et sans cesser d'obéir aux principes qui régissent les systèmes inertes, les systèmes vivants deviennent l'objet de phénomènes qui n'ont aucun sens au niveau inférieur. La biologie ne peut, ni se réduire à la physique, ni se passer d'elle.

Tout objet que considère la biologie représente un système de systèmes. Lui-même élément d'un système d'ordre supérieur, il obéit parfois à des règles qui ne peuvent être déduites de sa propre analyse. C'est dire que chaque niveau d'organisation doit être envisagé par référence à ceux qui lui sont juxtaposés. On ne saurait saisir le fonctionnement d'un poste de télévision sans connaître, d'un côté celui des transistors, de l'autre la relation entre émetteur et récepteur. Mais avec chaque niveau d'intégration se manifestent quelques caractéristiques nouvelles. Comme l'a déjà constaté la physique au début de ce siècle, la discontinuité n'exige pas seulement des moyens d'observation différents. Elle modifie aussi la nature des phénomènes, voire des lois qui les sous-tendent. Bien souvent, l'équipement en concepts et en techniques qui s'applique à un niveau ne fonctionne ni au-dessus, ni au-dessous. Ce qui unit les différents niveaux de l'organisation biologique, c'est la logique propre à la reproduction. Ce qui les distingue, ce sont les moyens de communication, les circuits de régulation, la logique interne propres à chaque système.

*

Tout le monde s'accorde à voir une direction dans l'évolution. Malgré les erreurs, les culs-de-sac, les tâtonnements, un certain chemin a été parcouru pendant plus de deux milliards d'années. Mais décrire l'orientation que la sélection naturelle a imprimée au hasard est chose difficile. Les mots de progrès, progression, perfectionnement la qualifient mal. Ils évoquent trop la régularité, le dessein, l'anthropomorphisme. Les critères n'en sont pas définis. Si c'est l'adaptation pour survivre, le colibacille apparaît tout aussi bien adapté à son milieu que l'homme au sien. Les mots de complication, de complexité ne s'appliquent guère mieux. Il y a des complications gratuites; d'autres qui, par leur spécialisation, interdisent toute possibilité d'évolution ultérieure. Ce qui caractérise peut-être au plus près l'évolution, c'est la tendance à l'assouplissement dans l'exécution du programme génétique; c'est son « ouverture » dans un sens qui permet à l'organisme d'accroître toujours plus ses relations avec son milieu et d'étendre ainsi son rayon d'action. Chez un être aussi simple qu'une bactérie, le programme est d'une grande rigidité d'exécution. Il est « fermé » en ce sens que l'organisme ne peut, d'un côté recevoir du milieu qu'une information très limitée, de l'autre y réagir que de manière strictement déterminée. Tout ce que perçoit une bactérie, c'est la présence ou l'absence de certains composés dans le milieu de culture. Tout ce qu'elle apporte comme réponse, c'est la production ou non des protéines correspondantes. Perceptions et réactions se réduisent chacune à une alternative, à oui ou non. Les « succès » de l'évolution aboutissent à accroître corrélativement la capacité de percevoir et celle de réagir. Pour que se différencie l'organisme, pour qu'il gagne en autonomie, qu'il étende ses échanges avec le dehors, il faut que se développent non seulement les structures qui lient l'organisme à son milieu, mais aussi les interactions qui coordonnent les constituants de l'organisme. Au niveau macroscopique, l'évolution repose donc sur la constitution de nouveaux systèmes de communication, aussi bien au sein de l'organisme qu'entre lui et ce qui l'entoure. Au niveau microscopique, cela se traduit par la modification des programmes génétiques, en qualité et quantité.

Que l'évolution soit due exclusivement à une succession de micro-événements, à des mutations survenant chacune au hasard, le temps et l'arithmétique s'y opposent. Pour extraire d'une roulette, coup par coup, sous-unité par sous-unité, chacune des quelque cent mille chaînes protéiques qui peuvent composer le corps d'un mammifère, il faut un temps qui excède, et de loin, la durée allouée au système solaire. C'est seulement chez les organismes très simples que la variation peut s'effectuer exclusivement par petites étapes indépendantes. Il n'y a guère que les bactéries à qui la vitesse de croissance et l'importance des populations permettent d'attendre l'apparition d'une mutation pour s'adapter. Si une évolution est devenue possible, c'est que les systèmes génétiques eux-mêmes ont évolué. A mesure que se compliquent les organismes, se complique aussi leur reproduction. Toute une série de mécanismes apparaissent qui, reposant toujours sur le hasard, concourent à réassortir les programmes et obligent au changement : la dispersion du programme génétique sur plusieurs chromosomes; la présence de chaque chromosome non plus en un, mais en deux exemplaires dans chaque cellule; l'alternance de phases à un ou deux jeux de chromosomes durant le cycle de vie; la ségrégation indépendante des chromosomes; la recombinaison par cassure et réunion des chromosomes homologues; etc. Mais les deux inventions les plus importantes, ce sont le sexe et la mort.

La sexualité semble être survenue tôt dans l'évolution. Elle représente d'abord une sorte d'auxiliaire de la reproduction, un superflu : rien n'oblige une bactérie à l'exercice de la sexualité pour se multiplier. C'est la nécessité de recourir au sexe pour se reproduire qui transforme radicalement le système génétique et les possibilités de variations. Dès lors que la sexualité est obligatoire, chaque programme génétique est formé, non plus par copie exacte d'un seul programme, mais par réassortiment de deux différents. Un programme génétique n'est plus alors la propriété exclusive d'une lignée. Il appartient à la collectivité, à l'ensemble des individus qui communiquent entre eux par le moyen du sexe. Ainsi se constitue une sorte de fonds génétique commun où, à chaque génération, est puisé de quoi faire de nouveaux programmes. C'est alors ce fonds commun, cette population unie par la sexualité, qui constitue l'unité d'évolution. A l'identité que commande la reproduction stricte du programme, la sexualité oppose la diversité qu'apporte un réassortiment des programmes à chaque génération. Diversité si grande qu'à la seule exception des vrais jumeaux, aucun individu n'est exactement identique à son frère. La sexualité oblige les programmes à parcourir les possibilités de la combinatoire génétique. Elle contraint donc au changement. Que le sexe joue un tel rôle dans l'évolution, qu'il soit lui-même objet d'évolution, qu'il s'affine sans cesse, il suffit pour s'en convaincre de considérer les subtilités, les rites, les complications qui en accompagnent la pratique chez les organismes supérieurs.

L'autre condition nécessaire à la possibilité même d'une évolution, c'est la mort. Non pas la mort venue du dehors, comme conséquence de quelque accident. Mais la mort imposée du dedans, comme une nécessité prescrite, dès l'œuf, par le programme génétique même. Car l'évolution, c'est le résultat d'une lutte entre ce qui était et ce qui sera, entre le conservateur et le révolutionnaire, entre l'identité de la reproduction et la nouveauté de la variation. Chez les organismes se reproduisant par fission, la dilution de l'individu qu'entraîne la rapidité de la croissance suffit à effacer le passé. Avec les organismes pluricellulaires, avec la différenciation en lignées somatiques et germinales, avec la reproduction par sexualité, il faut au contraire que disparaissent les individus. Cela devient la résultante de deux forces contraires. Un équilibre entre, d'un côté, l'efficacité sexuelle avec son cortège de gestations, de soins, d'éducation; de l'autre, la disparition de la génération qui a fini de jouer son rôle dans la reproduction. C'est l'ajustement de ces deux paramètres sous l'effet de la sélection naturelle qui détermine la durée maximum de vie d'une espèce. Tout le système de l'évolution, chez les animaux du moins, repose sur cet équilibre. Les limites de la vie ne peuvent donc être laissées au hasard. Elles sont prescrites par le programme qui, dès la fécondation de l'ovule, fixe le destin génétique de l'individu. On ignore encore le mécanisme du vieillissement. La théorie la plus en faveur aujourd'hui fait de la sénescence le résultat d'erreurs accumulées, soit dans les programmes génétiques contenus dans les cellules somatiques, soit dans l'expression de ces programmes, c'est-à-dire dans les protéines que produisent les cellules. Selon ce schéma, la cellule pourrait s'accommoder d'un certain nombre d'erreurs. Passé cette limite, elle serait vouée à la mort. Avec le temps, l'accumulation d'erreurs dans un nombre croissant de cellules entraînerait alors l'inéluctable. C'est donc l'exécution même du programme qui ajusterait la durée de vie. Quoi qu'il en soit, la mort fait partie intégrante du système sélectionné dans le monde animal et son évolution. On peut espérer bien des choses de ce qu'on appelle aujourd'hui le « génie biolo gique » : la solution à de nombreux fléaux, au cancer, aux maladies de cœur, aux maladies mentales; le remplacement d'organes variés, par greffes ou appareils de synthèse; le remède à certaines défaillances de la vieillesse; la correction de certains défauts génétiques; voire même l'interruption provisoire d'une vie active qui reprendrait plus tard à volonté. Mais il y a fort peu de chances qu'on parvienne jamais à prolonger la durée de vie au-delà d'une certaine limite. Les contraintes de l'évolution s'accordent mal au vieux rêve d'immortalité.

Ce que favorise l'arsenal de la génétique, ce sont surtout les changements de programme en qualité, non en quantité. Or l'évolution se traduit d'abord par un accroissement de complexité. Une bactérie représente la traduction d'une séquence nucléique longue d'environ un millimètre et constituée de quelque vingt millions de signes. L'homme procède d'une autre séquence nucléique, longue de près de deux mètres et contenant plusieurs milliards de signes. La complication d'organisation correspond donc à un allongement du programme. Si une évolution a été possible, c'est une fois encore grâce à la relation établie entre la structure de l'organisme dans l'espace et la séquence linéaire du message génétique. Car la complexité d'une intégration se traduit alors par la simplicité d'une addition. Pourtant les mécanismes connus de la génétique favorisent les variations de programme mais n'y apportent guère de suppléments. Il y a certes les erreurs de copie qui doublent certains segments du message, les fragments génétiques que peuvent transférer des virus, voire des chromosomes surnuméraires. Mais ces processus n'ont guère d'efficacité. On ne voit pas comment ils pourraient suffire à provoquer certaines des grandes étapes de l'évolution . le changement d'organisation cellulaire, avec le passage de la forme simple ou « procaryote » des bactéries à la forme complexe ou « eucaryote » des levures et organismes supérieurs; ou la transition de l'état unicellulaire à l'état pluricellulaire; ou l'apparition des vertébrés Chacune de ces étapes en effet correspond à une augmentation notable de l'acide nucléique. Pour justifier ces accroissements brusques, il faut que soit exploité le hasard de quelque événement rare, comme une erreur de reproduction entraînant un excès de chromosomes; voire même de quelque processus exceptionnel, comme la symbiose d'organismes ou la fusion de programmes appartenant à des especes distinctes. Que des symbioses puissent intervenir dans l'évolution, on en a désormais la preuve dans la nature des « mitochondries », ces organites chargés de produire l'énergie dans les cellules complexes. Par tous les critères de la biochimie, ces organites portent la marque des bactéries. Ils possèdent même leur propre séquence nucléique, indépendante des chromosomes de la cellule. Selon toute vraisemblance, il s'agit de vestiges de bactéries, jadis associées à un autre organisme pour former l'ancêtre de nos cellules. Quant aux fusions de programme, on en connaît chez les plantes, non chez les animaux. Un mécanisme de sûreté protège ceux-ci contre les effets des « amours abominables » chères à l'antiquité et au moyen âge. Mais on a récemment observé en culture la fusion de cellules issues d'espèces différentes, homme et souris par exemple. Possédant chacune des programmes en double exemplaire, ces cellules hybrides se multiplient parfaitement. Ce que ne peuvent faire les amours singulières entre espèces, d'autres événements parviennent à l'accomplir. Qu'exceptionnellement de telles rencontres aient des suites, cela suffit à fournir une occasion de changements très profonds. En pratique, rien ne prouve que de tels accidents surviennent dans la nature; mais en théorie, rien ne s'y oppose. Il n'y a aucune régularité dans les augmentations de programme. On y trouve des sauts brusques, des accroissements subits, des retombées inexpliquées, sans corrélation avec la complexité de l'organisme. Pour accorder les accroissements de programme au rythme de l'évolution, il faut des événements peu communs. On voit combien illusoire peut apparaître aujourd'hui toute tentative pour estimer les durées ou évaluer les probabilités de l'évolution. Un jour peut-être, les ordinateurs calculeront la chance qu'avait l'homme d'apparaître.

Ce qui entraîne cette augmentation de programme, c'est la tendance à accroître les interactions de l'organisme et de son milieu par quoi se caractérise l'évolution. Il y a bien des manières pour un organisme de multiplier les échanges avec ce qui l'entoure. Déjà les protozoaires y réussissent. Avec leur attirail d'organites spécialisés, ils représentent un degré de complexité surprenant pour une seule cellule. Mais il existe une limite au nombre et à la taille des structures compatibles avec la reproduction. Au-delà d'un certain seuil, la multiplicité des cellules, leur différenciation, leur spécialisation deviennent des économies. Si certaines cellules se chargent de la nourriture, d'autres peuvent s'occuper de perception, de locomotion ou d'intégration. Diversifier les cellules, les spécialiser, c'est libérer chacune des contraintes qu'impose la nécessité d'avoir à accomplir *toutes* les réactions de l'organisme. C'est lui permettre de faire moins, mais mieux; à la condition que soient coordonnées ces activités. Pour se spécialiser, les cellules doivent donc communiquer entre elles.

Il y a plusieurs manières de communiquer pour les cellules : par contact direct ou par l'entremise du système nerveux et des hormones. Mais on connaît mal encore la nature des interactions moléculaires intervenant dans ces circuits de régulation. En fait, on commence à « comprendre » la cellule, mais non le tissu ou l'organe. On ignore la logique du système qui régit l'exécution des programmes complexes, le développement d'un mammifère par exemple. La formation d'un homme à partir d'un œuf représente une merveille de rigueur et de précision. Comment, à partir d'une seule cellule, en émergent des milliers de milliards, en lignées spécialisées, selon un ordre parfait dans le temps et dans l'espace, voilà qui défie l'imagination. Au cours du développement embryonnaire sont progressivement traduites et exécutées les instructions qui, contenues dans les chromosomes de l'œuf, déterminent quand et où se forment les milliers d'espèces moléculaires constituant le corps de l'adulte. Tout le plan de croissance, toute la série des opérations à effectuer, l'ordre et le lieu des synthèses, leur coordination, tout cela est inscrit dans le message nucléique. Et dans l'exécution du plan, il y a peu de ratés : à la rareté des avortements et des monstres se mesure la fidélité du système.

Au cours du développement, chaque cellule reçoit un jeu complet de chromosomes. Mais selon leur spécialisation, les différentes cellules produisent différents types de messagers et de protéines. Quoique contenant le programme dans son entier, chaque cellule n'en traduit que des fragments. Elle n'exécute que certaines instructions. Il existe donc une séquence précise d'événements chimiques au cours desquels l'expression même des gènes se modifie à mesure que se différencient les cellules. C'est par le jeu de circuits de régulation que sont activés ou inhibés les segments du message dans chaque lignée de cellules. Ces circuits de régulation ne sont pas seulement plus complexes chez les organismes pluricellulaires que chez les bactéries. Ils répondent à des exigences différentes. D'abord parce que, chez ces organismes, il faut des systèmes capables d'activer différentiellement des batteries de gènes de manière permanente et non pas réversible. Ensuite parce que trouver un gène parmi un million, et non plus mille, exige un mécanisme plus élaboré, par tris successifs de sous-ensembles par exemple. Enfin parce qu'une cellule et une bactérie travaillent dans des conditions fort différentes. Ce qu'exige la bactérie, c'est de maintenir son équilibre fonctionnel tout en s'adaptant à des milieux variés. La cellule doit également préserver un état défini d'équilibre; mais il lui faut aussi coordonner ses activités avec celles de ses voisines. C'est seulement ainsi que l'organe se trouve en mesure de remplir ses fonctions, fonctions qui sont à leur tour soumises au règlement de l'organisme tout entier.

Car en fin de compte, c'est toujours la logique de l'organisme, son individualité, sa finalité qui régissent ses constituants et leurs systèmes de communication. Mais dans le réseau qui coordonne un ensemble d'activités chimiques aussi complexe qu'un mammifère, il y a bien des occasions d'erreurs ou de fausses manœuvres. Certaines sont sans gravité; d'autres non. La multiplication des cellules, par exemple, est soumise au contrôle de l'organisme. D'abord rapide pendant le développement de l'embryon, elle s'arrête une fois l'organisme adulte, pour reprendre à l'occasion d'une blessure. Le programme génétique ne prescrit pas seulement le plan des divisions cellulaires. Il leur impose une limite. Ce réseau de coordination semble faire intervenir deux sortes de circuits : l'un direct, par le contact même des cellules; l'autre indirect, par l'intermédiaire d'hormones. Mais dans tous les cas, c'est par l'entremise de récepteurs spécifiques disposés à sa surface qu'une cellule reçoit des signaux. Qu'un récepteur vienne à disparaître, qu'un signal ne soit plus transmis, et voilà interrompu l'un des circuits qui maintiennent en société molécules et cellules. Ainsi une cellule peut-elle être conduite à l'anarchie. Devenue sourde aux signaux qui limitent sa croissance, elle ne fait plus partie de la communauté. Elle peut envahir les tissus voisins et provoquer une tumeur. Avec la notion de programme génétique, les vieilles querelles sur l'origine du cancer ont perdu beaucoup de leur signification. Que la lésion débute dans le noyau ou le cytoplasme, qu'elle soit la conséquence d'une mutation somatique, de la présence d'un virus ou du dérangement d'un circuit, tout ce qui empêche la réception d'un signal peut soustraire une cellule à la loi de la communauté. Comprendre le cancer, c'est accéder à la logique du système qui impose aux cellules les contraintes de l'organisme.

Toutes ces complications qu'introduisent la multiplicité des cellules et leur différenciation sont exigées par l'accroissement des échanges entre l'organisme et son milieu. Cicatriser une lésion après blessure, régénérer un membre après amputation, c'est déjà ajuster les réponses de l'organisme. L'assouplissement du programme permet de parer à certaines formes d'agression. Mais ce qui se développe surtout au cours de l'évolution, ce sont les moyens de recueillir l'information du dehors, de la traiter, d'ajuster en conséquence les réactions de l'organisme. Toutes les solutions possibles sont alors tentées sous l'effet de la sélection naturelle. Il y a des organismes qui palpent leur milieu, d'autres qui l'entendent, ou le voient, ou le sentent. En parallèle s'accroissent les moyens de réagir aux stimulus et augmentent les degrés de liberté dans le choix des réponses. Car il ne suffit pas d'obtenir quelques impressions ici ou là. Il faut encore pouvoir les intégrer et en tirer les conséquences. Il y a grand intérêt, par exemple, à être sensible à la lumière. Si grand, que l'œil a été « inventé » plusieurs fois au cours de l'évolution. Œil à facettes des insectes. Œil à lentille apparu indépendamment à trois reprises au moins : chez certains mollusques, chez les arthropodes, chez les premiers vertébrés Mais à quoi pourrait bien servir un instrument de précision, capable d'apprécier une forme, d'estimer une distance, de préciser la direction d'un mouvement, si ce n'est pour repérer la présence d'un prédateur ou d'une proie, pour accorder sa réponse à la situation? Encore faut-il avoir les moyens d'intégrer les signaux reçus, de les comparer à des formes enregistrées dans une « mémoire », de reconnaître l'ami de l'ennemi, de nager, de courir ou de voler, de « choisir » une réaction. Pouvoirs de perception, de réaction, de décision ne peuvent évoluer qu'en harmonie.

C'est sur le développement du système nerveux que reposent les accroissements d'échanges entre organisme et milieu. Mais la connaissance du système nerveux aujourd'hui n'est pas sans rappeler celle de l'hérédité au XIXe siècle. On possède quelques renseignements sur certaines propriétés électriques ou biochimiques des nerfs. Mais on n'en a guère sur la spécificité des connexions, sur l'organisation du réseau, sur sa construction. Comment l'information est-elle chiffrée, transmise, enregistrée, restituée? Quelle est la logique qui sous-tend le fonctionnement du cerveau, la mémoire, l'apprentissage, tout cela on l'ignore à peu près totalement. Ce qui semble établi, toutefois, c'est que, d'une manière ou d'une autre, l'anatomie du système nerveux est fixée par l'hérédité. Il en est du cerveau comme des autres organes : la structure en est déterminée jusque dans le détail par le programme génétique. Chez de nombreux mutants de souris, le changement d'un gène particulier entraîne à la fois une certaine anomalie de comportement et une lésion spécifique du cerveau. On constate que, pendant la régénération de nerfs coupés chez certains organismes, le parcours des fibres, l'établissement des connexions, la constitution des circuits, bref l'organisation du réseau s'effectue selon le plan original. Il existe enfin, dans le cerveau des mammifères, des centres définis, non seulement pour recevoir les différentes sensations et mettre en action les différents muscles; mais aussi pour régir le sommeil, ou le rêve ou l'attention; voire même pour déterminer les états affectifs. Il y a par exemple un centre de la « punition » chez le rat; un autre du « plaisir » : porteur d'électrodes convenablement implantées et disposant du moyen d'activer lui-même ce centre à volonté, un rat se donne du plaisir jusqu'à tomber d'épuisement! Mais on ne sait pas encore comment les circuits acquis se superposent au réseau de l'hérédité. On ignore comment s'articulent l'inné et l'appris. Car, aujourd'hui, ces derniers ne s'opposent plus : ils se complètent. Pour les éthologues, quand un comportement met en jeu une part acquise par l'expérience, c'est en fonction du programme génétique. L'apprentissage vient s'insérer dans le cadre que fixe l'hérédité. Sans doute pourra-t-on bientôt analyser le mécanisme moléculaire de la synapse, l'articulation des cellules nerveuses, l'unité de connexion anatomique sur quoi repose tout l'agencement du réseau nerveux. Et l'on peut être assuré que les réactions caractérisant l'activité du cerveau apparaîtront au biochimiste tout aussi banales que celles de la digestion. Mais décrire en termes de physique et de chimie un mouvement de la conscience, un sentiment, une décision, un souvenir, c'est là une autre affaire. Rien ne dit qu'on y parvienne jamais. Pas seulement à cause de la complexité, mais aussi parce qu'on sait, depuis Gödel, qu'un système logique ne peut suffire à sa propre description.

Avec le développement du système nerveux, avec l'apprentissage et la mémoire, se relâche la rigueur de l'hérédité. Dans le programme génétique qui sous-tend les caractéristiques d'un organisme un peu complexe, il y a une part fermée dont l'expression est strictement fixée; une autre ouverte qui laisse à l'individu une certaine liberté de réponse. D'un côté, le programme prescrit avec rigidité structures, fonctions, attributs; de l'autre, il ne détermine que potentialités, normes, cadres. Ici il impose, là il permet. Avec le rôle croissant de l'acquis, se modifie le comportement de l'individu. C'est ce qu'illustrent les différentes manières qu'ont les oiseaux de reconnaître leurs semblables. Chez certains, comme le coucou, l'identification de l'espèce est déterminée avec rigueur par le programme génétique. Elle se fait par la seule vue des formes et des mouvements. Élevé dans le nid de parents adoptifs, passereaux ou fauvettes par exemple, le jeune coucou devenu indépendant va rejoindre la compagnie des autres coucous, même s'il n'en a jamais vu de sa vie. Chez l'oie, au contraire, l'identification se fait de manière plus souple. Elle s'opère par l'intermédiaire du mécanisme que les éthologues appellent « empreinte » *(imprinting)*. Après éclosion de l'œuf, la jeune oie suit le premier objet qu'elle voit bouger et entend appeler. Le plus souvent, c'est sa véritable mère oie qu'elle se met à suivre. Mais si d'aventure il s'agit d'un autre organisme, de Konrad Lorenz par exemple, alors c'est Konrad Lorenz que la petite oie considère comme sa mère et poursuit partout. Ce que détermine le programme génétique, c'est donc une forme dans un cas, l'aptitude à recevoir l'empreinte d'une forme dans l'autre. Il y a dans le monde animal d'innombrables exemples de ce genre. C'est l'importance croissante de la part ouverte du programme qui donne une direction à l'évolution. Avec la capacité de réponse aux stimulus augmentent les degrés de liberté laissés à l'organisme dans le choix des réponses. Chez l'homme, le nombre de réponses possibles devient si élevé qu'on peut parler de ce « libre arbitre » cher aux philosophes. Mais la souplesse n'est jamais sans limites. Même lorsque le programme ne donne à l'organisme qu'une capacité, celle d'apprendre par exemple, il impose des restrictions sur ce qui peut être appris, sur le moment où doit avoir lieu l'apprentissage et dans quelles conditions. Le programme génétique de l'homme lui confère l'aptitude au langage. Il lui donne le pouvoir d'apprendre, de comprendre, de parler n'importe quelle langue. Encore l'homme doit-il, à une certaine étape de sa croissance, se trouver dans un milieu favorable pour que se réalise cette potentialité. Passé un certain âge, trop longtemps privé de discours, de soins, d'affection maternelle, l'enfant ne parlera pas. Mêmes restrictions pour la mémoire. Il y a des limites à la quantité d'information qui peut être enregistrée, à la durée de l'enregistrement, au pouvoir de restitution. Mais cette frontière entre la rigidité et la souplesse du programme, on ne l'a encore guère explorée.

Avec l'accroissement des échanges au cours de l'évolution apparaissent des systèmes de communication qui fonctionnent, non plus à l'intérieur de l'organisme, mais entre les organismes. Ainsi s'établissent des réseaux de relations entre individus appartenant à une même espèce. A l'origine, ces systèmes de communication sont directement liés à la finalité de la reproduction. Sans eux, la sexualité n'aurait guère d'efficacité. Tant qu'elle n'est pas une nécessité de la reproduction, tant qu'elle reste une fonction auxiliaire, rien ne favorise l'union des sexes. Il n'y a pas de « sex-appeal » chez les bactéries. Les rencontres se font au hasard des collisions entre individus de sexe opposé. De même chez certains organismes inférieurs qui, étant hermaphrodites, n'usent du sexe qu'à l'occasion. Mais à mesure que l'organisme gagne en autonomie, que l'exercice de la sexualité devient le seul mode de reproduction, il faut bien aux individus d'un sexe un moyen de repérer ceux de l'autre. Ainsi apparaissent des systèmes de communication qui agissent à distance pour lier sélectivement les sexes opposés d'une même espèce. Le plus souvent, il s'agit de signaux spécifiques, émis par un sexe, reçus par l'autre. Signaux olfactifs chez certains insectes : une substance volatile est produite, qui est captée, identifiée, interprétée par ceux que leur programme génétique dote d'un récepteur sensible à cette structure moléculaire. Signaux auditifs chez d'autres insectes : seuls chantent les mâles. Signaux visuels chez les poissons et les oiseaux : l'un des sexes, mâle le plus souvent, présente un équipement complexe de formes, de couleurs, d'ornements chatoyants dont la vue agit comme stimulus spécifique sur l'autre sexe. Couplés à la chimie de l'organisme par des hormones, ces signaux visuels mettent en branle toute cette part du comportement qui a trait à la reproduction. Ainsi démarre le cortège de pratiques qui conduisent à la copulation, à l'édification du nid, à la couvaison, etc. Là encore, toute la séquence des opérations à effectuer, les rites, le cérémonial sont inscrits dans le message génétique. La vue du sexe opposé joue le rôle d'un simple signal. Elle ne fait que déclencher l'exécution d'un plan tout préparé pour la reproduction.

De toute évidence, ces systèmes de signaux ont été sélectionnés pour favoriser la reproduction. Ils n'en constituent pas moins des moyens de communication entre individus de l'espèce. Avec eux devient possible la formation d'intégrons d'ordre supérieur à l'organisme. Mais jusqu'aux mammifères, l'intégration dépasse rarement la formation provisoire d'un couple, l'unité de reproduction. C'est exceptionnellement que se constituent des groupes au comportement coordonné, comme les bandes de poissons ou d'oiseaux pendant les migrations. La principale exception, on la trouve chez certains insectes, fourmis, termites, abeilles, où se constituent de véritables intégrons qui transcendent l'individu. La vieille comparaison de l'organisme et de la société se matérialise dans la fourmilière, la termitière ou la ruche. Pourtant chacune de ces structures constitue d'abord une unité de reproduction. La reine et les mâles jouent le rôle des cellules sexuelles; les ouvrières, celui des cellules somatiques. Là encore, l'ensemble de ces systèmes est rigidement déterminé par les programmes génétiques qui fixent, non seulement la morphologie et la physiologie de chaque type, mais aussi la nature et la série des opérations dévolues à chacun. Quand s'entrouvre le programme, quand s'établit un système de communication nouveau comme la danse des abeilles, c'est pour transmettre l'information nécessaire à une fonction du système : la recherche de nourriture.

C'est donc la structure du message génétique qui impose celle de ces communautés animales. Mais avec les mammifères se relâche de plus en plus la rigidité du programme de l'hérédité. Les organes des sens s'affinent. Les moyens d'action s'accroissent, avec la préhension notamment. La capacité d'intégration augmente avec le cerveau. On voit même apparaître une propriété nouvelle : le pouvoir de se libérer de l'adhérence aux objets, d'interposer une sorte de filtre entre l'organisme et son milieu, de symboliser. Peu à peu le signal devient signe. Déjà un rongeur peut apprendre à distinguer un triangle d'un carré ou d'un cercle pour en associer la forme à sa quête de nourriture. Un chat peut apprendre à compter des stimulus. Un chimpanzé, quoique incapable de parler avec son larynx, peut apprendre, en partie du moins, le code de signaux par gestes qu'utilisent les sourds-muets pour communiquer. Il parvient ainsi à reconnaître toute une série de signes, à les interpréter, les mimer, les combiner même par groupes pour constituer de courtes « phrases » et s'exprimer. Ce n'est donc pas d'un coup, par un saut brusque, que s'est développée cette petite région du cerveau qui régit le geste et la parole. Ce n'est pas même par une série unique d'étapes, par une chaîne continue que l'homme est devenu l'homme. C'est à travers une mosaïque de changements où chaque organe, chaque système d'organes, chaque groupe de fonctions a évolué selon une démarche et à une vitesse qui lui sont propres. Durée de la vie fœtale et ralenti du développement, locomotion sur deux pattes et libération des membres antérieurs, formation de la main et utilisation d'outils, accroissement du cerveau et aptitude au langage, tout cela ne conduit pas seulement à une plus grande autonomie à l'égard du milieu. Cela aboutit à de nouveaux systèmes de communication, de régulation, de mémoire, qui fonctionnent à un niveau plus élevé que l'organisme. Toutes les conditions sont alors réunies pour de nouvelles intégrations où la coordination des éléments repose, non plus sur l'interaction de molécules, mais sur l'échange de messages chiffrés. Ainsi se constitue une nouvelle hiérarchie d'intégrons. De l'organisation familiale à l'État moderne, de l'ethnie à la coalition de nations, toute une série d'intégrations se fonde sur une variété de codes culturels, moraux, sociaux, politiques, économiques, militaires, religieux, etc. L'histoire des hommes, c'est un peu celle de ces intégrons, de leurs formations, de leurs changements. Là aussi se dessine une tendance à l'intégration toujours croissante qu'autorise le développement des moyens de communiquer. Tant qu'il est confiné à la parole, le transfert d'information reste limité dans l'espace et dans le temps. Avec l'écriture, la communication peut s'affranchir du temps et l'expérience passée de chaque individu s'accumuler en une mémoire collective. Avec l'électronique, avec les moyens de conserver image et son, de les transmettre dans l'instant à n'importe quel point du globe, toute restriction de temps et d'espace a disparu.

Dans les intégrons culturels et sociaux apparaissent des objets nouveaux. Ceux-ci fonctionnent selon des principes inconnus aux niveaux inférieurs. Les concepts de démocratie, de propriété, de salaire sont aussi dépourvus de signification pour une cellule ou un organisme que ceux de reproduction ou de sélection naturelle pour une molécule isolée. C'est dire que la biologie vient se diluer dans l'étude de l'homme tout comme la physique dans celle de la cellule. La biologie ne représente plus qu'une voie d'accès parmi d'autres. Depuis l'apparition d'une théorie de l'évolution, depuis Herbert Spencer notamment, on a souvent cherché à interpréter les intégrons sociaux ou culturels, leurs variations, leurs interactions à l'aide de modèles empruntés à la seule biologie. Comme les mécanismes régissant les transferts d'information obéissent à certains principes, il est possible en un sens de voir dans la transmission d'une culture à travers les générations une sorte de second système génétique superposé à l'hérédité. Il est tentant alors, pour les biologistes en particulier, de comparer les processus en jeu ici et là pour y chercher des analogies; de rapprocher l'apparition d'une idée et celle d'une mutation; d'opposer la nouveauté du changement au conservatisme de la copie; d'expliquer la disparition de sociétés ou de cultures comme celle d'espèces par les culs-de-sac d'une évolution trop spécialisée. On peut même pousser le parallèle jusque dans le détail. C'est alors la reproduction qui se trouve au centre des deux systèmes, pour les codes de culture et les sociétés comme pour la structure des organismes et leurs propriétés : la fusion des cultures rappelle celle des gamètes; l'université joue dans la société le rôle de la lignée germinale dans l'espèce; les idées envahissent les esprits comme les virus les cellules; elles s'y multiplient, s'y sélectionnent par les avantages qu'elles confèrent au groupe. Bref, la variation des sociétés et des cultures vient reposer sur une évolution semblable à celle des espèces. Il ne suffit plus que de définir les critères de la sélection. L'ennui, c'est que personne n'y est parvenu.

Car avec leurs codes, leurs régulations, leurs interactions, les objets que constituent les intégrons culturels et sociaux débordent les schémas explicatifs de la biologie. Une fois encore on a affaire à des intégrations d'éléments eux-mêmes intégrés. Mais si l'on voit à nouveau des paliers, des discontinuités de phénomènes et de concepts, on ne trouve aucune rupture avec les niveaux de la biologie. Les objets d'observation viennent s'encastrer les uns dans les autres. La physiologie, par exemple, considère individuellement les fonctions de l'organisme et les mécanismes qui les coordonnent. Au-dessus d'elle, la science du comportement fait abstraction des processus internes pour saisir dans sa totalité la réaction de l'organisme à son milieu. Au-dessus encore, la dynamique des populations et la sociologie, ignorant le comportement des individus, prennent celui de l'ensemble comme objet d'analyse. Il faudra bien un jour associer les différents niveaux d'observation pour référer chacun à ses voisins. Une fois encore, on ne peut espérer saisir le système sans connaître les propriétés des éléments. C'est dire que si l'étude de l'homme et de ses sociétés ne peut se réduire à la biologie, elle ne peut non plus se passer d'elle; pas plus que la biologie de la physique. On ne peut rendre compte des transformations culturelles et sociales par la sélection des idées. Mais on ne peut non plus oublier que l'organisme humain, lui, est le produit de la sélection naturelle. De tous les organismes, c'est l'homme qui possède le programme génétique le plus ouvert, le plus souple. Mais où s'arrête la souplesse? Quelle est la part du comportement prescrite par les gènes? À quelles contraintes de l'hérédité l'esprit humain est-il soumis? De toute évidence, de telles contraintes existent à certains niveaux. Mais où tracer la limite? Pour la linguistique moderne, il y a une grammaire de base, commune à toutes les langues; cette uniformité refléterait un cadre imposé par l'hérédité à l'organisation du cerveau. Pour les neurophysiologistes, le rêve constitue une fonction nécessaire, non seulement à l'homme, mais à tous les mammifères; il est régi par un centre localisé dans une région précise du cerveau. Pour les éthologues, l'agressivité constitue une forme de comportement sélectionnée au cours de l'évolution. Déjà présente chez la plupart des vertébrés, elle donnait un avantage sélectif à l'homme quand, vivant en petits groupes, il se trouvait sans cesse en compétition pour la nourriture, pour les femmes, pour le pouvoir. Maintenant, ce n'est plus la sélection naturelle qui joue le premier rôle dans les transformations de l'homme, du moins dans certaines sociétés. C'est la culture, plus efficace, plus rapide, mais aussi très récente. En conséquence, dans le comportement qui est celui de l'homme aujourd'hui, bien des aspects trouvent leur origine dans quelque avantage sélectif conféré à l'espèce lors de son émergence. Bien des traits de la nature humaine doivent s'insérer dans un cadre fixé par les vingt-trois paires de chromosomes qui constituent le patrimoine héréditaire de l'homme. Mais alors, quelle est la rigidité de ce cadre? Quelles sont les restrictions imposées à la plasticité de l'esprit humain par le programme génétique?

Avec l'accumulation de la connaissance, l'homme est devenu le premier produit de l'évolution capable de maîtriser l'évolution. Pas seulement celle des autres, en favorisant les espèces qui l'intéressent, éliminant celles qui le gênent. Mais aussi la sienne propre. Peut-être un jour pourra-t-on intervenir sur l'exécution du programme génétique, voire sur sa structure, pour en corriger certains défauts, pour y glisser des suppléments. Peut-être aussi parviendra-t-on à produire à volonté, en autant d'exemplaires que désiré, la copie exacte d'un individu, un homme politique, un artiste, une reine de beauté, un athlète par exemple. Rien n'empêche d'appliquer dès maintenant aux êtres humains les procédés de sélection utilisés pour les chevaux de course, les souris de laboratoire ou les vaches laitières. Encore faudrait-il connaître les facteurs génétiques intervenant dans des qualités aussi complexes que l'originalité, la beauté ou l'endurance physique. Et surtout conviendrait-il de se mettre d'accord sur les critères à choisir. Mais cela n'est plus l'affaire de la seule biologie.

*

Il y a une cohérence dans les descriptions de la science, une unité dans les explications qui témoigne d'une unité sous-jacente dans les entités et les principes en jeu. Quel que soit leur niveau, les objets d'analyse sont toujours des organisations, des systèmes. Chacun d'eux sert d'ingrédient au suivant. Même l'atome, le vieil irréductible, est devenu un système. Et les physiciens ne sont pas encore en mesure de dire si la plus petite des entités connues aujourd'hui est ou non une organisation. Le mot d'évolution sert à décrire les changements qui surviennent entre systèmes. Car ce qui évolue, ce n'est pas la matière, confondue avec l'énergie dans une même permanence. C'est l'organisation, l'unité d'émergence toujours capable de s'unir à ses pareilles pour s'intégrer en un système qui la domine. Sans cette propriété, l'univers ne serait que fadeur : un océan de grains identiques, inertes, s'ignorant les uns les autres; un peu comme les plus vieilles pierres de la terre, où pendant des milliards d'années n'ont changé ni les molécules, ni leurs rapports.

C'est par l'intégration que change la qualité des choses. Car une organisation possède souvent des propriétés qui n'existent pas au niveau inférieur. Ces propriétés peuvent être expliquées par celles des constituants, mais non pas en être déduites. C'est dire qu'un intégron particulier n'a qu'une certaine probabilité d'apparaître. Toute prévision concernant son existence ne peut être que d'ordre statistique. Cela s'applique aussi bien à la formation des êtres qu'à celle des choses; à la constitution d'une cellule, d'un organisme ou d'une population, tout comme a celle d'une molécule, d'une pierre ou d'un orage. C'est donc sur la contingence que repose aujourd'hui l'unité d'explication. Mais, chez les organismes, les effets du hasard sont aussitôt corrigés par les nécessités de l'adaptation, de la reproduction, de la sélection naturelle, ce qui conduit à un paradoxe. Dans le monde inanimé, en effet, le hasard des événements peut être statistiquement prédit avec précision. Chez les êtres vivants, au contraire, indissolublement liés à une histoire qu'on ne peut connaître dans le détail, les déviations introduites par la sélection naturelle interdisent toute prédiction. Comment prévoir l'apparition et le développement de certaines formes vivantes plutôt que d'autres? Comment prédire, au secondaire, la fin brutale des grands reptiles et le succès prochain des mammifères?

En fin de compte, ce qui donne leur possibilité même d'existence à toutes les organisations, à tous les systèmes, à toutes les hiérarchies, ce sont les propriétés des atomes que décrivent les lois de l'électromagnétisme de Maxwell. Peut-être y a-t-il d'autres cohérences possibles dans les descriptions. Mais enfermée dans son système d'explications, la science ne peut s'en évader. Aujourd'hui le monde est messages, codes, information. Quelle dissection demain disloquera nos objets pour les recomposer en un espace neuf? Quelle nouvelle poupée russe en émergera?

INDEX

DU MÊME AUTEUR

LA LOGIQUE DU VIVANT, *Gallimard*, 1970.

LE JEU DES POSSIBLES, *Fayard*, 1981.

LA STATUE INTÉRIEURE, *Odile Jacob*, 1987 *(et Folio, n° 2156, Gallimard)*.

tel

Volumes parus

114. Jürgen Habermas : *Profils philosophiques et politiques.*
115. Michel de Certeau : *La Fable mystique.*
116. Léonard de Vinci : *Les Carnets, 1.*
117. Léonard de Vinci : *Les Carnets, 2.*
118. Richard Ellmann : *James Joyce, 1.*
119. Richard Ellmann : *James Joyce, 2.*
120. Mikhaïl Bakhtine : *Esthétique et théorie du roman.*
121. Ludwig Wittgenstein : *De la certitude.*
122. Henri Fluchère : *Shakespeare, dramaturge élisabéthain.*
123. Rémy Stricker : *Mozart et ses opéras.*
124. Pierre Boulez : *Penser la musique aujourd'hui.*
125. Michel Leiris : *L'Afrique fantôme.*
126. Maître Eckhart : *Œuvres (Sermons-Traités).*
127. Werner Jaeger : *Paideia (La formation de l'homme grec).*
128. Maud Mannoni : *Le premier rendez-vous avec le psychanalyste.*
129. Alexandre Koyré : *Du monde clos à l'univers infini.*
130. Johan Huizinga : *Homo ludens (Essai sur la fonction sociale du jeu).*
131. Descartes : *Les Passions de l'âme* (précédé de *La Pathétique cartésienne* par Jean-Maurice Monnoyer).
132. Pierre Francastel : *Art et technique au XIXe et XXe siècles.*
133. Michel Leiris : *Cinq études d'ethnologie.*
134. André Scobeltzine : *L'art féodal et son enjeu social.*
135. Ludwig Wittgenstein : *Le Cahier bleu et le Cahier brun* (suivi de *Ludwig Wittgenstein* par Norman Malcolm).
136. Yves Battistini : *Trois présocratiques (Héraclite, Parménide, Empédocle)* (précédé de *Héraclite d'Éphèse* par René Char).
137. Étienne Balazs : *La bureaucratie céleste (Recherches sur l'économie et la société de la Chine traditionnelle).*
138. Gaëtan Picon : *Panorama de la nouvelle littérature française.*
139. Martin Heidegger : *Qu'est-ce qu'une chose ?*
140. Claude Nicolet : *Le métier de citoyen dans la Rome républicaine.*

141. Bertrand Russell : *Histoire de mes idées philosophiques.*
142. Jamel Eddine Bencheikh : *Poétique arabe (Essai sur les voies d'une création).*
143. John Kenneth Galbraith : *Le nouvel État industriel (Essai sur le système économique américain).*
144. Georg Lukács : *La théorie du roman.*
145. Bronislaw Malinowki : *Les Argonautes du Pacifique occidental.*
146. Erwin Panofsky : *Idea (Contribution à l'histoire du concept de l'ancienne théorie de l'art).*
147. Jean Fourastié : *Le grand espoir du XXe siècle.*
148. Hegel : *Principes de la philosophie du droit.*
149. Sören Kierkegaard : *Post-scriptum aux Miettes philosophiques.*
150. Roger de Piles : *Cours de peinture par principes.*
151. Edmund Husserl : *La crise des sciences européennes et la phénoménologie transcendantale.*
152. Pierre Francastel : *Études de sociologie de l'art.*
153. Gustav E. von Grunebaum : *L'identité culturelle de l'Islam.*
154. Eugenio Garin : *Moyen Âge et Renaissance.*
155. Meyer Schapiro : *Style, artiste et société.*
156. Martin Heidegger : *Questions I et II.*
157. G.W.F. Hegel : *Correspondance I, 1785-1812.*
158. G.W.F. Hegel : *Correspondance II, 1813-1822.*
159. Ernst Jünger : *L'État universel* suivi de *La mobilisation totale.*
160. G.W.F. Hegel : *Correspondance III, 1823-1831.*
161. Jürgen Habermas : *La technique et la science comme « idéologie ».*
162. Pierre-André Taguieff : *La force du préjugé.*
163. Yvon Belaval : *Les philosophes et leur langage.*
164. Sören Kierkegaard : *Miettes philosophiques — Le concept de l'angoisse — Traité du désespoir.*
165. Raymond Lœwy : *La laideur se vend mal.*
166. Michel Foucault : *Les mots et les choses.*
167. Lucrèce : *De la nature.*
168. Élie Halévy : *L'ère des tyrannies.*
169. Hans Robert Jauss : *Pour une esthétique de la réception.*
170. Gilbert Rouget : *La musique et la transe.*
171. Jean-Paul Sartre : *Situations philosophiques.*
172. Martin Heidegger : *Questions III et IV.*
173. Bernard Lewis : *Comment l'Islam a découvert l'Europe.*

174. Émile Zola : *Écrits sur l'art.*
175. Alfred Einstein : *Mozart (L'homme et l'œuvre).*
176. Yosef Hayim Yerushalmi : *Zakhor (Histoire juive et mémoire juive).*
177. Jacques Drillon : *Traité de la ponctuation française.*
178. Francis Bacon : *Du progrès et de la promotion des savoirs.*
179. Michel Henry : *Marx I (Une philosophie de la réalité).*
180. Michel Henry : *Marx II (Une philosophie de l'économie).*
181. Jacques Le Goff : *Pour un autre Moyen Âge (Temps, travail et culture en Occident : 18 essais).*
182. Karl Reinhardt : *Eschyle, Euripide.*
183. Sigmund Freud : *Correspondance avec le pasteur Pfister (1909-1939).*
184. Benedetto Croce : *Essais d'esthétique.*
185. Maurice Pinguet : *La mort volontaire au Japon.*
186. Octave Nadal : *Le sentiment de l'amour dans l'œuvre de Pierre Corneille.*
187. Platon : *Hippias mineur, Alcibiade, Apologie de Socrate, Euthyphron, Criton, Hippias majeur, Charmide, Lachès, Lysis.*
188. Platon : *Protagoras, Gorgias, Ménon.*
189. Henry Corbin : *En Islam iranien,* I.
190. Henry Corbin : *En Islam iranien,* II.
191. Henry Corbin : *En Islam iranien,* III.
192. Henry Corbin : *En Islam iranien,* IV.
193. Herbert Marcuse : *L'Ontologie de Hegel et la théorie de l'historicité.*
194. Peter Szondi : *Poésie et poétique de l'idéalisme allemand.*
195. Platon : *Phédon, Le Banquet, Phèdre.*
196. Jean Maitron : *Le mouvement anarchiste en France*, I.
197. Jean Maitron : *Le mouvement anarchiste en France*, II.
198. Eugène Fleischmann : *La philosophie politique de Hegel.*
199. Otto Jespersen : *La philosophie de la grammaire.*
200. Georges Mounin : *Sept poètes et le langage.*
201. Jean Bollack : *Empédocle*, I *(Introduction à l'ancienne physique).*
202. Jean Bollack : *Empédocle*, II *(Les origines).*
203. Jean Bollack : *Empédocle*, III *(Les origines).*
204. Platon : *Ion, Ménexène, Euthydème, Cratyle.*
205. Ernest Renan : *Études d'histoire religieuse* (suivi de *Nouvelles études d'histoire religieuse*).
206. Michel Butor : *Essais sur le roman.*

207. Michel Butor : *Essais sur les modernes.*
208. Collectif : *La revue du cinéma (Anthologie).*
209. Walter F. Otto : *Dionysos (Le mythe et le culte).*
210. Charles Touati : *La pensée philosophique et théologique de Gersonide.*
211. Antoine Arnauld, Pierre Nicole : *La logique ou l'art de penser.*
212. Marcel Detienne : *L'invention de la mythologie.*
213. Platon : *Le politique, Philèbe, Timée, Critias.*
214. Platon : *Parménide, Théétète, Le Sophiste.*
215. Platon : *La République (livres I à X).*
216. Ludwig Feuerbach : *L'essence du christianisme.*
217. Serge Tchakhotine : *Le viol des foules par la propagande politique.*
218. Maurice Merleau-Ponty : *La prose du monde.*
219. Collectif : *Le western.*
220. Michel Haar : *Nietzsche et la métaphysique.*
221. Aristote : *Politique (livres I à VIII).*
222. Géralde Nakam : *Montaigne et son temps. Les événements et les* Essais *(L'histoire, la vie, le livre).*
223. J.-B. Pontalis : *Après Freud.*
224. Jean Pouillon : *Temps et roman.*
225. Michel Foucault : *Surveiller et punir.*
226. Étienne de La Boétie : *De la servitude volontaire ou Contr'un* suivi de sa réfutation par Henri de Mesmes suivi de *Mémoire touchant l'édit de janvier 1562.*
227. Giambattista Vico : *La science nouvelle (1725).*
228. Jean Kepler : *Le secret du monde.*
229. Yvon Belaval : *Études leibniziennes (De Leibniz à Hegel).*
230. André Pichot : *Histoire de la notion de vie.*
231. Moïse Maïmonide : *Épîtres (Épître sur la persécution — Épître au Yémen — Épître sur la résurrection des morts — Introduction au chapitre Helèq).*
232. Épictète : *Entretiens (Livres I à IV).*
233. Paul Bourget : *Essais de psychologie contemporaine (Études littéraires).*
234. Henri Heine : *De la France.*
235. Galien : *Œuvres médicales choisies*, tome 1 *(De l'utilité des parties du corps humain).*
236. Galien : *Œuvres médicales choisies*, tome 2 *(Des facultés naturelles — Des lieux affectés — De la méthode thérapeutique, à Glaucon).*

237. Aristote : *De l'âme.*
238. Jacques Colette : *Kierkegaard et la non-philosophie.*
239. Shmuel Trigano : *La demeure oubliée (Genèse religieuse du politique).*
240. Jean-Yves Tadié : *Le récit poétique.*
241. Michel Heller : *La machine et les rouages.*
242. Xénophon : *Banquet* suivi d'*Apologie de Socrate.*
243. Walter Laqueur : *Histoire du sionisme*, I.
244. Walter Laqueur : *Histoire du sionisme*, II.
245. Robert Abirached : *La crise du personnage dans le théâtre moderne.*
246. Jean-René Ladmiral : *Traduire, théorèmes pour la traduction.*
247. E.E. Evans-Pritchard : *Les Nuer (Description des modes de vie et des institutions politiques d'un peuple nilote).*
248. Michel Foucault : *Histoire de la sexualité, tome I (La volonté de savoir).*
249. Cicéron : *La République* suivi de *Le Destin.*
250. Gilbert Gadoffre : *Du Bellay et le sacré.*
251. Claude Nicolet : *L'idée républicaine en France (1789-1924). Essai d'histoire critique.*
252. Antoine Berman : *L'épreuve de l'étranger.*
253. Jean Bollack : *La naissance d'Œdipe.*
254. Donald Kenrick et Grattan Puxon : *Destins gitans.*
255. Isaac Newton : *De la gravitation* suivi de *Du mouvement des corps.*
256. Eberhard Jäckel : *Hitler idéologue.*
257. Pierre Birnbaum : *Un mythe politique : la « République juive ».*
258. Peter Gay : *Le suicide d'une République (Weimar 1918-1933).*
259. Friedrich Nietzsche : *La volonté de puissance, I.*
260. Friedrich Nietzsche : *La volonté de puissance, II.*
261. Françoise van Rossum-Guyon : *Critique du roman (Essai sur « La Modification » de Michel Butor).*
262. Leibniz : *Discours de métaphysique* suivi de *Monadologie.*
263. Paul Veyne : *René Char en ses poèmes.*
264. Angus Wilson : *Le monde de Charles Dickens.*
265. Sénèque : *La vie heureuse* suivi de *Les bienfaits.*
266. Rémy Stricker : *Robert Schumann.*
267. Collectif : *De Vienne à Cambridge.*
268. Raymond Aron : *Les désillusions du progrès.*

269. Martin Heidegger : *Approche de Hölderlin.*
270. Alain Besançon : *Les origines intellectuelles du léninisme.*
271. Auguste Comte : *Philosophie des sciences.*
272. Aristote : *Poétique.*
273. Michel Butor : *Répertoire littéraire.*
275. Xénophon-Aristote : *Constitution de Sparte - Constitution d'Athènes.*
276. Isaac Newton : *Écrits sur la religion.*
277. Max Horkheimer : *Théorie traditionnelle et théorie critique.*
278. Gaëtan Picon : *L'écrivain et son ombre (Introduction à une esthétique de la littérature, I).*
279. Michel Foucault : *Histoire de la sexualité, tome 2 (L'usage des plaisirs).*
280. Michel Foucault : *Histoire de la sexualité, tome 3 (Le souci de soi).*
281. Collectif : *Les Stoïciens, tome 1.*
282. Collectif : *Les Stoïciens, tome 2.*
283. Ludwig Wittgenstein : *Carnets 1914-1916.*
284. Louis Dumont : *Groupes de filiation et alliance de mariage.*
285. Alfred Einstein : *Schubert. Portrait d'un musicien.*
286. Alexandre Kojève : *Essai d'une histoire raisonnée de la philosophie païenne, I (Les Présocratiques).*
287. Alexandre Kojève : *Essai d'une histoire raisonnée de la philosophie païenne, II (Platon - Aristote).*
288. Alexandre Kojève : *Essai d'une histoire raisonnée de la philosophie païenne, III (La philosophie hellénistique - Les néo-platoniciens).*
289. Karl Schlechta : *Le cas Nietzsche.*
290. Valery Larbaud : *Sous l'invocation de saint Jérôme.*
291. Alain Jouffroy : *De l'individualisme révolutionnaire.*
292. Laurent Clauzade : *L'idéologie ou la révolution de l'analyse.*
293. Marcel Detienne : *Dionysos mis à mort.*
294. Henri Heine : *De l'Allemagne.*
295. Ernst Bloch : *Traces.*
296. Aristote : *Rhétorique.*
297. Friedrich List : *Système national d'économie politique.*
298. Emmanuel Jacquart : *Le théâtre de dérision (Beckett - Ionesco - Adamov).*
299. Alexandre Kojève : *L'athéisme.*
300. Mario Praz : *La chair, la mort et le diable dans la littérature du XIXe siècle.*
301. Jean Starobinski : *L'œil vivant.*

302. Alain : *Balzac.*
303. Mona Ozouf : *Les Mots des femmes.*
304. Philippe Muray : *Le* XIXe *siècle à travers les âges.*
305. Philippe Muray : *Désaccord parfait.*
306. Nietzsche : *Mauvaises pensées choisies.*
307. David Schoenbaum : *La révolution brune.*
308. Alfred Sauvy : *La vieillesse des nations.*
309. Charles Rosen : *Le style classique. Haydn, Mozart, Beethoven.*
310. Kostas Papaioannou : *Marx et les marxistes.*
311. Ludwig Wittgenstein : *Tractatus logico-philosophicus.*
312. Philippe Muray : *Céline.*
313. Wladimir Granoff : *Filiations (L'avenir du complexe d'Œdipe).*
314. Jean Starobinski : *La relation critique.*
315. Pierre Manent : *Les libéraux.*
316. Marc Fumaroli : *La diplomatie de l'esprit.*
317. Marcel Gauchet : *La démocratie contre elle-même.*
318. Bertrand de Jouvenel : *Arcadie. Essai sur le mieux-vivre.*
319. John Maynard Keynes & Jacques Bainville : *Les conséquences économiques de la paix. Les conséquences politiques de la paix.*
320. John Maynard Keynes : *La pauvreté dans l'abondance.*
321. Bernard de Fallois : *Simenon.*
322. Léon Bloy : *L'Âme de Napoléon.*
323. Patrice Gueniffey : *La politique de la Terreur.*
324. Denis Lacorne : *La crise de l'identité américaine.*
325. Angelo Tasca : *Naissance du fascisme. L'Italie de l'armistice à la marche sur Rome.*
326. Joseph A. Schumpeter : *Histoire de l'analyse économique*, I.
327. Joseph A. Schumpeter : *Histoire de l'analyse économique*, II.
328. Joseph A. Schumpeter : *Histoire de l'analyse économique*, III.
329. Mona Ozouf : *Les aveux du roman.*
330. Max Weber : *L'Ethique protestante et l'esprit du capitalisme.*
331. Ludwig Wittgenstein : *Le Cahier bleu et le Cahier brun.*
332. Pierre Manent : *Cours familier de philosophie politique.*
333. Jacques Bainville : *Napoléon.*
334. Benedetta Craveri : *L'âge de la conversation.*
335. Bernard Lewis : *Comment l'Islam a découvert l'Europe.*

Ouvrage reproduit
par procédé photomécanique.
Impression Société Nouvelle Firmin-Didot
à Mesnil-sur-l'Estrée, le 2 avril 2006.
Dépôt légal : avril 2006.
1er dépôt légal : avril 1976.
Numéro d'imprimeur : 78701.
ISBN 2-07-029334-3./Imprimé en France.

143482